T0140626

Schriften des Archivs der Universität Wien
Fortsetzung der Schriftenreihe des Universitätsarchivs,
Universität Wien

Band 23

Herausgegeben von Kurt Mühlberger, Thomas Maisel
und Johannes Seidl

Archiv
der Universität Wien

Margret Hamilton

Die Notizbücher des Mineralogen und Petrographen Friedrich Becke 1855–1931

Der Weg von der praktischen Erkenntnis zur theoretischen Deutung

Mit 31 Abbildungen

V&R unipress

Vienna University Press

Bibliografische Information der Deutschen Nationalbibliothek

Die Deutsche Nationalbibliothek verzeichnet diese Publikation in der Deutschen
Nationalbibliografie; detaillierte bibliografische Daten sind im Internet über
http://dnb.d-nb.de abrufbar.

ISSN 2198-624X
ISBN 978-3-8471-0640-1

Weitere Ausgaben und Online-Angebote sind erhältlich unter: www.v-r.de

**Veröffentlichungen der Vienna University Press
erscheinen im Verlag V&R unipress GmbH.**

Inhalt

Vorwort   9

1. Einleitung   13

2 Die historische Entwicklung der geowissenschaftlichen Disziplinen
  Mineralogie, Petrographie und Geologie   17
  2.1 Die Entwicklungsgeschichte der Mineralogie   22
  2.2 Die Entwicklungsgeschichte der Geologie   30
  2.3 Die Entwicklungsgeschichte der Petrographie   40

3 Die verschiedenen Arbeitsgebiete der Erdwissenschaften zur Zeit
  Friedrich Beckes   43
  3.1 Das Fach Mineralogie an der Universität Wien   43
      3.1.1 Der Wissensstand im Fach Mineralogie und
            Kristallographie mit eingehender Erörterung einiger
            Beispiele aus der Fachliteratur   46
            3.1.1.1 Morphologie oder die Eigenschaften der Minerale . .   50
            3.1.1.2 Mineralchemie   52
            3.1.1.3 Mineralphysik   53
            3.1.1.4 Mineralsystematik – Mineralklassen   54
            3.1.1.5 Technische Geräte zur Bestimmung der Minerale . .   55
            3.1.1.6 Entstehung der Minerale und Gesteine   58
            3.1.1.7 Das Lehrbuch der Mineralogie von Gustav
                    Tschermak   59
  3.2 Das Fach Petrographie an der Universität Wien   61
      3.2.1 Wissensstand im Fach Petrographie mit Erörterung einiger
            Beispiele aus der Fachliteratur   62
  3.3 Das Fach Geologie an der Universität Wien   65
      3.3.1 Wissensstand im Fach Geologie mit Erörterung einiger
            Beispiele aus der Fachliteratur   66

4 Friedrich Becke – Forschungsstationen und bedeutende
wissenschaftliche Leistungen   71
4.1 Friedrich Beckes wissenschaftliches Erbe   78
4.2 Die Beckesche Lichtlinie   79

5 Die Notizbücher Friedrich Beckes   83
5.1 Von der Praxis, die in den Notizbüchern dokumentiert ist – ein
Überblick   83
5.2 Die Form der Notizbücher   85
5.3 Die Zuordnung der Notizbücher zu den Schaffensstationen
Friedrich Beckes   86

6 Die wissenschaftlichen Erkenntnisse im Bereich der Ätzfiguren, der
petrographisch-geologischen Studien in den Alpen und der
kristallinen Schiefer   89
6.1 Ätzfiguren an Mineralen – die Suche nach dem praktischen
Beweis der Symmetrie an Kristallen   89
6.2 Der Weg vom Notizbuch zur Publikation   96
6.2.1 Die ersten Ätzversuche am Mineral Zinkblende   96
6.2.2 Ätzversuche am Mineral Bleiglanz   110
6.2.3 Ätzversuche an Mineralen der Magnetitgruppe   121
6.2.4 Ätzversuche am Mineral Pyrit   129
6.2.5 Ätzversuche am Mineral Fluorit   139
6.3 Petrographisch-geologische Studien in den Alpen   150
6.3.1 Einleitung   150
6.3.2 Die Gesteine der Rieserferner Gruppe   158
6.3.3 Die Zentralkette der Ostalpen – Ein Forschungsprogramm
der kaiserlichen Akademie der Wissenschaften   183
6.3.3.1 Die ersten Berichte an die kaiserliche Akademie der
Wissenschaften in Wien über die Erforschung der
Zentralkette der Ostalpen gemeinsam mit den
Petrographen Friedrich Berwerth und Ulrich
Grubenmann   184
6.3.3.2 Der zweite Bericht an die kaiserliche Akademie der
Wissenschaften in Wien über petrographische und
tektonische Untersuchungen im Hochalmmassiv –
dem östlichen Tauernfenster – gemeinsam mit dem
Geologen Viktor Uhlig   201
6.3.4 Die Aufnahmen im Gebiet des Zillertales als Grundlage der
Alpenexkursion während des 9. Geologenkongresses in
Wien 1903   205

6.4 Die Bezeichnung »Kristalline Schiefer« – ein petrographischer
Terminus – als Vorläufer der Metamorphite 243
6.4.1 Historischer Überblick 243
6.4.2 Definition des Begriffes »Kristalline Schiefer« 246
6.4.3 Friedrich Beckes Publikationen im Bereich der kristallinen
Schiefer 247

7. Zusammenfassung 263

Tabellen- und Abbildungsverzeichnis 269

Literatur zum Thema Ätzfiguren zur Zeit Friedrich Beckes 273

Literatur- und Quellenverzeichnis 277

Glossarium 289

Anhang 293
Anhang 1: Die Notizbücher Friedrich Beckes in chronologischer
Reihenfolge 293
Anhang 2: Friedrich Becke: Verzeichnis der Publikationen nach
Jahren geordnet mit einem Verzeichnis der Biographien 331
Anhang 3: Die Aufzeichnungen in den Feldtagebüchern als
Grundlage der Stationen des Exkursionsführers Nr. VIII im Westende
der Hohen Tauern (Zillertal) während des 9. Geologenkongresses in
Wien im Jahr 1903 347
Anhang 4: Geologische Zeittafel 349

Summary 351

Personenregister 353

Vorwort

Der vorliegende Band beschäftigt sich mit den schriftlichen Aufzeichnungen des Mineralogen und Petrographen Friedrich Becke. Grundlage hiefür bildet die von der Autorin 2016 abgeschlossene Dissertation an der Universität Wien. Diese Notizbücher sind inhaltsreiche Dokumente, denn sie geben uns ein Zeugnis seiner umfangreichen und vielseitigen Forschungsarbeit. Becke hinterlässt ein umfassendes publiziertes Œuvre, das allerdings keinen Hinweis auf seine handschriftlichen Aufzeichnungen gibt. Mit seinem Namen werden folgende Erkenntnisse in den Erdwissenschaften verbunden: die theoretischen Kenntnisse der Kristallklassen, die Weiterführung der Erforschung der Mineralgruppe der Feldspate, die technische Weiterentwicklung des Mikroskops, die geologische Erforschung des Waldviertels, der Sudeten und der Alpen und die bedeutendste Entdeckung im mikroskopischen Bereich, die nach ihm benannte Beckesche Lichtlinie. Seine Entdeckung wird auch heute noch angewandt bei der mikroskopischen Beobachtung von zwei (Festkörpern) Mineralen mit unterschiedlicher Lichtbrechung. Anhand der Notizbücher kann die Praxis der mineralogischen, petrographischen und geologischen Techniken des ausgehenden 19. Jahrhunderts nachvollzogen werden. Friedrich Becke hat in seinen Naturbeobachtungen und den daraus resultierenden Theorien die erdwissenschaftlichen Felder der Mineralogie, Petrographie und Geologie erfolgreich miteinander verbunden. Seine Bedeutung in der Mineralogie und hier vor allem in den fundamentalen Erkenntnissen über die Feldspäte in den Beobachtungen mit dem Mikroskop ist immer wieder in der Fachliteratur hervorgehoben worden. Die grundlegenden Erkenntnisse in der Erforschung der Waldviertler Gesteine werden auch heute noch in der Fachliteratur angeführt. Im Bereich der »Kristallinen Schiefer« und der metamorphen Gesteine gilt Becke als einer der Pioniere innerhalb des Faches der Petrographie. Die fundamentalen Erkenntnisse im Bereich der Alpengeologie – östliches und westliches Tauernfenster und Rieserferner – treten dabei in den Hintergrund und finden in der modernen Literatur wenig Beachtung. Gleichzeitig ist mit Friedrich Becke eine Persönlichkeit angesprochen, die einen steilen Karriereweg in den Wissenschaftsbereichen Mineralogie und Petrographie absolviert, sich aber auch intensiv mit geologischen Themen seiner Zeit praktisch und theoretisch auseinandersetzt.

Ein besonderes Augenmerk wird in der vorliegenden Arbeit den sogenannten Ätzfiguren, auch Zersetzungsfiguren genannt, an Kristalloberflächen gewidmet. In der zweiten Hälfte des 19. Jahrhunderts untersuchen Wissenschafter den Einfluss von Lösungsmitteln an Kristallen, um einen Beweis für die bereits mathematisch errechnete Kristallstruktur zu erbringen. Friedrich Becke nimmt an dieser internationalen Diskussion teil und kann aus seinen Forschungen den inneren Aufbau der Kristalle wiederum nur theoretisch nachweisen, aber mit großartiger Beobachtungsgabe und exakter Beweisführung. Die Forschungen, Becke bezeichnet sie als Ätzversuche, an Kristallen umfassen den Zeitraum von zehn Jahren, zwischen 1881 und 1890, und füllen zehn Notizbücher, die inhaltsmäßig den Laborbüchern zuzuordnen sind. Seine theoretischen Erkenntnisse konnten erst im 20. Jahrhundert mittels der Röntgenstrukturanalyse nachgewiesen und somit eindeutig bestätigt werden.

Die Aufzeichnungen der Alpenbegehungen entstehen innerhalb von 20 Jahren zwischen 1892 und 1912 und finden in unterschiedlichen Stilen – Notizbuch, Feldtagebuch und Laborbuch – ihren Niederschlag. Die ersten Beobachtungen der Begehung im alpinen Bereich nimmt Friedrich Becke während seiner Lehrtätigkeit in Prag im August 1892 auf. In speziell gebundenen Leinenbüchern (Feldtagebüchern) sind die Beobachtungen im Gelände in Berichten und mit zum Teil farbigen Geländeprofilen festgehalten. Gemeinsam mit dem Geographen Ferdinand Löwl (1856–1908) untersucht er die Gesteine und Formationen der südlichen Alpen um Predazzo und den geologischen Aufbau der Zillertaler Alpen. 1894 genehmigt die kaiserliche Akademie der Wissenschaften in Wien eine Kommission für die erste petrographische Erforschung der Zentralkette der Ostalpen. In drei Regionen erforschen drei Wissenschafter das Gebiet – Friedrich Martin Berwerth (1850–1918), Johann Ulrich Grubenmann (1850–1924) und Friedrich Becke.

Friedrich Becke forscht im heutigen östlichen und westlichen Tauernfenster. Die Dokumentation über seine Aufenthalte im Bereich des Zillertales und des Tuxer Hauptkammes mit Erkundigungen im Brennertal erstreckt sich über zehn Jahre zwischen 1893 und 1903. Die aktive Teilnahme am 9. Geologenkongress in Wien kann als wissenschaftlicher Höhepunkt und auch als Abschluss der Forschungen im Zillertal und den Tuxer Alpen gesehen werden. Die petrographischen Laboruntersuchungen aus den Gesteinen der Zillertaler Alpen führen Becke zu fundamentalen Erkenntnissen im Bereich der kristallinen Schiefer und der metamorphen Gesteine. Die zweite petrographisch-geologische Erforschung findet gemeinsam mit dem Geologen Viktor Uhlig (1857–1911) am Nord- und Ostrand des Hochalmmassivs zwischen 1906 und 1908 statt. 1912 fasst er die fundamentalen Erkenntnisse resultierend aus den Alpenbegehungen über die großen Gesteinsformationen zusammen und veröffentlicht diese im Anzeiger der kaiserlichen Akademie der Wissenschaften. Diese beiden Forschungsgebiete haben heute als Tauernfenster in den Alpen ihren festen Platz in der Alpengeologie gefunden. Becke legt hier mit seinen petrographischen Erforschungen und den daraus resultierenden Erkenntnissen die Grundlage für die kommenden Diskussionen dieses geologisch hoch interessanten Gebietes.

Abschließend seien noch einige Worte des Dankes ausgesprochen. Zunächst sei den Betreuern und Begutachtern meiner Dissertation Prof. Mag. Dr. Bernhard Grasemann, Prof. Dr. Helmuth Grössing, Doz. Mag. Dr. Hannes Seidl und Prof. Dr. Josef Michael Schramm herzlichst gedankt. Ebenso sei der Universitätsbibliothek Wien unter der Leitung von Frau HR Mag. Seißl für die Bereitstellung der finanziellen Mittel zur Publikation des vorliegenden Bandes gedankt. Ein herzliches Dankeschön geht an Dozent Mag. Dr. Johannes Seidl für die großartige Unterstützung bei der Entstehung dieses Werkes. Auch dem Verlag V & R unipress, Göttingen, zuvorderst Frau Mag. Susanne Franzkeit und Herrn Mag. Oliver Kätsch, die sich um die Gestaltung des vorliegenden Bandes große Verdienste erworben haben, sei an dieser Stelle gedankt. Ebenso möchte ich mich bei meinem Sohn Peter Hamilton, MSc. für die umsichtige Betreuung und Erstellung des Computersatzes herzlichst bedanken.

Wien, im Oktober 2016   Margret Hamilton

1. Einleitung

Das Studium der Natur ist bildend für Herz und Geist, und unerschöpflich.
ABRAHAM GOTTLOB WERNER[1]

Während meiner Forschungsarbeit im Fach Mineralogie über Dokumente, Bildmaterial und Nachlass des Mineralogen, Petrographen und Professors an der Universität Wien Friedrich Johann Karl Becke (1855–1931)[2] stieß ich auf seine bekannten, aber bis zu diesem Zeitpunkt noch nicht aufgearbeiteten persönlichen Notizbücher. Ich erhielt sie zum eingehenden Studium von dem emeritierten Universitätsprofessor Dr. Wolfram Richter, dem ehemaligen Vorstand des Instituts für Petrologie an der Universität Wien. Die Bücher werden nach meinen Recherchen an das heutige Department of Lithospheric Research zurückgehen. Die von Herrn Professor Richter benannten »Feldbücher Beckes« befanden sich lange Zeit an der ehemaligen Bibliothek des Mineralogisch-Petrographischen Instituts im Hauptgebäude der Universität in Wien. Bei der Auflösung und Neustrukturierung des Instituts und der Bibliothek im Jahr 1995 gingen die Notizbücher Friedrich Beckes in die Obhut Wolfram Richters über. Beckes persönliche Aufzeichnungen waren bisher nicht Gegenstand genauerer Untersuchungen, diese sind aber hinsichtlich seiner komplexen mikroskopischen Forschungen, seiner Alpenbegehungen und Feldspat-Forschungen besonders im Bereich der kristallinen Schiefer von großer Bedeutung gewesen, da

---

1 Zitat aus dem Stammbuch von Karl Ludwig Giesecke (1761–1833), das A.G. Werner am 16. Juli 1801 in Freiberg seinem Schüler in das Stammbuch geschrieben hatte. Aus dem Autographenalbum Nr. 3, mit der Signatur MS 3534, das in der National Library of Irland in Dublin aufliegt. Siehe Literatur: Gerd IBLER, Nathanael Gottfried Leske (1751–1786) und sein klassisches Naturalienkabinett. In: Mitteilungen der Österreichischen Mineralogischen Gesellschaft 161 (Wien 2015), S. 166.

2 Margret HAMILTON, Die Schüler Friedrich Johann Karl Beckes an der Universität Wien. Ihre Biographien und Werkverzeichnisse, mit einer Beschreibung der nach vier Schülern benannten Minerale: Chudobait, Cornuit, Görgeyit und Tertschit. – Ungedruckte Dissertation, eingereicht an der Fakultät für Geowissenschaften, Geographie und Astronomie der Universität Wien (2009). Margret HAMILTON, Der Einfluss Friedrich Johann Karl Beckes auf die Erdwissenschaften an der Universität Wien. In: Bibliotheken, Archive, Museen, Sammlungen. Beiträge des 10. Internationalen Symposiums Kulturelles Erbe in Geo- und Montanwissenschaften. Reihe A: Archivverzeichnisse, Editionen und Fachbeiträge, 14 (Hg. Sächsisches Staatsarchiv, Halle an der Saale 2010), S. 147–155.

Beckes Erkenntnisse immer wieder in den internationalen Veröffentlichungen
angeführt werden.

Ich habe den Aufzeichnungen Beckes den allgemeinen Begriff »Notizbücher«
gegeben. In unterschiedlichen Notierungen, die keine geordneten und strukturierten Abfolgen, kein chronologisch aufgebautes Werk darstellen, werden
bestimmte Inhalte und die abwechslungsreiche Gestaltung der Dokumentation
auf Papier in verschiedenartigen »Aufschreibestilen« mit Bleistift oder Tinte und
in unterschiedlichen kleinen Büchern festgehalten. Während der Alpenbegehungen wechseln Kurznotizen über Messungen der Gesteine mit narrativen
Berichten und geologischen Profilen ab. Im Labor stehen Messdaten mit verschiedenen technischen Geräten und graphischen Notizen im Vordergrund.
Persönliche oder private Angaben, wie Besorgungen, Etat oder Namen ver-
schiedener Personen, sowie persönliche Wahrnehmungen der Gebirgswelt fin-
den ebenfalls Eingang in die aufschlussreichen Bücher. Aus dem umfangreichen
Dokumentationsmaterial habe ich hier eine Themenauswahl getroffen mit den
Schwerpunkten: Beobachtungen von Ätzfiguren an Mineralen, petrographische
Studien in den Alpen und einen Überblick über die kristallinen Schiefer alpiner
Gesteine. Als Mineralogin interessiert mich die Herangehensweise Beckes in
Bezug auf Ätzfiguren an Kristallen: mit Hilfe dieser Figuren suchte er den
Nachweis für die Symmetrie der Kristalle zu erbringen. Die Aufzeichnungen in
den Feldtagebüchern sind ein beredtes Zeugnis für die petrographische Auf-
nahme in den Alpen, hier im Besonderen des Tauernfensters. Aus diesen Ge-
ländeforschungen entstanden die großartigen Überlegungen zum Thema
kristalline Schiefer und metamorphe Gesteine. Den einzelnen thematischen
Erörterungen füge ich Abbildungen aus den Notizbüchern hinzu, die entweder
den Text unterstreichen oder zur genaueren Veranschaulichung eines bezeich-
nenden Inhaltes oder ausführlichen Beschreibungen in den Büchern dienen. Die
Aufzeichnungen Friedrich Beckes sind inhaltsreiche Dokumente, die Zeugnis
geben von seiner umfangreichen und vielseitigen Forschungsarbeit. Sie dokumentieren aber auch signifikant den Wissensstand in den erdwissenschaftlichen
Fächern Mineralogie, Petrographie und Geologie um 1900. Seine Aufzeichnungen sind Zeitzeugnisse, die einen Einblick in die Forschungstätigkeiten und
einen Beitrag zum internationalen Diskurs bringen. Die Dokumentation einzelner Messdaten mit dem Mikroskop, dem Goniometer oder auch dem Kompass im freien Gelände weisen in einer ersten Ebene auf eine objektive Wiedergabe einer Naturbeobachtung hin. In einer übergeordneten zweiten Ebene
wird ersichtlich, dass diese Forschungsergebnisse im Dienste der Wissenschaft
gemacht worden sind und eine zweckfreie Grundlagenforschung in den geowissenschaftlichen Disziplinen bilden. Die einzelnen Daten werden gesammelt
und genauestens aufgezeichnet, sie dienen der Beweisführung und der Bestäti-

gung eines nachvollziehbaren Wiederholungsvorganges innerhalb einer wissenschaftlichen Forschungsarbeit.

Beckes Notizen sind erkenntnisreiche Vorgänge, die nun in einer genauen Untersuchung verfolgt und aufgearbeitet werden. Die einzelnen Schritte der Erkenntnisgewinnung werden in den Erörterungen von den originalen Zeichnungen und Profilen aus den Büchern begleitet, denn sie sind wichtig im Zusammenhang mit der Dokumentation der wissenschaftlichen Darstellung. Die biographischen Daten Friedrich Johann Karl Beckes sind unentbehrlich im Kontext mit den wissenschaftlichen Beobachtungen und Notizen in seinen Büchern. Daher wird in einem ausführlichen Abschnitt ein Überblick über sein Leben und seine wissenschaftliche Arbeit an den Universitäten Czernowitz, Prag und Wien gegeben. Ebenso ist die historische Entwicklung der Fächer Mineralogie, Petrographie und Geologie an der Universität Wien innerhalb der Schaffenszeit Beckes um 1900 in einem eigenen Abschnitt dargestellt.

In der Wissenschaftsgeschichte hatte die Geschichte der Erdwissenschaften nicht jene prominente Bedeutung wie die der Biologie, der Medizin oder der Physik. Erst in den letzten Jahrzehnten rückten die Geowissenschaften, zu denen Mineralogie und Petrographie, Geologie und Paläontologie zählen, in den Vordergrund, wobei Mineralogie und Petrographie weniger berücksichtigt wurden. Aus der Perspektive der Universitätsgeschichte in Österreich hat Elmar Schübl[3] über einzelne Personen im Bereich der Mineralogie referiert, einschließlich der Etablierung der erdwissenschaftlichen Lehrstühle und den Habilitationen, aber wenig Augenmerk auf die Sammlungen und Bibliotheken gelegt. Franz Pertlik untersucht die Bedeutung namhafter Mineralogen an der Universität Wien im 19. Jahrhundert. Ebenso beschäftigen sich Wissenschafter mit den Anfängen und der Etablierung der Geologie innerhalb der Erdwissenschaften.[4] Die Geschichte der Geologie ist stärker vertreten, der mineralogisch-petrographische Bereich ist demgegenüber weniger erforscht.[5]

Die vorliegende Arbeit konzentriert sich auf die Forschungsgebiete der Mineralogie, der Petrographie und der Geologie, die als Felder der Erdwissenschaften Ende des 19. Jahrhunderts noch sehr nahe beisammen stehen, bevor diese wirklich auseinander driften und selbständige Wissenschaftsbereiche werden. Gleichzeitig ist mit Friedrich Becke eine Persönlichkeit angesprochen,

---

3 Siehe Literatur: Elmar, SCHÜBL, Mineralogie, Petrographie, Geologie und Paläontologie: Zur Institutionalisierung der Erdwissenschaften an österreichischen Universitäten vornehmlich an jener in Wien, 1848–1938 (Graz, 2010).

4 Siehe Literatur, zum Beispiel: Martin J. S. RUDWICK, Earth History and the History of Geology. In: The Story of Time (London 1999). David R. OLDROYD, Thinking about the earth. A History of Ideas in Geology (Cambridge 1996).

5 Martin GUNTAU, Die Entstehung der Mineralogie als wissenschaftliche Disziplin in der Geschichte. In: Zeitschrift geologischen Wissens 12 (Berlin 1984), S. 395–403.

die einen steilen Karriereweg in den Wissenschaftsbereichen Mineralogie und Petrographie absolviert, sich aber auch intensiv mit geologischen Themen seiner Zeit praktisch und theoretisch auseinandersetzt. Er führt das mineralogische Wissen in Verbindung mit dem petrographisch-geologischen Wissen zu einer Gesamtheit, die nach ihm nicht mehr realisiert werden konnte.

Anhand der Notizbücher werden die epistemischen Vorgänge verfolgt, die von der Einzelbeobachtung im Gelände zur Verallgemeinerung, von der Serie der Einzeldaten über die Synthese zur Theorie führen. Sie sind ein Instrument, das von der praktischen Erforschung zum Wissen führt. Dieses Instrument, sein Inhalt, seine Bedeutung für die historische Wissenschaft wird in vorliegender Studie Grundlage der Erörterungen sein. Ebenfalls kann anhand der Notizbücher die Praxis der mineralogischen, petrographischen und geologischen Techniken des ausgehenden 19. Jahrhunderts analysiert werden. Dazu zählen die Messungen der Minerale mit dem Goniometer, die optischen Untersuchungen mit dem Mikroskop, chemische Versuche im Labor und Beobachtungen im Gelände. Diese unterschiedlichen Aktivitäten werden in den Büchern penibel aufgezeichnet, niedergeschrieben und zum Teil zusammengefasst. Zum einen wird die Transformation von der Wahrnehmung zur Aufzeichnung im Notizbuch deutlich, zum anderen ist der Einsatz von Instrumenten, und damit seriell objektiv gewonnene Daten, sowie deren Dokumentation nachvollziehbar. Anhand der Notizbücher kann man einen Weg adäquat verfolgen, der die Schritte der Differenzierung der experimentellen Erarbeitung und die Elemente der Experimente präzisiert und damit verbessert. Damit können die quantitativen Praktiken an den Instrumenten als »technologies of power« gesehen werden.[6] Ebenso können Strategien identifiziert werden, die von einer individuellen, subjektiven Beobachtung über die »mechanische Objektivität« mit Hilfe des Instruments (z. B. Mikroskop) zu neuen wissenschaftlichen Erkenntnissen führen.[7]

---

6 Ana CARNEIRO & Marianne KLEMUN, Instruments of Science – Instruments of Geology; Introducing to Seeing and Measuring, Constructing and Judging: Instruments in the History of the Earth Sciences. In: Centaurus 53 (Singapore 2011), S. 83.

7 Lorraine DASTON & Peter GALISON, Objektivität (Frankfurt/Main 2008).

2 Die historische Entwicklung der geowissenschaftlichen Disziplinen Mineralogie, Petrographie und Geologie

In der Betrachtung der historischen Entwicklung der einzelnen Disziplinen sei hier zunächst der Terminus Disziplin erörtert. Der Begriff Disziplin leitet sich vom lateinischen Wort »disciplina« ab und bedeutet Unterweisung, Unterricht, Lehre, aber auch Ordnung oder eine Einrichtung. In diesem interdisziplinären, erdwissenschaftlich-historischen Kontext kann dieser Begriff als ein Prozess der Disziplinierung des Denkens und Handels auf einem eingegrenzten Wissensgebiet gesehen werden. Bestimmte Erkenntnisse in einem Forschungsgebiet, die aus der Entwicklung von Beobachtungen entstanden sind, führen zu Erkenntnistheorien, Gesetzen, einer Grundstruktur sowie Lehr- und Weiterbildungsinstitutionen. Ebenso sind die Reproduzierbarkeit der messbaren Erkenntnisse, eine Stabilität der empirischen und logischen Erkenntnisse als Grundlage zu sehen.

Die Entdeckungen und Erfindungen, ihre Anwendungen, die Aus- und Weiterbildung wissenschaftlicher [Gruppen], das Publikationswesen, die Kommunikation in wissenschaftlichen Gesellschaften, institutionelle Einrichtungen, wissensorganisatorische Maßnahmen usw. realisieren sich im Rahmen der disziplinären Gliederung der Wissenschaft und gehen auch bei übergreifenden, integrierenden Arbeiten von der Grundlage einzelner relativ selbständiger Wissenschaften aus. […] Die Herausbildung einer Einzelwissenschaft [ist] ein Knotenpunkt der Wissenschaftsentwicklung mit hoher Komplexität, der von verschiedenen kognitiven und sozialen Faktoren bestimmt wird.[8]

Die wissenschaftlichen Disziplinen Mineralogie, Petrographie und Geologie sind Ende des 18. Jahrhunderts entstanden, wobei viele namhafte Persönlichkeiten in ihrer Betrachtungsweise eine Methodik und eine Struktur erarbeiteten und damit eine Basis für die naturwissenschaftlichen Disziplinen im heutigen Verstehen schufen. Der Begriff Geologie im allgemeinen Sprachgebrauch wurde zunächst mit unterschiedlichen Worten erklärt, wie Mineralogie, Geographie,

---

8 Martin GUNTAU, Die Genesis der Geologie als Wissenschaft. (= Schriftenreihe für geologische Wissenschaften 22, Berlin 1984), S. 6–7.

Geognosie oder Oryktognosie[9]. Das Streben nach objektiver Betrachtung der Natur,[10] die daraus resultierenden Erkenntnisse aus Messdaten, die durch ihre Wiederholbarkeit grundlegende Aussagen ergaben, sowie die Verbesserung von technischen Geräten und kartographischen Darstellungen, führten Ende des 18. Jahrhunderts zur Herausbildung der unterschiedlichen erdwissenschaftlichen Disziplinen. Die Betrachtung und Erforschung der Natur kann als Teil der Kulturgeschichte gesehen werden. Ebenso beeinflusst das Denken des christlichen Glaubens mit den Vorstellungen von Schöpfung und Sintflut die Naturforscher bis in das 19. Jahrhundert hinein und hat in der Betrachtung der Erdgeschichte und hier vor allem in der Disziplin Geologie große Bedeutung. Einige Persönlichkeiten, wie zum Beispiel Gottlob von Justi, stellten schon im 18. Jahrhundert die Existenz einer Sinflut in Frage.

Der Jurist Johann Heinrich Gottlob Justi (1717–1771) erhielt 1752 eine Anstellung als Professor für »Praxis im Cameral-, Commercial- und Bergwesen« an der Ritterakademie Theresianum in Wien unter Maria Theresia. Zu seinen verwaltungstechnischen Reformen zählten auch die Reform des Bergwesens und die Gründung von Bergakademien zur Verbesserung der Ausbildung der Verwaltungsbeamten und der Bergwissenschaften im Interesse des Staates. Justi vertrat die Auffassung, …

… dass es keine Sinflut, jedoch zahlreiche größere katastrophale Überflutungen gegeben hat. Dies setzt eine lange Erdgeschichte – »Millionen Jahre scheinen kaum ausreichend« – voraus. Ebenso ging er von der Vorstellung einer Hebung der Gebirge durch ein zentrales Feuer in der Erde aus, wobei er die »naturwissenschaftlichen« Aussagen der Bibel anzweifelte.[11]

Das abendländische Weltbild war bis in das 18. Jahrhundert hinein geprägt von der biblischen Vorstellung der Schöpfung und des Unterganges. Diesem

---

9 Den Begriff *ORYKTOGNOSIE* definiert der Mediziner und Professor für Naturgeschichte an der königlichen polytechnischen Schule in Stuttgart J. G. KURR in seinem Werk: »Grundzüge der ökonomisch-technischen Mineralogie« (Leipzig 1844, Seite 13) mit folgenden Worten: *Der Zweck und Gegenstand der Oryktognosie ist, die Beschreibung und Lehre von den einfachen Mineralkörpern. Die allgemeine Oryktognosie macht uns mit den physischen Merkmalen und den äußeren derselben im Allgemeinen bekannt, sie erklärt die gebräuchlichsten Kunstausdrücke und giebt [sic!] die Methode an, nach welcher man zu verfahren hat, um ein unbekanntes Mineral kennen zu lernen und ihm seine Stelle in irgend einem System anzuweisen. Sie beschäftigt sich endlich mit den Grundsätzen der Systematik, lehrt uns daher die verschiedenen Systeme kennen und dasjenige zu wählen, welches unserem Zwecke am angemessensten erscheint. Die specielle Oryktognosie beschreibt dagegen die einzelnen Mineralien und lehrt uns ihre Zusammensetzung, ihr Vorkommen und ihre Anwendung.*

10 Alexander TOLLMANN bezeichnet es als *das außerordentlich harte Ringen um die Wahrheitsfindung.* In seinem dreibändigen Werk: Geologie von Österreich. Band 3 (Wien 1977), S. 3.

11 Helmut W. FLÜGEL, Der Abgrund der Zeit. Entwicklung der Geohistorik 1670–1830 (Berlin, Diepholz 2004), S. 138.

Weltbild haben sich viele sogenannte Geognostiker angepasst. Mit den Ideen der Aufklärung wurde aber diese Weltordnung allmählich in Frage gestellt. Diskussionen über das Erdzeitalter gab es immer wieder und auch die Vermutung, dass die biblische Zeitangabe nicht stimmen kann, aber es gab dafür keine nachhaltigen Beweise. Trotz all dieser Diskussionen führte der Weg von der empirischen Erfassung der Naturbeobachtungen zur theoretischen Deutung.

Gegenstand der geologischen Wissenschaften ist die Wechselwirkung physikalischer, chemischer und biologischer Bewegungsformen der Materie im Bereich der Natur, der durch die Existenz der Erde räumlich und zeitlich gegeben ist.[12]

Die Geschichte der Erde ist auch als Geschichte des Lebens zu sehen und bildet eine Abfolge von Zeiten in der Vergangenheit.

Die einzelnen Wissensgebiete unterscheiden sich durch das methodische Vorgehen und ihre Anwendungen im Bereich der Naturerforschung.

Ein und dasselbe empirische Objekt kann für mehrere Disziplinen zum Gegenstand der Untersuchung werden. [...] Disziplinen, die nach ihren Gegenständen unterscheidbar sind, müssen das nicht nach ihren empirischen Objekten sein, und umgekehrt kann der Zugang zu ein und demselben Gegenstand natürlich über verschiedene Klassen empirischer Objekte erfolgen.[13]

Zum Beispiel bildet die Kenntnis der Minerale nicht nur die Basis im Bereich der Mineralogie, sie ist ebenso grundlegend in den Fächern Petrographie und Geologie. In der Entwicklung, auch der Vorgeschichte, der einzelnen Disziplinen treten innerhalb eines längeren Zeitraumes viele Einzelerkenntnisse und unterschiedliche Erfahrungen auf, die noch nicht als zielgerichtete Tätigkeiten zu einem bestimmten Gegenstand zu sehen sind. Auch können unterschiedlich ausgebildete Personen, zum Beispiel Mediziner oder Theologen, Beobachtungen in der Natur anstellen und diese aus ihrer Sicht heraus erklären. Ebenso spielen verschiedene Instrumente, Techniken, Institutionen, Ereignisse und Interessen eine unterschiedliche Rolle, wobei jedes einzelne Ereignis zur Gesamtkomposition beiträgt. Ulrich Grubenmann hebt hervor, dass sich eine naturwissenschaftliche Disziplin erst durch ihre mathematische Definition erklärt.

Aber wie stets in den naturwissenschaftlichen Disziplinen, tauchten die Ideen [zum Beispiel über den Metamorphismus] *zuerst in phantastischen, man möchte fast sagen mythologischen, Formen auf, oder verschwommen, ohne scharfe Abgrenzung und ohne mathematische Bestimmtheit, die sie erst zu wissenschaftlichen Prinzipien erheben kann.*[14]

Erst eine Reproduzierbarkeit und eine Gliederung von Erkenntnissen sowie

---

12 GUNTAU, Genesis der Geologie (Anm. 8.), S. 15.
13 Martin GUNTAU & Hubert LAITKO, Der Ursprung der modernen Wissenschaften. Studien zur Entstehung wissenschaftlicher Disziplinen (Berlin 1987), S. 23.
14 Ulrich GRUBENMANN, Die kristallinen Schiefer. 1. Teil (Berlin 1904), S. 2.

Kommunikationsmöglichkeiten in Lehr- und Forschungsstätten, Gesellschaften und Bibliotheken stehen für die Institutionalisierung einer Disziplin.

Die Gründung von Institutionen kann als Lebensfähigkeit einer Disziplin angesehen werden, so zum Beispiel die Geological Society in London 1807 oder die Societé Géologique de France 1830. Die Gründung der kaiserlichen Akademie der Wissenschaften in Wien erfolgte erst 1847 und die der Geologischen Reichsanstalt im Jahr 1849.[15] Aber auch Lehr- und Bildungsstätten, vor allem im Bereich des Bergbaues, die das mineralogische und geologische Wissen weitergaben und weiterentwickelten, trugen zur Stabilisierung dieser Disziplinen bei. Zu den ersten Gründungen einer Lehrstätte zählte die Bergakademie in Freiberg in Sachsen im Jahr 1765, Schemnitz (heute Banscá Štiavnica, Slowakei) wurde in der Österreichischen Monarchie 1770 eröffnet, darauf folgten 1770 Berlin im damaligen Preußen und 1773 Sankt Petersburg in Russland, 1777 Almaden und 1799 Rio Tinto in Spanien und 1795 Paris. Im Interesse eines breiteren Publikums wurden mineralogische Sammlungen und Museen gegründet, deren Vorbilder in den Raritäten- und Kuriositätensammlungen aus der Renaissancezeit zu sehen sind. In Österreich entstanden im Interesse einiger Mitglieder des Kaiserhauses Mineraliensammlungen, die später im großen Hof-Museum, dem heutigen Naturhistorischen Museum, zusammengeführt wurden. Aber auch groß angelegte wissenschaftliche Reisen und die daraus resultierenden Berichte in Europa ab dem Ende des 18. Jahrhunderts förderten die Erkenntnisgewinnung, wie zum Beispiel die Reisen von Ami Boué (1794–1881), William Buckland (1784–1856), Alexander von Humboldt (1769–1859) oder Belsazar Hacquet (1739/40–1815).

In der ersten Hälfte des 19. Jahrhunderts entstanden Vereinigungen auf privater Basis, die sich zum Ziel setzten, die Naturbeobachtungen in spezifischen Vereinen zu pflegen. So zum Beispiel entstanden in Österreich einige Sammlungen und Vereine, wie die Sammlungen des Joanneums in Graz im Jahre 1811[16], der geognostisch-montanistische Verein für Tirol und Vorarlberg 1838, der geognostisch-montanistische Verein für Innerösterreich und das Land ob der Enns 1836, oder das »Montanistische Museum« im Hauptmünzamt, das als Vorläufer der geologischen Reichsanstalt in Wien gesehen werden kann[17]. Mit

---

15 Siehe Literatur: Walter HÖFLECHNER, Österreich: eine verspätete Wissenschaftsnation? In: Geschichte der österreichischen Humanwissenschaften. (Band 1: Historischer Kontext, wissenschaftssoziologische Befunde und methodologische Voraussetzungen, Hg: Karl Acham, Wien 1999), S. 93–114.

16 Die Gründung der polytechnischen Bildungsanstalt *JOANNEUM* in Graz erfolgte unter Erzherzog Johann von Österreich (1782–1859). Siehe Literatur: Dieter A. BINDER, Das Joanneum in Graz, Lehranstalt und Bildungsstätte. Ein Beitrag zur Entwicklung des technischen und naturwissenschaftlichen Unterrichtes im 19. Jahrhundert. (Graz, 1983).

17 Siehe Literatur: Tillfried CERNAJSEK, Die geowissenschaftliche Forschung in Österreich in der ersten Hälfte des 19. Jahrhunderts. In: Die geologische Bundesanstalt in Wien. 150 Jahre

der Gründung der k. k. geologischen Reichsanstalt im Jahre 1849 begann die systematische geologische Landesaufnahme der Monarchie. Aber auch die Gründung einer Bergbauschule zunächst in Vordernberg, die dann ihren Sitz in Leoben hatte[18], trug zur weiteren Entwicklung und Forschung der Erdwissenschaften bei. Mit der Gründung der kaiserlichen Akademie der Wissenschaften im Jahr 1847 setzte die Ära der wissenschaftlichen Erforschung und Pflege der Einzeldisziplinen auf höchster Ebene ein. Große geologische Projekte wurden in den folgenden Jahren von der Akademie unterstützt, dazu zählen die regional-geologische Durchforschung der Monarchie, die Weltumsegelung durch die Fregatte »Novara« von 1857–1859, die petrographische Erforschung der Zentralkette der Ostalpen, die Erdbebenkommission und die Auswertung der technischen Großaufschlüsse der vier Eisenbahntunnel (Tauern-, Bosruck-, Karawanken- und Wocheinertunnel).[19]

An dem Interesse an der Geschichte der einzelnen Disziplinen ist zu erkennen, dass die Beschäftigung mit geologischen Themen und Theorien im Vordergrund stehen. Vor allem die philosophische Betrachtung der Entstehung der Erde ist immer wieder von der Antike bis in das 19. Jahrhundert hinein erörtert worden. Auch die biblische Denkweise von der Entstehung der Erde und des Universums hat viele Persönlichkeiten bis zur Entdeckung und Anwendung der Radioaktivität zu Beginn des 20. Jahrhunderts (Antoine Henri Becquerel, 1852–1908 und Ernest Rutherford, 1871–1937) und deren Übertragung in die einzelnen Wissenschaftsbereiche intensiv beschäftigt. Die Bereiche der Mineralogie und Kristallographie werden dagegen aus der mathematischen, physikalischen und chemischen Betrachtung heraus in den philosophischen Diskursen wenig einbezogen. Das Wissensfach der Petrographie hat sich erst in der zweiten Hälfte des 19. Jahrhunderts als selbständige Disziplin im geowissenschaftlichen Bereich etablieren können. Der technische Fortschritt des Mikroskops und die

---

Geologie im Dienste Österreichs (1849–1999). (Hg: Geologische Bundesanstalt, Wien 1999), S. 41–54.

18 Günter B. FETTWEIS, 150 Jahre Montanuniversität Leoben. Rückblick und Jubiläumsfeier. In: Glückauf 127 (Leoben 1991), S. 212–215. Günter B. FETTWEIS, Wo Forschung Zukunft wird. Festschrift zum Jubiläum »175 Jahre Montanuniversität Leoben«. 3 Bände (Leoben 2015).

19 Alle vier Tunnel zählten zum groß angelegten Eisenbahnprojekt der kaiserlich staatlichen Eisenbahnen, das durch die Alpen führt, die über den Schienenverkehr verkehrstechnisch den Norden mit dem Süden, hier vor allem mit der Hafenstadt Triest, verbinden sollten. Der Bosrucktunnel zwischen Klaus und Selzthal, der Karawankentunnel zwischen Rosenbach und Assling (Jesenice, Slowenien), der Wocheinertunnel zwischen Assling und Görz (Gorizia, Slowenien) und der Karawankentunnel zwischen Rosenbach und Jesenice wurden 1806 eröffnet. Die Eröffnung des Tauerntunnels zwischen Böckstein und Mallnitz erfolgte erst 1909 (Friedrich Becke und Friedrich Berwerth haben im Tauerntunnel petrographische Studien unternommen, siehe Publikationsliste im Anhang 3).

fortgeschrittenen chemischen Analysen ermöglichen es der Gesteinskunde, als eigenständige Wissenschaft aufzutreten.

Das 19. Jahrhundert ist geprägt vom Sammeln und Zusammentragen, dem Ordnen und Klassifizieren von Fakten, wobei hier auch das Interesse an einer Chronologie der Erdgeschichte zu einer noch heute gültigen Abfolge der stratigraphischen Einheiten geführt hat. Es entstehen die ersten großen überschaubaren Zusammenfassungen des Wissens, so zum Beispiel das umfassende geologische Werk »Das Antlitz der Erde« von Eduard Suess[20], oder Lehrbücher für unterschiedliche Bildungsebenen, wie Mineraliensammler, Schulen und Universitäten.

Im Folgenden werden die historische Entwicklung der einzelnen Fächer und der Wissensstand zur Zeit Friedrich Beckes an der Universität Wien in einem eigenen Abschnitt erörtert.

2.1   Die Entwicklungsgeschichte der Mineralogie

Die Kenntnis von Mineralen als Rohstoff für Baumaterial, Waffen, Schmuck oder andere Gebrauchsgegenstände begleitet die Menschheit seit deren Gebrauch im täglichen Leben. Daher kann in den unterschiedlichsten Kulturen eine bewusste Beschäftigung und theoretische Auseinandersetzung immer wieder nachvollzogen werden. Die Suche nach Lagerstätten und Abbau weist schon frühzeitig auf eine Bergbautätigkeit hin. Archäologische Funde von Schmucksteinen, wie Lapislazuli, Türkis oder Minerale der Quarzgruppe und Beigaben zu Grabmälern weisen auf vielfältige Nutzung und mystische Interpretationen von Mineralen hin. Schriftliche Überlieferungen aus der Antike sind uns von Aristoteles (um 384–322 v. Chr.) und seinen Schülern Theophrastus (371–288 v. Chr.) oder Plinius dem Älteren (23–79) bereits bekannt. Ihre Werke können als schriftliche Dokumentationen aufgefasst werden, welche die Kenntnisse über Steine und Mineralien ihrer Zeit zusammenfassen. Hier finden wir erstmalig heute gebräuchliche Termini erwähnt, wie zum Beispiel »Lithos« = der Stein oder »Metallenta« = Erze zur Gewinnung von Metallen.

Mannigfaltiges praktisches geologisches Wissen um Minerale, Gesteinsarten, deren Lagerungsverhältnisse, Vererzungstypen, tektonische Störungssysteme und deren Bewegungssinn hat […] der Jahrtausende alte Bergbau erfordert. Zunächst sind diese Kenntnisse durch Tradition […] nur innerhalb des Bergmannsstandes weitergegeben worden.[21]

Im Mittelalter verfasste der persische Arzt Ibn Sina, lateinisch Avicenna

---

20 Eduard SUESS, Das Antlitz der Erde. 1.–3. Band (Wien, Leipzig 1908–1909).
21 Alexander TOLLMANN, Geologie von Österreich. (Anm. 10), S. 4.

(980–1037), eine erste Einteilung der Minerale in 4 Klassen: Metalle und Erze, Steine und Erden, Salze, sowie brennbare Substanzen.

Der auf Fossilien eingehende Abschnitt des »Kitab al-Shifa« von Avicenna wurde um 1200 ins Lateinische übersetzt und erschien unter dem Titel »De mineralibus«. [...] In ihm nahm Avicenna an, dass Fossilien aus tierischen und pflanzlichen Resten durch eine »petrifizierende« und mineralisierende Kraft [...] entstanden sein können. [...] Dies zeigt, dass Avicenna in den Fossilien echte Versteinerungen und nicht in situ entstandene Zufallsbedingungen einer »vis plastica« sah.[22]

In den lateinisch geschriebenen Texten schien der Terminus »Mineral« auf. Der Wortstamm »mina« soll einerseits auf eine griechische Silbermünze, andererseits auf die lateinische Bezeichnung für Bergwerk oder Mine zurückgehen.

Als sicher darf angesehen werden, dass das Wort Mineral im europäischen Sprachraum nur bis in das 12. Jahrhundert zurückverfolgt werden kann. Das ist die Zeit, in der die Werke von Ibn Sina ins Lateinische übersetzt wurden und bei den europäischen Gelehrten Aufmerksamkeit fanden. So erschien der Mineralbegriff bei Albertus Magnus (1193–1280) um 1267 im Titel seiner Abhandlung »libri V de mineralibus«.[23]

In der Renaissancezeit erforschten und dokumentierten die Gelehrten nicht nur die Gesteine, sondern auch den Produktionsablauf im Bergwesen. Die bedeutendste Schrift aus dieser Zeit geht auf den Arzt und Naturforscher Georgius Agricola (= Georg Bauer, 1494–1555), der im sächsischen Joachimsthal und Chemnitz im Erzgebirge wirkte, zurück. Er interessierte sich zunächst für die medizinische Anwendung der Minerale. Sein bekanntestes Werk »De re metallica libri XII«[24], ist eine technische Abhandlung über den Bergbau, in der er Anlagen, technische Geräte, Produktion und Gewinnung von Erzen beschrieb. In der Abhandlung definierte er die Minerale folgendermaßen: »Also ist der Kristall ein Gemenge, das die Kälte innerhalb der Erde fest werden hat lassen«. Agricola bezog sich auf den griechischen Terminus »kristallos«, der so viel wie »Eis« bedeutet. Zu den wichtigen Kriterien eines Kristalls zählten Reinheit, Klarheit und Durchsichtigkeit; aber auch die Form, Spaltbarkeit, Härte, Schwere (= Gewicht), Farbe und Glanz eines Minerals bespricht er, so wie es im Bergbau bereits bekannt war. In seinem 1546 erschienenen Werk »De natura fossilium« wird eine umfangreiche Darstellung der Minerale festgehalten. Alles aus der Erde Kommende wird als »fossil« (aus dem Lateinischen: fodere = graben)

---

22 Helmut W. FLÜGEL, Der Abgrund der Zeit (Anm. 11), S. 18–19.
23 Martin GUNTAU, Zu einigen Wurzeln der Mineralogie. In: Wissenschaftsgeschichte und Wissenschaftstheorie. Hubert Laitko zum 70. Geburtstag. (Hg. von H. Kant und A. Vogt, Berlin 2005), S. 113.
24 Georg AGRICOLA, De Re Metallica Libri XII. Unveränderter Nachdruck der Erstausgabe des VDI-Verlags, Berlin 1928 (Wiesbaden 2006).

bezeichnet. Die im Gestein verfestigten organischen Reste von Tieren hielt er für mineralische Gebilde. Diese Ansicht und auch der dafür geprägte Terminus beeinflussten noch Abraham Gottlob Werner in seinen Vorstellungen.

Eine weitere Theorie über die Entstehung der Minerale, nämlich die Bildung und Verfestigung aus Salzlösungen, wird bereits im 16. Jahrhundert in der Literatur eingehend erörtert.

Die Beobachtung, daß Salze sich aus Lösungen in meist klaren und durchsichtigen Polyedern ausscheiden, die ein reines Produkt anzeigen, führte 1597 A. Libavius [Andreas Libau, 1555–1616] *dazu, die Bezeichnung für den Bergkristall,* [...] *auf die Salze zu übertragen und in Verbindung mit der geometrischen Form zum Begriff auszuprägen.*[25]

Die Beobachtungen an Salzen und deren Ausscheidungen zeigten, dass ein Salzkristall in einer Lösung mit der Zeit wächst. Die Erkenntnis daraus ließ die Schlussfolgerung zu, dass dieses Wachstum von innen heraus, aber auch von außen zustande kommen kann. Der innere Wachstumsprozess konnte aus technischen Gründen bis Anfang des 20. Jahrhunderts empirisch nicht nachvollzogen werden. Jedoch ließ sich das äußere Wachstum aus der Tatsache erklären, dass ein Kristallkern existiert, um den herum durch Substanzanlagerung der Kristall wächst und dadurch größer wird.

Dabei mußte entweder ein polyedrischer Kristallkern vorausgesetzt werden, an den sich schichtweise neue Substanz anlagert, oder die polyedrische Form die gelöste Form mußte der gelösten Substanz selbst wesenseigen sein.[26]

In der Folge entwickelte sich eine neue Sichtweise in Verbindung mit der Physik über die Anordnung von Korpuskeln, die besagt, dass eine geometrische Form eine Struktur aufweist, in der eine lückenlose Raumerfüllung durch Korpuskeln gegeben ist. Domenico Guglielmini (1655–1710) beschrieb eine erste »Kristallstrukturtheorie« und *entwickelte 1705 eine theoretische Vorstellung über den Zusammenhang von Form und chemischer Substanz in der Kristallform ähnlicher Salze.*[27]

Guiglielmini unterschied vier morphologische Grundformen:
- Würfel (Kochsalz),
- Oktaeder (Alaun),
- Prisma mit einem gleichseitigen Dreieck als Basis (Salpeter),
- Rhomboedrisches Parallelepiped (Vitriol).

---

25 Eginhard FABIAN, Kristallographie: Die Entstehung einer Wissenschaft im Spannungsfeld wissenschaftlicher Traditionen. In: Der Ursprung der modernen Wissenschaften. Studien zur Entstehung wissenschaftlicher Disziplinen. (Hg: Martin GUNTAU & Hubert LAITKO, Berlin 1987), S. 114.
26 FABIAN, Kristallographie (Anm. 25), S. 115.
27 FABIAN, Kristallographie (Anm. 25), S. 116.

Moritz Anton Cappeller (1685–1769), Arzt und Naturforscher, definierte einen Kristall durch seine geometrische Form in seinem 1723 erschienenen Traktat »Prodromus Crystallographiae de Crystallis improprie sic dictis commentarium«.[28] Dieser Prodromus sollte eine Vorarbeit zu seiner geplanten Crystallographia werden, die aber nie verwirklicht worden ist. Die bereits bekannte Einteilung der Gesteine in drei großen Gruppen wird von ihm erweitert:

1. Steine mit einer Durchsichtigkeit und Härte eines Kristalls.
2. Erze, die als kristallisierte Metallverbindungen zu sehen sind und durch allmähliche Aufnahme von Teilchen entstehen oder aber auch eine Kombination mit anderen Teilchen sein können.
3. Salze. Hier weist er auf die bekannten Schriften des Domenico Guglielmini hin.

Cappeller zählte alle bekannten Kristalle, aber auch Versteinerungen, Fossilien und Erstarrungsformen von Gesteinen auf, wie zum Beispiel Basalt, und teilte sie in neun Klassen ein. Für eine bessere Erkennung der Kristallform setzte er seine Beobachtung durch das Mikroskop ein.

Die Kristalle sind meistens in Grundriß, Aufriß, Seitenriß und vereinzelt in schräger Projektion nach dem Ansehen tunlichst richtig gezeichnet.[29]

Die Analyse von Naturbeobachtungen und die Herausbildung von experimentellen Methoden halfen der Naturwissenschaft, sich aus der Philosophie und den biblischen Interpretationen im Laufe des 18. Jahrhunderts herauszulösen. Die aus der bergmännischen Tradition gewachsene Erkenntnis der Minerale und die Bedeutung der Rohstoffe führten zu Definitionen im Bergbauwesen. Die empirisch gewachsenen physikalischen Parameter wie Härte, Farbe, Bruch, Spaltbarkeit und Glanz sind eindeutig auf die Naturbeobachtungen im Bergbau zurückzuführen. Die Suche nach neuen Rohstoffen und Lagerstätten und deren effizienter Abbau führten zu neuen Sichtweisen und neuen Betrachtungen mit chemischen und physikalischen Inhalten. Zum Beispiel waren in Deutschland die Bergwerksbesitzer an den reichen Silber- und Erzvorkommen des Erzge-

---

28 Karl MIELEITNER, Moritz Anton Cappellers Prodromus Crystallographiae. Herausgegeben und übersetzt von Mieleitner (München 1922). Den Terminus »Crystallographiae hat Capeller in seinem Prodromus erstmalig in der Geschichte der Kristallographie angewendet. Siehe Literatur: Margret HAMIILTON, »Prodromus Crystallographiea de Crystallis improprie sic dictis commentarum«. Der Mediziner Moritz Anton Cappeller (1685–1769) mit der ersten kristallographischen Dokumentation in der Geschichte der Kristallographie. In: 14. Wissenschaftshistorisches Symposium der Österreichischen Arbeitsgruppe »Geschichte der Erdwissenschaften« 2015 »Geologie und Medizin«. In: Berichte der Geologischen Bundesanstalt 113 (Wien 2015), S. 17–22.

29 Ludwig BURMESTER, Geschichtliche Entwicklung des kristallographischen Zeichnens und dessen Ausführung in schräger Projektion. In: Zeitschrift für Kristallographie (Kristallgeometrie, Kristallphysik, Kristallchemie) 57 (Leipzig 1923), S. 19.

birges am technischen und chemischen Fortschritt und an der ertrageicheren Gewinnung von Rohstoffen interessiert. So entstanden unabhängig voneinander die Erkenntnisse über die geometrische Beschaffenheit der Kristalle von Abraham Gottlob Werner (1794–1817) in Freiberg in Sachsen und Jean Baptiste Romé de l'Isle (1736–1790) in Frankreich. De l'Isle richtete seine Forschungen auf die Kristallmorphologie. Mit dem von ihm und seinem Assistenten Arnould Carangeot (1742–1806) entwickelten Anlegegoniometer konnten die Winkel der Flächen bestimmt und damit die Konstanz der Flächenwinkel eines bestimmten Minerals nachgewiesen werden, die Romé de l'Isle dann mit der chemischen Substanz in Verbindung brachte. Die Minerale setzen sich aus kleinen Salzkristallen zusammen, den »molécules intégrantes«, diese wiederum aus »molécules constituantes«.[30] Damit konnte sich jede Mineralspezies – sofern sie die gleiche chemische Zusammensetzung aufwies – mit einer durch die Flächenwinkel charakteristischen Primitivform erklären. Die Konstanz des Flächenwinkels, das erste Gesetz in der Kristallographie, hatte schon der Naturforscher Nikolaus Steno (auch Niels Stensen genannt, 1638–1686) um 1669 in Florenz beschrieben. Mit dieser neuen Erkenntnis ging die Kristallforschung von der rein beschreibenden zu einer messbaren und wiederholbaren Methode über.

Eine andere Überlegung, eine Klassifizierung der Minerale zu finden, war, sie nach ihren chemischen Substanzen einzuteilen. Da die Mineralogie im allgemeinen noch immer, so wie alle anderen Bereiche der Naturforschung, beschreibenden Charakter hatte, suchte man sich in einer systematischen Einteilung der Minerale an die Klassifizierung der von Karl von Linné (1707–1778) im Bereich der Botanik und Zoologie erstellten Systematik anzulehnen und orientierte sich dabei an der chemischen Zusammensetzung der Minerale. Carl von Linné selbst versuchte das botanische System und die taxonomischen Prinzipien auch auf das Mineralreich zu übertragen, wobei er feststellte, dass Minerale ebenso wie Pflanzen und Tiere natürliche Wesen seien. Er stellte ein System auf, indem er zwischen zwei Prinzipien als Grundelemente unterschied, dem Formgebenden von Salz oder Säure und dem Erdigen. Daraus erstellte er 4 Ordnungen:
– Salz,
– Erde,
– die Verbindung von Salzen und Erden ergaben Sulfur und Metalle,
– die Verbindung von Erden nannte er fossilia.

---

30 Rachel LAUDAN, From Mineralogy to Geology. The foundations of a Science; 1650–1830 (Chicago, London 1987, S. 76). Laudon interpretiert diese Kombination folgendermaßen: *Each mineral has a fixed structure and a fixed composition. The combination of molécules intégrantes in regularly shaped, chemically homogenous crystals correspondended to the plant species.*

Nicht kristalline Minerale teilte er den bereits bekannten Systemen mit deren chemischer Verbindung von Feuer (Hitze) und Wasser zu.

Die chemischen Analysen mit dem Lötrohr von Axel Chronstedt (1722–1765) erweiterten das Wissen um die chemischen Zusammensetzungen vieler Minerale. Der Schwede Jöns Jakob Berzelius (1779–1848) trug mit seinen chemischen Untersuchungen ebenfalls zur Mineralsystematik nach chemischen Gesichtspunkten bei. In Russland stellte Michail Wassiljewitsch Lomonossow (1711–1765) chemische Analysen von ungefähr 80 verschiedenen Mineralen her. Als Vertreter der Petersburger Akademie der Wissenschaften widmete er seine Forschungen den Interessen der Wirtschaft und deren Nachfrage nach Rohstoffen und deren Vorkommen. Die Erkenntnisse aus der chemischen Analyse von Mineralen wurden von internationalen Forschern wie dem Iren Richard Kirwan (1733–1812), dem Deutschen Martin Heinrich Klaproth (1743–1817) und dem Franzosen Nicolas Vauquelin (1763–1829) weiter geführt, so dass bereits Ende des 18. Jahrhunderts die chemische Zusammensetzung von vielen Mineralen bekannt war.

Der Abbe René Just Haüy (1743–1822) erweiterte diesen Gedanken, indem er 1784 in seinem Traktat[31] die Idee hinzufügte, dass die grundlegenden polyedrischen Bausteine, wie sie bereits Romé de l'Isle definiert hatte, nun als polyedrische Parallelepipede, die als Struktureinheit der Kristalle zu sehen sind, auch mathematisch errechnet und somit bewiesen werden konnten. Damit begründete Haüy in der Verbindung von Kristalltheorie und Chemie eine zu berechnende Kristallographie.

Wesentlich ist, daß Haüy mit der Zurückführung der Primitivformen auf das Parallelepiped als dem eigentlichen strukturellen Bauelement der Kristalle und mit der Erkenntnis der gesetzmäßigen Dekreszenz dieser Bauerlemente [...] dem [...] Prinzip der morphologischen Denkweise eine strukturelle Deutung zu geben vermochte.[32]

Unter Dekreszenz versteht man die Anlagerung von Flächen um einen Zentralkern, die auch kleinere Flächen ausbilden konnte. Haüy baute die Idee der Dekreszenz (= Abnahme) von Torbern Olof Bergmann (1735–1784) weiter aus. Seine Kristallstrukturtheorie wirkte deduktiv auf alle Forscher und ermöglichte der Mineralogie ein breites zukunftsorientiertes Untersuchungsfeld.

Eine Verbindung von Morphologie und Struktur erbrachte Christian Samuel Weiss (1780–1856) in Deutschland, der 1804 die Theorie aufstellte, welche *die Entstehung der Kristallform durch kontinuierliche Substanzanlagerung unter*

---

31 René Just HAÜY, Essai d'une théorie sur la structure des crystaux, appliquée à plusieurs genres de substances crystallisées (Paris 1784).

32 Eginhard FABIAN, Die Entdeckung der Kristalle. Der historische Weg der Kristallforschung zur Wissenschaft (Leipzig 1968), S. 149.

dem Einfluss einer der Attraktionskraft entgegenwirkenden Repulsionskraft zu erklären trachtete.[33]

Weiss bezog die Hauptrichtungen der Kristallform auf drei Achsen im dreidimensionalen Raum, die es ermöglichte, alle zu einem Kristall möglichen Flächen zu berechnen; damit war ein weiteres Gesetz in der Kristallographie geschaffen, das Gesetz der rationalen Parameterkoeffizienten. Das Parametergesetz und das Gesetz der Winkelkonstante sind Materialkonstanten, welche die Beziehung zwischen Kristallform und der chemischen Substanz herstellen. Aus den drei rechtwinkelig aufeinander gestellten Achsenkreuzen entwickelte Weiss fünf Kristallsysteme:[34]

- das reguläre, sphärische oder gleichgliedrige (auch tesserale genannte) System – heute kubisches Kristallsystem,
- das viergliedrige – heute tetragonales Kristallsystem,
- das zwei- und zweigliedrige System – heute orthorhombisches Kristallsystem,
- das sechsgliedrige System – heute hexagonales Kristallsystem,
- das drei- und dreigliedrige System – heute trigonales Kristallsystem.

1824 entwickelte der Physiker Ludwig August Seeber (1793–1855) die Vorstellung von Haüys Elementarbausteinen (Dekreszenz der Moleküle) weiter, indem er diese Moleküle als freischwebende Teilchen in einem regelmäßig gebauten Gitter anordnete, dem sogenannten Raumgitter. Der Mathematiker Auguste Bravais (1811–1863) betrachtete in dem dreidimensionalen Gitter die Moleküle als Teilchen gelagert, deren Symmetrie je nach ihrer Lage im Raum berechnet werden konnten.

Leopold Sohnke (1842–1897) und Paul von Groth (1843–1928) ersetzten die Molekülgitter durch sogenannte Punktsysteme, d.h. Atomgitter, in denen verschiedene einfache Gitter parallel ineinander gestellt sind.[35]

Eine Erweiterung der Kristallmessungen erfolgte durch den britischen Forscher William Hyde Wollaston (1766–1828): er entwickelte das sogenannte Reflexionsgoniometer, mit diesem Instrument konnten die Winkel eines Kristalls genauer bestimmt werden.

Diese beiden Theorien – chemische Zusammensetzung und Atomgitter – standen nebeneinander, konnten dabei auch gut existieren, aber sie waren nicht miteinander kombinierbar, da für die praktische Umsetzung der technische Beweis fehlte. Trotzdem bildeten sie ein solides Fundament für die Institutionalisierung der Mineralogie. Beide, Strukturanalyse und Morphologie, ermög-

---

33 FABIAN, Kristallographie (Anm. 25), S. 122.
34 Siehe FABIAN, Die Entdeckung der Kristalle (Anm. 32), S. 160.
35 Hans Jürgen RÖSLER, Lehrbuch der Mineralogie. 5. Auflage (Leipzig 1991), S. 40–41.

lichten der Mineralogie das Heraustreten aus dem Fach Naturgeschichte und ließen sie damit zu einer selbständigen Disziplin mit Lehr- und Forschungseinrichtungen werden. Vorlesungen über Kristallographie wurden an den Hochschulen in Freiberg und in Berlin von namhaften Persönlichkeiten wie Christian Samuel Weiss (1780–1856), Gustav Rose (1798–1873), Friedrich Naumann (1797–1873) und Friederich Mohs (1773–1839) gehalten.[36]

Friederich Mohs, Schüler von Abraham Gottlob Werner, ordnete im Auftrag von Erzherzog Johann im neu gegründeten Joanneum in Graz die mineralogische Sammlung. Gleichzeitig unterrichtete er das Fach Mineralogie an der Universität Graz zwischen 1811 und 1818. Hier stützte er sich auf das kristallographische System von Christian Weiss und fügte diesem Wissen die Einteilung der Minerale nach ihrer Härte hinzu. Zwischen 1818 und 1826 lehrte Mohs an der Freiberger Bergakademie als Nachfolger seines Lehrers A. G. Werner Bergbaukunde, Mineralogie und Geologie. Ab dem Jahr 1826 lehrte er an der Universität Wien und gab hier das Ordnungssystem der Minerale nach seiner Methode weiter.

1835 nötigten ihn jedoch Intrigen zum Wechsel aus dem Professorenstand in den Status eines Bergrats an der Hofkammer in Münz- und Bergwesen, der mit der Einrichtung des montanistischen Museums und dessen Mineralsammlung nach dem MOHS'schen System verbunden war.[37]

Sein begabter Schüler Carl Friedrich Naumann (1797–1873) erweiterte und ergänzte die Mohssche Systematik, indem er jeder Kristallreihe ein bestimmtes Achsensystem zugrunde legte, die durch bestimmte Dimensionen und Winkeln der Achsen zu einem allgemeinen Begriff »Kristallsystem« führten. Mit Einbeziehung der physikalischen Härte nach Mohs zu den bereits bekannten Begriffen wie Morphologie, chemische Zusammensetzung und Kristallographie waren die wichtigsten Grundlagen in der Mineralogie geschaffen und wurden in der Folge immer wieder ergänzt und erweitert.

Die Kenntnis der Minerale in ihrer chemischen und physikalischen Definition bildet nicht nur die Grundlage im Fach Mineralogie, sondern auch die Grundlage in den Fächern Petrographie und Geologie.

---

36 Günter B. FETTWEIS, Über Freiberger Einflüsse auf die Vorgeschichte der Gründung der heutigen Montanuniversität Leoben und auf das Wirken ihres ersten Professors Peter Ritter von Tunner. In: Bibliotheken-Archive-Museen-Sammlungen. Beiträge des 10. Internationalen Symposiums Kulturelles Erbe in Geo- und Montanwissenschaften. (Hg. Sächsisches Staatsarchiv. Reihe A: Archivverzeichnisse, Editionen und Fachbeiträge 14, Freiberg 2010), S. 197–215.

37 Claudia SCHWEIZER, Wissenschaftspolitik im Spiegel geistiger Nachfolge. Zur Korrespondenz von Friederich Mohs an Franz-Xaver Zippe aus den Jahren 1825–1839 (aus dessen Nachlass). In: Berichte der Geologischen Bundesanstalt 71 (Wien 2007), S. 10.

2.2   Die Entwicklungsgeschichte der Geologie

Leopold Kober (1883–1970), Professor für Geologie an der Universität Wien, definiert den Begriff Geologie in seiner Betrachtung über die historische Entwicklung der Geologie folgendermaßen:

Das Wort »Geologia« soll sich nach Woodward [John, 1665–1728] *bereits im 14. Jahrhundert, in einem Werk von Richard de Bury* [eigentlich Richard Aungerville, Bischof von Durham, 1287–1345] *finden, kommt dann im 17. Jahrhundert bei F. Sessa (im Jahre 1687) vor, und gelangt im 18. Jahrhundert zur allgemeinen Anwendung. Die ersten, die es in dieser Zeit gebrauchen, sind J. A. de Luc (1778)* [Jean André de Luc, 1727–1817] *und der Alpenforscher Saussure* [Horace Bénédict Saussure, 1740–1799].[38]

Kober sieht in der Geologie eine Zusammenarbeit von Natur und Mensch im Geiste der Zeit, im Rahmen der Aufgaben und Forderungen der Wissenschaft. *Die »Bilder der Natur« werden für den Forscher wissenschaftliche Erkenntnis. Bilder entstehen aus dem Bilde der Natur, aus dem Bilde des Menschen, der Schule, der Tradition.*[39] Der Terminus Geologie setzt sich aus den beiden griechischen Worten Gaia (= Erde) und logos (= Wort, Rede, Vernunft) zusammen. Der geologische Begriff als Teil des theoretischen Systems einer Wissenschaft entwickelt sich in den Bereichen der Naturgeschichte und des Bergbaus in der Mineralogie, das heißt, in der Beobachtung der natürlichen Begebenheiten und im Bergbau. Sozialökonomische Begebenheiten, wie die gesteigerte Nachfrage nach Rohstoffen und die damit verbundene Suche nach Lagerstätten, führen zur Gründung von Lehr- und Bildungsstätten, zur Gründung von Museen mit ausgedehnten Sammlungen, Geländeaufnahmen und Expeditionen, um einem breiteren Publikum das Wissen über Minerale, Gesteine und Tektonik zu ermöglichen.

In einer modernen Abhandlung erörtert der bekannte Geohistoriker David Oldroyd (1936–2014) die Thematik der historischen Wissenschaft Geologie mit folgenden Worten:

Für die Geologie liegt das größte Problem in der Tatsache, daß sie die Vergangenheit zu verstehen versucht, dies aber nur durch die Brille der Gegenwart tun kann. [...] Sie befaßt sich mit Ursachen, die hauptsächlich in der Vergangenheit und weniger in der Gegenwart liegen.[40]

Ein Geologe sieht sich drei Grundproblemen gegenüber: erstens hat er den Aufbau und die Vorgänge in der Erde darzustellen, zweitens soll die Geschichte

---

38 Leopold KOBER, Gestaltungsgeschichte der Erde. Sammlung Borntraeger 7 (Berlin 1925), S. 4.
39 Leopold KOBER, Bau und Entstehung der Alpen. 2. Auflage (Wien 1955), S. 289.
40 David OLDROYD, Die Biographie der Erde. Zur Wissenschaftsgeschichte der Geologie (Frankfurt am Main, 1998), S. 13.

erkannt werden und drittens müssen andere von den ersten zwei Punkten überzeugt werden. Hiemit ist innerhalb der Beschäftigung mit erdgeschichtlichen Themen eine breite Diskussionsgrundlage über Jahrhunderte geschaffen. Ebenso sind die mineralogische Kenntnis und die Beschaffenheit des Gebirges von grundlegender Bedeutung.

Diese Entwicklungsgeschichte des Faches Geologie wird nun eingehender erörtert, wobei die unterschiedlichsten Beobachtungen und Erforschungen von verschiedenen Persönlichkeiten zwischen dem 17. und 19. Jahrhundert in einer Auswahl angeführt sind.

Zu den ersten fundamentalen erdgeschichtlichen Erkenntnissen können die Naturbeobachtungen des Arztes und späteren Geistlichen Nikolaus Steno (1636–1686) gezählt werden. Seine Feldbeobachtungen in der Toskana führten ihn zu der Hypothese, dass eine Schicht über der anderen liegen muss. Dieses sogenannte Lagerungsgesetz veröffentlichte er in seinem Werk »De solido intra solidum naturaliter contento« im Jahr 1669 in Florenz.[41]

Alle Schichten mit Ausnahme der untersten sind von zwei parallelen Ebenen eingeschlossen, welche ursprünglich horizontal waren. Findet man geneigte oder senkrechte Schichten, so müssen sie nachträglich entweder durch unterirdische Stöße oder durch Auswaschung und Zusammenbruch aus ihrer Lage gebracht worden sein. [...] Man kann daraus die Ungleichheiten der Erdoberfläche, die Entstehung der Berge und Thäler, der Hochebenen und Niederungen erklären.[42]

Er betrachtete die Natur mit den Augen eines ausgebildeten Mediziners: den Begriff Sedimente übernahm er aus dem medizinischen »Sedimentum«, eine Bezeichnung, die bei der Harnanalyse in den Bodensätzen zu finden war.

Wie ihm vor allem der Großaufschluß der Balze bei Volterra zeigte, sind diese Sedimente in horizontal übereinander liegenden, unterschiedlich dicken Schichten aus sandigen Tonen, gelben tonigen Sanden und sandigen Kalken gegliedert. [...] Was sich ihm in der Balze zeigte war die Geometrie eines Raumes, welche durch ein in der Zeit sich abspielendes Geschehen entstanden war. Die Geometrie war für ihn keine tote Struktur, sondern das Abbild des Wachstums.[43]

Mit einem Mikroskop von Giuseppe Campani (1635–1715) untersuchte Steno Versteinerungen von Meerestieren, hier im Besonderen Haifischzähne. Stenos Ideen können als induktiv auf die Naturforscher, die sich in der folgenden Zeit

---

41 David Oldroyd bezeichnet Stenos Theorie von den aufeinander folgenden Schichten, das sogenannte Lagerungsgesetz, als eines der ersten Instrumente des Geohistorikers (Anm. 40), Siehe S. 90.

42 Karl Alfred ZITTEL, Geschichte der Geologie und Paläontologie bis Ende des 19. Jahrhunderts. Reihe: Geschichte der Wissenschaften in Deutschland. Neuere Zeit. (München, Leipzig 1899), S. 34.

43 Helmut W. FLÜGEL, Der Abgrund der Zeit. Entwicklung der Geohistorik 1670–1830. (Berlin, Diepholz 2004), S. 36.

mit der Entstehung der Gesteine und Gebirge befassten, gesehen werden. So zum Beispiel zeichnete Giovanni Arduino (1714–1795), Bergwerksdirektor in der Toskana, ein erstes Profil des italienischen Alpenvorlandes und legte die erste Gliederung vom Hangenden zum Liegenden mit den Schichtkomplexen fest: Montes primarii, montes secundarii, montes tertiarii und montes quartarii.[44] Auch Johann Gottlob Lehmann (1719–1767), Lehrer an der Bergakademie in Berlin, erforschte das Vorkommen nutzbarer Mineralien und Versteinerungen in der Preußischen Monarchie. In seinem Werk »Versuch einer Geschichte der Flötzgebirge« aus dem Jahr 1756 erzählte er die Schöpfungsgeschichte der Erde:

Alle diese erdigen Theile [Reste von Pflanzen, Schnecken Muscheln, Fischen und anderen Tieren] *nebst den darin enthaltenen organischen Resten schlugen sich am Fuß und an den Seiten der ursprünglichen Berge nieder und bildeten das geschichtete Flötzgebirge, worin sich die einzelnen Bestandtheile nach ihrer Schwere sonderten und nach dem Abfließen der Gewässer zu verschiedenen, zum Theil mit Versteinerungen erfüllten Schichten erhärteten [...] Das Flötzgebirge besteht aus Flötzen »d. h. Schichten von Erden und Steinen, welche horizontal übereinander liegen«.*[45]

Die vertikale Aufeinanderfolge von verschiedenen Schichten ist somit als Ergebnis eines historischen Prozesses zu sehen.

Aus diesen Kenntnissen entwickelten sich in der Folge in der zweiten Hälfte des 18. Jahrhunderts graphische Darstellungen über Gebirge und Länder in speziellen Formen von unterschiedlichen Karten. Topographische Karten mit der Eintragung von Lagerstätten finden sich bei der Familie Cassini (César-François, 1714–1784, und Jean-Dominique, 1748–1845) in Frankreich oder Luigi Marsigli (1658–1730) in Italien. Die ersten bedeutenden geographischen Karten mit dezidierten Eintragungen von Deposits stammten von Jean-Étienne Guettard (1715–1786) in Paris oder Georg Christian Füchsel (1722–1773) in Erfurt, Thüringen.[46]

Seine »Geschichte des Landes und des Meeres, aus der Geschichte Thüringens durch Beschreibung der Berge (d. h. Schichten) ermittelt« (1761), noch lateinisch geschrieben, mutet in Thema und Behandlung durchaus modern an: Die Gesteine sind zu Gruppen, zu »Formationen« zusammengefaßt – hier erscheint der Begriff

---

44 Die beiden Termini tertiarii und quartarii haben Eingang in die moderne Stratigraphie der Geologie gefunden: das Tertiär und das Quartär gehören dem Känozoikum an, der Begriff primarii wird dem heutigen Paläozoikum und der Begriff secundarii dem Mesozoikum zugeordnet.

45 ZITTEL, Geschichte der Geologie (Anm. 42), S. 49–50.

46 David Oldroyd nennt diese Art von Darstellung »pictorial«. In: David OLDROYD, Maps as pictures or diagrams: The early development of geological maps. In: Rethinking the Fabric of Geology. The Geological Society of America. Special paper 502 (Boulder, Colorado 2013), S. 41–101.

*zum ersten Male –, die Lösung von der Schöpfungsgeschichte der Bibel ist voll-
zogen. Der Ausdruck Geognosie stammt von Füchsel.* [...] *»Die Art und Weise, wie
die Natur bis zur heutigen Zeit wirkt und Körper hervorbringt ist als Norm zu
setzen; eine andere kennen wir nicht«* spricht Füchsel den Grundsatz der ak-
tualistisch vorgehenden Geologie aus.[47]

Der fürstliche Leibarzt Georg Christian Füchsel trug die einzelnen Formationen mit Nummern in die Legende mit dazugehöriger Beschreibung ein.[48]
Füchsel beschrieb die Begriffe »stratum« (Schicht), »situs« (Lager) und »series
montana« (Formation) und fügte den Erkenntnissen Lehmanns die Begriffe
Sandgebirge und Muschelkalk hinzu.

Neun Formationen zählte Füchsel in seiner »Geschichte« über das Land
Thüringen auf, das sind folgende:
- Muschelkalk,
- Sandgebirge (heute Buntsandstein),
- »mehlbatziges Kalkgebirge« (= Zechsteinkalk),
- Flötze (Zechstein),
- Weiß Gebürge (Weißliegendes),
- Roth Gebürge (roter Marmor),
- Schwarzblaues Schalgebürge,
- Grund Gebürge,
- Gang Gebürge.

Im Gegensatz zu Lehmann betrachtete Füchsel die Entstehung der Gesteine als
eine Abfolge von Ablagerungen, die eine lange Zeit benötigte, damit sich
Schichten bilden konnten.

Im Interesse von Industrie und Militär wurden Karten angelegt, in die man
nicht nur Lagerstätten von Mineralen, sondern auch Gebäude und Industrie-
gebiete eintrug. 1780 wurde von Jean-Étienne Guettard eine erste mineralogische Karte »Atlas et Description mineralogiques de la France« präsentiert und in
der Folge von Antoine Laurant de Lavoisier (1743–1794) weiter ausgeführt,
indem er an eine Gliederung des Landes nach Gesteinsfolgen, wie Sandstein,
Kalkstein, Kreide, Erze, Schiefer und Granite dachte. Die Gründung der französischen École des Mines in Paris 1783 trug ebenfalls zur intensiven Beschäftigung mit den geologischen Begebenheiten im Lande bei.

Viele Begriffe in der Geologie haben sich aus dem Bergbau entwickelt, so zum
Beispiel Gänge, Klüfte, Streichendes, Hangendes oder Liegendes. Im Mineral-

---

47 Kurt von BÜLOW & Martin GUNTAU, Geschichte der Geologie. In: Die Entwicklungsgeschichte der Erde. Brockhaus Nachschlagewerk Geologie 1 (Leipzig 1970), S. 19. Der Ori-
   ginaltext des Werkes von Georg Füchsel lautet: Historia terrae et maris, ex historia
   Thuringiae, per montium descriptionem. Actorum Academiae electoralis Moguntinae.
48 OLDROYD, Maps (Anm. 46), S. 58.

und Bergbaulexikon aus den Jahren 1730 und 1734, genannt »Mineraphilus Freibergensis«, sind viele der gebräuchlichen Termini bereits aufgelistet, so zum Beispiel Harnisch, Fläche, Fahlerz, Rotgüldig, Mergel, Gneis, Porphyr, Schiefer, Feldspat oder Kalkspat.

Ende des 18. Jahrhunderts führten ein Wahrheitsstreben aufgrund von objektiver Betrachtung der Naturbeobachtungen, die Erkenntnisse aus messbaren Daten, die auch wiederholbar und nachvollziehbar waren, die Untersuchung der Gesteinsabfolgen, die kartographische Darstellung und die Verbesserung technischer Geräte zur Herausbildung der unterschiedlichen erdwissenschaftlichen Disziplinen von Geologie und Mineralogie. Wir können dies als einen Weg von der empirischen Erfassung der Naturbeobachtungen zur theoretischen Deutung sehen.

In der Entwicklung der geologischen Erkenntnis vollzog sich auf der Grundlage der sinnlich-konkreten Erfassung der Erscheinungen nach Abstraktion ihrer Ergebnisse der Übergang zum Geistig-Konkreten, d. h. zur gedanklichen Reproduktion des geologischen Objekts.[49]

Einen bedeutenden Einfluss auf die Betrachtungsweise der Erde hatte Abraham Gottlob Werner (1749–1817), ab 1775 Lehrer an der Bergakademie in Freiberg. 1791 stellte er in seiner ersten theoretischen Abhandlung über die Entstehung von Gängen in den Gesteinen dar, die er im Bergbau beobachtete. Er konzentrierte sich auf die historische Entwicklung der Erde, die auf Grund von tatsächlichen und exakten Beobachtungen zu erkennen ist, und bezeichnete diesen Vorgang als Geognosie. Der Terminus »gnosis« ist als abstraktes systematisches Wissen von etwas Bestimmtem, in diesem Fall der Erde, zu verstehen. Mit dem Begriff Formation bezeichnete Werner eine Gesteinsabfolge der gleichen Zeit und distanzierte sich dabei zugleich von den Inhalten der Mineralogie. In der Klassifizierung der Gesteinstypen der Erde wiederum verband er die Geognosie mit der Mineralogie und stellte ein überschaubares System auf mit den Bezeichnungen Urgebirge, Übergangsgebirge, Flötzgebirge und aufgeschwemmte Gebirge:

- Das Grundgebirge erscheint meistens kristallin, wobei die Gesteine in tiefem Wasser geformt worden sind.
- Zum Flötzgebirge zählen Gips, Salz, Kohle und Gesteine mit organischen Fossilien.
- Alluviale Gesteine sind als aufgeschwemmte Gebirge zu sehen.
- Vulkanische Gesteine.

---

49 Martin GUNTAU, Die Genesis der Geologie als Wissenschaft. In: Schriftenreihe für geologische Wissenschaften 22 (Berlin 1984), S. 72.

Seiner Meinung nach resultierten die alluvialen und vulkanischen Gesteine aus den Ablagerungen der ersten beiden Gruppen. Da Werner nur die schichtförmig gelagerten Basalte Mitteldeutschlands kannte, erklärte er, dass Vulkane umgeschmolzene Sedimente seien. Werner knüpfte auch an ältere Meinungen an, die besagten, dass das Wasser die Ursache aller geologischen Vorgänge sei. Damit gehörte er zu den bekanntesten Vertretern der Neptunisten, die die Theorie vertraten, dass sich alle Gesteine aus wässrigen Lösungen, beziehungsweise aus Wasserniederschlägen, gebildet haben. Werners Theorien hatten großen Einfluss auf viele nachfolgende Naturforscher, da ein internationales Publikum die bedeutende Bergakademie in Freiberg besuchte.

Werner's Theory was disseminated through a network of institutional and social contacts. Werner taught many of the most important geologists of the early nineteenth century. Leopold von Buch [1774-1853], Alexander von Humboldt [1769-1859], Jean de Charpentier [1786-1855], the mineralogist Friederich Mohs (1773-1839) and D.L.G. Karsten (1768-1810) and the crystallographer Christan Weiss (1780-1856), all studied in Freiberg.[50]

Im Gegensatz zu Werners Theorien stand die Meinung der sogenannten Vulkanisten, beziehungsweise Plutonisten, zu deren bekanntesten Vertretern James Hutton (1726-1797) zählte. Auch die Theorie, dass die Gesteine aus vulkanischen und magmatischen Prozessen entstehen, hatte bereits ihren Ursprung in der Antike. In seinem Werk »Theory of the Earth« aus dem Jahre 1795 vertrat der schottische Landmann und Privatgelehrte Hutton die Ansicht, dass die Geschichte der Erde ohne religiösen Hintergrund, das heißt, ohne biblische Entstehungsgeschichte, zu betrachten sei. Die Gravitation der Erde und der Einfluss der Sonne sind Grundlagen seiner Theorien, wie auch Erosion, Konsolidation (= Verfestigung) und die unterschiedlichen Erhebungen von Bedeutung sind. Hutton betrachtete die Erde als einen Apparat mit wiederholenden Zyklen, dabei versinken die Erosionsprodukte im Meer, dort lagern sich diese auf dem Meeresboden in Schichten an und unter dem daraus entstehenden Lagerdruck beginnt sich Hitze zu entwickeln. Die Hitze wiederum lässt die Gesteine zum Teil schmelzen und es dringt Magma in die Schichten ein. Das wiederum führt zu großen Erdbeben und zur Entstehung neuer Meere. Es ist ein Kreislauf von Erosion, Ablagerung, Verdichtung, Hebung und Veränderung der Kontinente und Ozeane.

Hutton präsentiert seine Theorie als apriorische Lösung eines Problems der finalen Verursachung, nicht als Induktionsschluß aus der Geländebeobachtung.[51]

---

50 Rachel LAUDAN, From Mineralogy to Geology. The Foundations of Science, 1650-1830. (Chicago, London 1987), S. 107.

51 Stephan Jay GOULD, Die Entdeckung der Tiefenzeit. Zeitpfeil und Zeitzyklus in der Geschichte unserer Erde. (München 1990), S. 115.

Der Evolutionsforscher und Paläontologe Gould beschäftigte sich mit dem umfassenden Werk von James Hutton »Theory of the Earth« und erörterte Huttons Zeitbegriff, in dem die Natur keinen Anfang und auch kein Ende hat, mit folgenden Worten:

Die Zeit, die in unserer Vorstellung jedes Ding bemißt und für unsere Pläne oft nicht ausreicht, ist für die Natur endlos und wie nichts. [...] Das Ergebnis der vorliegenden Untersuchung ist daher, daß wir keine Spur eines Anfangs, kein Anzeichen eines Endes finden.[52]

Es existiert eine Weltmaschine, welche die Geschichte der Erde zu einem Zyklus sich wiederholender Ereignisse anordnet. Die irdische Zeitmaschine wird von der Hitze des Erdinneren und der Sonne des Himmels angetrieben. Für ihn sind die aktuellen Beobachtungen in der Natur Zeitzeugnisse der Vergangenheit, man kann daher Rückschlüsse über die vergangenen Vorgänge aus den heutigen Beobachtungen ziehen. Damit tritt erstmalig das Aktualitätsprinzip hervor, das in der Folge zur grundlegenden Idee von Charles Lyell werden sollte. James Huttons Idee vom Kreislauf der Gesteine wurde im 19. Jahrhundert im Lehrbuch der Gesteinsmetamorphose von Grubenmann und Niggli aktualisiert (siehe Kapitel Kristalline Schiefer).

Die kristallinen Schiefer des Grundgebirges sind nach Hutton Sedimente, die auf dem Meeresboden durch das Zentralfeuer und dem Druck zum Teil geschmolzen, umgewandelt und durch vulkanische Kräfte wieder gehoben wurden, um dann von neuem den Kreislauf zu beginnen.[53]

Die Beobachtung der Fossilien durch Cuvier, Alexandre Brongniart und Leopold von Buch (1774–1853) in den einzelnen Formationen führten zu epochalen Erkenntnissen. Brongniart bezeichnete »terrain« als eine Gruppe von mehreren Arten in Gesteinen, die zur gleichen geognostischen Epoche gehören. Dieses Wissen über die einzelnen Schichten (Terrains) wurde in England weitergeführt und unter dem Forscher William Smith (1769–1839) zur »Strata« ausgebaut. Smith verfasste 1815 die erste zusammenhängende geologische Karte von England[54]. Für Smith bedeuteten die Schichten eine Abfolge von unterschiedlichen Lithologien und nicht eine Schichtfolge unterschiedlichen Alters, da diese Unterscheidung zur Zeit Smith's aus technischen Gründen nicht möglich war. In England übernahmen Geologen wie Roderick Murchison (1792–1871), Adam Sedgwick (1785–1873) und William D. Conybeare (1787–1857) die

---

52 GOULD, Tiefenzeit (Anm. 51), S. 99.
53 Ulrich GRUBENMANN & Paul NIGGLI, Die Gesteinsmetamorphose. 1. Allgemeiner Teil (Berlin 1924), S. 6.
54 Siehe Literatur: William SMITH, A Memoir to the Map and Delineation of the Strata of England and Wales with parts of Scotland. (Re-mastered from an original held in the British Geological Survey Library, London 2015). William SMITH, 1815 Geological Map. (Reproduction and published by the British Gelogical Survey, London 2015).

Ideen der sogenannten »Strata Smith« und ergänzten diese mit neuen und noch heute gültigen Epochenbegriffen der Erdgeschichte.

Karl Ernst Adolf von Hoff (1771–1837) übernahm die Idee von A. G. Werner und führte diese in Verbindung mit den aktuellen Erkenntnissen der geologischen Forschung weiter aus: er postulierte, dass eine klare Beobachtung der heutigen Vorgänge für die Hypothesen zu den Ereignissen der erdgeschichtlichen Vergangenheit Grundlage sein sollen. Das Prinzip dieses sogenannten Aktualismus hatte auch Charles Lyell (1797–1875) in seinem bekannten Werk »The Principles of Geology« in den Jahren 1830 und 1833 als klare wissenschaftliche methodische Grundlage der Geologie definiert.[55]

Lyell hypothesized that the earth consisted of a molten interior overlaid by a floating solid crust containing cavities into which seawater leaked from time to time.[56]

Lyell gilt mit seinen Vorstellungen auch als Nachfolger Huttons, da beide das sogenannte Aktualitätsprinzip als Grundlage der Naturforschung betrachteten. Von den heute wirksamen erdgeschichtlichen Naturkräften kann man auf die Vergangenheit schließen, denn es besteht die Annahme, dass die Naturkräfte beständig gleich bleiben. Lyell ging aber über die Ideen Huttons und die zeitgenössischen Vorstellungen hinaus, indem er die sukzessiven Veränderungen in der Natur nicht als Katastrophen, sondern als kontinuierlichen Prozess sah. Unter dem Einfluss des unterirdischen »Zentralfeuers« und des Druckes verändern sich, beziehungsweise metamorphisieren, bereits vorhandene Gesteine; hier verwendete Lyell erstmalig in der Literatur den Terminus »metamorph«.

Das unterirdische Zentralfeuer wird zur inneren Erdwärme, die mit der Tiefe zunimmt. Sie metamorphosiert im Verein mit dem Drucke der darüber liegenden Sedimente Sandstein zu Gneis, Schieferton stufenweise zu Tonschiefer und Hornblendeschiefer.[57]

Den Gedanken, die Vergangenheit durch heute wirkende Ursachen zu erklären, verwirklichte Lyell in seinem 3. Band der »Principles of Geology«, indem er paläontologische Methoden zur Altersdatierung von Gesteinen im Känozoikum heranzog. Die historische Abfolge des Tertiärs legte Lyell aufgrund der biogenen Elemente – dem Studium von unterschiedlichen Molluskenarten – mit den Zeiten Eozen, Miozen, älteres und jüngeres Pliozen fest.[58]

---

55 Helmut FLÜGEL beschreibt die Forscherpersönlichkeit Charles Lyell in seinem Werk: Der Abgrund der Zeit (Berlin 2004, S. 183) mit folgenden Worten: *Lyell gehört auch heute noch zu den bekanntesten Figuren des 19. Jahrhunderts, nicht zuletzt deswegen, weil er das was er sagte, in einem brillanten Stil und in neuen, immer wieder sich ändernden Auflagen verkaufen konnte.*

56 Rachel LAUDAN, From Mineralogy to Geology. (Anm. 50), S. 218.

57 GRUBENMANN & NIGGLI, Gesteinsmetamorphose (Anm. 53.), S. 7.

58 Die Festlegung der historischen Gesteinsabfolge im Tertiär ist meiner Meinung nach eine

Den Aktualismusgedanken hatten Michail Wassiljewitsch Lomonossow (1711–1765) in Petersburg und Georges de Cuvier (1769–1832) in Paris bereits erörtert. In den Erkenntnissen aus dem Studium des Pariser Beckens gelangte Cuvier zur Ansicht, dass Schichtabfolgen existieren, die auf den Wechsel der Faunen in den Gesteinen basieren. Cuviers Betrachtungen führten zu einer Hypothese, die besagt, dass Katastrophen oder Kataklysmen Einfluss auf die jeweilige Lebenswelt an einem bestimmten Ort haben.

Der bereits eingangs erwähnte Alpenforscher Horace Bénédict de Saussure (1740–1799), geboren in Genf, trug besonders zu den Erkenntnissen über die Alpen bei.

An Klarheit der Darstellung, Genauigkeit der Beobachtung, Vorurtheilslosigkeit und vorsichtiger Zurückhaltung in der Ableitung von Schlussfolgerungen, steht Saussure's großes Werk über die Alpen als schwer zu erreichendes Muster da. […] Von dem Gedanken ausgehend, daß nur in den unendlich mannigfaltigen Gebirgen, nicht in den Ebenen, das Studium der Erdgeschichte gefördert werden könne, stellte er sich die Aufgabe, den Bau der Alpen zu enthüllen.[59]

Saussures veröffentlichte seine Naturbeobachtungen in den Schweizer und Französischen Alpen in zwei Bänden, in denen er die geographischen, meteorologischen und physikalischen Verhältnisse klar wiedergab. Das Vorkommen der Gesteinsarten, wie Minerale und Versteinerungen, sowie das Streichen und Fallen der Schichten wurden genauestens beschrieben, aber ohne Profilzeichnungen und geologischen Karten. Mit den empirischen Beobachtungen in den Westalpen über die primitiven (Granit, Gneis) und die sekundären Gesteine (Kalkstein, Sandstein) gelangte er aber zu keinen aussagekräftigen Schlussfolgerungen und damit übte er auf die Entwicklung der Geologie nicht denselben Einfluss aus wie zum Beispiel A. G. Werner.

Viele bedeutende Persönlichkeiten aus dem deutschsprachigen, englischen, französischen und amerikanischen Raum trugen nun zur Erforschung der Geschichte der Erde bei. Jeder Erkenntnisschritt baute auf der immer genaueren Beobachtung der Gesteinsverhältnisse auf, bezog die aktuellen Erkenntnisse anderer wissenschaftlicher Disziplinen, wie Chemie oder Physik, mit ein und entwickelte so ein umfangreiches Bild einer sich weiterentwickelnden Wissenschaft. Besonders in England hatte sich die stratigraphische Erfassung und Benennung der einzelnen Gesteinsschichten mit den Feldarbeiten von Adam Sedgwick (1785–1873) und Roderick Murchison (1792–1871) weiterentwickelt,

bedeutende Entdeckung Lyells und widerspricht der folgenden Aussage von Stephen F. MASON in seinem Werk: Geschichte der Naturwissenschaft in der Entwicklung ihrer Denkweisen (Bassum 1997, S. 483): *Lyell selbst machte keine bedeutsamen praktischen Entdeckungen in der Geologie, sein […] Beitrag liegt vielmehr darin, die verstreuten Tatsachen dieses Wissensbereiches miteinander in Verbindung gebracht zu haben.*
59 ZITTEL, Geschichte der Geologie (Anm. 42), S. 82.

zwischen 1835 und 1839 erweiterten sie den Forschungszeitraum um neue stratigraphische Begriffe, wie Kambrium, Silur und Devon. Die alte Gesteinsbezeichnung Grauwacke hatte Adam Sedgwick mit einem neuen Terminus »Cambria« (Kambrium) belegt. Die Dreiteilung des Kambriums beruht auf einer biostratigraphischen Gliederung der Fossilien von Archaeocyathiden und den vielfältigen Arten der Trilobiten. Adam Sedgwick führte die Perioden Kambrium, Silur und Devon erstmalig zu einer größeren Einheit, genannt Ära, zusammen mit der Bezeichnung »Paläozoikum«. John Phillips (1800–1874) fügte in den Jahren 1840 und 1841 der Ära des Paläozoikums zwei neue Begriffe hinzu, die Ära des Mittelreiches, genannt Mesozoikum, und die jüngste Ära mit dem Namen Känozoikum. Roderick Murchison studierte 1841 auf seiner Reise nach Russland die Gesteine nahe der Stadt Perm im West-Ural und führte diesen Namen Perm als neuen Begriff, der über dem Karbon – Carboniferus nach William D. Conybeare (1787–1857) und William Phillips (1775–1828) aus dem Jahr 1822 – liegenden Periode ein. Die stratigraphische Gliederung wurde ergänzt mit dem Ordovicium im Jahr 1879 durch Charles Lapworth (1842–1920), dem Oligozän im Jahr 1854 von Heinrich Beyrich (1815–1896), und dem Präkambrium 1889. Die Benennung der geologischen Abfolge der Gesteine erfolgte innerhalb sehr kurzer Zeit, wobei die Altersdatierung damals aus technischen Gründen (z. B. radioaktive Messungen) noch nicht möglich war. Um 1900 ist im Großen und Ganzen die Abfolge der einzelnen Lithologien festgelegt und bildet ein solides Fundament für die chemischen und physikalischen Forschungen im folgenden Jahrhundert (Siehe Anhang: Geologische Zeitskala).

Mit der Entdeckung der Radioaktivität im Jahr 1896 durch Antoine Henri Becquerel (1852–1908) begann eine neue Ära in den Naturwissenschaften. Ernest Rutherford (1871–1937) erforschte und entdeckte die Altersabhängigkeit des Verhältnisses von Uran zum radioaktiven Blei. Aus diesen bedeutenden Erkenntnissen schuf der Physiker Arthur Holmes (1890–1965) 1937 eine radiometrische Zeitskala mit Altersangaben der einzelnen geologischen Perioden.

Die historische Analyse der Erkenntnis der Natur der Erde ergänzt und vertieft die wissenschaftliche Problemsicht im aktuellen geologischen Denken [...]. Das erkenntnistheoretische Prinzip des Zusammenhanges von Logischem und Historischem gilt sowohl für geologische Einzelfragen wie auch für die Geologie in ihrer Gesamtheit.[60]

---

60 Martin GUNTAU, Wissenschaftshistorische Arbeiten zu den geologischen Wissenschaften in der DDR (= Schriftenreihe für Geowissenschaften 16, Rostock 2007), S. 372.

2.3   Die Entwicklungsgeschichte der Petrographie

Die Petrographie wurde immer wieder als Bindeglied von Mineralogie und Geologie gesehen. Zur Zeit Beckes war sie an der Universität in Wien eng verbunden mit der Mineralogie, dies fand seinen Ausdruck in der Bezeichnung Mineralogisch-Petrographisches Institut. Hier wurden die Minerale nach ihrer chemischen, physikalischen und texturellen Beschaffenheit in den Gesteinen bestimmt und in einen kausalen Zusammenhang zu den geologischen Prozessen gebracht. Das Vorkommen, die Gesteinsbeschreibung und eine systematische Klassifizierung der Gesteine sind Hauptinhalte der Petrographie. Die vielfach aus ihr hervorgegangene Petrologie, die Gesteinskunde oder -lehre, geht über die reine Gesteinsbeschreibung hinaus.

Jede der Naturwissenschaften, wenn sie einen gewissen Grad der Entwicklung erreicht hat, sucht ihre Definitionen auf genetischer Grundlage zu bilden. Dies ist der modernen Petrographie für die großen Abteilungen der Sedimente und der Erstarrungsgesteine [...] in Bezug auf ihre allgemeine Bildungsweise bereits gelungen.[61]

Die erste publizierte Arbeit mit dem Terminus »petralogy« [sic] geht auf John Pinkerton [1758-1826] im Jahre 1811 zurück.[62]

Viele bedeutende Begriffe in der Petrographie existierten bereits in der Antike für bestimmte Gesteinsarten, wie zum Beispiel Syenit, Basalt oder Porphyr.[63] Bei Abraham Gottlob Werner (1794–1817) finden wir petrographische Ideen, indem er die Gesteine in einfache und gemengte einteilt. Es ist dies als eine Gegenüberstellung von gesteinsbildenden Mineralen und den als akzessorisch bezeichneten Bestandteilen zu sehen. Die Diskussion zwischen den Anhängern der Theorien von A. G. Werner, genannt Neptunisten, und dem Engländer James Hutton (1726–1797), genannt Plutonisten, wirkte im Laufe der Zeit förderlich auf die Betrachtungsweise und Erforschung der Gesteine und ihrer Inhalte, der Minerale. 1857 definierte Henri Coquand (1813–1881) die bis heute gültige Einteilung der Gesteinsentstehungen in magmatische, sedimentäre und metamorphe Gesteine.

Mit dem Einsatz des Mikroskops in der Beobachtung von Gesteinen konnte sich die Petrographie aus ihrer Zwischenstellung zwischen Mineralogie und Geologie als eigene selbständige Disziplin herausbilden. Der schottische Naturforscher William Nicol (1768–1851)[64] entwickelte ein Verfahren, indem er

---

61 Ulrich GRUBENMANN, Die kristallinen Schiefer. 1. Teil (Berlin 1904), S. 1.

62 Gregory A. GOOD (Hg.), Sciences of the Earth. An Encyclopedia of Events, People and Phenomena 2 (New York & London 1998), S. 675.

63 Siehe: David R. OLDROYD, Die Biographie der Erde. Zur Wissenschaftsgeschichte der Erde (Anm. 40), S. 271–272.

64 Das *NICOLSCHE PRISMA* wird nach ihm benannt. Im Jahr 1829 setzte Nicol ein neues

sehr dünne Scheiben eines fossilen Holzes anfertigte, diese dann auf einen Objektträger mittels Kanadabalsam aufklebte und durch das Mikroskop betrachtete und damit eine Grundlage für die mikroskopische Erforschung legte. Karl Friedrich Naumann (1797–1873)[65] und Theodor Scheerer (1813–1875) trugen mit ihren wissenschaftlichen Arbeiten im Bereich der Petrographie maßgebend zur Eigenständigkeit dieses Faches bei. Die chemischen Analysen von Gesteinen fanden immer mehr Beachtung und wurden von Bernhard von Cotta (1808–1879) und Ferdinand Zirkel (1838–1912) in den Lehrbüchern beschrieben. Die mineralogische Charakterisierung in der Gesteinszusammensetzung führte zu den Erkenntnissen, dass bestimmte Minerale als Indikatoren bestimmter Phasen in Gesteinen gesehen werden konnten. Aus diesen entwickelten sich Ende des 19. Jahrhunderts die ersten Phasendiagramme. Frederick Guthrie (1833–1886) wiederum definierte den Terminus »eutectic« und ordnete diesen dem Schmelzpunkt des Granits zu.

A eutetic is the composition at the lowest temperature, at a given pressure, at which two or more solid Phases can coexist in the liquid and crystallize in a fixed proportion.[66]

Maximilian Schuster (1856–1887) hatte in seiner 1880 verfassten Dissertation am Mineralogisch-Petrographischen Institut in Wien unter der Leitung von Gustav Tschermak eine bahnbrechende Arbeit über die Plagioklase (= Feldspatvarietät) und deren optische Orientierung verfasst. Karl Heinrich Rosenbusch (1836–1914) teilte die Gesteine aufgrund ihres Feldspatgehaltes in sieben Klassen ein. Er ist der Ansicht, dass einem Gestein auch nach seinem genetischen Typus Rechnung zu tragen ist und dieses nicht nur nach äußerlichen Kennzeichen beurteilt werden soll.

[Mit diesen Vorgängen] *wurde zwischen der Geologie und der Petrographie ein fest zusammen haltendes Band geknüpft, und dem mit den nötigen Erkenntnissen ausgerüsteten Geologen bot sich die Möglichkeit, aus der ihm vorgelegten Probe schließen zu können, ob der betreffende, ursprünglich magmatische Fels als Tiefengestein, Ganggestein oder [...] Ergußgestein im engeren Sinne angesprochen werden müsse.*[67]

Die Erforschung der mineralischen Flüssigkeitseinschlüsse ermöglichte den Beweis, der gegen die allgemeine Annahme stand, dass sich die Gesteine nur aus Plutonen bilden können.

Verfahren in der Mikroskopie ein, indem er mit Hilfe eines Kalzitkristalles, den er speziell präparierte, polarisiertes Licht erzeugte.

65 Naumann führte 1826 den Begriff *METASOMATOSE* ein, der besagt, dass Einflüsse aus Umgebungsgesteinen eine Veränderung im Gestein bewirken.

66 GOOD, Sciences of the Earth. (Anm. 62), S. 677.

67 Siegmund GÜNTHER, Geschichte der anorganischen Naturwissenschaften im Neunzehnten Jahrhundert (Berlin 1901), S. 778.

Die Betrachtung der Gesteine und die Herstellung von Dünnschliffen, die polierte Anschliffe von Gesteinsstücken sind, führten die Petrographie von der rein beschreibenden Wissenschaft zu einer, die kausale Fragen voranstellt und weiter entwickelt.

Gegen Mitte der siebziger Jahre war die Lehre von den gesteinsbildenden Mineralen, an welche sich im geognostischen Systeme unmittelbar die Lehre von den gesteinsbildenden Gesteinen anreiht, in das Stadium einer autonomen naturwissenschaftlichen Disziplin eingetreten.[68]

Eine sehr bedeutende Rolle in der Entwicklung der petrographischen Betrachtung der Gesteine fällt Friedrich Becke mit seinen mikroskopischen Arbeiten und der Erforschung der alpinen Gesteine zu. Die petrographische Erforschung der Ostalpen im Bereich der Zilltaler und Tuxer Alpen bildeten die Grundlage für eine Exkursion während des 9. Geologenkongresses in Wien im Jahr 1903, auf die noch näher eingegangen werden soll. Diese Erkenntnisse hat der französische Geologe Pierre Marie Termier für seine, noch heute in der Alpengeologie anerkannten, Aussagen als Basis herangezogen. Termier hat immer wieder in seinen Schriften auf die fundamentalen Erkenntnisse Beckes im sogenannten Tauernfenster hingewiesen.

Die epistemischen Erkenntnisse Beckes der alpinen Gesteine im Bereich der sogenannten kristallinen Schiefer, die später unter dem Namen metamorphe Gesteine firmieren, haben eine ganz besondere Bedeutung und tragen somit zur historischen Entwicklung der Petrographie bei.

---

68 GÜNTHER, Geschichte der anorganischen Naturwissenschaften (Anm. 67), S. 777.

3 Die verschiedenen Arbeitsgebiete der Erdwissenschaften zur Zeit Friedrich Beckes

Zu den erdwissenschaftlichen Gebieten zählten Ende des 19. Jahrhunderts die Fächer Mineralogie, Petrographie, Geologie und Paläontologie. Diese Fächer hatten sich an der Philosophischen Fakultät in Wien durch die Universitätsreform des Ministers Leo Graf Thun-Hohenstein (1811–1888) etabliert und die Lehrstühle wurden von bedeutenden Personen geleitet. Dazu zählten der Mineraloge Albrecht Schrauf (1837–1897), der Geologe Eduard Suess (1831–1914), der Paläontologe Carl Diener (1862–1928) und der Petrograph und Chemiker Gustav Tschermak (1836–1927). Friedrich Becke stand in enger Verbindung mit seinem Lehrer Gustav Tschermak, trat die Nachfolge des Mineralogen Albrecht Schrauf an und arbeitete mit den Geologen Franz Eduard Suess (1867–1941) und Viktor Uhlig (1857–1911) zusammen. Während seiner petrographischen Studien in den Alpen kam es zum wissenschaftlichen Austausch mit dem Geographen Ferdinand Löwl (1856–1908), dem französischen Alpengeologen Pierre-Marie Termier (1859–1930), dem Schweizer Petrographen Ulrich Grubenmann (1850–1924) und dem Petrographen Friedrich Berwerth (1850–1918). Als Generalsekretär der kaiserlichen Akademie der Wissenschaften korrespondierte Becke mit vielen Persönlichkeiten im erdwissenschaftlichen Bereich, hervorzuheben ist hier insbesondere die Korrespondenz mit dem finnischen Geologen und Mineralogen Pentti Eelis Eskola (1883–1964), die nicht erhalten geblieben ist. Aber aus den Hinweisen Eskolas anlässlich der Verleihung der Becke Medaille im Jahr 1960 kann der wissenschaftliche Austausch beider Wissenschafter nachvollzogen werden. Dies weist nicht nur auf die umfangreiche Tätigkeit Beckes, sondern auch auf seine internationale Vernetzung hin.

3.1 Das Fach Mineralogie an der Universität Wien

Das Fach Mineralogie hatte neben den Fächern Botanik und Zoologie an der philosophischen Fakultät in der Studienrichtung Naturgeschichte in der ersten Hälfte des 19. Jahrhunderts eine eher geringe Bedeutung. Mit der Berufung des

Mineralogen Friederich Mohs (1773–1839)[69], der in freien Vorträgen über Mineralogie dozierte, wuchs das Interesse an der Mineralogie. Friederich Mohs war Schüler und Nachfoger von Abraham Gottlob Werner (1749–1811) an der Bergakademie in Freiberg in Sachsen. Mohs wurde im Jahr 1826 als Professor für Mineralogie nach Wien berufen und ordnete auf Veranlassung von Kaiser Franz I. die mineralogische Sammlung des Hofmineralienkabinetts. Hier konnte er seine Methode der systematischen Einteilung der Minerale anwenden. Nach dem Linnéschen Vorbild in der Botanik und Zoologie teilte Mohs die Minerale nach Klassen, Ordnungen, Geschlechtern und Arten ein. Er verstand die naturhistorische Methode in der Mineralogie als Teil der Methode der allgemeinen Naturgeschichte. Jedes Mineral definierte sich aus ganz bestimmten Eigenschaften wie Gestalt, Farbe, Glanz, Durchsichtigkeit, Härte und Teilbarkeit, Magnetismus und Elektrizität (nur im Sinne der naturhistorischen Eigenschaften zu sehen), Geschmack und Geruch.

Die Beschaffenheit der Oberfläche hängt mit der Krystallgestalt genau zusammen.[70]

Eine Definition einer bestimmten Mineralspezies legte Mohs ebenfalls fest:

Ein durch seine Eigenschaften vollkommen bestimmtes Ding wird ein Individuum genannt.[71]

Chemische Eigenschaften ließ Mohs außer Acht, da sie nach seiner naturhistorischen Betrachtungsweise nicht notwendig waren.

Mit der Universitätsreform 1774 unter Maria Theresia wurde Mineralogie neben den Fächern Botanik und Zoologie im Rahmen der Naturgeschichte an der Philosophischen Fakultät gelehrt. Joseph II. ließ dieses Lehrfach dann in zwei Bereiche teilen, wobei an der Medizinischen Fakultät eine spezielle Naturgeschichte und an der Philosophischen Fakultät die allgemeine Naturgeschichte eingerichtet wurde.

Im Jahr 1849 erhielt die Philosophische Fakultät unter dem Minister für Cultus und Unterricht Graf Leo Thun-Hohenstein eine neue Ordnung, einen neuen Studienplan und einen neuen Lehrkörper.[72] *Im Zuge der Neuordnung der*

---

69 Siehe Literatur: Günther B. FETTWEIS, Über Freiberger Einflüsse auf die Vorgeschichte der Gründung der heutigen Montanuniversität Leoben und auf das Wirken ihres ersten Professors Peter Ritter von Tunner. In: Bibliotheken, Archive, Museen, Sammlungen. Beiträge des 10. Internationalen Symposiums Kulturelles Erbe in Geo- und Montanwissenschaften. (Hg. Sächsisches Staatsarchiv. Reihe A: Archivverzeichnisse, Editionen und Fachbeiträge 14, Halle an der Saale 2010), S. 197–215.

70 Friederich MOHS, Die ersten Begriffe der Mineralogie und Geognosie für junge praktische Bergleute der k. k. österreichischen Staaten. 1. Teil (Wien 1842), S. XIX. Siehe Literatur: Friederich MOHS, Grundriß der Mineralogie. Teil 1: Terminologie, Systematik, Nomenklatur, Charakteristik (Dresden 1822), und Teil 2: Physiographie (Dresden 1824).

71 Friederich MOHS, Erste Begriffe der Mineralogie und Geognosie (Anm. 70), S. 27.

72 Siehe Literatur: Kurt MÜHLBERGER, Das »Antlitz« der Wiener Philosophischen Fakultät in

Philosophischen Fakultät war an der Universität in Wien eine Lehrkanzel für Mineralogie vorgesehen worden,[73]

Aber erst im Jahre 1849 *wurde an der philosophischen Fakultät eine ordentliche Professur der Mineralogie begründet und der Prager Professor F. Zippe an diese Stelle berufen.*[74]

Franz Xaver Zippe (1791–1863) übernahm das Mohssche Modell der Klassifizierung der Minerale und orientierte sich in seinem Unterricht am Ordnungssystem nach Mohs.[75] Diese Lehrkanzel für Mineralogie firmierte unter der Bezeichnung »Mineralogisches Museum«.

Das Festhalten an veralteten wissenschaftlichen Methoden ebenso wie die konsequente Vertretung einer Suprematie der Mineralogen gegenüber den übrigen erdwissenschaftlichen Fächern Geologie und Paläontologie brachten Zippe [...] *in Konflikte mit seinen jüngeren und moderner denkenden akademischen Kollegen* [zum Beispiel mit Eduard Suess].[76] Nachfolger Franz Xaver Zippes waren der Mineraloge, Arzt und Paläontologe August Emanuel Ritter von Reuss[77] (1811–1873) und Albrecht Schrauf (1837–1897). Mit dem Wintersemester 1904/5 erhielt das Mineralogische Museum den neuen Namen »Institut für Mineralogie«. Neben den Vorlesungen über Mineralogie und Kristallographie entstand im Laufe der Zeit der Wunsch, auch in petrographischer Richtung

der 2. Hälfte des 19. Jahrhunderts. Struktur und personelle Erneuerung. In: Eduard Suess und die Entwicklung der Erdwissenschaften zwischen Biedermeier und Sezession. (Hg: Johannes Seidl), (= Schriften des Archivs der Universität 14, Wien 2009), S. 67–102.

73 Johannes SEIDL, Von der Geognosie zur Geologie. Eduard Sueß (1831–1914) und die Entwicklung der Erdwissenschaften an den österreichischen Universitäten in der zweiten Hälfte des 19. Jahrhunderts. In: Jahrbuch der Geologischen Bundesanstalt 149 (Wien 2009), S. 381.

74 Gustav TSCHERMAK, Mineralogie. In: Geschichte der Wiener Universität von 1848–1898. Eine Huldigungsfestschrift zum fünfzigjährigen Regierungsjubiläum seiner k. u. k. Apostolischen Majestät des Kaisers Franz Josef I. (Wien 1898), S. 302.

75 Siehe Literatur: Friederich MOHS, Grundriß der Mineralogie. Teil 1. Terminologie, Systematik, Nomenklatur, Charakteristik (Dresden 1822) und Teil 2: Physiographie (Dresden 1824). Marianne KLEMUN, »Die Gestalt der Buchstaben, nicht das Lesen wurde gelehrt.« Friederich Mohs »naturhistorische Methode« und der mineralogische Unterricht in Wien. In: Mensch-Wissenschaft-Magie. (= Mitteilungen der Österreichischen Gesellschaft für Wissenschaftsgeschichte 22, Wien 2002), S. 43–60. Johannes SEIDL, Franz PERTLIK, Matthias SVOJTKA, Franz Xaver Maximilian Zippe (1791–1863). Ein böhmischer Erdwissenschafter als Inhaber des ersten Lehrstuhles für Mineralogie an der Philosophischen Fakultät der Universität in Wien. In: Eduard Sueß (1831–1914) und die Entwicklung der Erdwissenschaften zwischen Biedermeier und Sezession. (Hg: Johannes Seidl), (= Schriften des Archivs der Universität Wien 14, Wien 2009), S. 161–209.

76 Johannes SEIDL, Franz PERTLIK, Matthias SVOJTKA, Franz Xaver Maximilian Zippe (1791–1863). (Anm. 75), S. 177.

77 Siehe Literatur: Norbert VAVRA, August Emanuel Ritter von Reuss (1811–1873). Mineraloge, Arzt und Paläontologe. In: Glücklich, wer den Grund der Dinge zu erkennen vermag. Österreichische Naturwissenschafter, Techniker und Mediziner im 19. und 20. Jahrhundert (Hg: Daniela Angetter & Johannes Seidl, Frankfurt am Main, Berlin, Brüssel, New York, Oxford 2003), S. 45–71.

eine Professur zu gründen. So betraute man den am »Hofmineraliencabinette«
tätigen Professor der Chemie und Mineralogie Gustav Tschermak (1836–1927)
mit Vorlesungen. Er wurde 1873 zum Leiter des neuen Institutes bestellt.[78] Zunächst erhielt diese Lehrkanzel den Namen »Petrographisches Cabinett«, ab
dem Studienjahr 1875/76 lautete die offizielle Bezeichnung »Mineralogisch-
Petrographisches Institut«.

Im 19. Jahrhundert hatte jede Universität in den österreichischen Erbländern
eine Lehrkanzel im Studienfach Mineralogie. Aber an der Universität in Wien
gab es seit der Verordnung aus dem Reichsgesetzblatt von 1872 für das Studienfach Mineralogie zwei Lehrkanzeln, die folgende Namen hatten: Mineralogie
und Mineralogie – Petrographie.

3.1.1 Der Wissensstand im Fach Mineralogie und Kristallographie mit eingehender Erörterung einiger Beispiele aus der Fachliteratur

In diesem Abschnitt werden ausführlich die Wissensinhalte der Mineralogie
erklärt, da sie nicht nur die Grundlagen in der Mineralogie, sondern auch in den
Disziplinen Petrographie und Geologie bilden.

*Gegenstand der Mineralogie sind die Gesetzmäßigkeiten von den Eigen-
schaften, den Vorkommen, dem Entstehen und Vergehen sowie den paragenetischen Verhältnissen der Minerale. Minerale sind stofflich homogene, meist feste
und anorganische Körper der natürlichen Materie.*[79]

Der Aufbau und die Struktur der Minerale, die chemischen und physikalischen Eigenschaften, das Vorkommen und die Entstehung zählen zu den Inhalten der Mineralogie, die in diesem Abschnitt eingehender besprochen werden. Die sehr umfangreiche und rasche Entwicklung der Erkenntnisse im Bereich der Minerale im 19. Jahrhundert sind im Lehrbuch von Ferdinand Senft
(1810–1893) überblicksmäßig nach bestimmten Prinzipien zusammengefasst.
Dieses Lehrbuch wurde für Schüler des Gymnasiums geschrieben, es zeigt in
verständlicher Sprache die Wissensinhalte der Mineralogie und Kristallographie
auf. Senft teilt in seiner Betrachtung über die Entwicklung der Mineralogie diese
Prinzipien in vier Rubriken ein und fügt die Namen der bedeutenden Forscher
hinzu[80]:

78 Vera M.F. HAMMER & Franz PERTLIK, Das wissenschaftliche Erbe von Gustav Tschermak-
    Seysenegg (1836–1927): Eine Zusammenstellung biographischer Daten seiner Doktoranden.
    In: Mitteilungen der Österreichischen Mineralogischen Gesellschaft 155. (Wien 2009),
    S. 191.
79 Hans Jürgen RÖSLER, Lehrbuch der Mineralogie (Leipzig 1991), S. 16.
80 Ferdinand SENFT, Synopsis der drei Naturreiche. Ein Handbuch für höhere Lehranstalten.
    Erste Abteilung: Synopsis der Mineralogie und Geognosie (Hannover 1857), S. 202.

1. Das rein chemische System, mit den Vertretern Rene-Just Haüy (1743–1822), Jöns Jakob Berzelius (1779–1848), Leopold Gmelin (1788–1853);
2. Das rein physikalische oder naturhistorische System mit den Vertretern Wilhelm Haidinger (1795–1871), Gustav Adolf Kenngott (1818–1897), Franz Xaver Zippe (1791–1863) und Friedrich August Breithaupt (1791–1873);
3. Das rein morphologische System mit den Vertretern Moritz Ludwig Frankenheim (1801–1869) und Gustav Rose (1798–1873);
4. Das gemischte System, das die chemischen Eigenschaften mit den physikalischen und morphologischen verbindet. Vertreter dieses Systems sind Friedrich Quenstedt (1809–1889) und Friedrich Pfaff (1825–1886).

Dieser kurze Überblick soll Schüler für eine weitere Vertiefung zum Thema anregen, oder aber auch im Unterricht als Grundlage für weiterführende Inhalte dienen. Senft selbst vertritt die Anschauung, *daß jede Mineralart ebenso gut wie jede Pflanzen- und Tierspecies ein in sich abgeschlossenes Individuum sein soll, so muß bei seiner vollständigen Entwicklung die chemische Zusammensetzung desselben auch im Einklang stehen mit seinen physischen und morphologischen Eigenschaften.*[81]

Die Einbeziehung kristallographischer Betrachtungen hat durch Friederich Mohs (1773–1839) einen großen Aufschwung genommen. Die von ihm definierte Härteskala der Minerale und das jedem Mineral zugeordnete spezifische Gewicht als physikalisch chemischer Parameter sind grundlegende Merkmale zur Bestimmung. Eine chemischische Zuordnung und Einteilung der Minerale ist bei Friederich Mohs nicht berücksichtigt. In der Kristallographie wird der Kristall dreidimensional wahrgenommen und über bestimmte Symmetrieelemente erklärt.

Der dreidimensionale Raum wird mit den Symmetrieelementen, wie Drehung, Spiegelung und Inversion verstanden und durch oder unter Einbeziehung von Kombinationen dieser Elemente [...] in 32 Punktgruppen definiert[82].

In den nachfolgenden zwei Tabellen ist eine übersichtliche Zusammenstellung der Kristallsysteme nach Senft angeführt, sie zeigt uns in Gegenüberstellung die Benennung der sieben Kristallsysteme nach der Stellung der Achsen von Carl Friedrich Naumann (1797–1873), Friedrich August Breithaupt (1791–1873), Gustav Rose (1798–1873), Wilhelm Haidinger (1795–1871) und Christian Samuel Weiss (1780–1856). Anhand der Tabellen ist ersichtlich, dass es im Jahr 1875 noch keine einheitliche Benennung der einzelnen Kristallsysteme gibt,

---

81 SENFT, Synopsis (Anm. 80), S. 202.
82 Franz PERTLIK, Argumente für die Existenz eines diklinen Kristallsystems in der Fachliteratur des 19. Jahrhunderts. Ein Beitrag zur Geschichte der Kristallographie. In: Mitteilungen der Österreichischen Mineralogischen Gesellschaft 152 (Wien 2006), S. 19.

allerdings wird eine Struktur des Denkens in der Mineralogie der Zeit deutlich. Die Bezeichnungen der einzelnen Kristallsysteme von Friedrich Naumann sind wegweisend und haben Bestand in der zukünftigen Nomenklatur. Für Schüler und wissensorientierte Leser bildet diese gut überschaubare Tabelle eine Hilfe zur Orientierung in den noch unterschiedlichen Bezeichnungen. Im Vergleich dazu ist die Ordnung der Systeme im Lehrbuch der Mineralogie von Gustav Tschermak aus dem Jahr 1905 bereits gegeben. Die Inhalte dieses Lehrbuches werden am Ende des Kapitels eingehender besprochen.

In den Tabellen sind sieben Kristallsysteme aufgezählt, die nach Winkeln und Achsen definiert sind. Ein besonderes Kristallsystem ist das hier einzig von Carl Friedrich Naumann aufgestellte dikline System, das auf Eilhard Mitscherlichs (1794–1863) chemische Erkenntnisse zurückzuführen und in der Fachwelt eher skeptisch betrachtet worden ist.[83] So erwähnt Tschermak in seinem Buch »Grundriss der Mineralogie für Schulen« 1863, dass es ... *wenige Kristalle* [gibt], *bei denen man 3 Axen anzunehmen hat, wovon eine auf einer anderen senkrecht steht, die dritte ist gegen beide geneigt. Man hat sie dem diklinoëdrischen System zugezählt. Dieses wird meist nicht weiter behandelt.*[84]

---

83 PERTLIK, Argumente (Anm. 82), S. 22.
84 Gustav TSCHERMAK, Grundriss der Mineralogie für Schulen (Wien 1863).

Tabelle 1: Ferdinand SENFT: Übersicht der Kristallsysteme und ihre Benennung in verschiedenen Kristallkunden. (1857) S. 28–29.

§. 11. Uebersicht der Krystallsysteme und ihre Benennung in verschiedenen Krystallkunden.

Axencharakter der einzelnen Krystallsysteme.	Benennung der Systeme nach:				
	Naumann:	Breithaupt:	G. Rose:	Haidinger:	Weiß:
1. System: Krystalle mit 3 gleichgroßen, unter rechten Winkeln sich durchschneidenden, Axen (nach Mohs: Hexaëdersystem).	Tesserales System.	tesserales System.	reguläres System.	tessularisches System.	reguläres System.
2. System: Krystalle mit 3, unter rechten Winkeln sich schneidenden, Axen, von denen eine größer oder kleiner als die beiden andern, unter sich gleichen, ist . . . . (nach Mohs: pyramidales System).	Tetragonales System.	tetragonales System.	2 u. 1axiges System.	pyramidales System.	viergliedriges System.
3. System: Krystalle mit 3 ungleichen, sich unter rechten Winkeln schneidenden Axen . . (nach Mohs: orthotypes System.) (auch orthorhombisches System.)	Rhombisches System.	rhombisches System.	1- und 1axiges System.	prismatisches System.	1- und 1axiges System.
4. System: Krystalle mit 3 ungleich langen Axen, von denen sich 2 unter einem schiefen Winkel schneiden, während die 3te Axe die beiden andern rechtwinklig durchschneidet . . . . (nach Mohs: hemiorthotypes System.) (Kenngott: klinorhombisches System.)	Monoklinisches System.	zum rhombischen System.	2- und 1gliedriges System.	augitisches System.	2- und 1gliedriges System.

Axencharakter der einzelnen Krystallsysteme.	Benennung der Systeme nach:				
	Naumann:	Breithaupt:	G. Rose:	Haidinger:	Weiß:
5. System: Krystalle mit 3 ungleich langen Axen, von denen sich 2 unter rechten Winkeln schneiden . . . . (nach Mohs: hemianorthotypes System.) (Kenng.: diklinorhombisches System.) kommt nur an künstlichen Krystallen vor.	Diklinisches System.	—	—	—	—
6. System: Krystalle mit 3 ungleichen Axen, welche sich sämmtlich unter schiefen Winkeln schneiden (nach Mohs: anorthotypes System.)	Triklinisches System.	—	1- und 1gliedriges System.	anorthisches System.	1- und 1gliedriges System.
7. System: Krystalle mit 4 Axen, von denen 3 gleich groß sind und sich unter spitzen Winkeln schneiden, die vierte aber größer oder kleiner ist und alle andern Axen rechtwinklig schneidet . . . . . (nach Mohs: rhomboëdrisches System.)	Hexagonales System.	hexagonales System.	3- und 1axiges System.	rhomboëdrisches System.	3- und 1axiges System.

Die oben angeführten sieben Kristallsysteme mit ihren expliziten Beschreibungen werden im Folgenden nochmals vorgeführt, gleichzeitig sei darauf hingewiesen, dass Ferdinand Senft – jeweils in Klammer – auch auf die Bezeichnungen von Friederich Mohs (1773–1839) hinweist.

1. *System: Krystalle mit 3 gleichgroßen, unter rechten Winkeln sich durchschneidenden, Axen (nach Mohs: Hexaëdersystem).*
2. *System: Krystalle mit 3, unter rechten Winkeln sich schneidenden, Axen, von denen eine größer oder kleiner als die beiden anderen, unter sich gleichen, ist …. (nach Mohs: pyramidales System)*
3. *System: Krystalle mit 3 ungleichen, sich unter rechten Winkeln schneidenden Axen …. (nach Mohs: orthotypes System) (auch orthorhombisches System)*
4. *System: Krystalle mit 3 ungleich langen Axen, von denen sich 2 unter einem schiefen Winkel schneiden, während die 3te Axe die beiden anderen rechtwinkelig durchschneidet …. (nach Mohs: hemiorthotypes System) (Kenngott: klinorhombisches System)*
5. *System: Krystalle mit 3 ungleich langen Axen von denen sich 2 unter rechten Winkeln schneiden …. (nach Mohs: hemianorthotypes System) (Kenngott: diklinorhombisches System) kommt nur an künstlichen Krystallen vor.*
6. *System: Krystalle mit 3 ungleichen Axen, welche sich sämmtlich unter schiefen Winkeln schneiden (nach Mohs: anorthotypes System)*
7. *System: Krystalle mit 4 Axen, von denen 3 gleich groß und sind sich unter spitzen Winkeln schneiden, die vierte aber größer oder kleiner ist und alle andern Axen rechtwinkelig schneidet …. (nach Mohs: rhomboëdrisches System)*[85]

3.1.1.1 Morphologie oder die Eigenschaften der Minerale

Das Lehrbuch der Mineralogie von Gustav Tschermak fasst alle strukturellen Merkmale eines Minerals unter dem Begriff Morphologie zusammen und es wird hier zum allgemeinen Verständnis der Mineralwelt als Informationsquelle herangezogen.

Mit dem Begriff Mineral wird ein fester, homogener und natürlicher Körper mit physikalischen und chemischen Eigenschaften verstanden, der meist in kristallisierter Form auftritt. Mineralaggregate bilden Gesteine, diese wiederum ergeben in ihrer unterschiedlichen Zusammensetzung den Aufbau der Erdkruste. Anhand eingehender Untersuchungen der Kristalle werden bestimmbare Größen definiert. So das Gesetz der Winkelkonstante, das Gesetz der Symmetrie, sowie das Zonengesetz, beziehungsweise das Parametergesetz.

Jeder Kristall besteht aus Flächen, Kanten und Ecken. Das Gesetz nach

---

85 SENFT, Synopsis der drei Naturreiche (Anm. 80), S. 28–29.

Leonhard Euler (1707–1783) besagt, dass die Anzahl der Flächen plus der Ecken proportional ist der Anzahl der Kanten plus der Zahl 2. Flächen, die parallele Kanten aufweisen, werden als Zone benannt. Diese parallelen Kanten werden mit dem Goniometer so erfasst, dass bei Einstellung auf zwei Flächen alle übrigen Flächen der Zone beim Drehen der Achse Spiegelbilder ergeben. Eine dritte Fläche kann mittels zweier bekannter Zonen, die sich schneiden, bestimmt werden.

Das Parametergesetz
Ein Kristall wird in jeder Ebene durch drei Achsen definiert, die in einem bestimmten Verhältnis zueinander stehen, es wird als Achsenabschnittsverhältnis gesehen.

Die Beziehung der Krystallflächen auf Axen ist von C [Christian] S [Samuel] Weiss [1780–1856] und von [Friederich] Mohs [1773–1839] eingeführt worden[86].

Die Figuren Nr. 23, 24 und 25 im Lehrbuch der Mineralogie von Gustav Tschermak erklären optisch das System der drei Achsen, die hier mit den folgenden Worten von Ferdinand Senft erläutert werden:

In jedem ausgebildeten Krystallkörper kann man sich ein Kreuz von 3 bis 4 Linien denken, welche sich gegenseitig in ihren eigenen Mittelpunkten und auch im Mittelpunkte des Krystalles selbst durchschneiden, so daß alle Theile des letzteren regelmäßig oder symmetrisch um dieses Linienkreuz herum vertheilt liegen.[87]

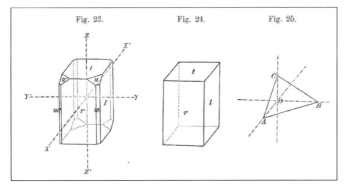

Abb. 1: Figuren 23, 24, 25: Gustav TSCHERMAK, Lehrbuch für Mineralogie. S. 18.[88]

---

86 Gustav TSCHERMAK, Lehrbuch der Mineralogie. (Wien 1905), S. 18. Unter dem Begriff *MORPHOLOGIE* wird die Beschreibung der Form eines Kristalls verstanden, dessen Flächen und Winkel mathematisch definiert sind (Millersche Indizes).
87 SENFT, Synopsis (Anm. 80), S. 25.
88 TSCHERMAK, Lehrbuch (Anm. 86), S. 18.

Das Parametergesetz wird im Lehrbuch der Mineralogie von Gustav Tschermak folgendermaßen beschrieben:

Die Flächen, welche am selben Krystall auftreten, [...] haben immer nur solche Parameterverhältnisse, in welchen die Koeffizienten m, n, p als ganze Zahlen erscheinen, [...] wie 1,2,3,4,5,6, [oder unendlich...] Die Fläche, deren Parameterverhältnis a:b:c ist, wird die Einheitsfläche genannt. [...] Das Parameterverhältnis der Einheitsfläche, also das Verhältnis a:b:c wird gewöhnlich das Axenverhältnis genannt.[89]

Mit dem Goniometer wird auch der Winkel, den zwei Flächen miteinander einschließen, gemessen. Bei ein- und demselben Mineral bleibt dieser Winkel immer konstant. Dieses Gesetz der konstanten Flächenwinkel wurde schon von Nikolaus Steno (1638–1686) aus dessen Beobachtungen heraus definiert.

Auguste Bravais (1811–1863) versuchte mathematische Berechnungen zu finden, mit denen sich die Kristallmorphologie aus dem inneren Aufbau vorhersagen lässt. Seine Theorie besagte, dass wichtige Kristallflächen proportional zu ihrer Besetzungsdichte erscheinen, das bedeutet, dass jene Formen umso wahrscheinlicher am Kristall auftreten, je mehr Gitterpunkte je Flächeneinheit auf der entsprechenden Gitterebene liegen.

3.1.1.2 Mineralchemie

Minerale sind chemisch und physikalisch homogene (einheitliche) Festkörper, die im Allgemeinen kristallisiert sind. Die chemische Homogenität lässt sich aus der, innerhalb bestimmter Grenzen, stofflichen Zusammensetzung nachweisen, diese wird durch eine individuelle chemische Formel ausgedrückt. Im Lehrbuch der Mineralogie von Gustav Tschermak wird die chemische Zusammensetzung mit folgenden Worten erklärt:

Diese [chemische Zusammensetzung] kann durch Worte ausgedrückt oder durch vereinbarte Zeichen dargestellt werden, welche die chemische Formel bilden.[90]

In der Analyse der Minerale erhält man Teile, die nicht mehr mit chemischen Mitteln zerlegbar sind, diese werden Elemente oder einfache Stoffe genannt. Bisher sind ungefähr 80 einfache Stoffe aufgefunden worden. Darunter bilden zwei, nämlich der Wasserstoff und der Sauerstoff, gleichsam die Muster und den Maßstab für die übrigen. Nach dem Verhalten zu diesen beiden werden die übrigen klassifiziert.[91] Bereits 1784 erklärte der französische Wissenschafter René Just Haüy (1743–1822) in seiner »Strukturtheorie«, dass ein Kristall in

---

89 TSCHERMAK, Lehrbuch (Anm. 86), S. 20.
90 TSCHERMAK, Lehrbuch (Anm. 86), S. 267.
91 TSCHERMAK, Lehrbuch (Anm. 86), S. 268.

kleinere Bausteine, aber mit gleicher geometrischer Beschaffenheit, zerfällt. Der würfelige Molekularbau war damit definiert. Zwischen dem Chemismus und der Morphologie der Mineralien besteht ein Zusammenhang, den der Chemiker Eilhard Mitscherlich (1794–1863) untersuchte. Er entdeckte, dass verschiedene Mineralarten mit gleicher chemischer Verbindung bestimmte Elemente austauschen können, das heißt, sie besitzen die gleiche Kristallform, haben aber eine unterschiedliche Zusammensetzung. Diese Bildung nannte er Isomorphie. Im Gegensatz dazu tritt die Polymorphie, die besagt, dass eine gleiche chemische Zusammensetzung, aber mit einer unterschiedlichen Kristallform, auftreten kann, wie zum Beispiel die beiden Minerale Zinkblende und Wurtzit.

Nicht nur der Chemismus der einzelnen Minerale, sondern auch die Bildungsbedingungen werden immer mehr zum Gegenstand der Forschung. Auf der Grundlage der sogenannten Paragenesenlehre nach Friedrich August Breithaupt (1791–1873) entwickelte sich die Erkenntnis, dass Minerale unter bestimmten Voraussetzungen entstehen beziehungsweise auftreten können. Damit ist es auch bedeutend, Minerale nach ihrem Vorkommen, den sogenannten Lagerstätten, zu untersuchen. Becke selbst hat in seinen Laboruntersuchungen innerhalb des Themenkreises der Ätzfiguren Minerale verschiedener Lagerstätten eingehend unterrsucht, um Unterschiede im Vorkommen zu erkunden.

3.1.1.3 Mineralphysik

Die physikalischen Eigenschaften sind in Bezug auf das Erkennen der Minerale von großer Bedeutung. Wie schon früher erwähnt, zählen zu den makroskopischen Bestimmungen Härte, spezifisches Gewicht, Spaltbarkeit, Glanz und Farbe. Die Härte der Minerale ist im 19. Jahrhundert in einer Skala von 1–10 nach Friederich Mohs (1773–1839) definiert. Unter Spaltbarkeit versteht man die Teilbarkeit eines Minerales parallel zu einer oder mehreren Flächen bei mechanischer Beanspruchung, die vom inneren Aufbau des Minerals abhängig ist. Besonders gute Spaltbarkeit an Mineralen sind im deutschen Sprachgebrauch in der Wortendung erkennbar, wie zum Beispiel bei Kalkspat – Calcit, Schwerspat – Baryt, Flussspat – Fluorit und Feldspat. Neben diesen besonderen Eigenschaften können auch noch der Magnetismus und die Elektrizität beobachtet werden. Durch Reibung oder durch Erwärmung entsteht eine elektrische Ladung, die an bestimmten Mineralen messbar ist.

Zu den optischen Eigenschaften zählen die Lichtbrechung, die Lichtabsorption und -reflexion, die mit Hilfe des technisch bereits sehr gut entwickelten Mikroskops eine zuverlässige Bestimmung der Minerale ermöglichen. Bei der Lichtbrechung wird der Gang eines Lichtstrahles durch ein festes Medium – Mineral – beobachtet und mathematisch genau definiert. In Abhängigkeit der

Lichtbrechung von der Wellenlänge des Lichtes werden unterschiedliche Werte gemessen, da bei allen durchsichtigen Kristallen die Lichtbrechung für kurzwelliges Licht größer ist als für langwelliges; dieser physikalische Vorgang heißt Dispersion. Wenn bei einem doppelbrechenden Kristall (zum Beispiel Calcit) eine Lichtwelle eintritt, so wird deren Energie in zwei senkrecht aufeinander schwingende Teilwellen zerlegt, man spricht von Polarisation oder polarisiertem Licht. Bei der Doppelbrechung spaltet sich das einfallende Licht in zwei Transversalwellen (ausgenommen kubische bzw. isotrope Minerale), die unterschiedliche Fortpflanzungsgeschwindigkeiten haben, der Differenzbetrag beider Brechungsindizes ergibt dann die Doppelbrechung. Der gerade durchlaufende Strahl (n_o oder auch n_ω) wird als ordinärer Strahl (= ordentliche Welle) bezeichnet, er weist immer den gleichen Brechungsquotienten auf. Der zweite Strahl, extraordinärer Strahl (= außerordentliche Welle), ändert seinen Brechungsquotienten (n_e oder n_ε) je nach der Einfallsrichtung des Lichtes.[92]

Ebenso können beim Eintritt einer Lichtquelle in einen Kristall bestimmte Frequenzbereiche des Lichtes absorbiert werden. Dies ist gut zu beobachten beim optischen Phänomen des Pleochroismus.

Die Farbe anisotroper Minerale ist im Dünnschliff von der Schwingungsrichtung abhängig; bestimmte Anteile des Lichtspektrums werden also je nach Durchstrahlungsrichtung verschieden stark absorbiert. Dieses Phänomen, daß ein Mineral bei Drehung des Mikroskop-Tisches einen wahrnehmbaren Farbwechsel und/ oder unterschiedliche Farbintensität zeigt, nennt man Pleochroismus.[93]

Da die Absorption richtungsabhängig ist, kann der Pleochroismus als ein charakteristisches Merkmal bestimmter Minerale gesehen werden.

3.1.1.4 Mineralsystematik – Mineralklassen

Bei der Einteilung oder Zuordnung nach bestimmten Eigenschaften der Minerale wurde zur Zeit Beckes als Vorbild die Klassifikation im Pflanzenreich nach Carl von Linné (1707–1778) herangezogen. Becke bezeichnet diese Art der Einteilung im Lehrbuch der Mineralogie als künstliches System einer Klassifizierung. Die Chemiker Martin Heinrich Klaproth (1743–1817) in Deutschland und Jöns Jakob Berzelius (1779–1848) in Schweden hatten bereits die chemische Zusammensetzung vieler Minerale bestimmt und damit eine Grundlage für die Systematik der Minerale geschaffen. In der Diskussion über die Einteilung der Minerale nach dem inneren Aufbau – dem natürlichen System – oder der Gat-

---

92 Im modernen wissenschaftlichen Sprachgebrauch wird hier das Indikatrix-Modell eingesetzt. Siehe: Hans PICHLER & Cornelia SCHMITT-RIEGRAF, Gesteinsbildende Minerale im Dünnschliff (Stuttgart 1993), S. 13–17.
93 PICHLER & SCHMITT-RIEGRAF, Gesteinsbildende Minerale im Dünnschliff (Anm. 92), S. 7.

tungen mit gleicher chemischer Zusammensetzung und Kristallisation, ist Becke der Ansicht, dass die aktuelle Einteilung der Minerale in Ordnungen und Klassen nach ihrer chemischen Zusammensetzung zielführend ist. In Folge führt Becke in einer Tafel[94] die bekannten Elemente mit deren chemischen Symbolen nach Julius Lothar von Meyer (1830–1895) und Dimitri Iwanovič Mendelejev (1834–1907) an, mit einem Anhang, in dem die aktuelle Literatur zu den »Grundstoffen« aufgelistet ist.[95] Dieses erste »Periodensystem« der Elemente dient als Ordnungsgrundlage der Klassifizierung der Minerale. Es gibt neun Klassen, die wiederum in Ordnungen eingeteilt werden. Minerale mit gleichen Merkmalen werden einer Klasse zugeordnet. Die Ordnungen sind durch die chemische Zusammensetzung definiert. Die Bezeichnung (Nomenklatur) der Klassen, Ordnungen und Gruppen ist zur Zeit Beckes noch nicht einheitlich festgelegt, daher können in anderen Handbüchern, wie die von Wilhelm von Haidinger (1795–1871), Franz von Kobell (1803–1882) oder James Dwight Dana (1813–1895) nicht immer Übereinstimmungen gefunden werden.[96]

3.1.1.5 Technische Geräte zur Bestimmung der Minerale

Als Messinstrument des 19. Jahrhunderts bis in das erste Viertel des 20. Jahrhunderts stand das Goniometer zur optischen und morphologischen Kristallmessung im Vordergrund. Das Goniometer kann als Repräsentant für Geräte zur Beobachtung und Berechnung der Flächen, sowie der Morphologie der Minerale gesehen werden. Ergänzt wurden diese mit Beobachtungen durch das Mikroskop. Die optischen Kristallmessungen mit dem Mikroskop, zu deren Weiterentwicklung Friedrich Becke einen wesentlichen Beitrag leistete, nahmen in dieser Zeit eine bedeutende Stellung ein.

Das Goniometer
Mit Hilfe eines Winkelmessgerätes – Hand- oder Anlegegoniometer – konnten die Flächen eines größeren Kristalles gemessen werden. Daraus entwickelte William Hyde Wollaston (1766–1828) im Jahr 1809 das erste Reflexionsgoniometer. Der Messvorgang mit dem Goniometer wird im Lehrbuch der Mineralogie folgendermaßen beschrieben:

---

94 TSCHERMAK, Lehrbuch (Anm. 86), S. 374.
95 Paul GROTH, Tabellarische Übersicht der Mineralien (Braunschweig 1898).
96 Siehe Literatur: Wilhelm von HAIDINGER, Handbuch der bestimmenden Mineralogie, enthaltend Terminologie, Systematik, Nomenklatur und Charakteristik der Naturgeschichte des Mineralreiches (Wien 1850). Franz von KOBELL, Geschichte der Mineralogie von 1650–1860. In: Geschichte der Wissenschaft in Deutschland Neuere Zeit 2 (= Geschichte der Mineralogie, München 1864). James Dwight DANA & Eduard Salisbury DANA, A Textbook of Mineralogy (New York 1883).

Bei Anwendung derselben wird die Spiegelung der Krystallflächen benützt, indem zuerst auf der einen, dann auf der anderen Fläche dieselbe Reflexion eingeleitet und nachher die hiezu nötig gewesene Drehung des Krystalles an einem geteilten Vollkreis abgelesen wird. Wenn der Krystall [...] zuerst mit der einen Fläche k l spiegelt, so wird der von l kommende Lichtstrahl von dieser Fläche nach dem Auge O reflektiert. Wird hierauf der Krystall um die Kante k so weit gedreht, bis der Lichtstrahl von der Fläche i k reflektiert wird und denselben Weg nach O nimmt wie vorher, so ist der Krystall um den Winkel e k l gedreht worden, und dieser Winkel wird an dem Instrument abgelesen. Während nun i k l der innere Winkel ist, wie er allenfalls durch das Handgoniometer bestimmt würde, ist der hier gemessenen Winkel e k l der äußere Winkel. Mittels des Reflexionsgoniometers erhält man demnach immer den Außenwinkel. Wenn von dem Inneren des Krystalles her senkrechte Linien auf die beiden Flächen l k und i k fallen, so schließen diese beiden Linien einen Winkel v ein, welcher dem Winkel e k l gleich ist [...]. Der durch Reflexion erhaltene Winkel ist daher zugleich der Normalwinkel der gemessenen Kante.[97]

Bei den weiterentwickelten Geräten wurde das einfallende Licht durch ein Fernrohr – auch Kollimator genannt – auf die Kristallfläche gelenkt und dann das reflektierte Licht durch ein zweites Fernrohr (Okularfernrohr) beobachtet. Mit einem zweikreisigen Reflexionsgoniometer, das der englische Kristallograph William Hallowes Miller (1801–1880) konstruiert hatte, konnten die Kristallflächen ohne Veränderung der Kristalle dreidimensional eingemessen werden. Martin Christian Friedrich Websky (1824–1886) berichtete in einem Artikel in der Zeitschrift für Krystallographie über Einrichtung, Gebrauch und mathematische Berechnung der eingemessenen Zonen an einem Kristall mit Hilfe eines Goniometers einer der bekanntesten Hersteller, Rudolf Fuess, in Berlin.[98]

Das Goniometer ist, neben dem Mikroskop, für das geschulte Auge des Forschers das Hauptinstrument zur Bestimmung der Flächen eines Minerals. Aus den Winkelverhältnissen kann in Folge die Einteilbarkeit aller kristallinen Körper in die sieben Kristallsysteme errechnet werden.

Aus der dreidimensionalen Beobachtung erfolgt nun die Übertragung in den

---

97 TSCHERMAK, Lehrbuch (Anm. 86), S. 12.
98 Martin WEBSKY, Ueber Einrichtung und Gebrauch der von R. Fuess in Berlin nach dem System Babinet gebauten Reflexions-Goniometer, Modell II. In: Zeitschrift für Krystallographie 4 (Berlin 1880), S. 545–568. Die renommierte Firma *FUESS* für optisch-mechanische und meteorologische Instrumente wurde von Heinrich Ludwig Rudolf Fuess (1838–1917) in Berlin im Jahr 1865 gegründet. Sein Sohn Paul Fuess (1867–1944) führte die Geschäfte ab 1913 weiter mit einem erweiterten Sortiment wie Zielfernrohre und Bordinstrumente für den Bedarf im 1. Weltkrieg. Mit Ende des 2. Weltkrieges ging die Nachfrage zurück und das Unternehmen wurde 1970 geschlossen.

zweidimensionalen Bereich. Die Durchstoßpunkte von Flächenloten durch eine gedachte Kugel mit dem Zentrum des Kristalls ergeben die sogenannten Flächenpole, das heißt, die Lage einer Fläche eines Kristalles wird durch zwei Winkelangaben in Bezug zu einem Fixpunkt bestimmt. In dieser sogenannten stereographischen Projektion wird eine Halbkugel auf eine Fläche projiziert, wobei die einzelnen Punkte die Kristallflächen repräsentieren. Es wird dabei nicht die Größe der Fläche, sondern nur deren Vorhandensein dargestellt.

Der große Vorteil der stereographischen Projektion ist, daß man die Symmetrieelemente direkt erkennt, die Winkel zwischen den Flächen unmittelbar ablesen und die Kristalle daraus in ihrer idealen, unverzerrten Form zeichnen kann.[99]

Das Mikroskop

Mit dem Mikroskop können unter Herstellung von dünnen Mineralplättchen, den sogenannten Dünnschliffen, Verhältnisse beobachtet werden, die mit dem freien Auge nicht mehr sichtbar sind. Hier werden Oberflächenbeschaffenheit, Zwillingsbildungen, Einschlüsse und Formen, Schwingungsrichtung, Lage der Achsenebenen, Unterscheidung zwischen optisch einachsigen und zweiachsigen Kristallen sowie die Einwirkung von Säuren auf die einzelnen Minerale beobachtet. Anhand der Dünnschliffe werden mittels des beobachteten und durch das Medium durchgehenden Lichtstrahles der Brechungsquotient und die Doppelbrechung eines Minerals bestimmt.

Treffen Lichtwellen unter einem schiefen Winkel auf die Grenzfläche zweier Medien, so findet Lichtbrechung statt. Sie ist abhängig von der Fortpflanzungsgeschwindigkeit der Lichtwellen in dem betreffenden Medium. [...] Je größer der Lichtbrechungsunterschied zwischen dem Mineral und seiner Umgebung ist, desto ausgeprägter und stärker treten die Kornränder hervor. Sie erscheinen in Form eines dunklen Randes und eines hellen Lichtsaumes, der Beckeschen Linie. [...] Durch die Beobachtung des Wanderns der Beckeschen Linie kann man die relativen Lichtbrechungsunterschiede zwischen den Mineralien und dem Einbettungsmittel feststellen.[100]

Das Instrument Nicolsches Prisma[101] liefert polarisiertes Licht, das heißt, das gewöhnliche Licht wird in polarisiertes Licht umgewandelt. Der Polarisator

---

99 Olaf MEDENBACH, Peter W. MIRWALD & Peter KUBATH, Rho und Phi, Omega und Delta. Die Winkelmessung in der Mineralogie. Sonderdruck aus MINERALIEN-Welt 5 (Haltern, Deutschland 1995), S. 8.

100 Hans PICHLER & Cornelia SCHMITT-RIEGRAF, Gesteinsbildende Minerale im Dünnschliff (Anm. 92), S. 8–9.

101 *NICOLSCHES PRISMA:* Der schottische Physiker William Nicol (1768–1851) entwickelte ein Verfahren bei der Beobachtung mit dem Mikroskop. Er verkittete zwei Kalkspatprismen (= blättchen) mit Kanadabalsam um damit polarisiertes Licht zu erzeugen.

befindet sich unter dem Objekt und der Analysator darüber. Der Objekttisch mit dem Dünnschliffpräparat ist um die optische Achse drehbar und verfügt über eine Kreisteilung, womit das optische Verhalten der Minerale in verschiedene Richtungen mit Bezug auf die Polarisationsrichtung der Nicols festgestellt werden kann. Es existieren Minerale, die einfach brechend (kubische) sind und jene, die doppelt (tetragonale, hexagonale, trigonale, orthorhombische, monokline und trikline) brechen. Mit sogenannten gekreuzten Nicols wird die Lage der Schwingungsrichtung in doppelbrechenden Platten als Auslöschungsrichtung bestimmt. Sie ist für jedes Mineral charakteristisch. Mit Hilfe dieser Richtung können die Hauptschwingungsachsen, die bereits erwähnte Auslöschungsschiefe und die Richtung der Strahlen, das sind ordinärer und extraordinärer Strahl, bestimmt werden. In diesem Zusammenhang sei auf die Benennung des ordinären und extraordinären Strahls hingewiesen, sie kommt in Beckes Beschreibungen in Bezug auf die optische Orientierung häufig vor.

Der Hauptbrechungsquotient des ordinären Strahls wird mit ω, der des extraordinären Strahles mit ε bezeichnet. Für optisch positive Krystalle ist demnach $\omega = \alpha$ und $\varepsilon = \gamma$. Für optisch negative ist $\omega = \gamma$ und $\varepsilon = \alpha$. Der Unterschied beider bezeichnet die Stärke der Doppelbrechung.[102]

Wichtige Hilfsmittel bei der Wiedergabe des beobachteten mikroskopischen Bildes sind das Abbesche Zeichengerät und die Camera lucida.[103]

In Folge der umfangreichen Beobachtungen an Feldspäten konnte Friedrich Becke mit Hilfe bestimmter Achsenwinkelmessungen einen Zeichentisch konstruieren lassen, den die Firma Reichert in Wien als Zusatzvorrichtung für die mikroskopische Beobachtung baute.[104]

3.1.1.6 Entstehung der Minerale und Gesteine

Neben den kristallographischen, morphologischen und chemischen Mineralforschungen stellte sich auch die Frage nach der unterschiedlichen Genese und Paragenese der Minerale sowie deren Bildungsbedingungen. Der Mineraloge

---

102 TSCHERMAK, Lehrbuch (Anm. 86), S. 210.
103 *ABBESCHES ZEICHENGERÄT* definiert Ernst Weinschenk in: Das Polarisationsmikroskop, S. 145: *Das Abbesche Zeichengerät besteht aus zwei sich zu einem Würfel ergänzenden, zusammengekitteten Prismen, welche an der Berührungsstelle mit Ausnahme des kleinen Mittelfeldes versilbert sind. Durch diese Öffnung erhält das Auge das Bild des Gegenstandes o aus dem Okular, während ein drehbarer Spiegel, in einer Enternung von 70 mm angebracht, das Bild auf die versilberte Grenzfläche wirft, von welcher sie in das Auge gespiegelt wird.* Damit konnte das beobachtete Objekt genauestens nachgezeichnet werden. *CAMERA LUCIDA* ist ein viereckiges Prisma, das auf einer Zeichenunterlage oder auf dem Okular eines Mikroskops befestigt wird. Man blickt durch eine Öffnung direkt über die Kante des Prismas, das die Umrisse eines beobachteten Motivs auf das Zeichenpapier wirft.
104 Ernst WEINSCHENK, Das Polarisationsmikroskop (Freiburg im Breisgau 1925), S. 145.

Friedrich August Breithaupt (1791–1873) entwickelte 1849 die sogenannte Paragenesenlehre, die er aus den Erkenntnissen vieler Wissenschafter, wie zum Beispiel Abraham Gottlob Werner (1749–1817) oder Gabriel Auguste Daubrée (1814–1896), zusammenfasste und damit eine Grundlage für die Weiterentwicklung in den erdwissenschaftlichen Disziplinen schuf. Sie besagt, dass bei bestimmten Bedingungen beim Auftreten eines bestimmten Minerals auch andere Minerale vorhanden sein können. Hier erkennen wir schon die Ansätze zur interaktiven Arbeit der einzelnen erdwissenschaftlichen Bereiche: Mineralogie, Petrographie, Geologie, Geochemie und Lagerstättenkunde greifen ineinander.

Neben diesen Bereichen entstehen auch regionale Übersichtslexika der Minerale, wie zum Beispiel das »Mineralogische Lexikon für das Kaiserthum Österreich« von Viktor Zepharovich (1830–1890) in drei Ausgaben, wobei die dritte und letzte Ausgabe Friedrich Becke redigierte. Der Amerikaner James Dwight Dana (1813–1895) schuf eines der ersten Nachschlagewerke der Mineralogie: »The System of Mineralogy« of James Dwight Dana and Edward Salisbury Dana (1872).

3.1.1.7 Das Lehrbuch der Mineralogie von Gustav Tschermak

Anhand des Lehrbuches für Mineralogie, herausgegeben von Gustav Tschermak, kann der Wissensstand der Mineralogie zur Zeit Friedrich Beckes verfolgt werden. Die erste Auflage des Lehrbuches erscheint im Jahr 1883, hier wird Becke bereits als Mitarbeiter im Vorwort erwähnt. Die letzten Auflagen (5.–8.) werden von Becke selbst herausgegeben, sie firmieren immer noch unter dem Titel »Lehrbuch der Mineralogie« von Gustav Tschermak. Die Erkenntnisse der Forschungen in diesem Zeitraum lassen sich gut nachvollziehen und zeigen auch die Entwicklung der formalen Sprache in dieser Disziplin auf.

Im Folgenden werden die Inhalte aus dem Lehrbuch in der sechsten Auflage aus dem Jahr 1905 angeführt. Sie zeigen Beckes persönlichen Stil im Lehren, die gute Kenntnis im Forschen, die absolute Objektivität in seiner Herangehensweise an Thematiken der aktuellen Fachliteratur und seine exakte Beweisführung.

Im Lehrbuch der sechsten Auflage wird der Begriff der Mineralogie klar definiert:

Alle die unterscheidbaren Bestandteile, welche in größerem oder in kleinerem Maßstabe die Erdrinde zusammensetzen, werden Minerale genannt. Man pflegt sie oft zu den belebten Wesen, den Organismen, in einen Gegensatz zu stellen und als anorganische Naturkörper zu bezeichnen, doch werden nicht alle anorgani-

schen Körper als Minerale betrachtet, sondern bloß diejenigen, welche ihrer Entstehung nach der Erdrinde zugehören.[105]

Die Sprache im Lehrbuch ist sehr gut verständlich und zum Teil persönlich gehalten, von einer allgemeinen Einleitung in jedem Kapitel wird der Leser weitergeführt in die mineralogische Sprache, die exakt definiert ist.

Jeder, der in einem wissenschaftlichen Fache als Lehrer zu wirken in der Lage ist, wird in Beziehung auf die Auswahl und die Anordnung sowie auf die Behandlung des Stoffes im Laufe der Jahre zu einem festen Plane gelangen, welcher seinen eigenen Anschauungen und Bedürfnissen seiner Zuhörer am besten entspricht. Demnach wird ein Lehrbuch, welches diesen Plan zur Darstellung bringt, einen individuellen Charakter zeigen und auch bei vollkommener Richtigkeit des Tatsächlichen den Einfluss des subjektiven Momentes erkennen lassen. Hieraus werden sich die Eigentümlichkeiten des vorliegenden Werkes erklären, welches in erster Linie für meine Zuhörer bestimmt ist.[106]

Im »Allgemeinen Teil« werden Morphologie, Mineralchemie und -physik, Lagerstättenlehre, Entstehung und Paragenese der Minerale angeführt, daran schließt der »Spezielle Teil« mit der Einteilung in Mineralklassen und den damals bekannten Mineralen. Ebenso werden die technischen Geräte und ihre Handhabung zur Untersuchung der Minerale genauestens beschrieben, wie Goniometer, Mikroskop mit den Zusatzgeräten, wie zum Beispiel das Schraubenmikrometer, oder das Nicolsche Prisma.

Zur Morphologie zählen die Ausbildung der Kristalle – Individuen – und deren regelmäßiger Aufbau. Die regelmäßige Ausbildung der Formen der Kristalle wird von drei Grundelementen bestimmt: Dem Gesetz der Winkelkonstante, dem Gesetz der Symmetrie und dem Gesetz der Zonen – das sogenannte Parametergesetz.

Im anschließenden »Speziellen Teil« werden die einzelnen Mineralgattungen und die speziellen Minerale mit Morphologie, chemischer Formel, physikalischen und optischen Merkmalen, Fundorten beziehungsweise Lagerstätten sowie der Persönlichkeit, die dieses spezielle Mineral erstmals beschrieben hat, aufgezählt. Zum Beispiel ist neben dem Mineral Blende oder Zinkblende (Sphalerit) der Name des Erstbeschreibers Ernst Friedrich Glocker (1793–1858) angegeben.

Es ist ein umfangreiches Standardwerk, das theoretisches und praktisches Wissen zusammenführt und Hinweise zum erweiterten Studium gibt.

Ende des 19. Jahrhunderts umfasste die Mineralogie folgende Bereiche: Kristallographie, Mineralchemie, Kristallphysik und Lagerstättenkunde mit besonderer Berücksichtigung der Erze, sowie kristalloptische Untersuchungen

---

105 TSCHERMAK, Lehrbuch (Anm. 86), S. 1.
106 TSCHERMAK, Lehrbuch (Anm. 86), Vorwort III.

an Mineralen. Die geometrische Kristallographie war aufgrund ihrer mathematischen Forschungsmethode exakt bestimmt. Die Gesetzmäßigkeiten des Kristallbaues konnten in der Symmetrielehre mit den 32 Kristallklassen mathematisch formuliert werden. Auguste Bravais (1811–1863) erklärte den dreidimensionalen und periodischen Gitteraufbau mit Molekülen, die er später, durch die Ersetzung der Molekülgitter nach Paul von Groth (1843–1928) als Raumgitterformen – Bravaissche Translationsgitter – definierte. Mit der Kombination der äußerlich erkennbaren Symmetrieelemente entwickelten Jewgraf Stepanowitsch Fjodorow (1853–1919) und Arthur Schoenflies (1853–1928) die 230 möglichen Raumgruppen.

Erst die Entdeckung der X-Strahlen durch Wilhelm Conrad Röntgen (1845–1923) und die Anwendung der »Röntgenstrahlen« an Mineralen brachten nach vielen Berechnungen der Interferenzerscheinungen nach Max von Laue (1897–1957), Sir Henry Bragg (1862–1942) und William Lawrence Bragg (1890–1971), Karl Weissenberg (1893–1947), Peter Debey (1884–1966) und Paul Scherrer (1890–1969) den Nachweis über den Feinbau und die Kristallstruktur. Mit dieser Kristallstrukturanalyse gelang der Mineralogie der Sprung zur modernen Wissenschaft im 20. Jahrhundert. Aus den Erkenntnissen des Feinbaus der Kristalle konnten nicht nur die morphologischen, sondern auch die optischen, mechanischen, elektrischen, chemischen und physikalischen Eigenschaften erklärt werden. Mit dieser Entdeckung entwickelte sich die Mineralogie von der beschreibenden zur experimentellen Wissenschaft.

3.2 Das Fach Petrographie an der Universität Wien

Mit der Bestellung Gustav Tschermaks zum Leiter einer zweiten Lehrkanzel im Fach Mineralogie und Petrographie im Jahre 1873, das zunächst unter dem ersten Namen »Mineralogisch-Petrographisches Cabinett« firmierte, begann eine intensive Forschung an Mineralen in Verbindung mit petrographischen Gesichtspunkten an der Universität in Wien. Unter seiner Leitung entwickelte sich dieses Institut zu einem wohlbekannten wissenschaftlichen Ort, dessen Forschungen vor allem auf dem Gebiet der Feldspate und Meteorite große Bekanntheit in wissenschaftlichen Kreisen erlangte. Tschermak führte innerhalb seiner wissenschaftlichen Tätigkeit physikalische und chemische Untersuchungsmethoden zur Erweiterung des Faches Mineralogie ein.

Entsprechend seiner venia legendi für Chemie und Mineralogie und in seinem Habilitationsgesuch vorgeschlagenen Unterrichtsthemata war auch das Interesse von Tschermak in den ersten Jahren seiner Dozentur weitestgehend auf Probleme der Chemie (inklusive Kristallographie) ausgerichtet.[107]

Im Wintersemester 1861/62 hielt Tschermak Vorlesungen mit den Titeln: »Physikalische Chemie«, »Kristallkunde« und »Kristallographische Übungen«. Später erweiterte Gustav Tschermak seine Unterrichtsinhalte auf das Gebiet der Gesteinslehre. Im Wintersemester 1864/65 hielt er erstmalig eine Vorlesung mit dem Titel »Gesteinslehre«.

Die Aufgabe der Petrographie – der Gesteinskunde – beruht auf der Erforschung der Zusammensetzung der Gesteine, deren Vorkommen und der Bildung bzw. Entstehung (= Petrogenese). Zum Inhalt der Petrographie zählen auch Theorien der Gebirgsbildung, Ideen zur Entstehung der Erde und deren geologischer Geschichte. Somit kann die petrographische Arbeit eines Feldgeologen als Fundament der Geologie gesehen werden. Der Petrograph Ferdinand Zirkel verortet die Petrographie als einen »Abschnitt der Geognosie«.

Die äußerste Erdkruste ist aus Mineralien gebildet und die verschiedenen Mineralaggregate [...] pflegt man als Gesteine, Felsarten Gebirgsarten (rocks, roches) Gesteine zu bezeichnen. [...] Als die Aufgabe der Petrographie [...] erscheint es, das Material der Gesteine in mineralogischem, chemischem und physikalischem Bezuge kennen zu lernen, die Veränderungen [...] und die Bildungsweise zu ermitteln.[108]

Da sich Gesteine aus verschiedenen Mineralen zusammensetzen, sind im Fach der Petrographie somit auch die Grundkenntnisse der Mineralogie notwendig. Chemische und physikalische Grundlagen, die hier in dieser Arbeit im folgenden Abschnitt genauer erörtert werden, sind ebenso Bestandteil der Petrographie. Die Entstehung und Bildungsbedingungen der Gesteine setzen wiederum eine Grundkenntnis im Fach Geologie voraus.

3.2.1 Wissensstand im Fach Petrographie mit Erörterung einiger Beispiele aus der Fachliteratur

Die Petrographie ist eine beschreibende Wissenschaft, die Gesteine mit ihrem Vorkommen, ihrer Zusammensetzung, ihrem Gefüge und deren Minerale beschreibt und klassifiziert. Ferdinand Zirkel (1838–1912) definiert den Terminus Petrographie in seinem Lehrbuch aus dem Jahr 1893 folgendermaßen:

Die Petrographie oder Gesteinslehre bildet einen sehr wesentlichen Abschnitt der Geologie, indem sie uns das Material, welches die feste Erdkruste zusammensetzt, die Gesteine kennen lehrt [...]. Als Aufgabe der Petrographie erscheint

---

107 HAMMER & PERTLIK, Das wissenschaftliche Erbe (Anm. 78), S. 195.
108 Ferdinand ZIRKEL, Lehrbuch der Petrographie (Leipzig 1866), S. 1.

es, das Material der Gesteine in mineralogischem, chemischem und physikalischem Bezuge kennen zu lernen, die Veränderungen, welche dasselbe im Lauf der Zeit erlitten hat und die dabei mitwirkenden Ursachen zu untersuchen, die Lagerungsformen und Verbandverhältnisse, unter welchen sich die Gesteine darbieten, die geologische Rolle, welche sie spielen, sowie die gegenseitigen Beziehungen der einzelnen Gesteine untereinander erforschen, endlich auf Grund aller dieser Resultate ihre specielle Bildungsweise zu ermitteln.[109]

Ulrich Grubenmann (1850–1924), Schweizer Petrograph und Alpenforscher, sieht in der Geschichte der Petrographie auch die Geschichte der Systematik der kristallinen Schiefer.[110] Anhand der Entwicklungsgeschichte der Gesteinsklassifikation nehmen die Diskurse im Bereich der kristallinen Schiefer, zu denen Friedrich Becke grundlegende Erkenntnisse beigetragen hat, einen großen Bereich der Disziplinierung innerhalb des Faches Petrographie ein.

Ernst Weinschenk (1865–1921) erklärt in seiner Publikation über die Grundzüge der Gesteinskunde die petrographische Untersuchung der Gesteine als grundlegende Voraussetzung in der Disziplin Geologie:

Die Gesteinskunde oder Petrographie beschäftigt sich mit dem Entstehen, der augenblicklichen Beschaffenheit und der Zerstörung der Gesteine; sie soll die Gesteine in jedem Stadium ihrer Existenz verfolgen und zur Erforschung jener Gesetze beitragen, welchen unsere Erde ihren heutigen Zustand verdankt. In diesem Sinne ist die Gesteinskunde eine der ersten und wichtigsten Grundlagen der Geologie, von der sie leider nicht nur in früher Zeit, sondern bis zum heutigen Tage weitgehende Vernachlässigung erfahren hat, welche Ursache so vieler und schwerwiegender Irrtümer geworden ist.[111]

Im Folgenden diskutiert Weinschenk über die, seiner Meinung nach, etwas vernachlässigte Wissenschaft der Petrographie im Gegensatz zu Paläontologie und Geologie. Mit der Einführung des Mikroskops und den Erkenntnissen der mineralogischen Zusammensetzung der Gesteine konnte sich die Petrographie als »gleichberechtigtes Glied in die Reihe der exakten Wissenschaften« einordnen.

Zu den petrographischen Untersuchungsmethoden zählen makroskopische und mikroskopische sowie Trennungsmethoden und chemische Untersuchungen. Die Bestimmung der Größe der einzelnen Mineralkörner sowie der Härte und des spezifischen Gewichtes sind Inhalte der makroskopischen Untersuchung, die Herstellung von Dünnschliffen und die Beobachtung und Messung unter dem Mikroskop, sowie die optische Orientierung der einzelnen Ge-

---

109 ZIRKEL, Lehrbuch, (Anm. 108), S. 6.
110 Ulrich GRUBENMANN, Die kristallinen Schiefer. 1. Teil (Berlin 1907), S. 2ff.
111 Ernst WEINSCHENK, Grundzüge der Gesteinskunde I. Teil: Allgemeine Gesteinskunde als Grundlage der Geologie. 2. Auflage (Freiburg im Breisgau 1906), S. 1.

mengteile zählen zu den mikroskopischen Untersuchungen. Das Mikroskop ist eines der wichtigsten technischen Geräte, mittels dessen die Gemengteile – die Zusammensetzung und Körnung des Gesteins – im Dünnschliff beobachtet werden können. Mit Hilfe von Säuren erfolgt die Trennung der einzelnen Stoffe, aber auch mit einem Magneten können magnetische Bestandteile geortet werden. Das Ätzen der einzelnen Minerale mittels Säuren zählt ebenfalls zu den Inhalten der petrographischen Forschungen.

Dünnschliffe sind ein fundamentales Arbeitsmittel in der petrographischen Erforschung der Gesteine. Daher wird hier der Herstellung von Dünnschliffen ein besonderes Augenmerk gewidmet. Archibald Geikie erklärt anschaulich die Herstellung von Dünnschliffen:

Um die Präparate herzustellen, braucht man weder umfangreiche, kostspielige Apparate, noch besondere Geschicklichkeit.[112]

Zwei unterschiedliche Arbeitsweisen sind möglich: einerseits werden Dünnschliffe mit Schleif- und Poliermaschinen hergestellt oder per Hand.

Zu diesem Zweck nimmt man ein möglichst unverwittertes Bruchstück, schlägt mit dem Hammer mehrere Splitter los und sucht die passenden aus. Die Größe soll etwa 4 cm² betragen.[113]

Zunächst wird der Splitter geschliffen und poliert, soweit, bis eine vollständig ebene Oberfläche entstanden ist. Dann wird das Blättchen auf eine Glasfläche gelegt und in warmen Kanadabalsam eingebettet. Die gleiche Vorgehensweise ist auch mit pulverisiertem Gesteinsmaterial möglich. Rosenbusch und Wülfing geben in ihrem Lehrbuch eine exakte Beschreibung eines Dünnschliffes an:

Unter Dünnschliff versteht man eine planparallele Platte von in der Regel 0.02 bis 0.05 selten 0.01 mm Dicke.[114]

Zu den petrographischen Untersuchungsmethoden zählen weiterhin die Feststellung des geologischen Verbandes mit Verbreitung, Mächtigkeit des Gesteins, sowie das geologische Alter und die Gesteinsbeziehungen. Die mineralogische Zusammensetzung ist in ihrer chemischen Betrachtung ein wichtiger Grundstein, die in der mineralogisch-petrographischen Methodik ihren Ausdruck findet. Die Art der Zusammensetzung der Minerale in den Gesteinen wird als Struktur oder Textur bezeichnet (lat. Struere = bauen, texere = weben). Im heutigen deutschen Sprachgebrauch wird der Terminus Gefüge anstelle von Struktur und Textur gesetzt. Je nach Größe oder Ausbildung der Mineralkörner erhält das Gefüge einen spezifischen Namen.

Ungleichmäßig-körnig ist z. B. das porphyrische Gefüge, bei dem größer ent-

---

112 Archibald GEIKIE, Anleitung zu Geologischen Aufnahmen (Wien 1906), S. 142.

113 GEIKIE, Anleitung (Anm. 112), S. 143.

114 Hans ROSENBUSCH & Ernst Anton WÜLFING, Mikroskopische Physiographie der petrographisch wichtigen Mineralien. 1. Hälfte. Allgemeiner Teil. 4. Auflage (Stuttgart 1904), S. 107.

wickelte sog. Einsprenglinge in einer feineren, auch glasigen Grundmasse eingebettet sind. Porphyrisches Gefüge tritt besonders bei Vulkaniten [...] oder Ganggesteinen auf.[115]

Die Bestimmung des Gefüges in der Feldarbeit ist ein wichtiges Bestimmungsmittel für den Petrographen und Geologen.

3.3 Das Fach Geologie an der Universität Wien

Vorlesungen über die Geschichte der Erde begannen mit der Bestellung von Friedrich Zekeli (1823–1881), der neben der venia legendi für Paläontologie im Jahr 1852 auch Geologie unterrichtete. Bedauernswerter Weise konnte Zekeli seine Professur in Wien nicht lange halten.

Zekelis Hoffnungen auf eine Professur schienen sich im Jahr 1857 endgültig zu zerschlagen, als Eduard Suess eine außerordentliche unbesoldete Professur für Paläontologie verliehen wurde [...] Suess verfügte allerdings über zwei Dinge, die Zekeli nicht vorweisen konnte: Einfluss und Geld.[116]

Im Jahr 1857 erhielt die Universität eine Lehrkanzel für Paläontologie mit dem jungen Kustosadjunkt des Hofmineralienkabinettes Eduard Suess (1831–1914).[117]

---

115 Siegfried MATTHES, Lehrbuch der Mineralogie, Eine Einführung in die spezielle Mienralogie, Petrologie und Lagerstättenkunde. 6. Auflage (Berlin 2001), S. 185.

116 Patrick GRUNERT, Lukas Friedrich Zekeli (1823–1881). Leben und Werk eines nahezu vergessenen Pioniers des paläontologischen Unterrichts in Österreich. In: Jahrbuch der Geologischen Bundesanstalt 146 (Wien 2006), S. 209.

117 Mit der Persönlichkeit Eduard Suess beschäftigen sich viele nahmhafte Personen, wobei einige ausgewählte Publikationen im Folgenden angeführt sind: Johannes SEIDL, Von der Geognosie zur Geologie. Eduard Sueß (1831–1914). (Anm. 73). Bernhard HUBMANN, Daniela C. ANGETTER & Johannes SEIDL, Eduard (Carl Adolph) Suess between science and politics. INHIGEO Annual Record 46 (2014), S. 79–82. A.M. Celâl ŞENGÖR, Eduard Suess' Briefe an Theodor Gomperz: Suess' Ansichten über die frühesten erdgeschichtlichen Theorien im Altertum. Geohistorische Blätter 25 (2015), S. 55–70. A.M. Celâl ŞENGÖR, The Founder of Modern Geology died 100 Years Ago: The Scientific Work and Legacy of Eduard Suess. Geoscience Canada 42 (2015), S. 181–246. A.M. Celâl ŞENGÖR, Eduard Suess and Global Tectonics: An illustrated »Short Guide«. In: Austrian Journal of Earth Sciences (= Mitteilungen der österreichischen Geologischen Gesellschaft 107/1, Wien 2014), S. 6–82. Tillfried CERNAJSEK, Christoph MENTSCHL, Johannes SEIDL, Eduard Sueß (1831–1914). Ein Geologe und Politiker des 19. Jahrhunderts. In: Wissenschaft und Forschung in Österreich. Exemplarische Leistungen österreichischer Naturforscher und Techniker. (Hg: Gerhard Heindl), (Frankfurt am Main / Wien u. a. 2000), S. 59–84. Johannes SEIDL, Eduard (Carl Adolph) Suess. Geologe, Techniker, Kommunal-, Regional- und Staatspolitiker, Akademiepräsident. In: Universität – Politik – Gesellschaft (= 650 Jahre Universität Wien – Aufbruch ins neue Jahrhundert , Bd. 2), (Hg: Mitchell G. Ash, Josef Ehmer). Wien 2015, S. 217–223.

Im Jahre 1862 wurde Suess zum Extraordinarius für Geologie, im Jahre 1867 zum Ordinarius für dasselbe Fach ernannt.[118]

Mit Eduard Suess begann eine bedeutende Ära in der Geschichte der Geologie an der Universität Wien. Suess' lange und kontinuierliche Lehrtätigkeit sowie seine großartige Begabung, das geologische Wissen seiner Zeit zusammenzuführen und in einem umfangreichen und fundamentalen Werk festzuhalten, machten das geologische Institut an der Universität in Wien zu einem international bekannten Ort der Wissenschaft. Er widmete sich vor allem der historischen Entwicklung der Ostalpen. In der großangelegten Studie »Das Antlitz der Erde«[119] fasste er das umfangreiche Wissen der Geologie seiner Zeit zusammen und wies auf zukünftige geologische Ansichten, hier vor allem die Entstehung der Alpen, hin. Seine politischen Tätigkeiten verband er mit dem geologischen Wissen, die fruchtbringend für die Stadt Wien sein sollten und die in Publikationen über die Stadt Eingang gefunden haben. Bei der Errichtung der 1. Wiener Hochquellenwasserleitung und bei der Donauregulierung spielte Suess eine bedeutende Rolle.

In den folgenden Jahren lehrten bekannte Persönlichkeiten an der Universität Wien, wie zum Beispiel Edmund Mojsisovics von Mojsvár (1839-1907), Cornelius Doelter (1850-1930), Karl Diener (1862-1928), Melchior Neumayr (1845-1890) und Viktor Uhlig (1857-1915). Sie alle trugen zur Weiterentwicklung des Forschungsstandes an der Universität in Wien bei.

3.3.1 Wissensstand im Fach Geologie mit Erörterung einiger Beispiele aus der Fachliteratur

Für den Begriff Geologie wird hier die Definition von Franz Ritter von Hauer (1822-1899) – einem Pionier der geologischen Forschungen in Österreich-Ungarn in der zweiten Hälfte des 19. Jahrhunderts – aus einem seiner Lehrbücher aus dem Jahr 1875 übernommen:

---

118 Gustav TSCHERMAK, Geologie und Paläontologie. In: Geschichte der Wiener Universität von 1848–1898. Eine Huldigungsfestschrift zum fünfzigjährigen Regierungsjubiläum seiner k. u. k. Apostolischen Majestät des Kaisers Franz Josef I. (Wien 1898), S. 307.

119 Eduard SUESS, Das Antlitz der Erde. 3 Bände (Wien, Prag 1885–1909). Das Werk erlangte internationale Bedeutung und wurde unter anderem in die englische und französische Sprache übersetzt: Eduard SUESS, La Face de la Terre. Traduite et annotée par Emmanuel de Margerie, éditeur scientifique Pierre Termier; avec un épilogue par Pierre Termier. Tomes I-III en 4 parties (Paris 1897–1918). – vergleiche hiezu Literatur: Michel DURAND-DELGA, Johannes SEIDL, Eduard Suess (1831–1914) et sa fresque mondiale » La Face de la Terre «, deuxième tentative de Tectonique globale. In: Géoscience (Comptes-Rendus, Académie des Sciences, Paris) 339, 2007, S. 85–99. Eduard SUESS, The Face oft he Earth. Translated by Hertha B.C. Sollas, under the direction of W.J. Sollas, 5 volumes (Oxford 1904–1924).

Unter Geologie oder Erdkunde verstehen wir, – etwas beschränkter als der Wortlaut es andeutet, – die Kenntnis der unbelebten festen Stoffe, welche an der Zusammensetzung der Masse unseres Planeten einen wesentlichen Antheil nehmen; ich kann für das Wort unbelebt nicht organisch sagen, weil in der That organische, durch den Lebensprozess der Thiere und Pflanzen erzeugte Substanzen mit in die Reihe der häufigen und wichtigen Bestandtheile der Erdrinde gehören. Diese Stoffe selbst aber lehrt unsere Wissenschaft nach den verschiedensten Richtungen kennen, einmal nach ihrer chemischen, physikalischen und mineralogischen Beschaffenheit, dann nach ihrer Anordnung, ihrer Struktur und ihrem Bau im Grossen, endlich nach der Geschichte ihrer Bildung und der Veränderungen, die sie nach ihrem ersten Entstehen erleiden und zwar im Zusammenhange mit der Geschichte der Bildung des ganzen Erdballes selbst.[120]

Zu den Teilbereichen der Geologie zählt Hauer die Petrographie, die Lithologie, die Tektonik, die dynamische Geologie, die Formationslehre und die historische Geologie, in der die Altersabfolge der unterschiedlichen Gesteine verfolgt wird. Die geologische Zeitrechnung stützt sich auf die Kenntnis von versteinerten Teilen des Lebens, den Fossilien, die wiederum mit jenen Schichten gleicher Faunen- oder Florenresten als geologisch gleichaltrig anzusehen sind.

Diese (relative) Zeitrechnung der Geologie sagt uns das Alter der Gesteine in der Aufeinanderfolge, nichts aber über das absolute Alter der Schichten.[121]

In der Geschichte der Erde unterschied Hauer die Begriffe ältere oder vorgeologische und jüngere geologische Zeit, wobei letztere in Paläozoikum, Mesozoikum und Känozoikum unterteilt ist. Franz Ritter von Hauer nennt in seinem Lehrbuch die einzelnen Gesteinsschichten Formationen, die in einem sehr großen Kontrast zueinander stehen. Die ältere geologische Schicht bezeichnet er als Primärformation. Daran schließt die Paläozoische Formation mit den einzelnen Abschnitten wie Silur, Devon, Steinkohlenformation und Dyasformation. Die Mesozoische Formation gliedert sich in Trias-, Rhätische-, Jura- und Kreideformation. Das Känozoikum wird in Eocen-, Neogen- und Diluvial- und Alluvialformation unterteilt.[122] James Dwight Dana wiederum geht von der geschichtlichen Entwicklung der Erde des amerikanischen Kontinents aus und teilt die Entwicklung der Gesteinsschichten in die bereits bekannten vier Äonen, mit

---

120 Franz Ritter von HAUER, Die Geologie und ihre Anwendung auf die Kenntnis der Bodenbeschaffenheit der Österreichisch-Ungarischen Monarchie (Wien 1875), S. 1.
121 Leopold KOBER, Gestaltungsgeschichte der Erde. In: Sammlung Borntraeger, Band 7 (Berlin 1925), S. 31.
122 HAUER, Die Geologie und Bodenbeschaffenheit der Österreichischen Monarchie (Anm. 120), S. 161–164.

Archean Time, Paleocoic Time, Mesocoic Time und *Cenocoic Time* ein[123]: Die Paläozische Ära ist gegliedert in *Age of Invertebrates, or Silurian Age, Age of fishes, or Devonian Age* und *Carbiniferous Age*. Im Mesozoikum ist *Reptilian Age* hervorzuheben. Das Känzoikum unterteilt Dana in *Tertiary, or Mammalian Age und Quartenary, or Era of Man*.

Othenio Abel (1875–1946) versteht unter dem Begriff Geologie die Lehre vom Bau und der Geschichte der Erde. Hiezu zählt er einzelne Teilbereiche, wie die physikalische Geologie, die dynamische Geologie, die Stratigraphie und die topographische Geologie.[124] Die Entwicklung der Gesteinsschichten der Erdoberfläche, das heisst die zeitliche Ordnung der Gesteine in ihrer erdgeschichtlichen Aufeinanderfolge, wird Stratigraphie bezeichnet. Peter Faupl, Geologe an der Universität in Wien, definiert in seiner Publikation über die Historische Geologie den Begriff Stratigraphie folgendermaßen:

Die Stratigraphie gibt eine hierarchisch gegliederte, relative Einteilung der Erdgeschichte, von den großen Abschnitten, den Äonen, bis hin zu den kleinsten stratigraphischen Einheiten, den Zonen. Die kleinste stratigraphische Einheit, die Zone, ist immer biostratigraphisch festgelegt[125].

Die biostratigraphische Gliederung basiert auf der biologischen Evolution, deren Geschichte in der Disziplin Paläontologie ihre Beschreibung findet. Die Basiseinheit der Lithostratigraphie heißt Formation, sie ist sehr lokalbezogen und erhält von der Lokalität ihren Namen. Der biostratigraphischen Gliederung kommt bei der Sedimentation eine bedeutende Stellung zu, da sie Hinweise auf die Bildungsweise der Schichten gibt und bei ungestörter Überlagerung die unterste Schicht die älteste bildet.

Die Geologie ist eine beschreibende Wissenschaft, ihre Hilfsdisziplinen sind Mineralogie, Petrographie, Physik, Chemie, aber auch Zoologie, Botanik und Paläontologie. Sie ist aber auch eine historische Wissenschaft, die die Abfolge der Gesteinsschichten chronologisch ordnet.[126] Eine andere Definition der Geologie sei hier noch angeführt, die kurz und bündig den Inhalt der Geologie sehr einfach erklärt.

Die Geologie ist die Lehre von dem Erdkörper in seiner gegenwärtigen Erscheinungsweise und seiner allmähligen [sic!] *Entwicklung*[127].

123 James Dwight DANA, Manual of Geology: treating of the principles of the science with special reference to American Geological History (New York 1875).
124 Othenio ABEL, Bau und Geschichte der Erde (Wien, Leipzig 1909), S. 3.
125 Peter FAUPL, Historische Geologie. Eine Einführung (Wien 2000), S. 13.
126 Volker JAKOBSHAGEN et al, Einführung in die Geologischen Wissenschaften: *Als geologische Wissenschaften werden diejenigen Naturwissenschaften zusammengefasst, welche sich mit dem Bau des Erdkörpers, mit seiner Entstehung und seiner Entwicklung beschäftigen. Dazu zählen neben der Geologie Paläontologie, Mineralogie, Petrologie, Geochemie, Geophysik, Geoinformatik, Hydrologie und Bodenkunde* (Stuttgart 2000), S. 15–16.
127 Hermann CREDNER, Elemente der Geologie (Leipzig 1872), S. 1.

Der Wissensstand in der Geologie wird durch die fundamentalen Erkenntnisse Eduard Suess' um 1900 an der Universität Wien mit den Begriffen Tektonik, Stratigraphie und Alpengenese zukunftsweisend erweitert. Die Begriffe Tethys, Biosphäre, Lithosphäre und Hydrosphäre gehen auf Suess zurück. Er setzt sich mit den Denkweisen des Aktualismus von Charles Lyell auseinander.

Besonders wichtig aber ist, festzuhalten, dass Eduard Suess das geologische Denken in Österreich revolutionierte. Unter seinem Einfluss [...] wurde aus der rein auf Deskription und Klassifikation basierenden Geognosie die die historische Dimension der Erdentwicklung mitberücksichtigende Geologie.[128]

Die katastrophistischen Ansätze von Leopold von Buch (1774–1853) oder Georges Cuvier (1769–1832) kann Suess nicht nachvollziehen, da er die Entwicklung der Gebirgsbildung nicht als ein schnelles, katastrophales Ereignis sieht, sondern der Ablauf dieser enormen Bewegungen langsam und schrittweise erfolgt.

---

128 Johannes. SEIDL, Von der Geognosie zur Geologie. Eduard Sueß. (Anm. 73), S. 388.

4 Friedrich Becke – Forschungsstationen und bedeutende wissenschaftliche Leistungen

Am 31. Dezember 1855 in Prag geboren, begann Friedrich Becke im Jahre 1874 in Wien Naturgeschichte für das Lehramt und auf Anregung von Gustav Tschermak (1836–1927), Leiter des Mineralogisch-Petrographischen Institutes, Mineralogie zu studieren. Wiewohl er sich im Fach Petrographie habilitierte, lehrte Becke in den ersten Stationen seines Berufes Mineralogie. Erst mit der Übernahme des Lehrstuhles seines Lehrers und Mentors Gustav Tschermak im Jahre 1907 an der Universität Wien konnte er die beiden Fächer Mineralogie und Petrographie miteinander verbinden und lehren.

Entsprechend seinen wissenschaftlichen Leistungen vollzog sich Beckes wissenschaftliche und akademische Karriere in einem nahezu atemberaubenden Tempo. 1878 machte ihn Tschermak zu seinem Assistenten, das nächste Jahr legte er die Lehramtsprüfung ab, 1880 promovierte er zum Doktor der Philosophie. 1881 erfolgte die Habilitation für Petrographie und im darauffolgenden Jahr wurde er an die neugegründete Universität Czernowitz berufen [...]. Die Berufung bedeutete für den 27jährigen eine außerordentliche Auszeichnung, war er doch damals der jüngste Universitätsprofessor Österreichs.[129]

Beckes erste Lehrstation begann 1882 als außerordentlicher Professor an der 1875 neu gegründeten k. k. Franz-Josephs-Universität in Czernowitz (Tscherniwzi, Ukraine). Nach vier Jahren erhielt er die volle Professur für Mineralogie zuerkannt. Die Destination und die Kollegenschaft waren für den jungen Professor nicht immer einfach. In einem »curriculum vitae« ist folgende Erklärung nachzulesen:

Im Jahre 1882 wurde ich als a.o. Professor der Mineralogie in Czernowitz ernannt. Über Czernowitz und seine Universität sind viele absprechende Urtheile laut geworden. Auch mir blieben unangenehme Erfahrungen nicht erspart, die der Aufenthalt an den Grenzen europäischer Gesittung und halbasiatischen

129 Hans WIESENEDER, Friedrich Becke und sein Lebenswerk. In: Fortschritte der Mineralogie 60 (Stuttgart 1982, S. 46). Das im Folgenden zitierte Curriculum vitae ist leider nicht mehr auffindbar, aber es weist auf Beckes Situation in Czernowitz hin.

Culturfirnisses mit sich bringt; ein behagliches Hineinleben in die dort üblichen Zustände wird einem im Westen Österreichs aufgewachsenen wohl noch für lange Zeit unmöglich bleiben; dazu kommt die grosse Entfernung von der Heimath, das Gefühl der Isolierung und manches andere. Dank eines mir angeborenen geringen Bedürfnisses nach Aussen zu wirken und der Fähigkeit mich auf meine Arbeiten, mein Haus und den Verkehr mit wenigen Freunden beschränken zu können, verliefen die Jahre meines Czernowitzer Aufenthaltes glücklicher als nach dieser Einleitung zu erwarten war und nicht ohne Dankbarkeit denke ich an diese Jahre zurück, denen ich Selbständigkeit im Leben und in der Wissenschaft, die Befriedigung eines nach bestem Wissen erfüllten Berufes und die Begründung eines eigenen Heimes – ich vermählte mich noch im Jahre meiner Ernennung mit der Schwester meines Freundes Max Schuster, Wilhelmine – verdanke.[130]

1890 folgte Becke Viktor Zepharovich (1830–1890) in leitender Stellung an das Mineralogische Institut der k. k. Deutschen Carl-Ferdinand-Universität in Prag. Während dieser Zeit nahm Becke am Forschungsprogramm der Akademie der Wissenschaften teil, hier erforschten die Petrographen Friedrich Berwerth, Ulrich Grubenmann und Friedrich Becke die Zentralkette der Ostalpen. 1898 kehrte er an die Universität Wien zurück. Zunächst leitete er als Nachfolger Albrecht Schraufs (1837–1897) das Institut für Mineralogie. Ab 1907 stand er bis zu seiner Pensionierung im Jahr 1927 dem Mineralogisch-Petrographischen Institut vor, hier folgte er in leitender Stellung Gustav Tschermak nach. Sein Nachfolger am Mineralogishen Institut wurde Cornelius Doelter (1850–1930). Die letzten vier Jahre seines Lebens verbrachte er in der Familienvilla »Friederike« in Weidling bei Klosterneuburg. Am 18. Juni 1931 erlöste ihn der Tod von seinem Nervenleiden und den Folgen eines Schlaganfalles.

Friedrich Becke arbeitete und lehrte als Mineraloge und als Petrograph. Er erforschte die Minerale, die Genesen und deren Vergesellschaftung in den Gesteinen im Gelände, aber auch im Labor. Vor allem interessierte ihn die Zusammensetzung der metamorphen Gesteine, die damals als kristalline Schiefer firmierten. Hier entwickelte sich Becke zu einem der führenden Wissenschafter auf dem Gebiet der Gesteinsmetamorphose. Seine Ideen und Forschungn zur Mineralfazieskunde entwickelte Pentti Eelis Eskola (1883–1964) im Jahr 1920 weiter. In einem persönlichen Brief des finnischen Petrographen Eskola vom 31.3.1960 an Hans Wieseneder (1906–1993, Professor am Mineralogisch-Petrographischen Institut in Wien) sind folgende Worte zu lesen:

Die Verleihung der Friedrich Becke Medaille hat mich außerordentlich gefreut, weil ich Becke als meinen ersten und liebsten Lehrer betrachte. Im Jahr 1919 wollte ich zwecks eines Studienaufenthaltes zu Becke gehen, aber wegen der schweren Verhältnisse am Ende des Ersten Weltkrieges wurde mein Plan vereitelt,

---

130 Hermine Schuster (1862–1944).

und ich ging anstatt nach Wien nach Oslo. Dort arbeitete ich bis zum Herbst bei V. M. Goldschmidt [Victor Moritz 1857–1937], der ja auch ein Schüler Beckes war. Becke selbst weilte ein paar Wochen in Oslo, so lernte ich ihn persönlich kennen und machte mit ihm schöne Exkursionen im Gebiet des Oslo Fjordes und Bamble. Auch hörte ich viele seiner ausgezeichneten Vorträge. In Oslo schrieb ich meine Abhandlung über die Mineralfazies und war natürlich gespannt, was Becke, der Urheber der Tiefenstufenlehre, sagen würde. Ich betrachtete das Mineralfaziesprinzip nicht als gegensätzlich zu Beckes System, sondern als darauf begründet und etwas weitergeführt; jedenfalls sollte es die Tiefenzonenlehre ersetzen. Recht bald erschien Beckes Rezension in Tschermaks Mineralogischen und Petrographischen Mitteilungen, 35, 1921, die viel Kritik enthielt, aber auch verständnisvolle Anerkennung, die für mich rührend war. Im Jahr 1927 traf ich Becke noch mehrmals in Wien. Ich verbrachte mehrere Wochen als Gast meines Freundes Alfred Himmelbauer [1884–1943], mit dem ich 1914 eine Expedition nach Transbaikalien durchführte, und der danach 7 Jahre als Kriegsgefangener in Sibirien leben mußte. So habe ich Becke als einen großen Forscher und edlen Menschen kennengelernt. Später, in den dreißiger und vierziger Jahren, während des Sturmes der transformatorischen und antimagmatischen Richtung, wurden bekanntlich manche der Beckeschen Thesen und Begriffe in Frage gestellt. So die von ihm immer wieder hervorgehobene magmatische Differentiation, die idioblastische Reihe der Minerale bei der Metamorphose, wobei Kalifeldspat am Ende steht; seine in ihrer Einfachheit geniale Theorie der Myrmekitbildung, und die auch von mir stark betonte Wirkung des Druckes bei der Mineralbildung. Diese und andere seiner Lieblingsideen wurden mehr oder weniger in Abrede gestellt. Becke erkannte jedoch auch die Bedeutung der Stoffwanderung bei der Metamorphose und war nicht weit davon entfernt, eine metasomatische Granitbildung anzunehmen.

Wenn ich Beckes Vorträge hörte oder seine Schriften las, hatte ich das Gefühl, daß er seiner Zeit voraus war. Dieses Gefühl wurde durch die Ereignisse der letzten Jahre nur bestärkt. Die Zeit des extremen Transformismus ist vorbei! Jetzt macht man beliebig Magma im Laboratorium. Tuttle [Sherwood Dodge Tuttle, 1918–2004] und Bowen [Norman Levi Bowen, 1887–1956] bestimmen die Phasengleichgewichte des haplogrannitischen Magmas untr Wasserdampfdruck. Die Ungarn E. Szadecky-Kardoss [Elemér, 1903–1984] und G. Grassely haben die Abhängigkeit der idioblastischen Reihe (sowie der Kristallisationsfolge) von den Ionen- und Verbindungspotentialen in strikter Übereinstimmung mit den Beckeschen Serien unzweideutig nachgewiesen. Durch diese und viele andere Funde ist ein großer Teil der vor einigen Jahren bezweifelter Lehrsätze rehabilitiert worden.[131]

---

131 Hans WIESENEDER, Friedrich Becke und sein Lebenswerk (Anm. 129), S. 51–52. Dieser

Becke führte die von Gustav Tschermak begonnenen und fundamentalen Untersuchungen an Feldspaten weiter. Aber es standen auch mineralogische Studien zur Petrographie im Vordergrund. Hier zeichnete sich bereits die erste große moderne Untersuchung an metamorphen Gesteinen des Waldviertels ab. Das Bestreben Beckes war,…

… die Grundlagen der Gesteinsbestimmung, also die Kenntnis von den gesteinsbildenden Mineralien, namentlich in optischer Hinsicht und die optischen Untersuchungsmethoden immer mehr zu erweitern.[132]

Die Forschungen in Wien gründeten vor allem auf dem Bereich der optischen Arbeitsmethoden, dazu zählten die von Becke begründete Lichtlinienmethode zur Bestimmung der Brechungsexponenten von Mineralen, Bestimmungsmethoden der optischen Dispersion und die Einführung eines Zeichentisches für die Achsenwinkelmessungen am Konoskop.[133] Zur exakten Messung der unterschiedlichen Feldspatvarietäten entwickelte Becke gemeinsam mit der Wiener optischen Firma Reichert[134] eine Messvorrichtung, die auf den Mikroskoptisch gelegt werden konnte, und mit der Festlegung der Auslöschungsschiefe der einzelnen Feldspäte konnten Anorthit oder Orthoklas oder Albit ohne chemische Analyse sehr schnell bestimmt werden. Aus den Erkenntnissen der Ätzversuche an Mineralen entwickelte Becke zur besseren Unterscheidung von Quarzen und Feldspäthen in Dünnschliffen unter dem Mikroskop zunächst eine Methode mit Ätzen und Färben. Aber bereits 1893 publizierte Becke eine neue und in der Handhabung einfachere Methode, nämlich die Bestimmung der Lichtbrechung mit Hilfe einer sehr hellen Linie an den Korngrenzen. Sie erhält einige Jahre später die Bezeichnung »Beckesche Lichtlinie«. In den Publikationen standen für Becke die wissenschaftlichen Themen und deren objektive Darstellung im Vordergrund, die Naturbeobachtungen wurden in einer sachlichen und klaren wissenschaftlichen Sprache wieder gegeben. In seinen wissenschaftlichen Arbeiten stand das Streben nach Erkenntnis immer im Zusammenhang des rein objektiv Forschenden ohne jegliche Eitelkeit und Polemik. *Becke legte stets Wert darauf, die Naturtatsachen ohne jede Voreingenom-*

Brief von Pentti Eskola befindet sich im heutigen Institut für Lithosphärenforschung in Wien.

132 Alfred HIMMELBAUER, Zur Erinnerung an Friedrich Becke. In: Mineralogische und Petrographische Mitteilungen 42 (Wien 1931), S. VI.

133 HAMILTON, Die Schüler Beckes (Anm. 2), S. 15.

134 Die optischen Werke C. REICHERT wurden 1876 von Cral Reichert (1851–1922) in Wien gegründet. Es wurden vor allem Mikroskope und Zubehörteile hergestellt. Seine Söhne Karl (1883–1853) und Otto (1888–1972) führten die Firma erfolgreich weiter. 1972 wurde die Firma an die American Optical Corporation (Massachusetts) verkauft.

menheit festzulegen, also Tatsachen und allfällige Schlußfolgerungn (Hypothesen) schärfstens zu trennen.[135]

Den Studenten gab er Anweisungen für eine exakte Beobachtung, wobei die vorhandene Literatur zu den Themen nur einen Grundstock bilden, die theoretischen und hypothetischen Schlüsse sollten sich seiner Meinung nach aus den Beobachtungen von selbst ergeben.

Becke setzte Gustav Tschermaks Aktivitäten als Herausgeber wichtiger Publikationen fort, dies waren »Tschermaks Mineralogische und Petrographische Mitteilungen« und der 3. Band des »Mineralogischen Lexikons für das Kaiserthum Österreich« von Viktor Zepharovich (1830–1890). Ebenso arbeitete er gemeinsam mit Gustav Tschermak an der Herausgabe des »Lehrbuches der Mineralogie«, dessen letzte drei Auflagen von Becke verfasst worden sind. Seit dem Jahre 1892 war Becke korrespondierendes Mitglied und ab dem Jahr 1898 wirkliches Mitglied der kaiserlichen Akademie der Wissenschaften in Wien.[136] In der Sitzung der mathematisch naturwissenschaftlichen Klasse vom 20. Oktober 1898 ist folgende Notiz zu finden:

Der Vorsitzende Präsident Professor Eduard Suess begrüsst das neueingetretene w. M. Herrn Professor Friedrich Becke und ersucht denselben, die Function des Secretärs für die heutige Sitzung zu übernehmen.[137]

18 Jahre lang, von 1911–1929, bekleidete Becke das Amt des Generalsekretärs der Akademie der Wissenschaften.[138] An Ehrungen erhielt Friedrich Becke als Dank für seine außergewöhnlichen wissenschaftlichen Leistungen die Wollaston-Medaille der Geologischen Gesellschaft in London.[139] Die Universität Christiania in Oslo, Norwegen, verlieh ihm das Ehrendoktorat. Für sein Bemühen um die Volksbildung – Becke gehörte zu den Gründungsmitgliedern des Volksbildungsvereines im Jahr 1901, dem Ottakringer Volksheim,[140] – erhielt er

---

135 Hermann TERTSCH, Mein Lehrer. Zu Friedrich Beckes 100. Geburtstag. In: Der Karinthin 30 (Klagenfurt 1955), S. 87.

136 In einem Splitternachlass der Akademie der Wissenschaften in Wien sind Beckes Aufzeichnungen als Generalsekretär der Präsidialsitzungen bis zum Jahr 1927 in 5 Kladden erhalten. In drei Kladden finden sich Notizen über die Präsidialsitzungen und auch Eintragungen über Finanzfragen der Akademie. Die vierte Kladde umfasst Aufzeichnungen über eine 1913 gegründete Subventions-Kommission und die fünfte Kladde enthält das sogenannte »Akademie-Kassa-Journal«. Diese fünf Kladden wurden um den Jahreswechsel 1974/75 der ÖAW übergeben. Der Erhalt der drei Kladden mit Beckes Aufzeichnungen über die Präsidialsitzungen ist für die Geschichte der Akademie umso wertvoller, da die »offiziell« geführten Protokolle verloren gegangen sind.

137 Notiz: Anzeiger der kaiserlichen Akademie der Wissenschaften Wien 25, mathematisch-naturwissenschaftliche Klasse (Wien 1898), S. 218.

138 Franz Eduard SUESS, Friedrich Becke.In: Mitteilungen der Geologischen Gesellschaft 24 (Wien 1932), S. 144.

139 SUESS, F. Becke (Anm. 138), S. 145.

140 Wilhelm FILLA, Weltbekannter Mineraloge und Volksbildner. Ein Kurzportrait Friedrich

die Anerkennung als Ehrenbürger der Stadt Wien. Ebenso war er Ehrenmitglied der Wiener (heute Österreichischen) Mineralogischen Gesellschaft, zu deren Gründungsmitglied, gemeinsam mit Friedrich Berwerth und Gustav Tschermak, er im Jahr 1901 zählte.[141] Die erste Sitzung der Gesellschaft erfolgte am 21. Jänner 1901 in den Räumlichkeiten des Mineralogisch-Petrographischen Institutes in Wien und die erste konstituierende Versammlung fand am 27. März 1901 im Stiftersaal des Wissenschaftlichen Klubs in der Eschenbachgasse 9 im 1. Wiener Gemeindebezirk statt. Als Schriftführer der Mineralogischen Gesellschaft verfasste Becke die Berichte der fast monatlichen Sitzungen. Am 29. 1. 1931 wurde er zum Ehrenvorsitzenden (= Ehrenpräsidenten) ernannt. Anlässlich seines 100. Geburtstages stiftete die Mineralogische Gesellschaft die »Becke-Medaille«, die auch heute noch an verdiente Mineralogen und Petrographen verliehen wird. Anlässlich seines 25. Todestages wurde eine Reliefplastik des Künstlers André Roder in den Arkaden der Universität Wien enthüllt.

Zu seinem 70. Geburtstag im Jahre 1925 erschien ein Sonderband von »Tschermaks Mineralogische und Petrographische Mitteilungen«. In diesem Festband fasste Alexander Köhler, ein Schüler Beckes, die Publikationen von Friedrich Becke erstmalig zusammen.

Hans Wieseneder bezeichnete Becke als eine ausgeglichene und harmonische Persönlichkeit mit einem feinen Sinn für Humor. Hermann Tertsch, ebenfalls ein Schüler Beckes, nannte ihn als den »geborenen Lehrer«, der mit großer Genauigkeit, aber auch mit einfachen Worten den exakten Ausdruck für eine wissenschaftliche Besprechung fand. Für die Lösung eines wissenschaftlichen Problems unterzog Becke dieses vielen Kontrollen und trat mit Exaktheit und Unvoreingenommenheit seinen Beobachtungen gegenüber.

Durch alle seine Reden lief wie ein roter Faden ein scharfes Auseinanderhalten von Tatsachen und daraus gezogenen Schlußfolgerungen (Hypothesen, Theorien). Als echter Naturwissenschaftler ging er stets induktiv von den beobachteten Tatsachen aus, um daraus allgemeingültige Schlüsse zu gewinnen, nie umgekehrt. [...] Immer legte er großen Wert darauf, Tatsachen und Theorien sogfältig auseinander zu halten. [...] Ehrlichkeit und immer wieder Ehrlichkeit sich und anderen gegenüber war der Grundton aller seiner Äußerungen mündlich und

---

Beckes (1855–1931). In:Verein zur Geschichte der Volkshochschulen. Mitteilungen (Wien 1993), S. 17–23.

141 Siehe Literatur: Vera M.F. HAMMER, Sonderschau zum Thema »100 Jahre (Wiener) Österreichische Mineralogische Gesellschaft – ÖMG«. In: Mitteilungen der Österreichischen Mineralogischen Gesellschaft 146 (Wien 2001), S. 397–416. Vera F.M. HAMMER & Franz PERTLIK, Ein Beitrag zur Geschichte des Vereins »Wiener Mineralogische Gesellschaft« (27. März 1901–24. November 1947). In: Mitteilungen der Österreichischen Mineralogischen Gesellschaft 146 (Wien 2001), S. 417–425. In diesem Beitrag ist auch die Becke-Medaille auf S. 419 abgebildet.

schriftlich. [...] Becke achtete jede ehrliche Arbeit hoch und wollte auch nicht das kleinste Verdienst geschmälert wissen.[142]

Zu Ehren Friedrich Beckes wurden zwei unterschiedliche chemische Verbindungen benannt: Das erste Mineral, Beckelith, wurde im Jahre 1905 von Morozewicz erstmalig beschrieben.[143] Es ist ein Cero-Lanthano-Didymo-Siliokat von Calcium mit der chemischen Formel: $(Ca,Ln)_{1.96}(Si,Al,Zr)_{0.89}(O,OH)_{4.37}$. Morozewicz hat dieses Mineral zu Ehren Friedrich Beckes benannt. Im Jahr 1957 untersuchte Peter Gay dieses Mineral Beckelith mit modernen Analysen und hat es *als eigenständiges, kalziumreiches, hexagonales Mineral der Britholit-Reihe mit der heute gebräuchlichen Mineralbezeichnung und chemischen Formel definiert: Beckelit-(Ce) und $(Ce,Ca,La)_5[(F,OH)/(SiO_4)_3]$*.[144]

Die zweite Benennung eines Neufundes in Deutschland, Friedrichbeckeite, entstand aus den Forschungen am Institut für Mineralogie und Kristallographie in Wien im Jahr 2009.[145] Friedrichbeckeite ist ein neuer Mineralfund aus dem östlichen Eifelgebiet – Bellerberg – in Deutschland:
The mineral can be classified as an unbranched ring silicate or as a beryllomagnesiosilicate.[146]

Die Darstellung des Minerals erfolgte in der mineralogischen und kristallographischen Vorgangsweise, die hier in einem kurzen Überblick wiedergegeben ist. Friedrichbeckeit gehört zur Mineralgruppe »Milarit«, das mit pyrometamorfischen silikatreichen Xenolithen des Variszischen basements vergesellschaftet ist, die im vulkanischen Gestein (Leucit-Tephrit) eingeschlossen sind. Es erscheint in tabularen Kristallen mit einem Durchmesser von 0.6 mm und einer Dicke von bis zu 0.1 mm. Die Farbe des Minerals wird als farblos oder hell gelb angegeben. Die Härte beträgt nach der Mohsschen Skala 6 und die Dichte, nach der chemischen Formel in Bezug zur single.crystal unit-cell bestimmt, 2.686 gcm^{-3}. Chemische, physikalische, pulverdiffraktometrische und spektroskopische Messungen schließen die moderne Mineralbestimmung ab.

Friedrich Becke führt das mineralogische und kristalographische Wissen in Verbindung mit dem petrographischen und geologischen Wissen zu einer Gesamtheit, die nach ihm nicht mehr erreicht werden konnte. Seine gesteins-

---

142 Hermann TERTSCH, Erinnerugen an Friedrich Becke. In: Mitteilungen der Österreichischen Mineralogischen Gesellschaft. Sonderheft 4 (Wien 1956), S. 11–12.
143 Jozef MOROZEWICZ, Über Beckelith, ein Cero-Lanthano-Didymo-Silikat von Calcium. In. Tschermaks Mineralogische und Petrographische Mitteilungen 24 (Wien 1905), S. 120–127.
144 Peter GAY, An X-ray investigation of some rare-earth silicates: cerite, lessingite, beckelite, briolithe, and sttilewite. In: The Mineralogical Magazine and Journal of the Mineralogical Society 31 (London 1958), S. 455–468.
145 Christian L. LENGAUER, et al, Friedrichbeckeite, a new milarite-type mineral from the Belleberg volcano, Eifel area, Germany. In: Mineralogy and Petrology 96 (Wien 2009), S. 221–232.
146 LENGAUER, Friedrichbeckeite (Anm. 145), S. 221.

kundlichen Arbeiten und die daraus resultierenden Publikationen führen die Petrographie zu einer selbständigen Wissenschaft und machen sie zum Bindeglied zwischen Mineralogie und Geologie im ersten Viertel des 20. Jahrhunderts.

4.1   Friedrich Beckes wissenschaftliches Erbe

Die Biographien und die wissenschaftlichen Leistungen der Dissertantinnen und Dissertanten am Mineralogischen und am Mineralogisch-Petrographischen an der philosophsichen Fakultät in Wien unter der Leitung von Friedrich Becke sind bereits in einer vorangegangenen Arbeit wissenschaftlich erforscht worden[147]. Beckes umfangreiche wissenschaftliche Tätigkeit, seine großartige Führung des Mineralogisch-Petrographischen Institutes und seine hervorragende Didaktik verhalfen dem Institut zu einer Hochblüte in Forschung und Lehre. Seine überragende Lehrtätigkeit bewog viele Studenten aus der Monarchie, aber auch aus dem Ausland, ihr Studium am »Institut Beckes« zu absolvieren. Unter seiner Leitung wurden fünfundzwanzig Studenten in den Fächern Mineralogie und Petrographie promoviert. 14 Absolventen wurden selbst Lehrer und Wissenschafter an Universitäten im In- und Ausland. Einige seien hier aufgelistet:

Alfred Himmelbauer (1884–1943) wurde promoviert im Jahre 1906 am Mineralogischen Institut und erhielt die Leitung des Institutes nach der Emeritierung Beckes im Jahr 1927. Als Nachfolger Beckes konnte er das Institut modernisieren, ausbauen und auf den aktuellen wissenschaftlichen Stand bringen.

Hermann Tertsch (1880–1962) lehrte als Privatdozen an der Universität in Wien und war tätig im niederösterreichischen Landesschulrat. Ihm zu Ehren ist das Mineral »Tertschit« benannt.

Karl Franz Chudoba (1898–1976) erhielt die Professor für Mineralogie und war Dekan an der Universität in Bonn. Nach ihm ist ebenfalls ein Mineral benannt: »Chudobait«.

Felix Cornu (1882–1909) lehrte an der Montanistischen Hochschule in Leoben. Er initiierte den Begriff Colloide im Bereich der Mineralogie. Das Mineral »Cornuit« ist nach ihm benannt.

Hermann Michel (1888–1965) avancierte zum Direktor des Naturhistorischen Museums und lehrte an den Universitäten in Wien.

Adelheid Schaschek (Kofler, 1889–1985), promovierte als Mineralogin und Medizinerin, unterstützte ihren Mann Arthur Kofler beim Aufbau des pharmakognostischen Institutes der Universität Innsbruck.

Diese jungen Doktoranden und Dorktorandinnen führten die wissenschaftlichen Theorien, vor allem die Forschungen an der Feldspatgruppe, weiter, er-

---

147 Margret HAMILTON, Die Schüler Friedrich Beckes, (Anm. 2).

gänzten deren Inhalte oder widerlegten zum Teil manche Theorien (Chudoba). Mit Hilfe neuer Techniken – Röntgenfluoreszenz – und neuer technischer Geräte konnten Beckes Theorien im 20. Jahrhundert exakt nachgewiesen und erfolgreich ausgebaut werden.

4.2   Die Beckesche Lichtlinie

Die nach Friedrich Becke benannte Lichtlinie ist ein optisches Phänomen, das er erstmalig im Jahr 1892 in der Publikation »Der Tonalit der Rieserferner« erörterte; eine umfangreiche Beschreibung dieser optischen Erscheinung erfolgte dann in den Sitzungsberichten der Akademie der Wissenschaften im Jahr 1893.[148]

Aus den vielen Beobachtungen mit dem Mikroskop entstand die theoretische Abhandlung über ein Phänomen, das beim Mikroskopieren bis dato als sehr störend empfunden wurde: ein weißer Saum zwischen zwei Medien (Kristallkörner) mit unterschiedlicher Lichtbrechung, der sich je nach Veränderung des Tubus in unterschiedliche Richtungen bewegte. Vor allem bei sehr kleinen Körnern, bei Quarzen und Feldspäten, konnte Becke anhand dieser effizienten Methode eine schnelle und sichere Erkennung der unterschiedlichen Minerale im Dünnschliff herstellen. Über dieses Phänomen von Lichtsäumen hatte bereits Otto Maschke im Jahr 1872[149] bei Immersionsflüssigkeiten mit unterschiedlichem Brechungsquotienten berichtet, aber es wurde dabei auf eine spezielle Einstellung des Mikroskops und einer Lichtquelle nicht hingewiesen.

In der Publikation an der Akademie der Wissenschaften erklärt Becke den Beobachtungsvorgang unter dem Mikroskop an den Korngrenzen, indem er den Brechungsquotienten der beiden Minerale betrachtet. An den sogenannten »Beleuchtungsverhältnissen« an den Korngrenzen lässt sich mittels Totalreflexion an der Grenzschichte der Brechungsexponent (= im Brechungsindex) berechnen, der zum höher brechenden Medium auftritt. Das gängige Einbettungsmaterial Canadabalsam ist vorteilhaft bei Mineralen mit höherem Brechungsexponenten. Becke beschreibt in gut verständlicher Sprache den

---

148   Friedrich BECKE, Petrographische Studien am Tonalit der Rieserferner. In: Tschermaks Mineralogische und Petrographische Mitteilungen 13 (Wien 1892), S. 397–464. Über die Bestimmbarkeit der Gesteingemengtheile, besonders der Plagioklase, aufgrund ihres Lichtbrechungsvermögens. In: Sitzungsberichte der kaiserlichen Akademie der Wissenschaften Wien 102, mathematisch-naturwissenschaftliche Klasse, Abteilung 1 (Wien 1893), S. 358–376.

149   Otto MASCHKE, Ueber Abscheidung krystallisierter Kieselsäure aus wässrigen Lösungen. In: Annalen der Physik und Chemie 145 (1872), S. 549–578. Otto Maschke (1824–1900) war Apotheker in Breslau.

Durchgang und die Streuung des Lichtes durch einen Festkörper – hier ein
Mineral – indem er erklärt, dass einige Lichtstrahlen ganz durch das Medium
gehen andere aber abgelenkt werden. Mit der Einengung des Beleuchtungskegels kann der Grenzwinkel der Totalreflexion sogar noch gesteigert werden.

*Von den Strahlen, welche die Trennungsebene von der Seite des stärker licht-
brechenden Minerales treffen, werden alle die unter dem Grenzwinkel der Totalreflexion auftreten, total reflectiert. […] Die übrigen [Strahlen] werden vom
Lothe abgelenkt. […] Die Erscheinung ist also folgende: Bei mittlerer Einstellung
erscheinen beide Durchschitte gleich hell und die Grenzebene als eine haarscharfe
Linie. Hebt man den Tubus, so entwickelt sich neben der Grenze auf der stärker
lichtbrechenden Seite eine helle Linie, welche sich bei weiterer Hebung des Tubus
von der Grenze zu entfernen scheint. […] Senkt man den Tubus, so entwickelt sich
dieselbe Erscheinung auf der Seite des schwächer lichtbrechenden Minerales.*[150]

Becke führt auch an, dass die Anwendung dieser Methode bei der Unterscheidung von Quarz und Feldspäen sehr vorteilhaft ist.

*Es ist sonach möglich, durch Vergleich der Lichtbrechung an Dünnschliffen
Albit, Orthoklas, Andesin und die kalkreichen Plagioklase zu unterscheiden,
überdies noch zwischen saurem und basischem Oligoklas, saurem und basischem
Andesin einen Unterschied zu machen.*[151]

Im Anschluss an die Besprechung sind vier Photogramme mit den Mineralen
Mikroklin und Quarz angeführt, die als Beispiel des beobachteten Lichtsaumes
dienen. Sie zeigen anschaulich den Saum bei hochgestelltem, tiefgestelltem
Tubus und bei veränderter Lichtquelle von ein und derselben Stelle eines
Dünnschliffes des Tonalitkernes aus dem Rieserferner Gebiet.

Im Jahr 1896 bezeichnete Wilhelm Salomon (1868–1941) erstmalig in der
Literatur dieses optische Phänomen als Beckesche Linie.[152]

*Die von Becke angegebene Erkennung des stärker lichtbrechenden von zwei
mit verticaler Grenze an einander stossenden Mineralien eines Dünnschliffes
beruht darauf, dass bei einer bestimmten Art der Beleuchtung und bei Hoch-
(bezw. Nieder-) Stellung des Mikroskoptubus sich wesentlich infolge von Totalreflexion eines Theiles der Grenzfläche durchsetzenden Strahlen eine helle Linie
innerhalb des stärker (bzw. schwächer) lichtbrechenden Minerales parallel der
Grenze herausbildet. Mit wachsender Differenz der Bechungsindices wächst auch
die Intensität der hellen Linie. […] Unter dieser Voraussetzung können wir also*

---

150 BECKE, Gesteinsgemengtheile, Lichtbrechungsvermögen (Anm. 148), S. 360–361.
151 BECKE, Gesteinsgemengtheile, Lichtbrechungsvermögen (Anm. 148), S. 370–371.
152 Wilhelm SALOMON; Ueber die Berechnung des variablen Werthes der Lichtbrechung in
     beliebig orientierten Schnitten optisch einaxiger Mineralien von bekannter Licht- und
     Doppelbrechung. In: Zeitschrift für Krystallographie und Mineralogie 26 (Leipzig 1896),
     S. 178–187.

die Intensität der Becke'schen Lichtlinie geradezu als eine Function des variablen Brechungsquotienten bezeichnen.[153]

Salomon führte hier in der Fußnote an: *Es möge mir gestattet sein, diese Linie ihrem Entdecker zu Ehren so zu nennen.*

Dies war die Geburt der Beckeschen Lichtlinie! Sie fand sehr schnell ihre Anerkennung und Eingang in Lehrbücher, die sich mit optischen und physikalischen Themen in der Mineralogie beschäftigten, so zum Beispiel in das Lehrbuch von Heinrich Rosenbusch und Ernst Wülfing im Jahr 1904.[154]

Die Anwendung der Beckeschen Lichtlinie ist bis zum heutigen Tag ein großartiges und auch einfaches Hilfsmittel in der Mikroskopie geblieben.[155]

---

153 SALOMON; Ueber die Berechnung des variablen Werthes der Lichtbrechung (Anm. 150), S. 182.

154 Heinrich ROSENBUSCH & Ernst WÜLFING, Mikroskopische Petrographie der petrographisch wichtigen Mineralien (Stuttgart 1905), S. 263–267.

155 Margret HAMILTON & Franz PERTLIK. Chronologische Dokumentation der zu Ehren von Friedrich Becke (1855–1931) benannten Lichtlinie. In: Zeitschrift der Österreichischen Mineralogischen Gesellschaft 162 (Wien 2016), S. 39–47.

5 Die Notizbücher Friedrich Beckes

5.1 Von der Praxis, die in den Notizbüchern dokumentiert ist – ein Überblick

Friedrich Becke hinterließ ein umfassendes, publiziertes Œuvre. Die persönlichen und handschriftlichen Aufzeichnungen aus der Arbeit Beckes sind aber bis jetzt in Besprechungen oder Veröffentlichungen noch nie erwähnt oder dokumentiert worden.

Mit Beckes Namen werden folgende Erkenntnisse in den Erdwissenschaften verbunden: die theoretischen Kenntnisse der Kristallklassen, die Weiterführung der Erforschung der Mineralgruppe der Feldspate, die technische Weiterentwicklung des Mikroskops, die geologische Erforschung des Waldviertels, der Sudeten und der Alpen und die bedeutendste Entdeckung im mikroskopischen Bereich, die nach ihm benannte Beckesche Lichtlinie. Seine Entdeckung wird auch heute noch angewendet bei der mikroskopischen Beobachtung von zwei (Festkörper) Mineralen mit unterschiedlicher Lichtbrechung. In den verschiedenen Nachrufen und Huldigungen auf und an Friedrich Becke wird immer wieder auf die Bedeutung von verschiedenen Wissensgebieten seiner umfangreichen Publikationen hingewiesen.[156] Beckes persönliche Aufzeichnungen sind in 76 Büchern plus 3 Buchfragmenten und einem Büchlein, das einem Schüler Beckes gehörte, erhalten, die in dieser Arbeit in formaler, zeitlicher und inhaltlicher Reihenfolge gesichtet werden. Die Bücher entstanden in einem Zeitraum von 45 Jahren zwischen 1874 und 1918. Formal besitzen die Bücher keine einheitliche durchgehende Nummerierung und sind somit nach ihrer chronologischen Entstehung geordnet und mit einer fortlaufenden Zahl versehen. So

---

156 Siehe: Alfred HIMMELBAUER, Zur Erinnerung an Friedrich Becke. In: Mineralogische und Petrographische Mitteilungen 42 (Wien 1931), S. I–VIII. Hermann TERTSCH, Mein Lehrer. Zu Friedrich Beckes 100. Geburtstag. Karinthin 30 (1955), S. 86–94. Franz Eduard SUESS, Friedrich Becke. In: Mitteilungen der Geologischen Gesellschaft Wien 24 (Wien 1932), S. 137–146. Hans WIESENEDER, Friedrich Becke und sein Lebenswerk. In: Fortschritte der Mineralogie 60 (Stuttgart 1982), S. 45–55.

hat das erste aus dem Jahre 1874 stammende Büchlein die Nummer 1. In der Aufstellung der einzelnen Bücher werden die Blattanzahl und die Buchgröße angeführt. Die kleinen, gebundenen Bücher weisen unterschiedliche Größen mit verschiedenartigen Einbänden wie Leder, Leinen oder marmoriertem Papier auf. Die Verfasserin hat den Aufzeichnungen Beckes den allgemeinen Begriff »Notizbücher« gegeben, da Becke in seinen schriftlichen Dokumentationen unterschiedliche Aufschreibestile und Inhalte anwendet.[157] Flüchtige Notizen mit kantigen Schriftzügen prägen die Aufzeichnungen vor allem in den Feldtagebüchern; Messdaten, die während der Begehung in den Alpen notiert werden, sind in diesem »Kurzstil« gehalten. Diese kantigen Schriftzüge wechseln ab mit einer gleichmäßig fließenden Schrift, bei den im narrativen Stil gehaltenen Berichten, die über Beobachtungen während der Tagestour im Nachhinein oft mit Tinte auf Papier festgehalten werden. Hier zeigt sich eine besondere Eigenart in seinen Aufzeichnungen: Kurznotizen, Berichte, aber auch kleine geologische Sequenzen werden zunächst mit Bleistift notiert und dann sehr häufig im Nachhinein mit Tinte genauestens überschrieben. Diese Feldtagebücher dokumentieren die einzelnen Bergtouren und sind abwechslungsreich mit naturgetreuen Zeichnungen – Panoramaaufnahmen – und geologischen Profilsequenzen gestaltet. Jedoch können auch in diesen Büchern vereinzelt Notizen von persönlichen »Kommentaren« über Wettergegebenheiten, Begegnungen mit Personen oder aber auch Finanzangelegenheiten vorkommen. Sogenannte »wirkliche« Notizbücher weisen ein unterschiedliches Schriftbild auf, Kurznotizen über Besorgungen, flüchtige Beobachtungen der Gesteine auf Fahrten, Tagesexkursionen, Geldangelegenheiten und Namen verschiedener Personen. Ein Notizbuch, Nr. 20, war zunächst in erster Linie gedacht für die Dokumentation des Deutschen Vereins zur Verbreitung gemeinnütziger Kenntnisse, es wird aber später zu einem Laborbuch umfunktioniert. Beckes Aufzeichnungen zeigen keine durchdachte und auch keine chronologische Vorgehensweise, für ihn stellen die Büchlein ein inhaltsreiches Instrument der Dokumentation seiner erdwissenschaftlichen Forschungen und Beobachtungen dar.[158]

---

157 Christoph, HOFFMANN, Daten sichern. Schreiben und Zeichnen als Verfahren der Aufzeichnung. (Zürich-Berlin 2008, S. 8): *Alle Aufzeichnungen [Zeichnungen, Zettel, Tabellen] umreißen einen Operationsraum, dessen schlichte Ausstattung genau seiner Funktion im Ganzen des Forschungsprozesses angepasst ist. – Schreiben und Zeichnen bilden die Mittel zum Entwurf.*

158 Michel FOUCAULT beschreibt den Beobachtungsvorgang in seinem Werk: Die Ordnung der Dinge. Eine Archäologie der Humanwisseschaften (Frankfurt am Main 1974, S. 175) mit folgenden Worten: *Beobachten heißt also, sich damit zu bescheiden zu sehen. [...] Zu sehen, was in einem etwas konfusen Reichtum der Repräsentation sich analysieren läßt, von allen anerkannt werden und so einen Namen erhalten kann, den jeder verstehen wird. [...] Die durch die Augen gewonnenen Repräsentationen werden, wenn sie selbst entfaltet, von allen Ähnlichkeiten befreit und sogar von ihren Farben gereinigt sind, schließlich der Naturge-*

Friedrich Becke selbst bezeichnet die Laborbücher als Beobachtungsbücher, die er mit fortlaufenden Nummern versieht, aber diese beziehen sich nur auf einzelne Abschnitte, beziehungsweise einige Stationen seines Schaffens. Die Sichtung der Quellen hat ergeben, dass sie nicht vollständig erhalten geblieben sind. Nachweislich fehlen Notizen aus den Sudeten, die Beobachtungsbücher Nr. 2 und Nr. 9, und ein Tagebuch aus den Alpen. Ebenso ist aus den Publikationen über das Waldviertel zu erkennen, dass die vorangegangenen Aufzeichnungen nicht mehr vorhanden sind. Handschriftliche Dokumentationen über das zweite Forschungsprogramm der Akademie der Wissenschaften, die das östliche Tauernfenster betreffen, sind nicht erhalten. Die Feldtagebücher der Alpenbegehungen weisen Lücken auf, und die Forschungsunterlagen zu Beckes Dissertation sind verloren gegangen. Obwohl die Studienbücher Beckes nicht mehr vollständig erhalten sind, können wir aus dem umfangreichen Material von 1,25 Laufmetern den Forschungsstand seiner Zeit ablesen und die Entwicklung in den einzelnen geowissenschaftlichen Disziplinen sehr schön nachvollziehen.

5.2   Die Form der Notizbücher

Inhaltlich können vier unterschiedliche Formen festgestellt werden: Notizbücher, Laborbücher, Feldtagebücher und Unterrichtsbücher, wobei die Ordnung folgendermaßen aussieht:

5 Notizbücher, die unter anderem persönliche Belange beinhalten, wie zum Beispiel finanzielle Angelegenheiten, Besorgungen, Namen und Adressen von Personen.

34 Laborbücher mit kristallographischen Messungen, chemischen Analysen und mikroskopischen Untersuchungen.

38 Feldtagebücher als Berichterstattung über Exkursionen im Gelände.

3 Bücher stehen in direktem Zusammenhang mit seiner Lehrtätigkeit an der Universität, wie zum Beispiel: »Katalog über Lehramtsprüfungen« in den Jahren 1885–1888.

Für die Dokumentationen seiner Feldbegehungen verwendet Becke häufig eine ganz besondere Form eines Buches, ein sogenanntes Feldtage- oder Geländebuch. Es unterscheidet sich wesentlich in Form und Ausstattung von allen anderen Notizbüchern. Diese besondere Buchform besteht aus einem kräftigen Leinen- oder Lederband, mit einem dickeren glatten Papier und zum Teil farbigem Zeichenpapier, einer Bleistifthalterung und einem Bändchen oder

---

schichte das geben, was ihren eigentlichen Gegenstand bildet: das genau, was sie in jene wohlgeformte Sprache übergehen lässt, die sie bauen will.

Gummizug, das das Büchlein bei der Benützung im Gelände fest zusammenhält. Diese Art eines Feldtagebuches war eine gängige Ausstattung eines Erdwissenschafters und gehörte bis in die erste Hälfte des 20. Jahrhunderts zum Werkzeug eines Feldgeologen. Es existieren insgesamt 18 Feldtagebücher, die Becke in dieser Form verwendet hat.

5.3   Die Zuordnung der Notizbücher zu den Schaffensstationen Friedrich Beckes

Während seines Studiums in Wien von 1874 bis 1881 entstehen die ersten vier Notizbücher mit der chronologischen Nummerierung 1–4. In die Czernowitzer Zeit zwischen 1882 bis 1890 fallen 23 Bücher mit den Ordnungszahlen 5–27. Aus der Prager Zeit von 1890 bis 1898 sind 16 Notizbücher mit den Nummern 28–43 erhalten. Während seiner Professur in Wien von 1898 bis 1927 verfasst Becke 35 Bücher.

Die Beobachtungsbücher der Studienzeit und der ersten Jahre in Czernowitz (1974–1890) besitzen eine fortlaufende Nummerierung (Beobachtungsbücher 1–15). Dazwischen finden sich Notizen mit einem ganz bestimmten thematisch bezogenen Inhalt, wie z. B. Sudeten I aus dem Jahr 1886. Becke beginnt eine neue fortlaufende Nummerierung seiner Beobachtungen während seiner Professur in Prag im WS 1893/94, mit den Nummern 1, 2 und 3, wieder begleitet von thematisch angelegten Notizen wie zum Beispiel Alpen I aus dem Jahr 1894. Während seiner Tätigkeit an der Universität in Wien entstehen zwischen 1900 und 1918 zehn Beobachtungsbücher mit fortlaufender Nummerierung und römischen Zahlen von I–X. Auch hier finden sich wieder thematisch bezogene Notizen ohne Zahl zwischen den Beobachtungsbüchern, wie zum Beispiel Tauerntunnelbuch, Schweiz. Einige Notizen ohne erkennbares Datum konnten auf Grund von Publikationen im Nachhinein zugeordnet werden, z. B. das Notizbuch Nr. 29, es gehört in das Jahr 1893, begleitend zum Feldtagebuch der Alpenbegehung im Jahr 1893. Ein Notizbuch, Nr. 79, trägt zwar die Handschrift Beckes, aber keinen einzigen Hinweis eines Datums und damit ist es nicht in den chronologischen Verband einzuordnen. In einem zweiten Büchlein, Nr. 73, konnte die Verfasserin zunächst die Vorgangsweise und die Art des Messens von Kristallen sowie deren Dokumentation Becke zuordnen, aber im Nachhinein erwies es sich als die einzige erhalten gebliebene persönliche Aufzeichnung von Rudolf Görgey von Toporcz (1881–1915), einem Schüler Friedrich Beckes.

Im Anhang 1 werden in einer Tabelle die einzelnen Bücher chronologisch aufgelistet mit Datum, Destination, kurzer Inhaltsangabe und einer zugeordneten Publikation, wobei anzumerken ist, dass nicht alle Publikationen mit einem Notizbuch verbunden werden können.

Aufgrund dieser Vorarbeit wird nun aus dem umfangreichen Œuvre eine Auswahl der Themenbearbeitung getroffen. Folgende drei Schwerpunkte sind Inhalt dieser Arbeit: Ätzversuche an Mineralen, Petrographische Studien in den Alpen und die Kristallinen Schiefer. Mit diesen drei Themenschwerpunkten wird die praktische Arbeit Beckes in seinen Aufzeichnungen betrachtet, und wie er diese aus Fragmenten und Teilergebnissen gewonnenen Erkenntnisse in Publikationen umformt. Die Auswahl erfolgt nach folgenden Überlegungen: Beckes Versuchsreihen an Mineralen mit Lösungsmitteln zeigen seine hervorragende Beobachtungsgabe und die Realisierung von gesuchten Lösungen im Bereich der damaligen Messbarkeit des strukturellen Aufbaus der Kristalle. Der Themenbereich »Alpenstudien« wird heute der Geologie zugerechnet, es wird dabei die bedeutungsvolle Arbeit des Petrographen Becke in diesem Felde vergessen oder viel zu wenig beachtet. Aus den umfangreichen petrographischen Beobachtungen der Gesteine, deren chemischer Bestandteile, der Textur und deren Vorkommen in der Natur kann Becke schon in frühen Jahren seine erste große Publikation über die kristallinen Schiefer im Waldviertel 1881 präsentieren. Daraus entwickeln sich über Jahre der Forschung und Erkenntnis aus seinen Alpenbegehungen die Veröffentlichungen über die kristallinen Schiefer und deren späterer Terminologie der metomorphen Gesteine.

Anhand der Aufzeichnungen können unterschiedliche Mediationen in der Darstellung nachvollzogen werden: Die Aufzeichnung von Messergebnissen in Tabellen, die Morphologie eines Minerals, Profile im Gelände und das Festhalten der gemessenen Werte des Einfallens der Schichten im Detail sowie schematische Zeichnungen der Versuchsanordnungen und der Handhabung der technischen Geräte.

Abbildung 2: Die Notizbücher in chronologischer Reihenfolge

Die ausgewählten Abbildungen aus seinen persönlichen Aufzeichnungen zeigen die großartige Beobachtungsgabe Beckes auf, nicht nur im mikroskopischen,

sondern auch im petrographischen Bereich mit den umfangreichen und zugleich detaillierten Darstellungen der unterschiedlichen Lithologien, die er in
groß angelegten Panoramaaufnahmen, geologischen Sequenzen, aber auch in
kleinsten Gesteinsproben genauestens dokumentiert und im narrativen Stil
erörtert. Sie geben einen umfangreichen Einblick in die einzelnen Forschungsgebiete Beckes, sie zeigen aber auch die Entwicklung einer Idee, deren
einzelne Forschungsschritte und die daraus resultierenden Erkenntnisse. Aus
den richtigen Fragestellungen zu einem Experiment oder zu einer Entstehungsfrage der Gesteine sucht Becke nach Antworten und Lösungen, die er in
den Publikationen erfolgreich auf einem guten, dokumentationsreichen und
aktuellen Fundament seiner Notizbücher erörtern kann.

6 Die wissenschaftlichen Erkenntnisse im Bereich der Ätzfiguren, der petrographisch-geologischen Studien in den Alpen und der kristallinen Schiefer

In der Folge werden die wissenschaftlichen Erkenntnisse Beckes erörtert, die aus seinen Beobachtungen im Mikrokosmos des Labors mit Hilfe des Mikroskops und des Goniometers, aber auch aus den Beobachtungen im Makrokosmos, den petrographischen Erkundungen in den Alpen, resultieren. Beckes Naturbeobachtungen und deren Dokumentation in den Notizbüchern werden beschrieben, analysiert und in den Kontext mit seinen Publikationen gestellt. Ergänzt werden diese mit ausgewählten und signifikanten Literaturbeispielen aus der Forschungszeit Beckes und ein Zusammenhang zu einigen heute aktuellen Besprechungen hergestellt.

6.1 Ätzfiguren an Mineralen – die Suche nach dem praktischen Beweis der Symmetrie an Kristallen

Einleitung
Mit dem Begriff »Ätzfiguren« werden Erscheinungsformen auf Kristallflächen, die durch äußere Einflüsse, besonders durch Einwirkung von Lösungsmitteln, wie Säuren oder Laugen, bezeichnet. Diese rufen einen chemischen Prozess hervor, der Lösungserscheinungen mit Vertiefungen an der Oberfläche eines Kristalls bewirkt, sie werden in der wissenschaftlichen Literatur auch als Verwitterungs- oder Zersetzungsfiguren beschrieben. Diese Figuren weisen nicht nur auf besondere Merkmale einiger Kristalle und Minerale hin, sondern dienen auch dazu, um Theorien in Bezug auf die chemische Zusammensetzung und die Symmetrie der Kristalle sichtbar nachzuweisen. Bereits in der Mitte des 19. Jahrhunderts sind die Gesetzmäßigkeiten der Kristallformen der Minerale mathematisch formuliert und mittels Winkelmessungen mit dem Goniometer nachvollziehbar. Es fehlt dafür jedoch der praktische Nachweis am Mineral. Die Messungen mit dem Goniometer lassen keine Erkenntnis über die innere Struktur – heute nennen wir dies Gitteraufbau der Kristalle – zu. Eine Mög-

lichkeit, den inneren Kristallbau der Minerale nachzuweisen, ergibt sich für die Wissenschafter durch Ätzung mittels Säuren und Laugen.

Die ersten Beobachtungen von Ätzfiguren erörtert Frederic Daniell (1790–1845) 1816 in seiner Arbeit: »Ueber einige den Auflösungsproceß begleitende Erscheinungen, und ihre Anwendung auf die Krystallisationsprozesse«[159]. In der Folge diskutieren bekannte Mineralogen wie Albrecht Schrauf, Heinrich Baumhauer, Leopold Sohncke und Eugen Blasius ihre Beobachtungen in Publikationen über Lösungserscheinungen.[160] Auch Alkohol oder Wasser können beim Einkochen oder Verdampfen Figuren auf den Oberflächen der Kristalle hinterlassen. Blasius bezeichnet diese Art von Eindrücken als »Zersetzungsfiguren«[161]. Allen gemeinsam ist die Erkenntnis, dass die Einwirkung von verschiedenen Lösungsmitteln auf die Oberfläche eines Minerals eine chemische Reaktion auslöst, dies zeigt sich zum Teil in ganz bestimmten Figuren, Formen oder Reflexen, die sogar eine bestimmte Orientierung aufweisen. Bereits mit freiem Auge konnten Reflexe auf den Kristallflächen nach Einwirkung von Säure beobachtet werden. Franz von Kobell berichtet in einem Vortrag über die Handhabung des Kristalles nach erfolgter Ätzung:

Wenn man Krystallflächen durch Aetzung beobachten will, so ist vorzüglich darauf zu achten, dass diese Flächen eben und spiegelnd seien [...] Die Beobachtung macht man mit einer Kerzenflamme, am besten in einem sonst dunklen Zimmer, und hält den Krystall zwischen Daumen und Zeigefinger beider Hände nahe und tief bei der Kerze, dass das Licht möglichst senkrecht einfalle. Der Krysstall wird dann gedreht bis das Bild des Lichtreflexes auf der Fläche deutlich gesehen wird und das Auge dabei so nahe begracht als es geschehen kann.[162]

Mit dem Goniometer wurden auch Figuren, die als sogenannte Reflexe auf den Flächen des Minerals erscheinen, beobachtet und deren Positionen eingemessen und in eine stereographische Projektion eingetragen. Das Goniometer setzte das Vorhandensein von spiegelnden Kristallflächen voraus. Becke be-

---

159 Frederic DANIELL, Über einige den Auflösungsproceß begleitende Erscheinungen, und ihre Anwendung auf die Krystallisationsgesetze. In: Isis, Encyclopädische Zeitschrift, (Jena 1817), S. 746–768. Es ist dies die deutsche Übersetzung der englischen Publikation »On some Phenomena attending the Process of Solution« aus dem Jahr 1816, erschienen im Journal of Science I, S. 24.

160 Heinrich BAUMHAUER, Ätzfiguren am Adular, Albit, Flussspat und chlorsaurem Natron. In: Neues Jahrbuch für Mineralogie, Geologie und Paläontologie. (Stuttgart 1876), S. 602–607. Eugen BLASIUS, Zersetzungsfiguren an Krystallen. In: Zeitschrift für Krystallographie und Mineralogie. 10 (Leipzig 1885), S. 221–239. Albrecht SCHRAUF, Lehrbuch der physikalischen Mineralogie, 2 Bände (Wien 1868), S 53. Leopold SOHNCKE, Ueber das Verwitterungsellipsoid rhomboedrischer Kristalle. In: Zeitschrift für Krystallographie und Mineralogie 4 (Leipzig 1880), S. 214–233.

161 BLASIUS, Zersetzungsfiguren. (Anm. 160), S. 221.

162 Franz. von KOBELL, Asterismus und die Brewster'schen Lichtfiguren. In: Sitzungsberichte der königlich bayerischen Wissenschaft zu München 1 (München 1862), S. 201.

zeichnete diese Reflexe als »Lichtfiguren«. Die ersten Beobachtungen dieser Art von Lichtfiguren publizierte David Brewster (1781–1868) im Jahr 1853.[163] Brewster argumentierte, dass trotz aller philosophischen und mathematischen Betrachtungen über die Molekülstruktur der Minerale deren wirkliche Struktur noch immer unbekannt ist. Daher benützte Brewster die Lichtreflexe der beeinflussten Oberfläche, er nannte sie »Disintegrated Surfaces«, die er mit dem Goniometer beobachtete und setzte diese optischen Figuren in Beziehung zu bereits mathematisch bekannten Strukturen. Die Oberflächen-Disintegration, die diese Lichtfiguren hervorbringen, wird durch drei Vorgänge verursacht:

I. *By the natural action of solvents on the mineral, either at the time of its formation or at some subsequent period in the bowels of the earth.*

II. *By the action of acids and other solvents upon the surfaces of perfect crystals; and,*

III. *By mechanical abrasion.*[164]

Becke untersucht Lösungsfiguren an Kristallen, mit deren charakteristischen Ausbildungen und spezifischem Auftreten er dieses Forschungsziel – den Nachweis der Symmetrie der Kristalle – erreichen und beweisen will. Seine akribischen Beobachtungen finden in zehn Notizbüchern (Laborbücher) ihren Niederschlag (Nr. 5, 6, 7, 8, 9, 13, 17, 19, 23 und 24) innerhalb von zehn Jahren, zwischen 1881 und 1890.

Die folgenden Untersuchungen wurden veranlasst durch den Wunsch eine Methode zu finden, welche erlaubt, die so mannigfach ausgebildeten Kristalle der Zinkblende nach einer zuverlässigen Kennzeichnung übereinstimmend aufzustellen. [...] Es schien also wünschenswert, Erscheinungen herbeizuziehen, welche vom molekularen Bau abhängig sind. [...] Als solche Erscheinungen sind die Ätzfiguren bekannt, welche für die feinsten Unterschiede im Kristallbau sehr empfindlich sind.[165]

Berichte von Sadebeck, Baumhauer, Werner, Lasaulx und Calker, die in seinen Notizbüchern – und in dieser Arbeit zu einem späteren Zeitpunkt – angeführt werden, sind Ausgangspunkt für neue Diskussionen und neue Beobachtungen, um neue Aspekte zur Theorie der Symmetrie zu erhalten. In den Notizbüchern hebt Becke jene Passagen in den oben genannten Publikationen (Schrauf, Sohnke, Blasius, Baumhauer) hervor, die für sein Thema wichtig sind, sie dienen ihm als Anregung und Gedächtnisstütze, für etwaige Vergleiche oder auch für

---

163 David BREWSTER, On the Optical Figures produced by Disintegrated Surfaces of Crystals. In: London, Edinburgh and Dublin Philosophical Magazine and Journal if Science. Vol V. Fourth Series. Nr. 29 (London 1853), S. 16–28.

164 BREWSTER, Optical figures (Anm.163), S. 18.

165 Friedrich BECKE, Aetzversuche an der Zinkblende. In: Tschermaks Mineralogische und Petrographische Mitteilungen 5 (Wien 1883), S. 458.

weiterführende Beobachtungen. Anhand der praktischen Erforschung an den Mineralen Fluorit, Zinkblende und Bleiglanz an bekannten und in der Literatur (Sadebeck, Groth) angeführten Fundorten (zum Beispiel: Kapnik, Schemnitz) untersucht und findet Becke mittels dieser Methode neue Möglichkeiten zur Beschreibung der »Kristallmoleküle«[166]. Die von ihm zitierte Arbeit Leydolts[167] über Ätzfiguren an Aragonit bildet den Ausgangspunkt für seine ersten an der Zinkblende ausgeführten Experimente. Leydolts Untersuchungsmethode bezieht sich sowohl auf ganze Kristalle als auch auf senkrecht auf eine Achse geschnittene Plättchen, die der Einwirkung einer verdünnten Essig- oder Salzsäure ausgesetzt und dann durch Abgüsse mit Hasenblase für die mikroskopische Untersuchung bereitgestellt wurden. Leydoldt gibt in seiner Publikation die Maße der Vergrößerung genau an.

Die angewandte Vergrößerung war 120–500 linear, bei gerade durchgehenden und 20–40 bei schief auffallendem Licht.[168]

Im Notizbuch Nr. 7, Blatt 160 aus dem Jahre 1883 stellt Becke über Leydolts Beobachtung eine für ihn wichtige Erkenntnis fest, die er folgendermaßen bezeichnet:

Auf den Endflächen werden bestimmte Pyramiden als Begrenzung der Vertiefungsgestalten genannt. [...] Unterschieden werden P2 P3 P4 P6 durch das bloße Ansehen!

Mit dieser Notiz dokumentiert er, dass Leydolt die unterschiedlichen Ätzfiguren – Pyramiden P 2, P 3, P 4 und P 6 – mit bloßem Auge erkennen konnte.

Becke sieht in seinen Notizen Entwicklungsprozesse der angewandten Forschungen, die ihn zu neuen Erkenntnissen führen. Er kann aus den kristallmorphologischen und chemischen Resultaten zum theoretischen Wissen über den Feinbau, der inneren Struktur der Kristalle, gelangen. Leider ist es Becke nicht vergönnt, seine Forschungen im technischen Bereich bestätigt zu erhalten. Die spätere Entdeckung von Max von Laue (1879–1960), Kristalle mittels Röntgenstrahlen zu behandeln, sowie die Berechnung des Kristallgitters von William Laurence Bragg (1890–1971) bestätigen im Nachhinein Beckes Theorien. Seine über die Beobachtungen der Zeitgenossen hinausgehende Arbeitsweise führt Becke zu neuen wissenschaftlichen Erkenntnissen, die er in den anfänglichen Schritten in einfachen, aber ausdrucksstarken Worten im Notiz-

---

166 *KRISTALLMOLEKÜLE.* Der regelmäßige Aufbau eines Kristalls setzt sich aus Masseteilchen, auch Molekel genannt, zusammen. Der französische Mathematiker René Just Haüy (1743–1822) stellte die Theorie auf, dass zum Beispiel ein Bleiglanzkristall aus kleinen und regelmäßigen Würfeln aufgebaut ist.

167 Franz LEYDOLT, Über die Struktur und Zusammensetzung des prismatischen Kalkhaloides. In: Sitzungsberichte der kaiserlichen Akademie der Wissenschaften Wien 19, mathematisch-naturwissenschaftliche Klasse, Abteilung I (Wien 1856), S. 10–32.

168 LEYDOLT, Kalkhaloid (Anm. 167), S. 12.

buch Nr. 6 (Beobachtungsbuch Nr. 7) auf dem Blatt 27 notiert: »*Die Dinger sind erhaben!*« Dieser einfache Ausruf stellt die Grundlage für weitere Forschungsreihen dar und mündet in die wissenschaftlich gebräuchlichen Termini Ätzhügel (= Erhöhungen) und Ätzgrübchen (= Vertiefungen der Figuren).[169]

Beckes Plan ist, mit dieser Methode anhand der Orientierung, der Form und der Ätzfiguren die Struktur der Minerale nachzuweisen. Dieser Plan leitet über zu den Posten mit dem Einsatz von unterschiedlichen Ätzflüssigkeiten, der Dauer der Einwirkung und der Beobachtung von Regelmäßigkeiten der entstandenen Figuren. Er findet dabei Zusammenhänge in den Ähnlichkeiten der Lichtfiguren und Ätzfiguren und deren Orientierung. Lichtfiguren bilden in diesem Zusammenhang eine andere Art der Entstehung, sie werden durch die reflektierten Bilder einer entfernten Lichtquelle an den mit Ätzfiguren bedeckten Kristallflächen beobachtet.

Genaueste individuelle Beobachtungen und objektive Messungen mit dem Goniometer sind in Messtabellen und Graphiken der beobachteten Figuren angegeben, ebenso Ätzdauer, Ätzflüssigkeiten und Temperatur. Die Notizen werden im Allgemeinen immer mit Bleistift aufgeschrieben. Hoffmann bezeichnet Bleistift und Papier als die »kleinen Werkzeuge des Wissens«.[170] Einige Daten sind zwecks einfacher Unterscheidung in Farbe gehalten. Eine besondere Eigenart des Aufschreibens ist, die mit Bleistift notierten Beobachtungen im Nachhinein mit Tinte zu korrigieren oder zu ergänzen. Falsche, oder besser gesagt nicht exakte, Messergebnisse werden auch durchgestrichen und mit persönlichen Bemerkungen wie »nicht zu gebrauchen«, »ein miserables Ergebnis« oder »Wiederholung ist nötig« nochmals einer aufwendigen Messung unterzogen. Mit der Zeichnung, deren Maßstab im Notizbuch nicht immer angeführt ist, werden die wichtigsten, aber auch feinsten Details wiedergegeben, die die charakteristischen Merkmale aufweisen. Die Messungen und die zum Teil in Erzählform gehaltenen Erkenntnisse sind als objektive Aufzeichnungen zu sehen, im Gegensatz zu den oben erwähnten subjektiven Ausrufen. Sie stellen auch den Zusammenhang zwischen Messung, chemischer Reaktion und Mineralstruktur dar. Ebenso korrigiert Becke die von anderen Wissenschaftern aufgestellten Daten über Minerale, deren Korrektur er im Notizbuch und in den Publikationen mittels exakter Beweisführung verfolgt.

Im Vergleich dazu beschreibt Becke in der Publikation akribisch genau den

---

169 Christoph HOFFMANN (Hg.), Festhalten, Bereitstellen, Verfahren der Aufzeichnung. In: Daten sichern. (Zürich 2008, S. 20): Hoffmann formuliert diese Art der Erkenntnis folgendermaßen: *Die Aufstellung eines Plans oder einer Disposition führt häufig auf Posten und Punkte, Zusammenhänge und Abgrenzungen, die bis dahin nicht formuliert waren.*

170 HOFFMANN, Daten sichern (Anm. 169, S. 8). Es ist dies der deutsche Terminus technicus von: Little tools of knowledge, welche P. Becker u. W. Clarke (Hg.) im Jahr 2001 erstmals beschrieben.

Verlauf des Ätzens, die Ausstattung der Messgeräte, wie Goniometer oder Sphärometer, die Größenangaben der Messobjekte und den Arbeitsverlauf. Die Ätzfiguren sind auf Tafeln in einer Reihenfolge und in einem angegebenen Maßstab mit ihren charakteristischen Merkmalen gezeichnet und dokumentiert. In den Publikationen ist immer eine logische Abfolge der experimentellen Erkenntnisse angegeben. An die einleitenden Worte, in denen Becke die Ideen der Ätzversuche und seine Methode vorstellt, schließen die Beschreibung der Ätzmethode, die Figuren an den beobachteten Flächen des untersuchten Minerals, Messgeräte, kristallographische und morphologische Erörterungen und eine Zusammenfassung der beobachteten Vorgänge. Die Untersuchungen werden im Laufe der Jahre differenzierter und anspruchsvoller, er beobachtet Figuren, die nicht nur unter Einwirkung von Salzsäure entstehen, sondern auch mit anderen Lösungsmitteln hervorgebracht werden können. Anhand der Dickenmessung der Proben kann Becke die Lösungsgeschwindigkeit beim Ätzvorgang nachweisen. Die Erkenntnisse aus den umfangreichen Experimenten finden ihren Niederschlag in den Publikationen.

Im Allgemeinen ist zwischen den Notizen in den »Beobachtungsbüchern« und den themenbezogenen Publikationen ein großer Unterschied zu erkennen. Die Notizbücher sind Dokumente seiner Messungen, seiner Beobachtungen, seiner experimentellen Schritte, seiner Erkenntnisse, aus vielen gelungenen und misslungenen Forschungen. Sie sind aber auch die existentielle Grundlage der hoch interessanten, wissenschaftstheoretisch fortschrittlichen und akribisch exakten Beobachtungen an Mineralen. In den Notizbüchern zeigt Becke, dass er gut instruiert, mit den Methoden seiner Zeit sehr vertraut ist und mit den Experimenten über das in der Forschung Übliche hinausgeht. In den Publikationen werden anfangs seine Methode, dann seine Arbeitsschritte, die Messvorgänge, die Morphologie und die Kristallographie gut verständlich wiedergegeben, abschließend fasst Becke die Beweisführung seiner Methode zusammen mit der Erkenntnis, dass noch weitere Forschungen für eine allgemeine Feststellung notwendig sind. Er steht mit den Forschern seiner Zeit im Austausch, führt ihre Ergebnisse in seinen Ausführungen an und zieht diese als Anregung für seine Untersuchungen heran oder korrigiert sie mittels exakt beschriebener Beweisführung.

In Beckes Arbeiten – Notizbuch oder Publikation – können wir einen Wissenschafter beobachten, der nach den Erfahrungen und der Zuordnung von Daston und Gallison in deren Werk »Objektivität« alle drei wissenschaftlichen Tugenden in sich vereint: seine Darstellungen entsprechen der Naturwahrheit, mit der Überprüfung seiner Studien mittels eines technischen Gerätes, dem Goniometer oder dem Mikroskop, trägt er zum Terminus »mechanische Objektivität« bei und aus der Grundlage seines Wissens kann er zu einem geschulten Urteil gelangen.[171]

Aus dem erkenntnisreichen Wissen im Bereich der Zinkblende entwickelt sich neues Wissen und wird im Folgenden an den Mineralen Bleiglanz, Pyrit und Magnetit weitergeführt. Um Vergleiche zu den einzelnen Mineralen bezüglich der Ätzfiguren zu erzielen, werden einige Kristalle zu einem späteren Zeitpunkt nochmals einer Untersuchung unterzogen, aber mit dem Fokus nach einer bestimmten Theorie, wie dies bei der Gegenüberstellung von Figuren bei Zinkblende und Bleiglanz oder auch zwischen Magnetiten, Bleiglanz und Zinkblende zu sehen ist. Untersuchungen an Mineralen werden auch aus organisatorischen Gründen abgebrochen, wenn kein geeignetes oder zu wenig Material vorhanden ist, und zu einem späteren Zeitpunkt weiter geführt, wie dies bei den Beobachtungen am Mineral Fluorit der Fall ist.

Im Folgenden sind die einzelnen Experimente an Mineralen mit den Aufzeichnungen in den Notizbüchern den Publikationen gegenübergestellt, es wird das Übernommene von einem Schritt zum anderen notiert und auf die Lücken hingewiesen, die zwischen Notiz und Veröffentlichung fehlen. Jedem untersuchten Mineral ist eine kurze Beschreibung des Minerals vorangestellt, deren Daten großteiles aus dem Lehrbuch der Mineralogie von Gustav Tschermak stammen. Morphologie, Kristallographie, chemische Zusammensetzung, physikalische Besonderheiten und Vorkommen sind wichtig im Kontext mit Beckes Experimenten, Überlegungen und Schlussfolgerungen. Eine aktuelle Darstellung der Minerale in der Literatur stellt eine Verbindung zur modernen Sprache dar, sie wird in den einzelnen Abschnitten angeführt.

Die Versuchsreihe über Ätzfiguren beginnt mit dem ersten Mineral, der Zinkblende, daran schließt eine weitere Betrachtung des Bleiglanzes mit den natürlichen Vertretern der Magnetitgruppe, wie Magnetit, Linneit, Franklinit, Pleonast und Spinell, und endet mit dem Mineral Fluorit. Die aus diesen Untersuchungen gewonnenen Erkenntnisse überträgt Becke bei der Erforschung der Quarze und Feldspate, die in kurzen Notizen 1889 und 1891 in Tschermaks Petrographische Mitteilungen Eingang finden.[172]

Die ausgewählten Abbildungen aus den Notizbüchern geben Einblick in die Vorgehensweise der experimentellen Schritte der Versuchsanordnungen und der daraus resultierenden Erkenntnisse. Sie sind wichtig für die Darstellung der Arbeitsmethoden, sowie der Handhabung der Geräte und geben beredtes

---

171 Siehe: Lorraine DASTON & Peter GALLISON, Objektivität (Frankfurt 2005), S. 17.
172 Friedrich BECKE, Unterscheidung von Quarz und Feldspath in Dünnschliffen mittels Färbung. Notiz. In: Tschermaks Mineralogische und Petrographische Mitteilungen 10 (Wien 1889), S. 90; ebenso 12 (1891), S. 257.

Zeugnis über einen objektiv forschenden, aber auch begeisterten Wissenschafter, der nach Erkenntnis in Bezug auf eine bestimmte Idee strebt.

6.2   Der Weg vom Notizbuch zur Publikation

6.2.1   Die ersten Ätzversuche am Mineral Zinkblende

a)   Das Mineral Zinkblende in der kristallographischen und mineralogischen Beschreibung
Im Lehrbuch der Mineralogie von Gustav Tschermak wird die Zinkblende folgendermaßen beschrieben. Die Blende, auch Zinkblende oder Sphalerit genannt, gehört der II. Mineralklasse Lamprite in der 4. Ordnung an. Die chemische Zusammensetzung lautet hier:

Zn S, entsprechend 67 Zink und 33 Schwefel, doch ist häufig FeS isomorph beigemischt, [...] welche bis zu 20 Prozent Eisen mit etwas Mangan enthalten.[173]

Die häufigste Kristallform ist der sogenannte Rhombendodekaeder mit Tetraederflächen, Würfelflächen und Trigondodekaeder. Die Zinkblende kommt häufig in Vergesellschaftung mit Galenit (Bleiglanz), in hydrothermalen Gängen, in Kalkstein und synsedimentär vor. Zu den bekanntesten Lagerstätten Ende des 19. Jahrhunderts zählen Freiberg in Sachsen, Devonshire (England), Příbram (Tschechische Republik), Kapnik (Rumänien), Binnenthal (Schweiz), Pico de Europa (Spanien), Raibl (Kärnten).

Die Kristallformen der Zinkblende sind im Lehrbuch graphisch aufgezeichnet.

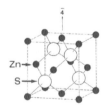

Abbildung 3: Zinkblende aus dem Lehrbuch der Mineralogie (Tschermak), S. 428 – Figuren 1, 5. Kristallstruktur aus Matthes S. 37

In der obigen Abbildung können wir ein ideales Bild eines Kristalls (Figur 1 und 5) erkennen, diese Art der Darstellung ist in den Lehrbüchern, aber auch in den Dokumentationen der Mineralogie eine gängige Vorgangsweise, da im Vorder-

173 Gustav TSCHERMAK, Lehrbuch der Mineralogie. 6. Auflage (Wien 1905), S. 428.

grund die allgemeine, auch idealisierte Form eines bestimmten Minerals steht. Ausnahmen oder Abweichungen des Idealbildes werden im Text beschrieben, aber sie spielen eine untergeordnete Rolle. Daneben steht die Abbildung aus dem modernen Lehrbuch nach Matthes mit der Position der Zn- und S-Punkte im Kristallraum.[174] Heute wird die Zinkblende den metallischen Sulfiden zugeordnet mit dem Verhältnis Metall zu Sulfid 1:1. Die Kristallklasse wird folgendermaßen definiert: -43 m.

b) Ausgangslage

Becke erhält seine erste Professur im Fach Mineralogie an der damals jungen deutschsprachigen Universität in Czernowitz im Jahr 1881. Hier beginnt er eine intensive Forschung an Mineralen mittels Ätzung der Kristalle durch Säuren. Er sammelt Daten, mit deren Hilfe er seine Theorie über den Kristall- oder Molekularbau und mittels des Instrumentes nachweisen will.

Das Material war lange nicht ausreichend, eine kristallographische Monographie der Zinkblende zu liefern, […] [es] sind nur einige Beiträge zur Kenntnis einiger wichtiger Vorkommnisse dieses Minerals.[175]

Soweit mir dies [eine Aufstellung der Zinkblendenkristalle verschiedener Fundorte] *mit bescheidenen Mitteln möglich war, habe ich dieses Ziel verfolgt.*[176]

Diese »bescheidenen Mittel« dokumentieren eine einfache Ausstattung des Mineralogischen Institutes in Czernowitz, die Hermann Tertsch in seinen Erinnerungen an Becke folgendermaßen schildert:

Das Czernowitzer Institut besaß ein Goniometer, ein Mikroskop, einen chemischen Herd und eine kleine Sammlung von Mineralen und Modellen. Jeder andere wäre bei diesem Mangel an Arbeitsmöglichkeiten gescheitert, nicht so Becke.[177]

Die ersten Beobachtungen von Ätzfiguren notiert Becke im Notizbuch Nr. 5 (= Beobachtungsbuch Nr. 6, 1881–1882) auf Blatt 20. Es handelt sich hier um erste Beobachtungen am Mineral Baryt, die aber noch nicht in direktem Zusammenhang mit der Forschungsreihe an dem Mineral Zinkblende zu sehen sind. Man kann auch sagen, die ersten Schritte werden gesetzt, aus diesen entstehen dann weitere konkretere Beobachtungen und erfahren eine Erweiterung mit dem Studium der Phänomene in der zeitgemäßen Literatur. Damit entsteht in der Folge eine groß angelegte Studie an den Mineralen wie Zinkblende, Bleiglanz, Pyrit, Magnetit und Fluorit.

Becke ortet die Ätzfiguren am Baryt von Teplitz, zeichnet und beschreibt diese

---

174 Siegfried MATTHES, Mineralogie. Eine Einführung in die spezielle Mineralogie, Petrologie und Lagerstättenkunde. 6. Auflage (Berlin 2001), S. 37.

175 BECKE, Zinkblende (Anm. 165), S. 501.

176 BECKE, Zinkblende (Anm. 165), S. 500.

177 Hermann TERTSCH, Erinnerungen an Friedrich Becke. In: Mitteilungen der Österreichischen Mineralogischen Gesellschaft. Sonderheft 4 (Wien 1956), S. 4.

als »Streifung«. Er fixiert die Lokation des zu messenden Punktes (x) in einer Skizze, wobei in den Aufzeichnungen diese Messung nicht angeführt ist. Hervorzuheben ist hier die Bezeichnung der Flächen: Becke notiert die Benennung der Flächen im alten (Schrauf) und neuen kristallographischen System (Naumann). Die Bezeichnungen nach Schrauf bezieht Becke aus der von ihm angeführten Literatur und dem »Atlas III, XXX«.[178] Von großer Bedeutung ist diese Notiz für die Berechnung der Achsenabschnittsverhältnisse, die er ebenfalls notiert (Achsenverhältnis a:b:c). Die Ätzfiguren sind schon mit freiem Auge sichtbar, werden aber nicht eingemessen. Neben den mit Bleistift notierten Flächenbezeichnungen nach Schrauf (1873–1897)[179] sind diese im Nachhinein mit Tinte nach Naumann (1797–1873) hinzugefügt worden. In der Folge werden die Flächen nach Naumann benannt, aber bereits mit Bleistift vorhandene Notizen sind später mit Tinte in der neuen (Naumann) Benennung korrigiert. Wie in der Notiz zu beobachten ist, sind die Achsenbezeichnungen vertauscht worden, das heißt statt a:b:c = b:c:a. Am folgenden Blatt 23 kann diese Umbenennung am gezeichneten Barytkristall sehr schön nachvollzogen werden. Ebenso ist auch die beobachtete Ätzfigur auf der Fläche M bereits eingezeichnet, aber ohne Kommentar. Für Becke sind von Bedeutung die Form, die Flächen und deren Benennungen.

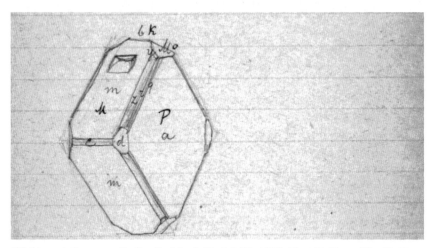

Abbildung 4: Baryt von Teplitz. Notizbuch Nr. 5 (1881–1882), Blatt 23. Blattgröße: 10x16 cm

178 Albrecht SCHRAUF, Lehrbuch der Kristallographie und Mineralmorphologie. Handbuch zum Studium der theoretischen Chemie, Mineralogie und Krystallphysik (Wien 1866). Carl Friedrich NAUMANN, Elemente der theoretischen Krystallographie. Mit einem Atlas von 33 verschiedenen Kupfertafeln (Leipzig 1856).
179 SCHRAUF, Lehrbuch (Anm. 178), S. 245–251.

Diese ersten eher zufälligen Beobachtungen führen zu einer groß angelegten Studie, die im Folgenden mit Abbildungen aus den persönlichen Aufzeichnungen Beckes bildlich begleitet wird.

c)   *Die Dokumentation der Experimente an der Zinkblende in den Notizbüchern in der Gegenüberstellung zur Publikation.*

Nach den ersten eher zufälligen Beobachtung von Ätzfiguren (siehe oben), die morphologisch genauestens gezeichnet sind und mit dem Studium der aktuellen Literatur über Ätzfiguren, beginnt Becke eine groß angelegte Studie am Mineral Zinkblende im Notizbuch Nr. 6 (= Beobachtungsbuch Nr. 7, 1882–1883). Die aktuelle Literatur ist in diesem Büchlein hier auf den letzten Seiten mit kritischen Stellungnahmen angeführt (Baumhauer, Sadebeck)[180] und Becke hebt hervor, was für seine Beobachtungen von Bedeutung sein könnte.

Ausgehend von der bekannten Literatur über Zinkblende und den Verwachsungen mit Fahlerz stellt Becke exakte Beobachtungen mit dem Instrument an und gelangt über örtlich am Mineral fokussierten Messungen zu neuen Erkenntnissen, die er im Notizbuch Nr. 6 (1882/83) auf Blatt 13 folgendermaßen zusammenfasst:

Als allgemeine Regel ergibt sich: raue Flächen sind mit Fahlerz bedeckt, glatte nicht.

1. Tetraeder, sehr glatt, hat nie Fahlerz

2. Tetraeder mit der gerundeten Politur hat nie Fahlerz

$-\frac{1}{2}$ *0 hat bisweilen Fahlerz*

d hat Fahlerz, wenn es gestreift ist, die Fahlerzkristallchen folgen den Streifen

$\frac{1}{2}$ *0 matt ist stets reichlich mit Fahlerz bedeckt ebenso h welches matt und häufig gestreift ist*

d trägt umso weniger Fahlerz, je freier von Streifen es ist

Die Ziffern und Buchstaben $-\frac{1}{2}$ *0, d* und *h* bezeichnen Flächen des Minerals.

Mit diesen Beobachtungen steht Becke im Widerspruch zu Sadebecks Messungen am Mineral Fahlerz. Diese Korrektur wird auch in die Publikation »Aetzversuche an der Zinkblende« übernommen und im Laufe der Erörterungen bewiesen.[181] Zinkblende ist aber sehr häufig mit Fahlerz vergesellschaftet, daher beschreibt Becke im ersten Kapitel seiner Publikation das Mineral Fahlerz, um sich im Folgenden den Erörterungen über die Zinkblende zuzuwenden.

---

180 BAUMHAUER, Aetzfiguren (Anm. 160). Andreas SADEBECK, Ueber Fahlerz und seine regelmässigen Verwachsungen. In: Zeitschrift der Deutschen Geologischen Gesellschaft 24 (Berlin 1872), S. 427–464. Ueber die Krystallformen der Blende. In: Zeitschrift der Deutschen Geologischen Gesellschaft 22 (Berlin 1869), S. 620–639.

181 BECKE, Zinkblende (Anm. 165), S. 458 ff.

Anschließend wird der Arbeitsvorgang mit dem Ätzmittel, der Zeiteinwirkung des Lösungsmittels und der Temperatur angegeben.[182]

Becke fährt mit der Aufzählung seines Arbeitsvorganges fort:

Die Beobachtung erfolgte theils an den geätzten Krystallen bei Vergrößerung (bis zu 100) im auffallenden Licht, theils an Abgüssen, welche mittels Gelatine hergestellt wurden.[183]

Daran schließt die Beschreibung der aufgetretenen Figuren an den Flächen der Zinkblende. Nach Sadebeck sind Figuren am 1. Tetraeder aufgetreten. (Sadebeck: Fahlerz 1. Stellung mit Flächenbenennung: Tetraeder, Triakistetraeder, Dodekaeder, Hexakistetraeder).[184]

Die Ätzfiguren sind vertiefte dreiseitige Pyramiden, deren Seiten dem Umriss der geätzten Fläche parallel gehen. Die Seitenflächen entsprechen daher einem Triakistetraeder.[185]

Mit dem Goniometer werden die Figuren und die sogenannten Reflexe auf den Flächen des Minerals beobachtet, ihre Position eingemessen und in eine stereographische Projektion eingetragen. Das Goniometer setzt das Vorhandensein von spiegelnden Kristallflächen voraus. Becke nennt diese Reflexe »Lichtfiguren«, die er mit folgenden Worten beschreibt:

Beobachtet man das Reflexbild eines leuchtenden Punktes mittels einer geätzten positiven Tetraederfläche, so erblickt man ein sehr schönes trisymmetrisches Lichtbild. Dasselbe besteht aus einem centralen Theil und aus drei Strahlen, welche sich schneiden und den Triakistetraedern entsprechen: Hauptstrahlen (in den Figuren x). Mitunter treten noch deren Winkel halbirend drei meist verwaschene Nebenstrahlen (z) auf.[186]

Die einzelnen Figuren werden in der Publikation auf zwei Tafeln (Nr. VII und VIII) im Größenverhältnis 1:15 mm gezeichnet.[187]

Für Becke sind die Dodekaederflächen (Zwölfflächen) des Kristalls von großer Bedeutung, denn sie zeigen auffallende dreidimensionale Ätzfiguren, die nach einer bestimmten Richtung orientiert sind. Die Einmessung der Ätzflächen

---

182 Der Physiker Werner LEINFELLNER beschreibt in seiner Publikation: Struktur und Aufbau wissenschaftlicher Theorie. Eine wissenschaftstheoretisch-philosophische Untersuchung. Wien 1965, S. 92) den Messvorgang folgendermaßen: *Durch Aufstellung eines experimentellen Meßaussagekalküls wurde jeder Wahrnehmungsaussage der Theorien, die Messungen benötigen, eine experimentelle Meßaussage zugeordnet, die das Resultat einer Messung mittels eines Meßapparates (Ap) zu einer bestimmtem Zeit (t) an einem bestimmten physikalischen Objekt, beziehungsweise System (S) innerhalb einer Theorie (Th) ausdrückt.* Werner Leinfellner ordnet in seiner Aussage den einzelnen Termini standardisierte Kürzel zu, zum Beispiel t für Zeit.

183 BECKE, Zinkblende (Anm. 165), S. 459.

184 SADEBECK, Fahlerz (Anm. 180).

185 BECKE, Zinkblende (Anm. 165), S. 459.

186 BECKE, Zinkblende (Anm. 165), S. 460.

187 BECKE, Zinkblende (Anm. 165), Tafel VII, VIII.

und die Projektion in ein Netz weisen Regelmäßigkeiten auf, die abhängig von der Ätzdauer sind.

Eine sehr wichtige und für Mineralogen bedeutende Frage stellt Becke im Anschluss seiner Erörterungen: Gehorchen die Ätzflächen dem Parametergesetz? (Siehe oben Kapitel 3.1). In seiner wissenschaftlichen Argumentation wird nun die empirische Hypothese durch Erfahrung, Beobachtung und Messung erörtert und bestätigt. Er stellt fest, dass die Lage der Ätzflächen auf den positiven Tetraederflächen zur Beweisführung herangezogen werden können, da diese exakte und messbare Lichtfiguren aufweisen. Die Ätzdauer hat nach vielen angeführten Beispielen und Messungen nur auf die Größe der Ätzfiguren einen deutlich erkennbaren Einfluss. Zusammenfassend hängt die Lage der Ätzflächen primär von der chemischen Zusammensetzung ab, in weiterer Folge von den äußeren Umständen und zuletzt erst wirkt das Parametergesetz. Aufgrund der Beobachtungen gelangt Becke zu einer neuen Erkenntnis, dass …

… *jene Flächen Aetzflächen sind, welche eine große normale Cohäsion haben.*[188]

Unter Kohäsion verstand man die Anziehungskraft der Elemente im Kristall, sie geben im allgemeinen Aufschluss über die kristallographischen Eigenschaften, wie auch Sigmund Günther im Folgenden zitiert:

Die regelmäßig gebildeten Korrosionsfiguren, die durch Zusammenbringung einer Krystallfläche mit einer Flüssigkeit entstehen, geben bis zu einem gewissen Grade Aufschluß über die Kohäsionsverhältnisse im Inneren des Krystalls. Kalkspat und Dolomit z. B. [...] stimmen in ihren krystallographischen Eigenschaften durchweg überein, aber ihre Ätzfiguren sind völlig verschieden.[189]

Auf Blatt 27 des Notizbuches Nr. 6 (= Beobachtungsbuch Nr. 7, 1882–1883) notiert Becke den erstaunten und für seinen Wissens- und Schaffensdrang höchst entscheidenden Ausruf: »*Die Dinger sind erhaben*«. Diese Dreidimensionalität der Ätzfiguren ist in der aktuellen Literatur eine erstmalige Beobachtung und leitet seine umfangreichen Forschungen an Mineralen ein. Es wird ein Plan aufgestellt, der erstens die Nummerierung der Kristalle, zweitens die Lösungsmittel und drittens Temperatur und Zeit beinhalten.

Spaltstück von Blende von Pico de Europa I
Mikroskopisch untersucht zeigen sich Stellen vollkommen frei von Einschlüssen jeder Art. Andere enthalten an der Oberfläche stark lichtbrechende Körperchen unbekannter Natur, auch ähnlich sehr dunkel umrandete Einschlüsse
Die mit dem Kreis umzogen – Stelle ist am klarsten

---

188 BECKE, Zinkblende (Anm. 165), S. 500. Siehe auch Anmerkung 232: Cohäsion.
189 Sigmund GÜNTHER, Geschichte der anorganischen Naturwissenschaften im Neunzehnten Jahrhundert (Berlin 1901), S. 769.

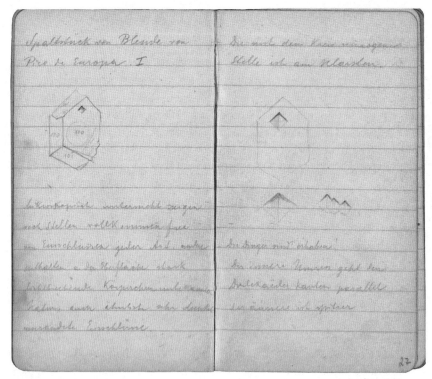

Abbildung 5: Zinkblende. Notizbuch Nr. 6 (1882–1883), Blatt 27. Blattgröße: 18x14,5 cm

Die Dinger sind erhaben!
Der innere Umriss geht bei Dodekaederkanten parallel der äußere ist spitzer

In der Folge werden die vorgesehenen Kristalle, bzw. Kristallstücke mit römischen Zahlen I–XV benannt, Becke sammelt und notiert Daten der Flächen an verschiedenen Kristallen wie der Blenden von Kapnik (Rumänien), Rodna (Rumänien) und Pico de Europa (Spanien). Zunächst spricht Beck von einem Schiller auf der genannten Fläche und von Ätzbuckeln (Blatt 29).

Auf Blatt 32 zeichnet Becke die beobachteten Ätzfiguren in vergrößerter Form – ohne Angabe des Größenverhältnisses. Denn für ihn sind die Lage und die Form der Figuren von Bedeutung, wobei die Dreidimensionalität der Figuren in der Zeichnung durch dunkle Schraffierung hervorgehoben wird. Die Ätzhügel kann Becke mittels eines Gelatineabdrucks (Collodiumabguss) nachweisen, den er gut unter einem Mikroskop mit Vergrößerung beobachtet.

Auf Blatt 34 notiert Becke Ätzdauer, Ätzfiguren und die Lage der Tetraederfläche, positiv und negativ. Er stellt dazu den Vergleich zu Sadebecks Forschung (wie bereits oben erwähnt) an.

Blende von Kapnik Ein Spaltstück nach d zeigte nach 2 Minuten langem Ätzen schöne Ätzhügel. VII Zwilling von RodnaWurde 1 ½ Minuten geätzt und bedeckte sich auf h mit sehr schönen kleinen Ätzfiguren. Das + Tetraeder war sehr wenig angegriffen, dagegen das − bereits ganz matt

Nb. [Notabene] Sadebeck Blende p. 627 deutet die Tetraeder entgegengesetzt. − Die Deutung wird in der 2. Arbeit verbessert. Nachsehen wegen K (211). Leider ist keine der Form vorhanden

VIII ~~Zwilling~~ Einf. Krystall von Rodna Wurde nur einige (circa 5–10″) Sekunden geätzt, auf h v 0 war noch nichts zu sehen, dagegen bedeckte sich 0′mit sehr kleinen Ätzfiguren

IX. Spaltstück von Pico

In HNO_3 + H_2O 2 Minuten geätzt

Blatt 36 weist eine für die Versuchsreihen wichtige Notiz auf:

Bei der vorigen Versuchsreihe stand die Lampe auf dem Kasten. Das Mikroskop ziemlich steil die Flamme mit der Breitseite. Bei der Versuchsreihe II [auf der nächsten Seite] wurde zunächst die Flamme mit der Schneide gegen das Goniometer gestellt.

Hier zeigt sich wieder Beckes Verhalten, experimentell die in der Forscherwelt gängigen Annahmen zu verändern, das heißt, in der Betrachtung eine neue Sichtweise einzuführen.

In der Publikation werden Fakten angeführt, die im Notizbuch nicht erwähnenswert schienen, aber zum besseren Verständnis in die Veröffentlichung Eingang finden. So beschreibt Becke akribisch genau die Messvorgänge und die Einstellung des Messgerätes. Für die Messungen steht Becke ein Goniometer der renommierten Firma Fuess (siehe Anmerkung 98) zur Verfügung. Eine Petroleumlampe stellt Becke in »einiger« Entfernung (im Notizbuch steht sie auf dem Kasten!) auf, sie dient als Lichtquelle, dessen Signal durch eine Öffnung mit 4 mm Durchmesser auf das zu messende Objekt gesendet wurde. Die Messungen beobachtet Becke mit freiem Auge.

Die exacteste Methode ist die goniometrische, wobei die Reflexe der Lichtfigur der Messung unterzogen werden. […] Die Forscher, die sich bisher mit der Bestimmung Lage von Ätzflächen beschäftigt haben, [Sadebeck usw.] verwendeten stets Schimmermessungen unter Benützung einer nahe vor dem Goniometer stehenden Lampe. Die Lichtfigur wurde immer nur bezüglich ihrer Symmetrie berücksichtigt.[190]

In weiterer Folge beschreibt er die zu beachtenden Einstellungen − Justierungen − am Goniometer in Verbindung mit dem Mikroskop.[191] Hier ist be-

---

190 BECKE, Zinkblende (Anm. 165), S. 470.
191 Hans ROSENBUSCH & Ernst Anton WÜLFING, Mikroskopische Physiographie der petrographisch wichtigen Mineralien. 4. Auflage. 1. Hälfte: Allgemeiner Teil (Stuttgart 1904):

sonders die geniale Idee der Versuchsanordnung Beckes zu erkennen, indem er zwei Messinstrumente miteinander verbindet, um den Messvorgang exakt beobachten zu können.

Die Platte muss genau der Ebene der Drehung parallel sein. Dieses wurde bei der Dodekaederfläche auf folgende Weise leicht erreicht. Die Oberfläche wurde an einer Stelle abgespalten und so eine spiegelnde Stelle erzeugt. Die Platte wurde dann auf den Justierapparat eines Goniometers gebracht und mit diesem auf den Objekttisch des Mikroskopes gesetzt. Das Bild einer entfernten Flamme wurde mit der spiegelnden Stelle der Platte beobachtet und die Justierung so lange geändert, bis das Bild bei einer Umdrehung des Objekttisches keine Verrückung erfuhr. War dies erreicht, so war die Platte der Drehungsebene erreicht.[192]

Die Messungen mit dem Goniometer finden immer im Dunkeln statt. Die Zeichnung der beobachteten Lichtfiguren ist auf dem Blatt 39 linke Seite abgebildet. Ebenso ist sehr skizzenhaft die Abdeckung mit schwarzem Papier (*Sch / Sch*) bei der Beobachtung auf der rechten Seite angeführt.

Pico 5 zeigt auf den 3 Dodekaederflächen folgende Lichtfiguren: Die breiten Schimmer fallen also nicht zusammen und gehören nicht den Flächen 211 selbst an. Letztere bilden die scharfen Reflexe. Versuchsreihe III. Die Anordnung geschah folgender massen

Daran schließt eine Skizze des Kristalls auf der Goniometerplatte und der Papierabdeckung und Angabe der Daten der eingemessenen Punkte. Die Lichtfigur erhält in der Publikation Figur Nr. 9 auf Tafel VII die exakte Wiedergabe des beobachteten Bildes.

Zur genaueren Positionierung der gemessenen Stelle skizziert Becke die Punkte in einer stereographischen Projektion. Anschließend beschreibt Becke den Messvorgang und notiert die Daten der beobachteten Reflexe auf den Blättern 82 und 83. Diese bilden die Vorlage für die Abbildungen Nr. 15 und Nr. 25 der Tafel VIII in der Publikation über die Ätzfiguren an der Zinkblende.

3. März Kapnik III wurde weiter geätzt in energischer Weise circa 10 Min. in HCl.

Es wurden folgende Versuche gemacht. Beim Visiren [sic!] *auf die Kante zwischen -0 und d sieht man beide Flächen gleichzeitig glänzen und bemerkt bei Einstellung des Auges für // Stralen* [sic!] *einen hellen Fleck von länglicher Gestalt. Bei Annahme der durch die Projection gegebenen Stellung hat er folgende Gestalt: Beim Zudecken der -0 Fläche mit einem Blatt Kartenpapier wurde die Gestalt nicht geändert, nur wurde der Glanz mit der mit n bezeichneten Partie schwächer. Einzelne helle Punkte in der seitlichen geraden Linie rührten her von*

Auf der Seite 125 wird die Verbindung beider Geräte, Goniometer und Mikroskop genauestens erörtert und graphisch abgebildet. Diese graphische Darstellung wird in dieser Arbeit auf Seite 125, Abbildung 9 und 10 wiedergegeben.

192 BECKE, Zinkblende (Anm. 165), S. 472.

geätzten Kanten. Überhaupt wird die Ätzung u. die Lichtfigur am häufigsten durch einzelne Reflexe gestört, welche von Ätzflächen herrühren, die nicht den Ätzhügeln der geätzten Fläche angehören sondern an den etwa vorhandenen Kanten, Ecken Rissen zur Entstehung gelangen. Durch die bestimmte Begrenzung sind derlei Ätzflächen Reflexe von den verschwommenen Reflexen der Lichtfigur leicht zu unterscheiden

Die Notiz »Einstellung des Auges für // Strahlen« gibt Aufschluss über die Beobachtungsmethode mit dem Goniometer, dessen Messung immer in Verbindung mit einem Fixpunkt – ein Punkt im Raum, oder hier parallel der Strahlung – erfolgt. Becke selbst nimmt durch die besondere Einstellung des Auges zum Gerät Einfluss auf das zu Beobachtende und erzielt damit neue und auch gültige Bestätigungen seiner anfangs erwähnten Theorie. Er ist somit nicht nur Beobachter, sondern auch …

… Urheber des Meßdatums [und] *Ursprung der im Akt der Messung miteinander verglichenen Größen.*[193]

Mit einem schwarzen Blatt Papier wird eine Hälfte des einfallenden Lichtstrahles abgedeckt.

Aus der oben beschriebenen Vorgangsweise können wir eine intensive Verbindung von Sinnesorgan – Christoph Hoffmann nennt es Sinnesapparat[194] – mit dem Messinstrument erkennen.[195] Gleichzeitig kann, wie hier gut dokumentiert ist, die Sinneswahrnehmung durch das Messinstrument eine Erweiterung erfahren.

Die aus den Versuchen gewonnenen kristallographischen Erkenntnisse gehen folgendermaßen in die Publikation ein. Die exakten Lichtfiguren auf den Ätzflächen und deren Lage lassen einen eindeutigen Zusammenhang zur Symmetrie des Kristalls zu.

Alle Forscher sind darüber einig, dass die Aetzflächen dem Symmetriegesetz gehorchen, und dass sie in krystallonomisch bestimmten Zonen liegen […] *Die sprungweise erfolgende Änderung der Lage der Aetzflächen an verschiedenen Stellen derselben Ätzfigur entspricht dem discontinuirlichen Aufbau der Krystallmasse aus discreten Particeln, d. h. dem Parametergesetz.*[196]

Das Symmetriegesetz firmiert auch unter dem Namen Parametergesetz und

---

193 Christoph HOFFMAN, Unter Beobachtung. Naturforschung in der Zeit der Sinnesapparate. (Göttingen 2006, S. 30). Hoffmann beschreibt den Messvorgang mit dem Apparat folgendermaßen: *Die Arbeit des Beobachters zerfällt dabei in zwei Schritte. Zunächst ist das Instrument* […] *auf das zu messende Objekt einzustellen, dann ist der Meßwert selbst zu ermitteln.*

194 HOFFMANN, Sinnesapparate (Anm. 193).

195 LEINFELLNER, Wissenschaftliche Theorien (Anm. 182, S. 48). Leinfellner bezeichnet die Sinnesorgane als die Verlängerung der Messsysteme, sie bilden eine ordnende Beziehung zwischen Theorie und Gehirn und haben eine kognitive semantische Bedeutung.

196 BECKE, Zinkblende (Anm. 165), S. 495.

weist statistische Gesetzmäßigkeiten auf, die im Anfangskapitel (Grundlagen der Mineralogie) bereits behandelt worden sind.[197]

Im kristallographischen Teil seiner Publikation fasst Becke die Beobachtungen an Zinkblenden verschiedener Herkunft abschließend zusammen. Hier findet erstmalig die Definition der beiden neuen Termini Ätzgrübchen und Ätzhügel, und auch die Lage der Ätzflächen, statt.

Die Aetzfiguren sind vertiefte Aetzgrübchen auf dem positiven Tetraeder und dem Würfel, erhabene Aetzhügel auf dem negativen Tetraeder und dem Dodekaeder [...]. Diese Aetzgrübchen und Aetzhügel sind von ebenen Flächen, den Aetzflächen begrenzt [...]. Hauptätzflächen sind die positiven Triakistetraeder [...] Alle Aetzflächen liegen im positiven Oktanten oder doch seiner Grenze sehr nahe. [...] Die Lage der Aetzflächen hängt in bestimmter Weise von dem Eisengehalt der Blende, von der Concentration der Säure und der Dauer der Einwirkung, endlich vom Parametergesetz ab. Der Gegensatz des inneren Baues zwischen positiven und negativen Oktanten spricht sich deutlich in der Ausbildung, namentlich in der tektonischen Beschaffenheit der Krystalle aus.[198]

Im anschließenden Notizbuch Nr. 7 (= Beobachtungsbuch Nr. 8, 1883) führt Becke seine Experimente fort mit Zinkblenden von verschiedenen Orten – Schemnitz (Banská Štiavnica, Slowakei), Kapnik (Rumänien), Binnenthal (Schweiz), Alston Moor Cumberland (England), Příbram (Tschechien), Neudorf im Harz, Pico de Europa (Spanien)[199], Schlackenwald (Horní Slavkov, Tschechien), Rodna (Rumänien) – die ihm von bekannten Mineralogen zur Verfügung gestellt werden.

Das Kristallstück des Fundortes Schemnitz wird zunächst gezeichnet und mit den Flächen benannt, wobei die Flächen h und d hervorgehoben werden, da sie einerseits eine Zwillingsnaht zeigen, aber auch eine kleine Fläche, der Form nach Tetrakishexaeder genannt, aufweisen. Die aufwendige und lange Ätzdauer lohnt sich mit einem »prachtvollen Lichtbild«.

Die Aufzeichnungen auf dem Blatt 4 dokumentieren die Vorgangsweise der Messung. Im ersten Schritt werden die Flächen am Kristallstück benannt, dann mit dem Goniometer gemessen und abschließend die beobachteten Ätzfiguren gezeichnet. Aus den gemessenen Daten, dem oftmaligen Wiederholen einer

---

197 LEINFELLNER, Wissenschaftliche Theorien (Anm. 182, S. 164). Leinfellner deutet aus seiner physikalisch-philosophischen Betrachtungsweise die Gesetzmäßigkeiten folgendermaßen: *Der Bereich von Gesetzen kann ein statistisch erfasster Grundbereich mit oder ohne Unbestimmbarkeitsbereiche sein, so daß die Gesetze Beziehungen zwischen statistisch erfaßten Grundgesamtheiten aufstellen. [...] Statistische Gesetze sind demnach Gesetze, die sich auf Gruppen von Ereignissen, nicht auf einzelne Ereignisse beziehen.*

198 BECKE, Zinkblende (Anm. 165), S. 524.

199 *PICO DE EUROPA* = Picos de Europa, ein Massiv im Kantabrischen Gebirge Nordspaniens in der autonomen Grafschaft Asturien.

bestimmten Messeinstellung, wird dann der arithmetische Mittelwert errechnet. Die Messung ist immer ein Prozess zwischen beobachtetem und beobachtendem System, bei dem der Beobachter das Resultat des Prozesses an einer Skala eines Messgerätes – des Goniometers – abliest.[200]

Der nächste Schritt im Beobachtungsbuch zeigt uns die Vorgangsweise mit dem Lösungsmittel. Blatt 13 berichtet von der Herstellung vier verschiedener Säurekonzentrationen bei einer Temperatur von 110°:

I Reine HCl   II 70 % HCl   III 50 % HCl   IV 40 % HCl

Die Blätter 15 bis 21 enthalten Messungen mit der Säure IV (40 % HCl) bei einer Temperatur von 110 °C.

Von Blatt 15 bis Blatt 70 werden Kristallmessreihen mit den Nummern 21–55 und unterschiedlichen Säurekonzentrationen aufgelistet. Die Blätter 21–29 weisen Säure- und Temperaturangaben mit der Ätzdauer auf, aber keine Angabe eines Minerals, nur 2–3 Winkel und die Notiz »brauchbar oder nicht brauchbar«.

Die ersten Messungen der Flächen am Mineral des Fundortes Pico de Europa mit den Nummern Nr. 21b–28 auf den Blättern 20–25 führen zunächst zu einem entmutigenden ersten Resultat, wie auf Blatt 20 unten notiert ist: »ist nicht zu brauchen!« Daran schließt die nochmalige und erfolgreiche Messreihe. In der Folge werden die Blende von Pico von vorne, von hinten, als kleines, als großes Stück gemessen, 5 Messwerte und der errechnete Durchschnitt auf kariertem Papier in Tabellen aufgeschrieben. Die beobachteten Messungen dokumentiert Becke zum Teil mit Bemerkungen, wie »nicht zu gebrauchen oder Wiederholung oder Beste Beobachtung!« Blatt 37 weist folgende Notiz auf:

Die Ätzung bei S III ist ungemein deutlich und scharf, dürfte jedenfalls zur Goniometer Messung geeignet sein.

Eine interessante Beobachtung der chemischen Reaktionen notiert Becke über das Kochen der Minerale im Säurebad auf Blatt 40, wobei zu bemerken ist, dass er damit ein konstantes Sieden meint:

Krystalle von Schemnitz, Binnenthal, Neudorf wurden je 10 Min in einer appir Säure III ähnlichen Säure geätzt. Auf die Concentration der Säure ist nicht viel zu geben, da bei dem langen Kochen ohnedies immer dieselbe Säure entsteht.

Becke beobachtet, dass auch die chemische Zusammensetzung die Ätzung beeinflusst. Der Eisengehalt eines Minerals hat einen Einfluss auf die Farbe beim Ätzen, die er in weiterer Folge – Blatt 42 – in einer Tabelle mit den verschiedenen Mineralen zusammenstellt. Je geringer der Eisengehalt umso heller ist die Farbe der Blende und die Hauptätzflächen liegen näher der Ätzzone des positiven

---

200 LEINFELLNER, Wissenschaftliche Theorien. (Anm. 182, S. 55) definiert den Messprozess mit physikalischen Größen folgendermaßen: *Das Resultat der Messung mit dem Apparat (Ap) zur Zeit (t) am physikalischen System (S) ergibt das Skalenintervall I_A, dem die Größe A gleich oder in dem sie eingeschlossen ist.*

Tetraeders. Die eisenarmen Blenden sind durch die Säure schwerer angreifbar und erfordern eine längere Einwirkung der Säure.

Blende-Einfluss des Eisengehaltes auf die Lage der Ätzflächen auf -0/2

Probe	Nr	Winkel 0	Winkel h	Farbe
Schemnitz	43	20.4	99.6	hellgelb
Binnenthal	46	25.7	94.3	dunkelgelb
Neudorf	44	31.4	88.6	rothbraun
Kapnik	III	47.6	72.4	dunkelbraun
Rodna	XV	60.0	60.6	schwarz

Eine Notiz auf Blatt 46 berichtet uns von den Mineralwünschen Beckes für seine weiteren Untersuchungen:

Erwünscht wäre Blende von Freiberg, Hunding Niederbayern, Bottino [Toskana], Ain Barbar [Algerien], Cornwall St. Agnes.

Ein Wunsch, die Stufe von Cornwall, geht für die vorgesehenen Messreihen in Erfüllung!

Im zweiten Teil der Publikation, genannt »Krystallographisches«, vergleicht Becke seine Beobachtungen an Zinkblenden unterschiedlicher Herkunft. In einer übersichtlichen Tabelle führt er die beobachteten Formen der Blenden an, es sind dies Zinkblenden von Kapnik (Rumänien), Neudorf im Harz (Deutschland), Binnenthal (Schweiz), Oberlahnstein (Deutschland), Alston Moor (England), Příbram (Tschechien), St. Agnes in Cornwall (England), Holzappel (Deutschland), Offenbanya (Ungarn), Schemnitz (Slowakei).

Abschließend fasst Becke die gewonnenen Erkenntnisse in einem kurzen Überblick nochmals zusammen, die Lage der Ätzfiguren, der Äzflächen, deren Beziehung zum Kristallbau und der Einfluss der Spurenelemente auf den Ätzvorgang.

In der graphischen Darstellung der Ätzfiguren der Publikation auf Tafel VII werden die unterschiedlichen Figuren wiedergegeben. Die Lage und Form der Figuren sind zweidimensional gezeichnet. Daran schließen die Graphiken der verschiedenen Blenden, die beobachteten Lichtfiguren und eine stereographische Projektion, das alles geschieht ohne exakte Angabe einer bestimmten Größe. Von Bedeutung ist die beobachtete Form, die unabhängig von ihrer wahren Größe abgebildet ist. Dasselbe ist zu beobachten bei der Angabe von Flächen, die in ihren relativen Zahlen und nur in ihren Lagen im Raum angegeben sind. Die Morphologie bezieht sich auf die Orientierung der Flächen und nicht auf die Größe, diese ist je nach Fundort und der dort herrschenden Bildungsbedingungen immer verschieden, hat aber keinen Einfluss auf die Struktur des Minerals. Figur 1, 2 und 3 zeigen uns die Graphiken in der gebräuchlichen zweidimensionalen Form. An den Ätzfiguren der Figuren 4–6 sind die Plastizität und die Richtung der Figuren durch schwarz-weiße Schraffierung deutlich hervorgehoben.

In der stereographischen Projektion (Figur 15) sind deutlich die Haupt- und Nebenätzflächen zu erkennen, wobei die Hauptätzflächen durch stärkere Linienführung hervorgehoben sind. Die Hauptätzflächen sind jene Flächen, die im positiven Oktanten liegen und als positive Triakisoktaeder bezeichnet werden. In der großen stereographischen Projektion (Fig. 25, Tafel VIII) fügt Becke alle gemessenen Daten der Zinkblendenkristalle zusammen, um so eine Gesamtschau seiner Experimente zu dokumentieren.

Resümee
Nach anfänglichen Zufällen stellt Becke eine geordnete Abfolge der Mineralproben auf, die er nummeriert, so kann er jederzeit darauf zurückgreifen, wenn eine neue Idee oder eine neue Betrachtungsweise oder auch eine neue Frage mit ein- und demselben Kristallstück verfolgt werden soll. Damit kann er ein Stück mehrmals im Säurebad betrachten und dabei seine Wahrnehmungen notieren, wie Dauer, Temperatur und Säuregehalt. Die Beobachtungen an der Zinkblende lehren Becke, einen Plan aufzustellen, Vergleiche anzustellen und Zusammenhänge zu finden. Die einzelnen Schritte hält er fest mit Graphiken und Erörterungen. Durch Veränderungen der Lichtverhältnisse in der Beobachtung mit dem technischen Gerät gelangt er zu neuen und in der Forschung einzigartigen Ergebnissen.

Die Publikation ist eine groß angelegte und objektive Dokumentation mit allen Anforderungen eines wissenschaftlichen Experimentes über die Epistemologie der Ätzfiguren im Zusammenhang mit dem theoretischen Nachweis der Symmetrie des Minerals Zinkblende. Becke führt die Nachweise über das Parametergesetz an, erklärt eindeutig die Lage der einzelnen Ätzflächen und benennt das Auftreten der Ätzfiguren mit den beiden termini Ätzhügel und Ätzgrübchen, die in die wissenschaftliche Diskussion Eingang gefunden haben. Ebenso weist Becke auf eventuelle Fehlerquellen hin, die bei nicht exaktem Beobachten entstehen können und korrigiert bereits publizierte Fehler mit einfachen, aber nachweislich exakten Forschungsergebnissen. Aus den eigenen Erfahrungen, die er in den Notizbüchern akribisch festgehalten hat, die seine Erfolge, aber auch Mißerfolge dokumentieren, kann er damit auf Probleme in der Beobachtung hinweisen, wie zum Beispiel die exakte Orientierung der einzelnen Flächen. Oder auch der Einfluss des Eisengehaltes auf die einzelnen Messdaten.

Paul Groth resümiert über den Zusammenhang der Lichtfigur mit der Symmetrie der Kristalle folgendermaßen:

Ein [...] Hülfsmittel zur Erkennung der Symmetrie der auf einer Fläche entstandenen mikroskopischen Vertiefungen bietet die sogenannte »Lichtfigur«

derselben, d.h. die durch Beugung (Diffraction) des Lichtes erzeugte Verzerrung
des refelctierten Bildes einer entfernten kleinen Lichtquelle, da die Art dieser
Verzerrung, welche jede mit regelmäßig gestalteten Unebenheiten versehenen
Fläche bewirkt, von der Gestalt dieser Unebenheiten abhängt.[201]

6.2.2 Ätzversuche am Mineral Bleiglanz

a)   Das Mineral Bleiglanz in der kristallographischen und mineralogischen
*   Beschreibung.*
Im Lehrbuch der Mineralogie von Gustav Tschermak zählt das Mineral Bleiglanz
(Galenit) zur II. Klasse der Lamprite in der 2. Ordnung der Glanze (Galenoide).

Die tesserale Spaltbarkeit ist so vollkommen, daß sie bei jeder Art von Tren-
nung auftritt und der Bruch nie zum Vorschein kommt [...] der chem. Zus. PbS
entsprechen 85.6 Blei und 13.4 Schwefel, doch sind oft kleine Mengen von Eisen,
Zink, Antimon und zuweilen auch Selen beigemischt.[202]

Silber tritt als Begleitelement in geringen Mengen hinzu. Der Formenreich-
tum des Bleiglanzes umfasst Kristalle mit Würfel- und Oktaederflächen, aber
auch Triakisoktaeder, Ikositetraeder und Hexakisoktaeder. Sehr häufig sind
auch Zwillingsbildungen. Heute wird das Mineral Bleiglanz (Galenit) den metallischen Sulfiden zugeordnet, wobei das Verhältnis Metall zu Sulfid 1:1 beträgt.
Die moderne Definition der Kristallklasse lautet: 4/m-32/m.

In der nachfolgenden Abbildung aus dem Lehrbuch von Siegfried Matthes
sind die einzelnen Flächen in ihrer Orientierung benannt, ebenso ist die Position
der Zn und S Punkte im Kristallraum wieder gegeben.

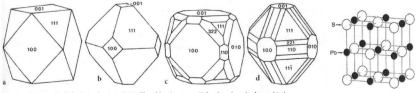

Abb. 14 a–d. Galenit, verbreitete Kristallkombinationen; a Kubooktaeder; b–d verschiedene
Kombinationen

Abbildung 6: Kristallformen des Minerals Bleiglanz Abb. 14 a–d, und das Kristallgitter. Matthes:
Mineralogie S. 35[203]

201 Paul GROTH, Physikalische Krystallographie und Einleitung in die kristallographische
    Kenntnis der wichtigsten Substanzen. 3. Auflage (Leipzig 1895), S. 238–239.
202 TSCHERMAK, Lehrbuch (Anm. 173), S. 411.
203 MATTHES, Mineralogie (Anm. 174), S. 35.

Bleiglanz ist ein weit verbreitetes Mineral und kommt hauptsächlich in Gängen in Verbindung mit Zinkblende, Quarz, Karbonaten und Baryt vor. Zu Beckes Zeit sind folgende Fundorte bekannt: Rodna in Siebenbürgen, Kapnik in Rumänien, Linares in Spanien, Freiberg in Sachsen, Andreasberg am Harz, Přibram in Böhmen, Tunaberg in Schweden, Brilon und Iserlohn in Westfalen, Alpucharras in der Sierra Nevada in Spanien, Bleiberg und Raibl in Kärnten, Monte Poni auf Sardinien, Derbyshire und Cumberland in England und in den Vereinigten Staaten in Missouri, Illinoi, Iowa und Wisconsin.

Unter den Notizen Beckes findet sich auch das Mineral Steinmannit, das im Lehrbuch der Mineralogie als »nicht verschieden vom Bleiglanz« beschrieben wird; es enthält das Spurenelement Antimon.

b)   Ausgangslage

Über Beobachtungen von Ätzfiguren am Mineral Pyrit gibt es keine vergleichbaren Publikationen, Beckes Untersuchungen sind einzigartig, wiewohl sie wieder ein Beispiel seiner Untersuchungen zur Theorie der inneren Struktur geben. Die Notizen seiner Beobachtungen sind unvollständig, da das Beobachtungsbuch Nr. 9 (1883–1884) fehlt. Deshalb kann hier kein lückenloser Vergleich zwischen Publikation und Notizbuch erfolgen. Jedoch sind die einzelnen experimentellen Schritte in der Veröffentlichung sehr gut wiedergegeben und werden hier zu den Erörterungen herangezogen.

c)   Die Dokumentation der Experimente am Mineral Bleiglanz in den Notizbüchern in der Gegenüberstellung zur Publikation

Becke beginnt mit einer neuen Versuchsreihe an einem neuen Mineral, Bleiglanz, und trägt seine ersten Notizen am 5.12.1883 in das Notizbuch Nr. 7 (= Beobachtungsbuch Nr. 8, 1883) auf den Blättern 77–131 ein. Die ersten Beobachtungen werden mit Tinte aufgeschrieben. Becke stellt Bleiglanzkristallblättchen, versehen mit den Nr. 1–57, her. Er skizziert deren Flächen und benennt diese mit Ziffern, notiert die Säureeinwirkung sowie die Säurekonzentrationen, und macht Notizen über die beobachteten Reflexe. Zu beachten ist, dass bei dieser Messreihe zunächst keine Fundorte des Minerals angegeben sind. Für Becke stehen im Vordergrund der Ätzvorgang und die daraus resultierenden Beobachtungen der Figuren und der Reflexe mit dem Goniometer.

Die ersten aufwendigen Messreihen stellen sich im Nachhinein als fehlerhaft dar, dies dokumentiert eine Notiz des Blattes 86:

Diese Messung scheint recht miserabel zu sein, zu keiner Berechnung zu gebrauchen! Wie sich bei der nachherigen Prüfung herausstellte, war auch das Plättchen nicht parallel. Wiederholung ist nöthig.

Auf den folgenden Seiten stehen dann die richtigen Messdaten mit einem planparallelen Kristallplättchen. Weitere Messungen an Bleikristallen erhalten die Nummer 58–69. Diese Nummerierung ist von Bedeutung, denn Becke kann die einzelnen Daten der Nummern nochmals überprüfen und an den Nummernstücken neue Untersuchungen anstellen oder Vergleiche ziehen.

In der Einleitung der Publikation »Ätzversuche an Bleiglanz« aus dem Jahr 1885 (siehe Anmerkung 207) stellt Becke fest, dass die erkenntnisreichen Vorgänge an der Zinkblende als Fortsetzung der Ätzversuche am Bleiglanz zu sehen sind und der Zusammenhang zwischen Ätzflächen und Spaltflächen weiter zu prüfen ist. Bleiglanz kommt in der Natur als Paragenese mit Zinkblende häufig vor, besitzt eine »tesserale«[204] Spaltbarkeit und ist ebenso wie Zinkblende mit Salzsäure angreifbar. Becke wählt für seine Versuchsreihe sehr gut ausgebildete Kristalle mit ebener Kristallfläche von den Fundorten Příbram (Tschechische Republik), Freiberg (Deutschland), Felsöbanya (Ungarn) und Neudorf (Deutschland). Hier stellt er fest, dass beim Ätzvorgang in der Art und Weise wie bei der Zinkblende – Ätzung mit heißer konzentrierter Salzsäure – eine neue chemische Verbindung entstanden ist: Chlorblei. Im Lehrbuch der Mineralogie findet sich folgender Eintrag zum Mineral Chlorblei:

Cotunnit (Chlorblei), $PbCl_2$, in kleinen, weißen oder gelblichen, rhombischen Kristallen.[205]

Becke bezeichnet die entstandenen Erscheinungen – Leisten – nicht als echte Ätzfiguren. Aber zwischen den Leisten findet er neue »Muster«. In einem Gelatineabdruck kann er die sehr kleinen »erhabenen Pyramiden« als Ätzfiguren mit dem Mikroskop sichtbar machen. Das zeigt uns wieder, dass das Instrument ein Werkzeug ist, das nicht nur ein Hilfsmittel der Sinne, sondern auch das Wissen und Können des Forschers reflektiert.[206] Aus den Gelatineabgüssen erkennbar, differenziert Becke die beiden Minerale Bleiglanz und Chlorblei mit den gesuchten Ätzfiguren, deren Größe er auf Blatt 107 berechnet.

Bei der Herstellung eines Gelatineabdruckes von Nr 35 wurde folgende Erfahrung gemacht: die geätzte Oberfläche haftet sehr fest an der Gelatinehaut, so dass auf weite Strecken die Oberfläche mitgerissen wurde und eine glänzende Spaltfläche zurück blieb. Wo »Aetzknoten« waren wurde häufig die Spitze längs einer Spaltfläche abgehoben. Dieselben bestehen also aus Bleiglanz nicht aus Chlorblei. Zwischen den Aetzfiguren finden sich mit sehr kleinen Aetzfiguren bedeckte Stellen. Sehr häufig sind sie so gedrängt, dass die Gestalt der einzelnen nicht erkannt werden kann.

An wenigen Stellen finden sie sich isoliert hier zeigt sich deutlich folgende Form:

---

204 *TESSERALE* Minerale besitzen die höchste Struktur, heute wird dafür der Terminus »kubisches System« verwendet.
205 TSCHERMAK, Lehrbuch (Anm. 173), S. 632.
206 Siehe: HOFFMANN, Sinnesapparate (Anm. 193), S. 43 ff.

Grösse 0.2 mm bei VII o   = $\dfrac{0.2 \times 0.03}{0.006}$ =   *0.006 mm*

Wie die persönliche Notiz auf Blatt 107 linke Seite: *Ein Gelatineabdruck zeigt gar nichts!* aufweist, sind die gesuchten Ätzfiguren im kalten Säurebad besser ausgebildet als in heißer Säure. Becke erkennt aus den vielen Versuchen, dass die chemische Reaktion in kalter konzentrierter Salzsäure zu sichtbaren Erfolgen führt und legt im Folgenden eine umfangreiche Messreihe an. Bei Einwirkung von kalter konzentrierter Salzsäure entsteht ebenfalls Chlorblei, aber bei länger einwirkender Ätzung werden die Chlorbleikriställchen in der Ätzlösung wieder aufgelöst. Aus dieser Beobachtung zieht Becke in der Publikation folgenden Schluss:

Die Chlorbleikrystalle scheiden sich aus der den Bleiglanz zunächst umgebenden Flüssigkeitsschichte aus. Diese verliert durch Diffusion Chlorblei an die weitere Umgebung, während ihr fortwährend neues Material durch die Lösung des Bleiglanz [sic!] zugeführt wird. Übertrifft die Zufuhr den Verlust, so muss bald der Sättigungspunkt überschritten werden und Chlorbleikrystalle werden anschießen. Überwiegt der Verlust oder wird die Zufuhr geringer, so werden die ausgeschiedenen wieder gelöst.[207]

Hier ergänzt Becke jene Schritte, die im Notizbuch nicht dokumentiert werden. Um die Bildung von Chlorbleikristallen zu verringern, *wurde der Krystall in einem Körbchen von Platindraht nahe der Oberfläche der Flüssigkeit eingehängt. Die entstehende Chlorbleilösung sinkt dann in manchmal gut sichtbaren Lösungen zu Boden.*[208]

Auf dem Blatt 108 notiert Becke seine Versuchsanofdnung mit folgenden Worten:

36. Messung des Reflexes der Aetzfiguren nach dem die Chlorbleikryst. sorgfältig abgewaschen waren. Da die Aetzfig. sparsam u. sehr klein waren wurde nur ein sehr unsicherer Schimmer bemerkt.

37. Bleiglanz v. Pribram Krystall h – 0 I wurde etwa $\frac{1}{4}$ Stunde in mässig concentr. Säure ~~durch~~ geätzt. Die Oberflächen waren mit sehr kleinen Aetzfiguren bedeckt, welche jedesmal glänzen, wenn das Licht von der Dodekaederseite einfällt sind also von Triakisoktaedern begränzt [sic!] und zwar wie es scheint von solchen, welche der Oktaeder nahe stehen. Ein Gelatineabdruck zeigte gar nichts. Wurde später in sehr verdünnter Säure gekocht, zeigte auf 0 nichts, auf h den gewöhnlichen 0-Schimmer.

Ein Krystall wie der vorige. I wurde über Nacht in Säure gelegt, früh sorgfältig durch auskochen von Chlorblei gereinigt zeigte auf einer O fläche dicht gedrängte

---

207 Friedrich BECKE, Aetzversuche an Bleiglanz. In: Tschermaks Mineralogische und Petrographische Mitteilungen 6 (Wien 1885), S. 241.
208 BECKE, Bleiglanz (Anm. 207), S. 246.

aber deutliche dreiseitige Aetzfiguren mit vertieften Pyramiden und folgender Orientierung.

Und ein deutliches Lichtbild Grösse der Aetzfiguren 0.02

Messung zu 2 Würfelflächen, welche angespalten wurden.

Diese Erkenntnisse führen ihn zum Wissen über die Gesetzmäßgkeiten der parallelen Verwachsung von Bleiglanz und Chlorbleiglanz, die vor allem in heißer Säure mit langer Einwirkungsdauer entstehen. Aber auch die Erkenntnisse über die Entstehung und Verbindung zu Bleiglanz können wir auf einigen Seiten im Notizbuch nachverfolgen. So hält Becke seine Beobachtungen im Notizbuch Nr. 7 auf den Blättern 90 und 93 mit folgenden Worten fest:

21. Spaltstück wurde in einer Flüssigkeit geätzt, welche Salzsäure: Chlorblei enthielt. Die Lösung war gesättigt mit Chlorblei, da letzteres im Überschuss vorhanden war. Die Lösung enthielt circa die Hälfte Salzsäure, die aber durch die Zersetzung des Bleiglanz [sic!] stark abgestumpft war circa $\frac{1}{2} - \frac{1}{4}$ mochte darin sein. Die Ätzung war nach 3 Minuten deutlich aber schwach. Die Leisten waren <u>nicht</u> deutlicher als ohne Anwendung von Chlorblei, eher schwächer punktförmige Vertiefungen vorzuherrschen. Nach weiteren cirka 3 Minuten war die Aetzung sehr schön mit deutlichen Leisten. Nach weiterer Aetzung erschien das Spaltstück glatt ohne deutliche Linien. Nach der 2. Aetzung konnte gut constatiert werden, dass die z Reflexe von den Leisten herrühren.

Der nächste Abschnitt der Veröffentlichung befasst sich mit den »wirklichen« Ätzfiguren, die er in den Zwischenräumen der Leisten entdeckte.

Die Ätzfiguren stehen ungemein dicht. Sie haben die Gestalt von erhabenen Pyramiden, die Polkanten verlaufen wie die Kanten der Oktaeder, d. i. in der Daraufsicht [sic!] parallel den Würfelkanten[209].

Die Beschreibungen der Ätzfiguren auf den Flächen des Kristalls lautet folgender maßen: Auf der Oktaederfläche entstehen dreiseitige Ätzfiguren mit vertieften Pyramiden und mit Ätzgruben.

Durch das reihenweise Auftreten [bei stärkerer Ätzung] *entsteht für das freie Auge der Eindruck einer triangulären Streifung. Die auftretende Lichtfigur ist ein dreistrahliger Stern. Die Messungen sind* [...] *in Folge der Verschwommenheit der Lichtbilder sehr mühsam, anstrengend und haben keinen Anspruch auf Genauigkeit.[210]*

Die Lichtfigur des dreistrahligen Sterns ist im Notizbuch Nr. 7 auf Blatt 115 festgehalten und deren Lage mit dem Goniometer eingemessen. Und wiederum zeigt sich erneut, wie Becke seine hervorragende Beobachtungsgabe auf Papier mit Bleistift festgehalten wird.

---

209 BECKE, Bleiglanz (Anm. 207), S. 243.
210 BECKE, Bleiglanz (Anm. 207), S. 246–247.

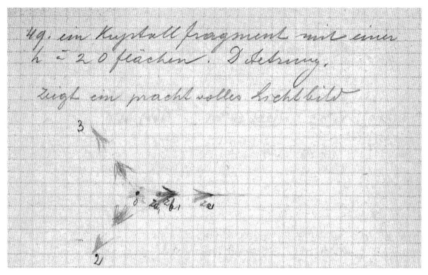

Abbildung 7: Bleiglanz. Notizbuch Nr. 7 (1883), Blatt 115. Blattgröße: 20,5x12,5 cm

49. ein Krystallfragment mit einer h u. 2 0 flächen. D Aetzung zeigt ein pracht-
volles Lichtbild.

Eine neue Art der Beobachtung an Kristallflächen führt Becke an: nur eine
Fläche wird für die Messung freigehalten, die anderen Flächen werden mit
schwarzem, glanzlosem Papier abgedeckt. Diese Vorgangsweise wendet Becke
schon bei den Beobachtungen an der Zinkblende mit einer sehr schematischen
Zeichnung im Notizbuch Nr. 7 auf Blatt 39 an. Obwohl der Messvorgang das
subjektive Element ausschaltet und der Beobachter in der Messung einen pas-
siven Teil einnimmt, verändert Becke aktiv und subjektiv die Versuchsanordnung und nimmt damit Einfluss auf die Messung. Aber die neuen Anordnungen
gehorchen den von der Wissenschaft geforderten Ansprüchen, als die Vorgänge
immer wiederholt und die Messungen als formalisierte Basissprache mit einem
Messaussagekalkül angesehen werden können.

Becke beobachtet und dokumentiert Ätzfiguren an Oktaeder-; Würfel- und
Dodekaederflächen des Kristalls. Die Ätzfiguren auf der <u>Oktaederfläche</u> sind
dreiseitige vertiefte Pyramiden, die in 12–15prozentiger Säure 3–4 Stunden
geätzt werden. Das Lichtbild ist ein dreistrahliger Stern. Eine weitere Beobachtung zeigt, dass beim Zusammenfall von zwei Ätzflächen benachbarter
Oktaederflächen diese den Flächen des Dodekaeders entsprechen und daher als
Dodekaeder-Ätzung benannt werden. Auf der <u>Würfelfläche</u> beobachtet Becke
die Ätzfiguren unter einem ganz bestimmten Lichteinfall.

Betrachtet man die geätzte Fläche unter dem Mikroskop und sorgt dafür, dass
das Licht horizontal auf dieselbe fällt, so kann man in vielen Fällen die Ursache

des Schimmers direct beobachten. Die ganze Fläche erscheint mit erhabenen Aetzhügeln bedeckt, deren Seitenflächen der Reihe nach glänzen, wenn man das Präparat in seiner Ebene dreht.[211]

Die Ätzfigur selbst ist eine achtseitige Pyramide mit oktaedrischen und dodekaedrischen Kanten. Vier Kanten fallen in die Diagonalebenen des Würfels und werden als dodekaedrische Kanten gesehen, die anderen vier in die diese halbierenden Ebenen und nennen sich oktraedrische Kanten.

Die Dodekaederfläche beobachtet Becke nur auf einem Kristall, und zwar auf einem Kristall von Neudorf im Harz. Dieser weist Riefen auf mit einer doppelseitigen Streifung, die er schon an den anderen Flächen – Würfel und Dodekaeder – erkennen konnte und erklärt dieses mit folgenden Worten:

Gewiss ein Zeichen, dass es im innern Bau des Krystalls begründete Ursachen sind, welche diese Erscheinungen auftreten lassen[212]

Diese Aussage weist wiederum auf Beckes eingangs erwähnte Suche nach Ursachen und Gesetzmäßigkeiten im Kristall, beziehungsweise Molekularbau, hin.

Zunächst aber beschreibt er auf Blatt 117 die Lage der Figuren auf der Dodekaederfläche und zeichnet die Lichtfigur mit den von ihm bezeichneten »Culminationen«, die er mit einem dickeren Bleistiftstrich hervorhebt. Die Notiz »wird messbar sein« zeigt uns, dass Lichtfiguren nicht immer zufriedenstellend mit dem Goniometer erfassbar sein können.

51. Krystall v. Neudorf am Harz mit Dodekaederflächen.

Auf d finden sich 1. Rillen // den O Kanten ausserdem bemerkt man Rhomben dessen lange Diagonale mit der der ∂ Fl [äche] zusammenfällt, welche von steilen einfallenden Flächen gebildet werden. Diese entsprechen offenbar den 4 anderen Triakisoktaederfl. der benachbarten Oktaeder. Die keilförmigen Flächen schimmern gleichzeitig mit den entfernten Hauptätzflfläche der benachbarten Oberfläche. Lichtfigur der Oktaederflfläche:

Der grössere der Krystalle zeigt als Lichtfigur des Hex. einen deutlichen Ring mit Culminationen, die Culminationen liegen dort wo eine Linie die den Hex. Refl. mit den Refl. der Hauptätzfläche verbindet den Ring schneiden würde.

Wird messbar sein!

Der Einfluss der Konzentration der Säure und die Dauer der Einwirkung sind in der Publikation in einem eigenen Kapitel umfangreich beschrieben. Hier weist Becke auf das Handbuch der Chemie von Gmelin Kraut[213] hin, indem er nach der Vorlage des Chemiehandbuches Säuren mit bestimmter Konzentration

---

211 BECKE, Bleiglanz (Anm. 207), S. 250.

212 BECKE, Bleiglanz (Anm. 207), S. 255.

213 Leopold GMELIN, Gmelin Kraut's Handbuch der anorganischen Chemie, Lehrbuch der Chemie 1 (Heidelberg 1885), S. 38.

herstellt und zwar von 10–22.5 % im Abstand von 2.5 %. Im Folgenden erörtert er die Versuchsreihen an Spaltstücken von Bleiglanz verschiedener Fundstellen mit unterschiedlichen Säurekonzentrationen und gleichbleibender und verschiedener Einwirkungsdauer. Die daran beobachteten Figuren stellt er nacheinander vor und misst die Reflexe am Goniometer.

Die Notizen im Notizbuch Nr. 7 (= Beobachtungsbuch Nr. 8, 1883) auf Blatt 121 sind die Grundlage für die in der Publikation angeführten Messdaten, sie werden hier nacheinander zur besseren Veranschaulichung gegenüber gestellt. Daraus ist ersichtlich, dass die persönliche Notiz mit den beobachteten Messdaten transferiert wird zur objektiven, strukturierten Abfolge in der Publikation.

№ 53. *4 Spaltstücke des alten Pribramer Bleiglanz wurden in Säure 15, 17.5, 20, 22.5 eingelegt am 26. März 10 U 30. 3 30 herausgenommen. Aetzdauer 5 Stunden*

15 zeigt deutliche O Aetzung. 17.5 ist glänzende geblieben zeigt keine deutl. Aetzung. 20. prachtvolle D Aetzung. 22.5 ist grösstentheils mit Warzen bedeckt ähnlich wie früher geätzten Krystalle einzelne Partien zeigen schöne Aetzung an Stelle eines D Reflexes 2, die die Lage von Triakisoktaeder haben.

№ 54. *4 Spaltstücke die von einem grösseren abgespalten waren wurden geätzt in Säuren 15, 17.5, 20, 22.5. eingelegt 6 U. abends herausgenommen 8 h30 früh. Aetzdauer 14 $\frac{1}{2}$ Stunden*

15 theils 0 theils D Aetzung räumlich getrennt. 17.5 D – Aetzung. 20 prachtvolle T Aetzung herrlich!!. 22 rauh warzig mit 0 Schimmer.

Messung 51. A O Fläche.

Diese Beobachtungsserie des Spaltstückes von Bleiglanz der Fundstelle Přibram listet Becke in einer übersichtlichen Tabelle in der Publikation folgendermaßen auf:

Von einem grösseren Spaltstück von Přibramer Bleiglanz wurden vier kleiner abgespalten und durch 14 $\frac{1}{2}$ Stunden der Einwirkung von verschiedenen concentrierten Säuren ausgesetzt. Sie lieferten folgendes Ergebnis:

Säuregehalt	Erfolg der Aetzung
15 Percent	*Theils Oktaeder-, theils Dodekaederätzung Schichtenweise getrennt.*
17.5 Percent	*Ausschließlich Dodekaederätzung*
20 Percent	*Prachtvolle Aetzhügel; die Ätzflächen haben ungefähr die Lage von Hexakisoktaeder 56. 47. 20*
22.5 Percent	*Das Spaltstück erscheint rauh und warzig mit undeutlichem Oktaederschimmer*[214]

---

214 BECKE. Bleiglanz (Anm. 207), S. 257.

Die kurzen Notizen zeigen uns die Anforderungen an die Untersuchungen der Präparate mit den Nummern 63, 64 und 65 mit unterschiedlichen Säurekonzentrationen und Einwirkungsdauer. Sie sind mit Tinte geschrieben. Rechts davon werden mit Bleistift, und einer Notiz mit Tinte, sehr flüchtig die Uhrzeit des Einlegens, der Unterbrechung und die Gesamtzeit des Experiments vermerkt.

№ 63. 12% Säure   *Eingelegt 3U*

Ist   zu   untersuchen   nach   1   *Unterbr. 4 10   1.10*

Stunde   *4…15*

                                         2 "   *Unterbr 5…10*

                                         3 "   *5…15*

                            15-17 Stunden   *8 14 45*

                        _____   *16 50*
                                                  _____

№ 64. 15% Säure   *Eingelegt.*

Ist zu untersuchen nach 1 St.   *8 20*

                                    2 St.   *10….*
                                                   ____

                                        3   *10 15   1 St 40*

Stunden   *1 30   2   15*
                                                              ____

                                                            3   55

                                                 Eingelegt 3 U 5 Min

№ 65 20% Säure   *Unterb. 3 25   20*

Ist   zu   untersuchen   nach   15   *4 10*

Minuten   *5*

                              1 Stunde   *2. Unterb. 5   15*

                              2 Stunden   *5 30   1 5*
                                                                 ____

                                                            6 35   2 20

Auf der nächsten Seite (Blatt 137) wird die Ätzung am Kristallstück Nr. 65 kommentiert:

№ 65 v. d. 1. Aetzung 20 Min. Dauer zeigt bereits Triakisoktaeder auf der Oberfläche, bilden auch 20° mit O nach beiläufiger goniom. Messung. Die 2. Aetzung Gesamtdauer 1 St. 25 Min. zeigt bereits deutl. Reflexe von Triakisokt. u. die Refl. v Würfel fallen nicht völlig damit zusammen.

Im Anschluss daran folgen Serien des Bleiglanzes von Felsöbanya (Ungarn), Příbram (Tschechische Republik) und Freiberg (Deutschland). Aus den beobachteten Versuchen fasst er folgende Erkenntnis zusammen: Bei gewöhnlicher Temperatur und bei einer Säure mit 12–20 % entstehen Ätzfiguren. Die Unterschiede beim Bleiglanz verschiedener Fundorte sind sehr gering – »kaum bedeutend«.

Die experimentellen Untersuchungen am Mineral Bleiglanz und ihre Dokumentation werden von Becke im Notizbuch Nr. 8 (= Beobachtungsbuch Nr. 10, 1884) weitergeführt. Hier auf Blatt 39 legt Becke eine Serie mit den Nummern 110 bis 114 an. Steinmannit ist ein Bleiglanz mit Antimongehalt. Im Gegensatz zu früheren Versuchsreihen sind die Notizen reduziert auf die für ihn wichtigsten Details, die aber auf kleinstem Raum Platz finden: Säure, Ätzdauer, Ätzfiguren und deren Lage, sowie die Lage der Ätzzone.

Der Steinmannit von Příbram wird in der Publikation nur einmal erwähnt: *Ein Krystall von Příbramer Steinmannit lieferte gleichfalls auf einer Oktaederfläche deutlich zweigliedrige Strahlen.*[215]

Die letzten Seiten des Notizbuches Nr. 7 (= Beobachtungsbuch Nr. 8, 1884) weisen auf die für seine Forschungen herangezogene Literatur hin. Die exakten Literaturangaben sind im speziellen Literaturverzeichnis zu den Ätzfiguren angeführt.

Klein (1872), Min. Mitth. III, N.Jb., p. 897

Rath. Binnenthal (1864), Pogg. Ann. 122, p. 396

Leydolt (1856), Sitzber. Akad. Wiss., p. 10

Klocke (1878), Zeitschr. Krist., Bd. 2, p. 134

Exner (1874), Akad. Wiss. Wien, 64, p. 6

Baumhauer (1864), Pogg. Ann., 138, p. 563

Tschermak, Das Kristallgefüge des Eisens. – Sitzber. Akad. Wisss., Bd 70, 1. Abt., 1874. Meteoreisen aus der Wüste Atakama. – Denkschrift der Wiener Akademie Bd. 31. p. 187. 1871.

Eine Zusammenfassung der Publikationen von Gustav Tschermak »Das Krystallgefüge des Eisens« und »Meteoreisen aus der Wüste Atacama« über Ätzfiguren dienen Becke als Unterstützung zum Thema Einfluss des Eisengehalts auf Ätzfiguren.

Resümee

Die Aufzeichnungen über die Laboruntersuchungen an Bleiglanz sind leider unvollständig, da das Beobachtungsbuch Nr. 9 nicht erhalten ist, daher kann hier kein lückenloser Vergleich zwischen den experimentellen Dokumentationen und der Besprechung in der Publikation erfolgen. Trotzdem zeigen die

---

215 BECKE (Anm. 207), S. 249.

Versuche eine Weiterentwicklung der akribischen Forschungstätigkeit Beckes zum Thema Ätzfiguren.

In den Notizbüchern werden die einzelnen nummerierten Präparate der Kristalle verschiedenen Operationsschritten unterzogen. Diese eher zufällige Anordnung von Experimenten wird dann in der Publikation systematisch zu-sammengeführt und angeordnet.

In der Einleitung seiner Veröffentlichung erklärt Becke seine Motivation zur Weiterforschung der Ätzfiguren an Mineralen mit dem neuen Mineral Bleiglanz, das durch Salzsäure gut angreifbar ist, aber auch eine vollkommene tesserale Spaltbarkeit besitzt. Daran schließt die Beschreibung des Ätzvorganges und der beobachteten Figuren in heißer Salzsäure. Hier kommt es zu einer chemischen Reaktion, die Becke erst im Laufe seiner Experimente meistern kann. Er be-zeichnet diese als »störende Ausscheidung von Chlorblei«, die er als Leisten und nicht als Ätzfiguren betrachtet. Die Ätzfiguren sind gut erkennbar mittels eines Gelatineabdruckes. Er bezeichnet sie als »erhabene Pyramiden«.

Dass sie in der That erhaben sind, ergibt sich daraus, dass sie im Gelatine-abdruck vertieft erscheinen. [...] Auch das optische Verhalten dieser Gebilde beweist ihre Natur als Vertiefung im Abdruck, somit als Erhöhung am Krystall. Wenn man auf den Umriss einer solchen Figur eingestellt hat, muss man den Tubus senken, um die Lichtstrahlen an der Stelle der Figur zur Convergenz zu bringen. Die Lichtstrahlen laufen also nach dem Durchgang durch den Gelati-neabdruck so, als ob sie von einem Punkt unterhalb des Präparates herkämen. Somit wirkt die Gelatineplatte über jeder Aetzfigur wie eine Zerstreuungslinse, folglich ist der Abdruck der Figur hohl, diese selbst am Krystall erhaben.[216]

Die Ausscheidungen der messbaren Figuren im Säurebad mit heißer Salz-säure sind für Beckes Vorstellungen nicht befriedigend. So wendet er sich der Ätzung mit kalter Salzsäure zu und erzielt damit zufriedenstellende Resultate. Da er die charakteristische Gestalt der Chlorbleikristalle kennt, kann er mit unterschiedlicher Säurekonzentration die »echten« Ätzfiguren beobachten. Genau betrachtet werden die Figuren und Reflexe an der Oktaederfläche, der Würfelfläche und der Dodekaederfläche. Anschließend erörtert er den Einfluss der Säure mit unterschiedlicher Konzentration und Dauer auf die Ätzfiguren. Dem folgt die Beantwortung der Frage, ob die Ätzflächen mit dem Parameter-gesetz übereinstimmen. Zur Beweisführung benötigt Becke eine große Anzahl von Messungen an vielen Bleiglanzmineralen verschiedenster Fundorte. In einer Tabelle auf Seite 265 führt er die einzelnen gemessenen Daten an, hier ist zu beobachten, dass er die Nummern aus seinem »Beobachtungsjournal« mit dem Fundort, der Ätzungsart und den gemessenen Winkeln angibt.

Es ist dies der einzige Hinweis zu seinen persönlichen Aufzeichnungen!!!

---

216 BECKE, Bleiglanz (Anm. 207), S. 243.

Als Beispiel wird hier ein Ergebnis der Messreihe der Probe Nr. 51 angführt:

Nr. im Beob. Journal	Fundort	Art der Ätzung	Gemessener Winkel	Winkel oz
51	Neudorf	In kalter 20perc. Säure 16 Stunden	zz=27°57'	16°11'

Im Notizbuch Nr. 7 (1883) auf Blatt 121 ist dieser Winkel zz=27°57' dokumentiert.

Mit der Gliederung der Reflexe kann Becke die Frage nach der Übereinstimmung mit dem Parametergesetz bejahen, wobei deren Häufigkeit nicht so vorherrscht, wie bei der Zinkblende. Das heißt, der Nachweis, dass das Parametergesetz die Lage der Ätzflächen beeinflusst, ist viel schwieriger zu erbringen als bei der Zinkblende. Es gibt auch eine Übereinstimmung zwischen den Hauptätzflächen der Zinkblende und des Bleiglanzes. Auf den Flächen der Ätzzone, dem Dodekaeder, finden sich vertiefte Ätzgrübchen und auf den Hexaedern, die außerhalb der Ätzzone liegen, treten Ätzhügel auf. Ebenso zeigen die Lichtbilder beider Minerale große Ähnlichkeit. Auffallend ist hier, dass keine Vergleiche oder Korrekturen zu anderen Publikationen über Ätzungen an Mineralen angeführt werden.

6.2.3 Ätzversuche an Mineralen der Magnetitgruppe

a)   Die Minerale der Magnetitgruppe in der kristallographischen und mineralogischen Beschreibung.
Im Lehrbuch der Mineralogie von Gustav Tschermak wird Magnetit der III. Klasse den Oxyden zugeordnet, das sind Verbindungen mit Sauerstoff und Wasserstoff. Sie bilden die 5. Ordnung in der III. Klasse.
Die Ordnungen von höherem spezifischem Gewichte sind Oxyde und Hydroxyde schwerer Metalle. Diese wurden von Mohs als »Erze« zusammengefasst.[217]
Magnetit, auch Magneteisenerz genannt, wurde zum ersten Mal von Wilhelm Haidinger (1795–1881) beschrieben. Magnetitkristalle sind tesseral und kommen häufig als Oktaeder vor. Seltener sind Rhombendodekaeder, Würfel und andere Formen. Magnetit bezieht den Namen von seinem starken Magnetismus.
Manche Exemplare zeigen polaren Magnetismus, sind natürliche Magnete. Immer sind es rostige Stücke. Durch solche Funde wurden die Menschen zur Kenntnis des Magnetismus und zur Herstellung der Magnetnadeln geführt[218].
Die chemische Zusammensetzung wird im Lehrbuch folgendermaßen angegeben: Fe_3O_4 oder $FeO \cdot Fe_2O_3$, Oxyduloxyd, entsprechend 72.4 Eisen und 27.6

---

217 TSCHERMAK, Lehrbuch (Anm. 173), S. 432.
218 TSCHERMAK, Lehrbuch (Anm. 173), S. 427.

Sauerstoff. Magnetit wird heute zur Gruppe der Oxide gezählt und hat die Kristallstruktur: 4/m-32/m.

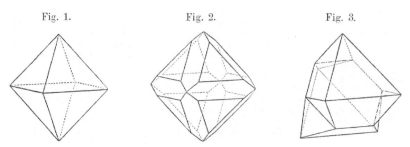

Abbildung 8: Magnetit. Tschermak, Lehrbuch der Mineralogie (1905) S. 473

Je nach Ausbildung der Magnetitkristalle werden 5 verschiedene Arten des Aussehens und des Vorkommens aufgezählt. Es ist zu beobachten, dass Magnetit in kristallinen Schiefern – metamorphen Gesteinen, aber auch in magmatischen Gesteinen vorkommt und je nach Aussehen wird er als sitzender, schwebender oder körniger Kristall beschrieben. In Sekundären Lagerstätten reichert sich Magnetit an, diese Seifenbildung[219] wird als Magnetitsand bezeichnet.

1. Sitzende Kristalle kommen in Spalten kristalliner Schiefer vor.
2. Schwebende Kristalle werden häufig als akzessorischer Gemengteil in Kristallinen Schiefern gefunden
3. Deutliche Oktaeder finden sich als Gemengteil in Massengesteinen wie Granit, Syenit, Diorit, Diabas, Melaphyr, Basalt und Trachyt.
4. Der körnige Magnetit in kristallinen Schiefern wird als Magneteisenerz bezeichnet.
5. Sekundäre Lagerstätten.
6. *Durch die Zerkleinerung jener Felsarten, welche Magnetit als Gemengteil enthalten, und durch den natürlichen Schlämmprozeß bilden sich an vielen Orten Ablagerungen von Magnetitsand, welcher häufig titanhaltig ist (magnetischer Titaneisensand).*[220]

Zur Magnetitgruppe zählen Magnesioferrit ($MgFe_2O_4$), Jacobsit ($MnFe_2O_4$)und Franklinit (Zn, Fe, Mn) (Fe, Mn)$_2O_4$.

---

219 *SEIFENBILDUNG:* Wässrige Lösungen sickern in den Boden, lösen Mineralstoffe, wie zum Beispiel Eisen, aus dem Gestein und transportieren diese angereicherten Lösungen weiter, bis sie erkaltet und auskristallisiert an einem anderen Ort im Gestein liegen bleiben.
220 TSCHERMAK, Lehrbuch (Anm. 173), S. 474.

b) *Die Dokumentation der Experimente an der Mineralgruppe der Magnetite in den Notizbüchern in der Gegenüberstellung zur Publikation.*

Im Notizbuch Nr. 8 (= Beobachtungsbuch Nr. 10, 1884) dokumentiert Becke seine Beobachtungen an Mineralen wie Magnetit, Granat, Melanit, Spinell, Linneit, Franklinit, Pyrit, aber auch an Zinkblende und Bleiglanz. Mit den Untersuchungen an neuen Mineralen geht Becke kontinuierlich die Schritte zu Erkenntnis und sucht nach Beweisen, mit denen er einen Zusammenhang der Lage der Ätzfiguren und der Symmetrie erbringen möchte. Salpetersäure als Ätzmittel zeigt sich hier als beste Möglichkeit zur Untersuchung. Die experimentellen Vorgänge sind geordnet, sie zeigen uns, dass Becke auf ganz bestimmte Punkte in Bezug auf Orientierung, Wahl des Minerals, des Ätzmittels und der Messgeräte ausgerichtet ist. Die Messdaten werden akribisch genau festgehalten, aber Kommentare zu den Experimenten fallen im Notizbuch geringer aus als bei den vorangegangenen Untersuchungen.

Die Erkenntnisse finden dann nochmals Raum im Notizbuch Nr. 8 auf den Blättern 28–35, 37, 38, 39–47, insofern, als Becke die Minerale Zinkblende und Bleiglanz im Bewusstsein der neuen Erkenntnisse, diese mit neuen Säuren und deren chemischer Reaktion einer Beobachtung unterzieht. Diese neu gewonnenen Erkenntnisse gehen in der folgenden Publikation ein, indem er die Resultate gegenüber stellt und mit den einzelnen Experimenten vergleicht.

In der Publikation über die Ätzversuche an Mineralen der Magnetitgruppe[221] möchte Becke die Theorie über den Zusammenhang zwischen Ätzfiguren und Kristallbau weiterführen, um auf diesem Gebiet zu allgemeineren Gesetzmäßigkeiten zu gelangen. Er möchte durch Experimente an weiteren Mineralen Gesetze nicht nur auf einzelne Individuen anwenden können, sondern auf ganze Gruppen. Zunächst fasst Becke die Erkenntnisse aus den Versuchen zusammen: Ätzfiguren bestehen aus Ätzhügeln und Ätzgrübchen, die auf bestimmten Ätzflächen und Ätzzonen liegen. Ätzflächen leisten der Auflösung den größten Widerstand.

Aetzgrübchen treten auf solchen Flächen auf, die der Aetzzone angehören, Aetzhügel dagegen auf solchen, die weit außerhalb der Aetzzone liegen.[222]

Die allgemeine Theorie, dass Spaltflächen keine Ätzflächen sein können, kann Becke mit dieser Publikation nachweislich widerlegen, indem er neben Salzsäure auch andere Ätzmittel, wie Schwefelsäure, Salpetersäure und schwefelsaures Kalium, einsetzt.

Im allgemeinen [sic!] entstehen durch Aetzung mit verschiedenen Säuren ganz ähnliche Aetzfiguren, dreiseitige Aetzgrübchen, deren Umriss gegen die

---

221 Friedrich BECKE, Aetzversuche an Mineralen der Magnetitgruppe. In: Tschermaks Mineralogische und Petrographische Mitteilungen 7 (Wien 1886), S. 200–249.
222 BECKE, Magnetit (Anm. 221), S. 201.

Oktaederfläche verwendet erscheint. Die Seitenflächen liegen also in der Zone der Triakisoktaeder, ähnlich wie beim Bleiglanz.[223]

Das Mineral Magnetit – vor allem als Oktaeder ausgebildet – stammt von den Fundorten Pfitsch, Minas Gerais (Brasilien), Gora Blagodat (Ural), Nordmarken (Schweden) und von Morawitza (Rumänien). Die Oktaeder erhält Becke von Baron Foullon (1850–1896) aus den Vorräten der geologischen Reichsanstalt sowie von Gustav Tschermak und einen schönen Teil aus der Sammlung der Czernowitzer Universität. Becke konstatiert, dass sich die Morawitzer und Pfitscher Kristalle bestens für die Untersuchungen eignen. Seine Beobachtungen der Ätzfiguren konzentrieren sich auf die Oktaeder-, die Doedekaeder- und die Würfelfläche.

Der Beginn der Versuche am Mineral Magnetit im Notizbuch Nr. 8 (= Beobachtungsbuch Nr. 10, 1884) zeigt ein gezieltes Vorgehen der Experimente, deren Abfolge mit den Nr. 1–23 notiert sind und den kurzen Kommentaren über Ätzdauer, Säurekonzentration und Beobachtung von Ätzfiguren, mit Angaben von Lichtfiguren und der Lage der Ätzfiguren, die dann in der Folge mit dem Goniometer eingemessen und mit dem Mikroskop begutachtet werden. Die Notizen sind großenteils mit Bleistift notiert, manche mit Tinte.

Eine Notiz auf Blatt 8 über die Messungen der Nr. 10 zeigt uns die nicht immer erfolgreichen und wissenschaftlich klar nachvollziehbaren Beobachtungen:

Am Goniometer sehr unbestimmter für Messung nicht tauglicher Schein in der Gegend von d. Je zwei an einer Kante liegende o glänzen gleichzeitig. Justiert man den Krystall so, dass eine O-Fläche // dem Limbus, so erscheint der Krystall 6 mal hell, bei einer vollen Umdrehung.

Das Blatt 11 dokumentiert die Vorgangsweise der Untersuchung am Kristall Nr. 13.

Zunächst wird das Kristallstück, Dreieck, schematisch gezeichnet und die zu messende Stelle schraffiert hervorgehoben. Die Seiten des Dreiecks erhalten die Bezeichnung Z_1, Z_2, Z_3. Im Vordergrund der Notizen des Blattes 11 steht das gezeichnete Lichtbild eines Magnetit-kristalls, dessen Fundort hier nicht angegeben ist. Der persönliche Kommentar »Zeigt ein kompliziertes Lichtbild« leitet eine umfangreiche Versuchsreihe ein, die zu neuen Herausforderungen für Interpretationen und neuen Sichtweisen führen, die im Folgenden erörtert werden: Die Nummerierung der einzelnen Versuche wird bis Ende des Notizbuches mit der Nummer 179 geführt. Die einzelnen Nummern beziehen sich nur auf das jeweilige Experiment und haben keinen Bezug zu einem ganz bestimmten Messvorgang oder ein Mineral eines bestimmten Fundortes.

Es kann auch vorkommen, dass Notizen über die gemessenen Werte nicht exakt zugeordnet werden können, wie dies an dem persönlichen Kommentar auf

---

223 BECKE, Magnetit (Anm. 221), S. 203.

Blatt 60 zu sehen ist. Von Bedeutung ist hier aber die schematische Zeichnung der Anordnung der Lampe in Bezug zu den beiden Messgeräten Goniometer und Mikroskop, die ohne Kommentar notiert ist. Daran schließt die 1. Messung, deren Messdaten teils mit Bleistift, teils mit Tinte notiert werden. In einer kleinen Notiz im unteren linken Teil ist das Kristallstück mit der Orientierung skizziert. In der folgenden Abbildung werden die von Becke gezeichneten Skizzen über die Messinstrumente in der Versuchsanordnung mit der Abbildung aus dem Lehrbuch von Rosenbusch und Wülfing ergänzt.

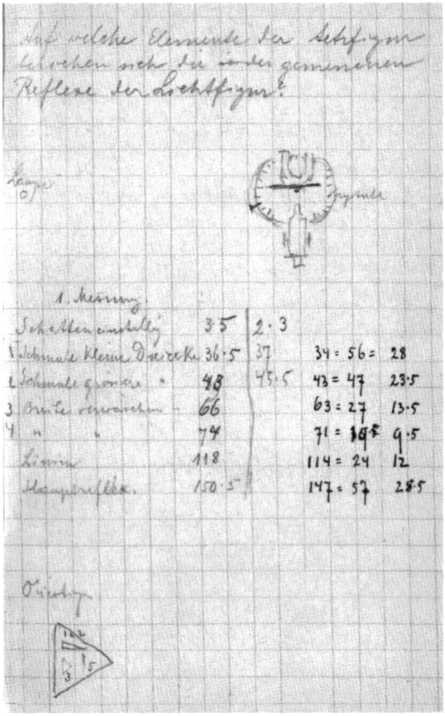

Fig. 152.

Abbildung 9: Versuchsanordnung der Messinstrumente. Notizbuch Nr. 8 (1884), Blatt 60. Blattgröße: 15x9 cm

Abbildung 10: Figur Nr. 152. Mikroskop mit integriertem Goniometer[224]

Auf welche Elemente der Aetzfigur beziehen sich die gemessenen Reflexe der Lichtfigur?

Skizze der Lampe links und Skizze des Mikroskopes mit integriertem Goniometer rechts.

---

224 ROSENBUSCH & WÜLFING, Mikroskopische Physiographie (Anm. 191), S. 206.

1.Messung
Schatteneinstellung	*35*
1. Schmale kleine Dreiecke	*36.5*
2. Schmale größere Dreiecke	*48*
3. Breite verwaschene	*66*
4. Breite verwaschene	*44*
Linien	*118*
Hauptreflex	*150.5*
Orientierungen	

Becke hält fest, dass die besten Erfolge an einer Ätzung bei siedender 15–20 % Salzsäure und einer Einwirkungszeit von 5 Minuten zu erzielen sind. Die Ätzgrübchen sind gleichwinkelig und monosymmetrisch und die Lichtfigur zeigt eine vollkommene Trisymmetrie.

In der Publikation beschreibt Becke den Ätzvorgang mit schwefelsaurem Kali mit olgenden Worten:

Das Salz wurde im Platintiegel zum Schmelzen erhitzt und sodann nach Mäßigung der Flamme der Krystall mit einem Platinkörbchen eingeführt [...] Nach 1-1½ Minuten war die Einwirkung deutlich. [...] Gelungene Präparate bieten ein eigentümliches Aussehen,[225]

... die Becke aber nicht exakt einmessen konnte.

Deutliche Figuren kann Becke an Würfelflächen des Magnetits von Pfitsch erkennen. Sie besitzen große Ähnlichkeit mit dem Verhalten des Bleiglanzes, es entstehen nämlich hier und dort Ätzhügel, ebenso ist das Verhalten bei unterschiedlichen Säuren ähnlich. Der Eintrag der Messdaten in eine stereographische Projektion, wie sie schematisch auf Blatt 73 gezeichnet ist, erbringt den Nachweis der Übereinstimmung der Lage der Ätzfiguren mit dem Bleiglanz.

In der Publikation zeigen die Resultate der Ätzversuche an den »natürlichen Verwandten« des Magnetits, dass die Figuren bei Franklinit, Spinell, Pleonast und Linneit (Kobaltnickelkies) im »Wesentlichen« übereinstimmen. Franklinit Oktaeder von Sparta, New Jersey, 30 Minuten in 17,5 % Salzsäure bei Siedetemperatur geätzt, roter Spinell von Ceylon und schwarzer Oktaeder des Pleonast aus dem Fassatal in Südtirol, in schwefelsaurem Kali geätzt zeigen die gleichen Ätzfiguren wie Magnetit: Hauptätzzone ist die Zone der Triakisoktaeder und Dodekaeder und Oktaeder sind die primären Ätzflächen.

Es ist mehrfach darauf hingewiesen worden, dass der Kobaltnickelkies oder Linneit sich von anderen tesseralen Kiesen, die sämtlich pyritoedrisch krystallisieren, verschieden verhalten, dass er in Krystallform, häufigen Combinationen, Zwillingsbildung eine große Verwandtschaft mit dem Magnetit bekunde, und dass diese Verwandtschaft sich auch in der chemischen Formel dadurch kund-

225 BECKE, Magnetit (Anm. 221), S. 215.

gebe, dass das Verhältnis der Metall- und Metalloidatome in beiden Mineralen 3:4 sei. Dies war der Grund, auch den Linneit auf seine Aetzfiguren zu prüfen.[226]

Heinrich Baumhauer kann in Versuchen die Untersuchungen der Ätzfiguren an Linneit (Sitzungsberichte der Münchner Akademie der Wissenschaften 1874) definitiv nachweisen.[227] Becke aber führt diese Untersuchungen weiter, indem er ein anderes Ätzmittel anwendet, er behandelt den Kristall mit konzentrierter Kalilauge (das ist eine wässrige Lösung des Kaliumhydroxides, auch Ätzkali genannt) eine Stunde lang. Nach der Entfernung des schwarzbraunen Überzugs mit Salzsäure erscheinen auf der Oktaederfläche große dreiseitige Ätzfiguren. Das Lichtbild ist dreistrahlig, die Strahlen entsprechen der Ikositetraederzone.

Hier zeigt sich, dass mit der Änderung des Ätzmittels ein anderer chemischer Prozess hervorgerufen wird. Becke verweist auf Ätzung mit Kalilauge bei den Mineralen Zinkblende, Bleiglanz, Pyrit und Spinell, und konstatiert wieder, dass Kalilauge eine andere Reaktion als Salzsäure oder Schwefelsäure auf den Flächen der Minerale zeigt, da sie andere chemische Prozesse in Gang bringen. Sie bewirken das Auftreten der Ätzfiguren in entgegengesetzte (um 180° gedrehte) Richtungen. Das heißt, Säure- und Laugenbäder bewirken eine umgekehrte chemische Reaktion.

Im weiteren Verlauf der Publikation erbringt Becke den Beweis, dass die primären Ätzflächen auch die Flächen des größten Lösungswiderstandes sind.

Normal zu diesen Flächen existiert also eine Richtung innigsten chemischen Zusammenhanges, vielleicht besser gesagt, eine Richtung grösster Widerstandsfähigkeit gegen Zersetzung, denn es scheint sich – wenigstens bei denjenigen Aetzungen, die auf einer chemischen Veränderung der Substanz beruhen – weniger um ein Losreissen der Partikel, als um eine Zerstörung derselben zu handeln. […] Dann wären also die Lösungsflächen normal auf die Richtung grössten Lösungswiderstandes oder innigsten chemischen Zusammenhanges.[228]

Becke konstatiert, dass wahrscheinlich allen Flächen der Ätzzone ein größerer Lösungswiderstand zukommt, diese eine bestimmte Kantenrichtung gemeinsam haben und daher von Säuren schwer angreifbar sind. Diese Kanten sind nichts anderes als Molekelreihen, die so angeordnet sind, dass sie nur von einer bestimmten Seite her leichter aufgelöst werden können. Das bedeutet auch, dass die Stellung der Elementaratome[229] innerhalb der Kristallmolekel von großer Bedeutung ist.[230]

---

226 BECKE, Magnetit (Anm. 221), S. 225.

227 Heinrich BAUMHAUER, Die Ätzfiguren an Krystallen. In: Sitzungsberichte der königlich bayerischen Akademie der Wissenschaften zu München 4 (München1874), S. 48–53.

228 BECKE, Magnetit (Anm. 221), S. 233.

229 *ELEMENTARATOME* sind zum Beispiel die Elemente Eisen (Fe) oder Sauerstoff (O), aus denen sich das Mineral Magnetit zusammensetzt.

230 LEINFELLNER, Wissenschaftliche Theorien (Anm. 182, S. 95–96): *Ein erkenntnistheore-*

Becke vergleicht die Ätzzone des Magnetits mit denen der Zinkblende und des Bleiglanzes und resümiert über seine Erkenntnisschritte:

Vielleicht steht damit auch in Zusammenhang, dass gerade jener Theil der Hauptätzzone, in welchem beim Bleiglanz am häufigsten Aetzflächen gefunden wurden, zwischen den Flächen (221) und (332), beim Magnetit gerade durch das Fehlen von Aetzflächen hervorsticht. [...] Eine grössere Aehnlichkeit existiert noch zwischen der + Tetraederfläche der Zinkblende und der Oktaederfläche des Magnetit, nur erscheint die eine gegen die andere in ihrem Verhalten um 180° verwendet.[231]

Resümee

Die Aufzeichnungen der Beobachtungen an den Mineralen Magnetit, Linneit, Franklinit, Pleonast und Spinell fallen geringer aus als die von Zinkblende und Bleiglanz. Einerseits beschränkt sich Beckes Untersuchungsmaterial auf wenige Fundorte, andererseits sucht er nach Beweisen und Vergleichen zwischen den einzelnen Mineralen. So nochmals mit verschiedenen Lösungsmitteln, wie Salzsäure und Kohlensaures Kali Natron, und vergleicht die Ätzfiguren der Blenden von Pico (Spanien) und Offenbanya (Ungarn). Diese beiden unterschiedlichen Ätzmittel beeinflussen die Orientierung der Ätzfiguren. Das heißt, Säure- und Laugenbäder bewirken eine umgekehrte chemische Reaktion.

Auch die neuen Beobachtungen führen zu Korrekturen in Beckes Theorien, so die Feststellung, dass Spaltflächen nicht zugleich Ätzflächen sein können. Es zeigte sich, dass bei der Zinkblende die Oktaederfläche (110) und bei Bleiglanz die Würfelfläche (100), zugleich Ätzflächen sein können. Damit verliert auch der von ihm postulierte Satz »die Ätzflächen sind die Flächen größter normaler Kohäsion« seine Gültigkeit. Unter Kohäsion werden der Zusammenhalt oder die Bindungskräfte von Atomen bzw. Molekülen verstanden, die sich an der Oberflächenspannung auswirkt.[232]

---

tisches Resultat dieser Untersuchung ist es auch, dass die Basis der theoretischen Erkenntnis vollkommen unabhängig von der uns vertrauten sinnlichen Erfahrung der Welt ist, wenn wir uns auf Meßaussagen beziehen. [...] Die deduktiven gebauten Hypothesen stellen auch den Kern unseres theoretischen Wissens dar. Am Rande tauchen aber immer wieder induktive, statistische und wahrheitstheoretische Methoden auf.

231 BECKE, Magnetit (Anm. 221), S. 247.

232 Siehe Literatur: Moritz.Ludwig FRANKENHEIM, Die Lehre von der Cohäsion, umfassend die Elasticität der Gase, die Elasticität und Cohärenz der flüssigen und festen Körper und die Krystallkunde (Breslau 1835, S. 12–13). Frankenheim versteht unter Kohärenz der Kristalle folgendes: *sie ist die Kraft, welche zum Zerreißen eines festen Körpers notwenig ist. [...] Ich [...] verstehe darunter alle im Innern des Körpers wirkende Kräfte, welche seine räumliche Ausdehnung bestimmen, aber weder in seinem Aggregatzustande, noch in seinem chemischen Verhalten eine Änderung hervorbringen.* Gustav Adolf KENNGOTT, Handwörterbuch der Mineralogie, Geologie und Paläontologie. Band 1 (Breslau 1882, S. 162). Kenngott definiert Cohäsion mit folgenden *Worten: Von der Cohäsion, dem Zusammen-*

Wie schon bei Blende und Bleiglanz erwähnt, ist ebenfalls eine sogenannte Lösungsgeschwindigkeit zu beobachten. Dieses neue Thema mit den zu beobachtenden Prozessen beginnt nun Becke in seine experimentelle Arbeit mit einzubeziehen. Die erste kurze Notiz zeigt sich auf Blatt 82 im Notizbuch Nr. 8 (= Beobachtungsbuch Nr. 10, 1884). In den nachfolgenden Publikationen der Minerale Pyrit und Fluorit findet diese Methode als neuer Forschungsschwerpunkt Eingang.

6.2.4 Ätzversuche am Mineral Pyrit

a) Das Mineral Pyrit in der kristallographischen und mineralogischen Beschreibung.

Im Lehrbuch der Mineralogie von Gustav Tschermak wird Pyrit der II. Klasse Lamprite in der 1. Ordnung – Kiese (Pyriotide) – zugeordnet. Pyrit oder Eisenkies genannt, ist das am häufigsten vorkommende Mineral in der Klasse der Lamprite.

Sehr oft krystallisiert, das vorzüglichste Beispiel der Stufe II des tesseralen Systems. An den Krystallen ist bald das Hexaeder, bald das Oktaeder oder das Pyritoeder (210) vorwiegend entwickelt, oder diese Formen treten selbständig auf, auch das Dyakisdodekaeder (321) findet sich bisweilen selbständig [...] Die Zahl der einfachen Formen und der Kombinationen ist sehr groß. Nach den Beobachtungen [...] zählt man 25 verschiedene Pyritoeder, 9 Ikositetraeder, 4 Triakisoktaeder und 28 Dyakisdodekaeder.[233]

Die moderne Definition des Minerals Pyrit lautet folgendermaßen:

Die Pyritstruktur hat große Ähnlichkeit mit der NaCl-Struktur, das heißt, Fe sitzt an den Kanten des einen Würfels und die S_2 Hanteln an den Kanten des zweiten ineinander geschobenen Würfels. Die folgenden Abbildungen zeigen uns die vielfältigen Formen des Pyrits mit der Benennung der einzelnen Flächen und die Kristallstruktur.[234]

---

hange der kleinsten materiell gleichen Theilchen der Körper hängen bei den Mineralen verschiedene Erscheinungen ab, welche dazu führen, gwisse Eigenschaften zu unterscheiden, durch welche sich die Minerale unterscheiden lassen (S. 156). Dazu zählen die Spaltbarkeit, Bruch, Härte. Auch Ätzfiguren wirken auf die Cohäsion ein: *Sowie durch [...] mechanische Mittel der natürliche Zusammenhang der kleinsten gleichen Massentheilchen in gewissen Richtungen aufgehoben werden kann, können auch chemische Agentien angewendet werden, um die Verhältnisse des Zusammenhanges zu ermitteln. Man erzeugt auf Krystall- oder Spaltungsflächen die sogenannten Aetzfiguren.*

233 TSCHERMAK, Lehrbuch (Anm. 173), S. 399.
234 MATTHES, Mineralogie (Anm. 174), S. 4.

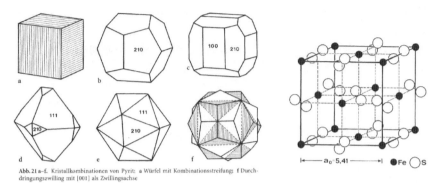

Abb. 21 a–f. Kristallkombinationen von Pyrit; a Würfel mit Kombinationsstreifung; f Durch-dringungszwilling mit [001] als Zwillingsachse

Abbildung 11: Kristallkombinationen und Kristallstruktur von Pyrit. Matthes S. 43, 44

Spezifisches Gewicht: 4,9–5,2
Härte: 6–6,5
Muscheliger Bruch
Geringe Spaltbarkeit nach (100)
Strichfarbe: bräunlich schwarz

Die chemische Formel – auch chemische Zusammensetzung genannt – lautet FeS_2, mit 46.67 Eisen- und 53.33 Schwefelanteilen. Spurenelemente sind Nickel, Kobalt, Kupfer, Zinn, Arsen, Thallium, Gold und Silber. Im Lehrbuch werden auch die hervorstechenden physikalischen und chemischen Eigenschaften angegeben: Vor dem Lötrohr (= v. d. L.) erhitzt, bildet sich beim Brennen eine blaue Farbe. In Salpetersäure löst sich Pyrit auf, während unter dem Einfluss von Salzsäure das Mineral wenig angegriffen wird. Pyrit kommt als Begleiter in allen Gesteinsarten vor. Becke führt den historischen Begriff »Hanns in allen Gassen« an, heute wird dafür der Terminus »Durchgangsmineral« verwendet.

b)   *Die Dokumentation der Experimente am Mineral Bleiglanz in den Notizbüchern in der Gegenüberstellung zur Publikation.*

Die Publikation aus dem Jahr 1887 über das Mineral Pyrit ist eine strukturierte Zusammenfassung von Beckes experimentellen Schritten im Bereich der Ätzversuche an Mineralen. Die Notizbücher Nr. 8, 9 und 13 sind Grundlage und Ausgangspunkt seiner epistemischen Arbeiten. Sie führen uns wieder in die Praxis des Beobachtens hinein, wobei alle offen formulierten Voraussetzungen darauf hinweisen, wie im Rahmen der Naturforschung vorzugehen ist.[235]

---

235 HOFFMANN, Sinnesapparate (Anm. 193, S. 14): nennt diesen Vorgang »Regime der Beobachtung«. *Ein Regime der Beobachtung betrifft vornehmlich die Verwicklung des Beobachters und der verwendeten Instrumente in die Untersuchung. [… Es] kennzeichnet, daß es sich nicht in Reflexionen erschöpft, sondern in Handlungsweisen und Handlungen realisiert.* Er bezeichnet dies als »operatives Wissen«.

Die ersten Beobachtungen an Pyrit werden schon im Notizbuch Nr. 8 (= Beobachtungsbuch Nr. 10, 1884) im Anschluss an die Magnetit Untersuchungen gemacht. Es sind dies Ätzvorgänge, die noch keinen strukturierten Ablauf erkennen lassen und zunächst eher zufällige Experimente zum Thema Ätzfiguren an einem neuen Mineral sind.

Im folgenden Notizbuch Nr. 9 (= Beobachtungsbuch Nr. 11, 1885–1886) treten die Versuche an Pyrit in den Vordergrund. Eine Literaturliste über Ätzflächen an tesseralen Kristallen ist auf einigen Blättern beigelegt. Becke notiert für ihn wichtige Hinweise, wie Ätzmittel, Aussehen und Lage der Ätzfiguren aus den Berichten von Gustav Rose, Heirich Baumhauer, Arnold von Lasaulx, G. Werner und Friedrich J.P. van Calker (im Anhang sind alle Literaturangaben exakt aufgelistet). Lösungsfiguren werden nicht nur an Pyrit, sondern auch an anderen Mineralen wie Granat, Diamant, Flussspat (Fluorit) und Linneit erforscht. Die Besprechungen demonstrieren die Praxis der Herangehensweise von bekannten Wissenschaftern zum aktuellen Forschungsthema der Ätzfiguren. Anhand der Notizen sind Aussehen, stereographische Projektion und Lage der Ätzfiguren sowie hervorstechende Merkmale notiert. Es ist wieder ein Hinweis auf die gängige Praxis zum damals aktuellen Thema in der Mineralogie und Kristallographie. Anhand der angeführten Literaturbeispiele ist ersichtlich, dass das Thema Ätzfiguren hoch aktuell ist und namhafte Wissenschafter an den unterschiedlichsten Mineralen Beobachtungen an Figuren publizieren. Becke selbst notiert Inhalte, die für seine Untersuchungen induktiv sein können, vor allem Diskussionsgrundlage einer weiteren Forschungsprojektes, dem Mineral Flussspath (Fluorit).

Zunächst aber wendet sich Becke im Notizbuch Nr. 9 (= Beobachtungsbuch Nr. 10, 1885–1886) dem mineralogisch und kristallographisch bereits sehr gut untersuchten Mineral Pyrit zu. Zur Anwendung kommen Pyrite von elf verschiedenen Fundorten, die er in der Publikation in der Einleitung anführt. Einige Pyrite hatte Becke von Herrn Brezina[236] entlehnt und den Pyrit von Traversella kaufte er von Herrn Gentsch. (siehe Blatt 1 und 3 aus dem Notizbuch Nr. 9). Der Hinweis »etikettiert« lässt uns Beckes Vorgangsweise in Bezug auf die Vorbereitung der Kristalle für die Ätzung erkennen. Er stellt eine bestimmte Anzahl von Kristallstücken mit einer ganz bestimmten Orientierung der Flächen, z.B. (111) oder (210), vor und sortiert diese dann in verschiedene Schachteln.

---

236 Aristides BREZINA (1848–1926) Direktor der mineralogisch-petrographischen Abteilung am Hofmuseum in Wien bis 1878, dann Leiter des Hofmineralienkabinetts als Nachfolger von Gustav Tschermak.

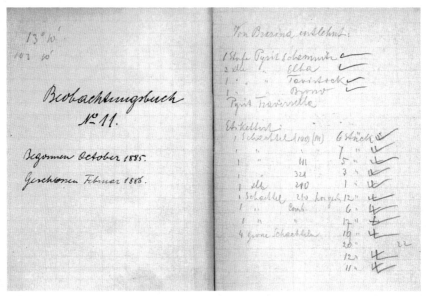

Abbildung 12: Pyrit. Notizbuch Nr. 9 (1885–1886), Blatt 1. Blattgröße: 14x 17 cm

13° 10'
103.10'
Beobachtungsbuch №͞ 11. Begonnen October 1885. Geschlossen Februar 1886.
Von Brezina entlehnt:1 Stufe Pyrit Schemnitz, 3 Stufen Pyrit Elba, 1 Stufe Pyrit
Tavistok. 1 Stufe Pyrit Bosso, Pyrit Traversella
Etikettiert:

1 Schachtel	(100)	(M)	6 Stück
1 S			7
1 S	111		5
1 S	321		3
	210		1
1 Schachtel	210		12
1 S	Comb.		6
1 S			17
4 grosse			10
Schachteln			
			20 22
			12
			11

Die ersten Untersuchungen an Pyrit aus dem Notizbuch Nr. 8, auf Blatt 89 tragen
die Nummern 173–179 und werden im Notizbuch Nr. 9 (= Beobachtungsbuch
Nr. 11, 1885–1886) von Nummer 180 bis zur Nummer 306 weitergeführt, wobei
zu beobachten ist, dass manche höhere Probennummern zu einem früheren

Zeitpunkt im Notizbuch auftreten als niedrigere. Dies ist wiederum ein Hinweis, dass Becke die einzelnen Kristallstücke vorgefertigt und nummeriert hat, wie bereits auf Blatt 1 hingewiesen wurde. Becke zählt verschiedene Schachteln auf mit Kristallstückchen von bestimmten Kristallflächen, z. B. die Fläche 100 oder die Fläche 111 und die Stückzahl mit dem Hinweis »Etikettiert«. Andere untersuchte Minerale, wie zum Beispiel Fluorit von Cornwall auf Blatt 22, sind wiederum nummernlos.

Besondere, in Farbe gehaltene Zeichen weisen auf das angewandte Lösungsmittel beim Ätzvorgang hin. Ein roter kleiner Ring steht für die Ätzung mit Königswasser (HNO_3 + 3 HCl), ein blauer kleiner Ring für die Ätzung mit Ätzkali (KOH), ein kleiner roter Ring mit eingefügtem Kreuz für verdünnte Salpetersäure (HNO_3), ein kleiner blauer Ring mit eingefügtem Kreuz für Ätznatron (NaOH) und ein gefüllter roter Kreis für die Ätzung mit rauchender Salpetersäure. Der Ätzvorgang auf Blatt 27 am Kristallstück Nr. 222 wird mit Königswasser, einer Mischung aus Salpetersäure und Salzsäure, mit einem kleinen roten Ring gekennzeichnet und die Beobachtung daraus dokumentiert.

Blatt 44 gibt übersichtlich den Ätzvorgang mit Ätzflüssigkeit und Ätzdauer an. Sie dient Becke als Dokumentation der folgenden Schritte.

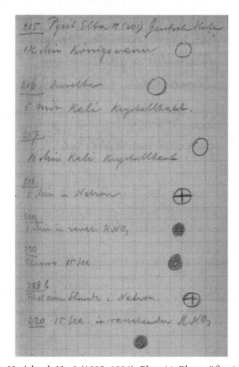

Abbildung 13: Pyrit. Notizbuch Nr. 9 (1885–1886), Blatt 44. Blattgröße: 14x17 cm

301. Pyrit Traversella v. Brezina 3 Min. In rauchender Salpetersäure Kochend
215. Pyrit Elba π (201) Gentsch Stufe 1 ½ Min. Königswasser
216. Derselbe 5 Min Kali Krystallhaut
217. 10 Min Kali Krystallhaut
218. 5 Min Natron
219. 1 Min in rauchender HNO₃
220 Ebenso 15 Sec.
218 b Fast eine Stunde in Natron
220 15 Sec. In rauchender HNO₃

Die Ätzmittel sind also verdünnte, konzentrierte oder rauchende Salpetersäure, Königswasser, Ätzkali und Ätznatron. Zur Untersuchung verwendet Becke die goniometrische Messung des Lichtbildes, des Schimmers und die Beobachtung der Form der Figuren mittels Gelatineabdruck. Und wiederum möchte Becke seine Theorie beweisen, dass die Lage der Ätzflächen vom Molekularbau des Minerals und vom Ätzmittel abhängig ist. Die Theorie wird durch Messungen mit den Instrumenten unterstützt. In der Publikation beschreibt Becke den Messvorgang mit der genauen Justierung von Mineral, Einlass- und Beobachtungsfernrohr mit Teilstrichen eines Vertikalfadens an einem Goniometer nach Groth-Fuess[237]. Die Bestimmung des Winkelwertes der Mikrometerteilung am Goniometer notiert Becke in seinem Beobachtungsbuch auf Blatt 37. Ebenso stellt er die Abweichung des Strahles bei der Ausrichtung fest. Dies ist von großer Bedeutung, da die Messung mit dem Goniometer immer eine konstante Ausrichtung – einen Fixpunkt im Raum – des Blickfeldes erfordert.

Schimmermessung
Mit dem vertikalen. Faden des Fadenkreuzes evincidet 178.5 Tisch Theilung.
Schimmerzone von der Diagonale .. nach der Streifung auf h. Abweichung von
3.1° nach der Zone gegen die Zone 111. Π(210)
Abweichung des Strahles von dem Mittelpunkt des Fadenkreuzes wenn der o
Reflex im Rand des Gesichtsfeldes steht = 1 Theilstrich.
Auch Messfehler bei den Apparaten Mikroskop und Mikrometer werden auf Blatt 87 notiert, um bei den Messungen die Fehler mit einzuberechnen.
Fehler beim Mikroskop 1–2 Theilstriche oder: 0.0025–0.0055 mm
Fehler beim Mikrometer 6–8 Theilstriche 0.012 ... 0.02
Die Messfehler werden nun bei den aufwendigen Messungen mit dem Mikrometer einberechnet, indem die beobachteten Messdaten vor der Ätzung und

---

237 Becke verwendet hier ein Goniometer der Berliner optischen Firma *FUESS* (siehe Anm. 98), die in Zusammenarbeit mit dem bekannten Mineralogen Paul Groth dieses bestimmte Messgerät hergestellt hat.

nach der Ätzung jeweils in einer übersichtlichen Tabelle zusammengestellt und im Büchlein festgehalten sind.

Die aufwendigen »Schimmermessungen«, die im Notizbuch akribisch dokumentiert sind, werden in der Publikation mit einigen wenigen Worten erklärt. Aber eine besonders aufwendige, für die Überprüfung der Messungen mit dem Goniometer wünschenswerte Vorgangsweise ist es, wenn Becke das Lichtbild einer Messung mit dem Mikroskop unterzieht. Die sogenannte Schimmermessung mit dem Mikroskop wird mit einer Petroleumlampe beleuchtet. Unter dem Mikroskop kann Becke das »Aufblitzen« kleiner Flächen noch zusätzlich wahrnehmen.

Wenn bei der Drehung des Objecttisches nacheinander verschiedene Schaaren [sic!] von Aetzflächen schimmern, so misst die Drehung des Objecttisches den Azimutwinkel zwischen jenen Schimmerstellungen, d. i. den Winkel zwischen den Zonenkreisen, welche durch die Normalen der geätzten Flächen und die schimmernden Aetzflächen gelegt werden.[238]

Eine weitere Notiz auf Blatt 45 zeigt ein Lichtbild des Kristalls auf der Fläche 220, den Reflex mit den gemessenen Daten und die Schimmermessung.

In der Publikation bezieht sich Becke bei der Darstellung der Resultate auf eine ganz bestimmte Position, …

… nämlich auf die Flächen im Oktanten vorne, oben rechts, speciell auf die Flächen 001, π(102), 101, π(201), 111,[239] …

… die er dann in eine Projektion einträgt. Um die längere Fundortsbezeichnung im Text zu vermeiden, benennt Becke die Fundorte mit römischen Ziffern, und eine arabische Ziffer daneben gibt die Nummer des Kristalls in seinem Beobachtungsbuch an.

Die untersuchten Minerale listet Becke in der Publikation mit ihren Fundorten auf, viele davon stellt ihm Gustav Tschermak aus dem mineralogisch-petrographischen Institut aus Wien zur Verfügung, die Pyrite aus Traversella erhält Becke von Herrn Dr. Aristides Brezina (1848–1909) aus Wien. Eine Stufe kauft Becke selbst von einem Herrn Gentsch – wie bereits im Notizbuch Nr. 9 auf Blatt 3 festgehalten worden ist.

I.   Traversella

II. Insel Elba

III. Tavistock

IV. Schemnitz

V.   Trofajach, Kärnten (die Angabe von Becke ist hier nicht richtig, denn Trofaiach liegt in der Steiermark)

---

238 Friedrich BECKE, Aetzversuche am Pyrit. In: Tschermaks Mineralogische und Petrographische Mitteilungen 8 (1887), S. 245.

239 BECKE, Pyrit (Anm. 238), S. 248.

VI.   Majdan, Bosnien
VII. Pyritkristalle mit Goethithaut überzogen, Fundort unbekannt
VIII. Pyritwürfel in Chloritschiefer eingewachsen vermutlich aus den Alpen
IX.   Příbram mit Calcit und Quarz
X.   Giftberg bei Horschowitz, Böhmen
XI.   Andreasberg im Harz mit Calcit und Apophyllit

In der Publikation fasst Becke die Resultate mit den verschiedenen Ätzmitteln an den einzelnen Flächen in geordneter Abfolge zusammen. Es sind dies Würfelfläche, Pyritoederfläche, Oktaederfläche und Dodekaederfläche.

Zunächst werden die Ätzfiguren im Säurebad beschrieben.

Die Ätzfiguren auf der Würfelfläche (001) zeigen große Ähnlichkeit mit den bereits beobachteten Figuren an Bleiglanz, Magnetit und Zinkblende. Die Pyritoederfläche (102) (= Pentagondodekaederfläche) zeigt immer – bei jeder Säure und bei jeder Ätzdauer – die gleiche Ätzfläche der gleichen Zone [102–102]. Die Oktaederfläche (111) weist die undeutlichsten Erscheinungen auf. Unter dem Mikroskop beobachtet Becke die Gelatineabdrücke mit zwei unterschiedlichen Figuren: Dreiseitige Grübchen und dreiseitige Ätzhügel, kleine dreiseitige Pyramiden.

Bei der Ätzung mit Alkalien konstatiert Becke folgendes:

Bei der Ätzung mit geschmolzenem Aetzkali oder Aetznatron kehren sich die Verhältnisse … vollständig um. […] Während bei der Ätzung mit Säuren Würfel- und Pyritoderflächen ihren Glanz behalten, die Oktaederflächen dagegen matt werden, sind die letzteren nach der Aetzung mit Alkalien entschieden glänzender, und auf diesen treten die schärfsten Aetzgrübchen auf.[240]

Becke konstatiert sogenannte primäre Ätzflächen, aber keine nachweisbare Ätzzone. Im Lehrbuch von Naumann-Zirkel werden die primären Ätzflächen folgendermaßen definiert: *Im Beginn der Aetzeinwirkung entstehen ebene Flächen (primäre Aetzflächen), die dem Gesetz der rationalen Parameterverhältnisse gehorchen. Im Verlauf des Lösungsvorganges muss indessen der Eindruck allmählich flacher ausfallen, da auf seinem Grunde sich das Lösungsmittel rasch sättigt und hier die Lösungsgeschwindigkeit abnimmt, wogegen in der Nähe des oberen Randes durch Diffusion stets neue Mengen von Lösungsmittel zugeführt werden und die Lösung wie früher vorschreitet. Die so neu entstehenden Begrenzungsflächen, die secundären Aetzflächen, liegen mit den primären in bestimmten Zonen, den Aetzzonen.*[241]

---

240 BECKE, Pyrit (Anm. 238), S. 272.
241 Carl Friedrich NAUMANN & Ferdinand ZIRKEL, Elemente der Mineralogie (Leipzig 1898),
     S. 192.

Die Oktaederfläche weist gleichseitige, dreieckige Ätzgrübchen auf und sie behält ihren Glanz.

Die Ätzfiguren entsprechen der Symmetrie des tesseralen Kristallsystems mit pyritoedrischer Hemiedrie. Die vorkommenden Abweichungen erklären sich durch die Tektonik. Die Annahme, dass die primären Ätzflächen die Flächen größten Lösungswiderstandes sind, belegt Becke mit der experimentellen Überprüfung, …

.. indem die Dickenabnahme [mit Hilfe eines Schraubenmikrometers] *bei der Aetzung an mehreren parallelen Flächenpaaren desselben Krystalls gemessen wurden.*[242]

Die ersten Messungen beginnen schon im Notizbuch Nr. 9 (= Beobachtungsbuch Nr. 11, 1885–1886) Blatt 88, mit dem Mikrometer mit und ohne Glasplättchen, die vor und nach dem Ätzen gemessen werden. Für Becke sind sie äußerst aufwendig und nicht optimal zufriedenstellend. Er stellt fest, dass bei den Messungen mit dem Glasplättchen der Messfehler noch vergrößert wird.

Ferdinand Zirkel diskutiert die Handhabung und die Messgenauigkeit in seinem Lehrbuch mit folgenden Worten:

Die Objekttisch-Schraubenmikrometer geben vermögens ihrer Construction zu manchen Fehlern Anlass und erreichen vielleicht nur in seltenen Fällen bei ganz vollendeter Arbeit den erforderlichen Grad der Genauigkeit.[243]

Das bedeutet für Becke höchste Genauigkeit in der Messabfolge, die er auch mit Bravour meistern kann. Er stellt fest, dass der Messfehler durch ein aufgelegtes Glasplättchen vergrößert wird. Diese Vergrößerung des Messfehlers berücksichtigt Becke in den folgenden Berechnungen.

Dickenmessungen werden im Notizbuch Nr. 13 (= Beobachtungsbuch Nr. 12, 1886–1887) weiter verfolgt. Die hier gezeichnete Skizze des Schraubenmikrometers erfährt in der Publikation eine exakte Darstellung mit einer genauen Beschreibung der Funktion des technischen Gerätes.

Zur Dickenmessung konnte ich dank der Zuvorkommenheit meines geehrten Collegen, Professor Tangl, ein dem botanischen Universitäts-Institut gehöriges Schraubenmikrometer von Zeiss verwenden. Dasselbe besitzt eine Schraubenspindel deren Umgang = 0.2 Millimeter. Die Trommel ist in 100 Theile getheilt, Zehntel derselben konnten noch geschätzt werden. Um die Messung der Krystalldicke unter dem Mikroskop auszuführen, wurde mit demselben ein zweiter Apparat verbunden, welchen Fig. C in halber Grösse zeigt. Auf einer Metallplatte bei O durchbrochenen Metallplatte A ist ein Widerlager B senkrecht aufgenietet, auf welches eine Spiegelglasplatte G aufgekittet ist. Ausserdem trägt A noch zwei kurze Säulchen C, D, in welche die Muttern für zwei gleichmässig gearbeitete

---

242 BECKE, Pyrit (Anm. 238), S. 318.
243 Ferdinand ZIRKEL, Lehrbuch der Petrographie. Band 1 (Leipzig 1893), S. 35.

Schrauben S und F eingeschnitten sind. Schraube S (Stellschraube) ist am linken Ende abgerundet, am rechten Ende trägt sie einen gerändelten Knopf und läuft in eine feine Spitzte aus. Die andere Schraube F (Fixschraube) hat am linken Ende ebenfalls eine feine Spitze, am anderen Ende einen Knopf. Sie behält während einer ganzen Versuchsreihe unverändert dieselbe Stellung [...]. Um mit diesem Apparat die Dickenabnahme eines Krystalles zu messen, wurde derselbe zwischen G und das abgerundete Ende von S gebracht; um zu vermeiden, dass sich dieses in die Oberfläche des Krystalles einbohre, wurde derselbe noch mit einem planparallelen Glasplättchen gedeckt. Die Schraube S wurde bis zur leichten Klemmung des Krystalls angezogen. Dann wurde mittels des Schraubenmikrometers die Entfernung der beiden Spitzen F und S unter dem Mikroskop gemessen. Wenn dieselbe Messung nach der Aetzung wiederholt wird, so wird diese Entfernung grösser gefunden; die Differenz entspricht der Dicke der gelösten Schichte.[244]

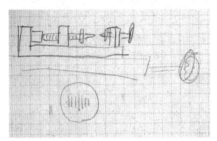

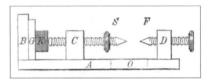

Abbildung 14: Skizze Schraubenmikrometer. Notizbuch Nr. 13 (1886–1887), Blatt 4. Blattgröße: 14,5x9 cm

Abbildung 15: Schraubenmikrometer aus der Publikation »Aetzversuche am Pyrit« S. 318

Skizze des Schraubenmikrometers und Teil der Messskala

Die Abbildung des Schraubenmikrometers ist eine fast identische Wiedergabe der Skizze des Notizbuches, die darauf hinweist, wie gut Becke mit seinen Sinnesorganen und seinem Bleistift ein technisches Gerät wiedergeben kann.

Das Blatt 12 des Notizbuches 13 (= Beobachtungsbuch 12, 1886–1887) dokumentiert die Vorgangsweise Beckes am Schraubenmikrometer mit der Einstellung der Schraube, der Orientierung der Flächen des Kristalls und den dazugehörigen Messpunkten auf den Kristallflächen. Die Resultate dieser aufwendigen Versuchsreihe fasst Becke folgendermaßen zusammen:

Die Würfelfläche erweist sich als die Fläche grössten Widerstandes. Ihr zunächst kommt die Fläche des positiven Pyritoeders. Das Rhombendodekaeder erscheint unter allen untersuchten Formen als diejenige, welche den geringsten Lösungswiderstand besitzt, doch muss betont werden, dass ebenso, wie der Un-

---

244 BECKE, Pyrit (Anm. 238), S. 318–319.

*terschied zwischen Würfel und + Pyritoeder ein geringer, die Unterschiede
zwischen Dodekaeder, – Pyritoeder und Oktaeder vergleichsweise geringfügig
sind.*[245]

Resümee

In der Publikation werden die Resultate dieser umfangreichen Studie in einer
Tabelle auf den Seiten 311–312 festgehalten. Sie gibt einen sehr schönen Über-
blick über die groß angelegte und gelungene Forschungsarbeit des Minerals
Pyrit.

Es ist zu beobachten, dass die bereits bestehenden Erkenntnisse ein Fundament bilden, worauf Becke seine fortführenden Untersuchungen stützt. Ebenso
ist ein systematisches und organisiertes Vorgehen erkennbar. Beckes hervorragende Beobachtungsgabe führt ihn in sehr schnellen Schritten zu Antworten
auf seine Fragen.[246]

Die Messungen der im Labor entstandenen Ätzfiguren an Kristallen vergleicht Becke mit denen, die in der Natur vorkommen und gelangt zur Erkenntnis, dass die Figuren ähnlich sind, und man damit Rückschlüsse auf die
Einwirkung eines bestimmten Lösungsmitteles auf die Kristalloberfläche
schließen kann. Seine akribischen Forschungen publiziert er 1887 in Tschermaks Mineralogisch Petrographischen Mitteilungen. Diese Publikation kann als
Zusammenfassung und Abschluss der Forschungsreihe über Ätzfiguren an
Kristallen von Zinkblende, Bleiglanz, Pyrit und Magnetit gesehen werden.[247]

6.2.5 Ätzversuche am Mineral Fluorit

a)   Das Mineral Fluorit in der mineralogischen Beschreibung

Im Lehrbuch der Mineralogie wird das Mineral Fluorit folgendermaßen beschrieben:

Fluorit oder Flussspat gehört der Mineralklasse Halite in der 3. Ordnung
– Fluorite – an. Die chemische Zusammensetzung lautet hier:
CaF_2, entsprechend 51.3 Calcium, 48.7 Fluor.[248]

---

245 BECKE, Pyrit (Anm. 238), S. 326.

246 LEINFELLNER, Wissenschaftliche Theorien (Anm. 182, S. 48) bezeichnet das Experiment
     als Frage, *deren Form durch die Theorie bestimmt ist, […] das Meßergebnis liefert die
     ausreichende Antwort.*

247 Friedrich BECKE, Einige Fälle von natürlicher Aetzung an Krystallen von Pyrit, Zinkblende,
     Bleiglanz und Magnetit. In: Tschermaks Mineralogische und Petrographische Mitteilungen
     9 (Wien 1887).

248 TSCHERMAK, Lehrbuch (Anm. 173), S. 639.

Fluorit wird in der modernen Mineralogie der Kristallklasse 4/m-32/m zugeordnet

Häufig kommen kubische Kristalle, aber auch Kombinationen als Tetrakishexaeder und Hexakisoktaeder vor. Zonarer Aufbau der Kristalle ist möglich.

Die Spaltbarkeit ist vollkommen, Härte (Mohs) 4, Dichte 3,0–3,5, fast in allen Farbvarietäten

Vorkommen: in allen magmatischen und sedimentären Bildungsstätten.

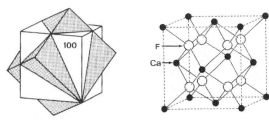

Abbildung 16: Fluorit, Durchkreuzungszwilling und Kristallstruktur, Matthes S. 81 und 82

b)   Die Dokumentation der Experimente am Mineral Bleiglanz in den
*   Notizbüchern in der Gegenüberstellung zur Publikation*

In der letzten groß angelegten Publikation verfolgt Becke eine neue Theorie, indem er einen Zusammenhang zwischen der Lösungsgeschwindigkeit der verschiedenen Kristallflächen und der Form der Ätzfiguren nachweisen möchte. Anhand der über Jahre hinausgehenden Erforschung des Fluorits widmet sich Becke hier eingehend der Frage nach der Lösungsgeschwindigkeit, die er in gezielten Messversuchen dokumentiert.

Ich versuchte, diese Frage am Fluorit eingehender als bisher zu studieren und habe daher ziemlich viel Arbeit und Sorgfalt auf eine möglichst exacte Bestimmung der Lösungsgeschwindigkeit in verschiedener Richtung verwendet. Die ersten ziemlich gut gelungenen Vorversuche machte ich bereits im Jahre 1887. Die Untersuchung blieb dann infolge der schwierigen Materialbeschaffung längere Zeit liegen. Erst im vorigen Herbst gelangte ich in Besitz tauglicher Krystalle, welche erlaubten, die Arbeit wenigstens in Bezug auf die Lösungsgeschwindigkeit in Salzsäure genügend durchzuführen und auch mit alkalischen Aetzmittel einige Versuche anzustellen.[249]

Den ersten Ätzversuch an dem Mineral Fluorit notiert Becke bereits im Notizbuch Nr. 9 (= Beobachtungsbuch Nr. 11, 1885–1886) mit der Versuchsnummer 187.

In der Einleitung führt er aktuelle Beiträge zum Thema Ätzfiguren an, die

---

249 Friedrich BECKE, Aetzversuche am Fluorit. In: Tschermaks Mineralogische und Petrographische Mitteilungen 9 (Wien 1890), S. 393.

ebenfalls auf einem Einlageblatt des Notizbuches Nr. 9 (Beobachtungsbuch Nr. 11) eingetragen sind: Baumhauer (N. Jb. f. Min. 1876, 605), Lasaulx (Z. f. Krist. 1877, 359), Werner (N. Jb. F. M. 1881, I, 14), van Calker (Z. f. Krist. 1883, VII, 449)[250]

Anschließend listet er die Fundorte des untersuchten Materials auf:

- *Farblose Würfel vom Calvarienberg bei Bozen, in Klüften des Porphyrs*
- *Blass weingelbe, ziemlich große und reine Würfel von Freiberg in Sachsen in Begleitung von Bleiglanz-Krystallen*
- *Ein Druse schöner, ziemlich großer, würfelförmiger Krystalle von Cornwall*
- *Sehr vollkommenen Würfel von Cumberland, im durchfallenden Licht blass röthlich violett mit starker Fluorescenz. […] Es sind Durchwachsungszwillinge, an den von den Zwillingsecken durchstochenen Würfelflächen mit starker Vicinalflächen- Entwicklung[251]*

Im Notizbuch Nr. 9 (= Beobachtungsbuch 11, 1885–1886) untersucht Becke Fluorite von Bozen (Italien), Cornwall (England) und Königsberg (Kaliningrad, Russland). Der erste Ätzversuch an Fluorit geschieht schon während seiner Beobachtungen an Pyrit im Notizbuch Nr. 9 auf Blatt 17. Erste Messungen an Fluoriten von Cornwall und Königsberg notiert Becke auf Blatt 22 des Notizbuches Nr. 9:

Fluorit Cornwall. Mineralogisch petrographisches Institut Wien.
Auf 100 prachtvolle Parquettierung Aetzhügel.
Messung des Lichtbildes mit dem Goniometer – Eintrag der Messdaten
Fluorit Königsberg.
Lichtbild der kl. d-Flächen welche auf o erinnert stark an Magnetit

Eine groß angelegte Versuchsreihe beginnt erst im Notizbuch Nr. 13 (= Beobachtungsbuch Nr. 12, 1886–1887) auf Blatt 85. In den Versuchen von Nr. 251–260 werden die unterschiedlichen Vorgangsweisen von Becke genauestens beschrieben. Er gibt an mit welcher Säure geätzt wird, wie lange die Ätzung dauert, welches Resultat zu beobachten und welcher Erfolg zu erkennen ist. Becke merkt

---

250 Siehe Literatur: Heinrich BAUMHAUER, Aetzfiguren am Adular, Albit, Flussspat und chlorsaurem Natron. In: Neues Jahrbuch für Mineralogie, Geologie und Paläontologie (Stuttgart 1867), S. 602–607. Arnold von LASAULX, Kristallographische Notizen. In: Zeitschrift für Krystallographie und Mineralogie. 1, (Leipzig 1877), S. 359–367. Gerhard WERNER, Natürliche Eindrücke auf Flussspat. In: Neues Jahrbuch für Mineralogie, Geologie und Paläontologie (Mineralogische Mitteilungen, Stuttgart 1881), S. 1–22. Friedrich Julius Peter van CALKER, Beitrag zur Kenntnis der Korrosionsflächen des Flussspates. In: Zeitschrift für Kristallographie und Mineralogie 7 (Leipzig 1883), S. 449–456.
251 BECKE, Fluorit (Anm. 249), S. 349–350.

an, dass durch die vollkommene Spaltbarkeit des Minerals nach der Oktaederfläche die Versuche an mehreren Spaltblättchen öfters wiederholt werden können. An der graphischen Notiz kann seine Vorgangsweise sehr schön nachvollzogen werden, indem er die Messpunkte auf dem Kristallplättchen nummeriert.

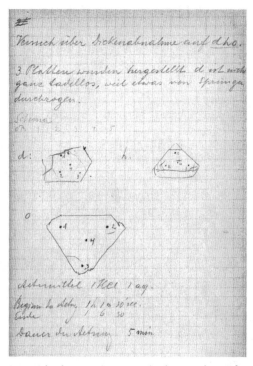

Abbildung 17: Fluorit. Notizbuch Nr. 13 (1886–1887), Blatt 94. Blattgröße: 17,4x10,6 cm

Versuch über Dickenabnahme auf <u>d h o.</u>
3 Platten wurden hergestellt d ist nicht ganz tadellos, weil etwas von Sprüngen
durchzogen.
Schema oh 1 2 3 4 5
Zeichnung der und Benennung einzelnen Platten: d – h – o
Aetzmittel 1 HCl 1 aq.
Beginn der Aetzung 1 h 1 m 30 sec,
Ende 1 6 30
Dauer der Aetzung 5 Min.

Seine Beobachtungen der Reflexe durch das Mikroskop und mit dem Goniometer notiert er folgendermaßen:

Es entsteht eine komplizierte Reflexgruppe, der hellste Reflex weicht um 1° von der Lage auf der Oktaederfläche ab,[252]
... und die Reflexe bilden eine Reihe, die er als »Zentralreihe« bezeichnet. Anhand dieser Erscheinung kann Becke die Orientierung von Fluoritplatten ziemlich genau einstellen. Die Messungen der Lichtfiguren geätzter Flächen werden durch den schwachen Glanz der Fluorite sehr erschwert, aber der durchsichtige Fluorit erlaubt eine direkte Beobachtung unter dem Mikroskop.

Als Ätzmittel werden die gleichen Säuren und Alkalien wie bei früheren Versuchen angewandt.

Es zeigte sich, dass die Säuren im Allgemeinen in ganz ähnlicher Weise einwirken, eine Erfahrung, welche sich bei fast allen untersuchten Mineralen bestätigt hat.[253]

Nach mehreren Versuchen mit unterschiedlichen Lösungsmitteln kann er bereits auf Blatt 88 am Fluorit von Freiberg mit der Nr. 264 ein erfreuliches Ergebnis konstatieren:

Fluorit Freiberg schönes Spaltstück mit 2 Würfelflächen geätzt 1 Min in HCl + 1 aqua. Prachtvolles Resultat!

Zunächst stellt Becke die Frage über die Lage der Ätzgrübchen und Ätzhügel:

Hieraus lässt sich nach Analogie mit anderen bisher untersuchten Mineralen erwarten, dass auf den Flächen des Dodekaeders, Ikositetraeders und Triakisoktaeders Aetzgrübchen, dagegen auf den ausserhalb der Aetzzone liegenden Flächen, [...] Aetzhügel enstehen.[254] Bei der Ätzung mit Säuren untersucht Becke die Würfelflächen (001), die Oktaederfläche (111) und die Dodekaederfläche (101). Auf den Würfel- und Dodekaederflächen beobachtet Becke Ätzgrübchen, die von Konzentration der Säure und der Temperatureinwirkung abhängig sind (siehe Figur 5 auf Tafel VII). Ebenso zeigt das Experiment, dass die Zonen zwischen Oktaeder- und Würfelflächen die Ätzzonen sind. Die Figuren sind auf der Oktaederfläche dreiseitig, auf der Würfelfläche vierseitig und auf der Dodekaederfläche sechsseitig.

Die Messungen des Ätzvorganges beobachtet Becke an Ikositetraeder-, Triakisoktaeder- und Tetrakishexaederflächen.

Becke zieht Vergleiche zu anderen geätzten Mineralen und stellt die Beziehung Ätzfläche – Struktur in Frage. Wobei er feststellt, dass bei der Beobachtung der Flächen des Minerals Fluorit die Beziehung der Ätzflächen zu Flächen mit rationalen Achsenabschnittsverhältnissen nie so deutlich hervortritt, wie zum Beispiel bei den Ätzflächen des Magnetits.

Wenn man bedenkt, dass selbst bei Krystallen so vollkommener Aetzbarkeit

252 BECKE, Fluorit (Anm. 249), S. 350.
253 BECKE, Fluorit (Anm. 249), S. 351.
254 BECKE, Fluorit (Anm. 249), S. 358–359.

wie bei dem schon als Beispiel aufgeführten Magnetit, die Aetzflächen von krystallographisch gesetzmäßiger Lage nur unter gewissen Umständen, die bei ganz bestimmten Aetzmitteln entstehen; wenn man dies alles erwägt, ist es leicht verständlich, dass für andere Krystalle diese günstigen Bedingungen schwerer – vielleicht überhaupt nicht erfüllbar sind, und dass man daher auf krystallographische Deutung der Aetzflächen in diesem Falle zu verzichten hat. In einem solchen Fall scheint sich allerdings der Fluorit zu befinden, wenigstens in seinem Verhalten gegen Salzsäure. Man kann dies dadurch zum Ausdruck bringen, dass man sagt, Magnetit sei ein Mineral mit vollkommener Aetzbarkeit, nach Analogie, wie man Minerale mit vollkommener und unvollkommener Spaltbarkeit unterscheidet.[255]

Des Weiteren erörtert Becke die Besonderheiten des Wachstums eines Fluorits, das heißt der Kristall wächst bei der Bildung in eine bestimmte Richtung. Becke nennt diese Art des Wachstums Anwachskegel.[256] Der Kristall erscheint aus kegelförmigen Teilen, die durch Substanzzuwachs auf einer Fläche entstanden sind. Auf diesen Flächen kann man durch die Mitte des Kristalls so viele Sektoren erkennen, als dieselbe Anwachskegel schneidet. Dies hat einen Einfluss auf die Ätzfiguren, die in der Richtung der Achse des Anwachskegels oder in der Ebene normal dazu sehr vertieft sind. Nach heutigen Erkenntnissen werden diese Anwachskegel als zonarer Bau des Kristalls bezeichnet. Den gleichmäßigen Wuchs eines Kristalls nennt Becke natürlicher Wuchs oder natürliche Fläche.

Aus früheren Untersuchungen – Ätzversuche an Mineralen der Magnetit Gruppe – erkennt Becke, dass es einen Zusammenhang zwischen der Ätzbarkeit der Kristalle und der Lösungsgeschwindigkeit gibt, insofern, als die primären Ätzflächen eine kleine, die Flächen außerhalb der Ätzzone eine große Lösungsgeschwindigkeit haben. Seine Methode zur Bestimmung der Lösungsgeschwindigkeit erklärt er folgendermaßen:

Platten des zu untersuchenden Minerals, in verschiedener Richtung geschnitten, werden unter gleichen Verhältnissen durch gleiche Zeit demselben Aetzmittel ausgesetzt. Die durch die Messung der Dicke vor und nach der Aetzung bestimmte Abtragung ist das Maass der Lösungsgeschwindigkeit. Durch Vergleich der Abtragung auf verschiedenen Platten erhält man ein relatives Maass der Lösungsgeschwindigkeit der verschiedenen Richtungen. Durch gleichzeitige Be-

---

255 BECKE, Fluorit (Anm. 249), S. 362.
256 In einigen Publikationen erörtert Becke seine Theorie des Kristallwachstums und der Anwachskegel: Friedrich BECKE, Der Aufbau der Krystalle aus Anwachskegeln. In: Sitzungsberichte des deutsch, naturwissenschaflich-medizinischen Vereins für Böhmen »Lotos« 42 (Prag 1894), 1–18. Form und Wachstum der Krystalle. In: Schriften des Vereins zur Verbreitung naturwissenschaftlicher Kenntnisse 37 (Wien 1897), 487–503. Das Wachstum und der Bau der Kristalle. Inaugurationsrede, gehalten am 28. Oktober 1918 (Wien).

obachtung der Zeit, der Temperatur, der Concentration lässt sich die absolute Lösungsgeschwindigkeit bestimmen.[257]

Zur Beobachtung gelangen Präparate des Flussspates von Freiberg (Versuche I–V), Cornwall (VI, VII) und Cumberland (VIII–XV). Die Platten werden dann am Goniometer für die Messung in einer bestimmten Richtung orientiert, die Becke genauestens beschreibt. Die Orientierung der Platten erfolgte nach vorhandenen Krystall- oder Spaltflächen.

Bei Benützung dieser musste auf die [...] Eigenthümlichkeit des Flussspathes Rücksicht genommen werden, dass die hellsten Reflexe der Spaltfläche oft um $\frac{1}{2}-\frac{3}{4}$ von der Position des Oktaeders abweichen. Die anzuschleifenden Stücke wurden auf dem mit polierter Endfläche versehenen Stempel des Fuess'schen Parallelschleifers in der verlangten Richtung aufgekittet, die richtige Stellung durch Messung am Reflexionsgoniometer geprüft, wobei der Reflex der polierten Endfläche des Stempels als Anhalt für die anzuschleifende Fläche diente. War die Stelle erreicht, so wurde im Dreifuss eine ebene Fläche angeschliffen und diese abermals am Goniometer geprüft. Größere Abweichungen als $\frac{1}{4}$° kamen nicht vor. Sie wurden in ähnlicher rechteckiger Form und annähernd gleicher Größe hergestellt (ungefähr 1 Quadratzentimeter).[258]

Die Größe einer Platte gibt Becke bei der Herstellung der Cornwall-Fluorit Platten an. Ebenso war die Herstellung einer gleichmäßigen Oberfläche schwierig und auch eine mehrmalige Wiederholung von Dickenmessungen – eine Platte hält nicht mehr als drei Versuche aus. Daran schließt eine detaillierte Beschreibung des Messvorgangs der Dicke. Die erforderlichen Dickenmessungen werden mit einem Sphärometer von Pfister in Bern[259] ausgeführt.

Der Kopf der Schraube ist in 100 Theile getheilt, Zehntel derselben können geschätzt werden. Eine Umdrehung der Schraube ist nach Angabe des Mechanikers gleich 0.5 Millimeter, so dass bei der Einstellung 0.0005 noch geschätzt werden können.

Die Dickenmessungen wurden in der Weise ausgeführt, dass zuerst der Nullpunkt der Messung (Einspielen der Libelle), dann die Platte an mehreren bestimmten gleichmäßig über die Oberfläche vertheilten Punkten, endlich nach Entfernung der Platte wieder der Nullpunkt eingestellt wurde. Die ganze Messung wurde fünfmal wiederholt und für jeden Punkt das Mittel der Ablesungen als

---

257 BECKE, Fluorit (Anm. 249), S. 393.
258 BECKE, Fluorit (Anm. 249), S. 394.
259 Die Firma *HERMANN & PFISTER*, ansässig in Bern, erzeugte verschiedene optische Geräte und Geräte für die Wetterbeobachtung. Gründer der Firma im Jahr 1858 war Friedrich Hermann (1835–1906), Johann Heinrich Pfister (1841–19119) trat als Kompagnion 1863 in die Firma ein. Mit wechselnden Geschäftsleitungen ist die Firma unter dem Namen Haag-Streit Gruppe noch heute international tätig.

Dicke angenommen. Nach der Aetzung wurde in derselben Weise verfahren, indem dieselben Punkte der Platte abermals eingestellt wurden[260].

Im Abschnitt über die Ausführung der Ätzung erklärt Becke, dass er ab dem Versuch VIII die Fehlerquellen durch die Technik mittels neuer Ideen beheben kann: Einstellung der Säurekonzentration auf ein bestimmtes spezifisches Gewicht und die gleiche Menge an Säuremittel, konstante Temperatur gehalten, indem die Flüssigkeit in einem Becherglas und dieses in einem Wasserbad stehen. Ebenso ändert Becke die Lage der Platten im Platinkörbchen, zuerst liegen diese, später stehen sie im Korb.

Auf eine sehr sichere und bequeme Befestigungsmethode kam ich leider erst bei den letzten Versuchen. Beim Einhängen der Platten in Flüssigkeit wurde darauf gesehen, dass sich alle Platten in gleicher Höhe und in gleicher Entfernung von den Wänden des Becherglases befanden. […] Während der Einwirkung der Säure wurden die Platten durch Drehen des Deckels hin- und her bewegt, um der Bildung von Höfen gesättigter Lösung um die Platten möglichst entgegen zu arbeiten.[261]

In seinen Erörterungen über die unterschiedliche Ausbildung von Kristallformen führt Becke unterschiedliche Fundorte und Bildungsstätten von Fluorit an und gelangt zu folgenden Erkenntnissen: In sulfidischen Erzgängen mit Quarz und Carbonaten, aber ohne Silikate bildet sich der Fluoritwürfel, zu finden in Cumberland, Cornwall, Derbyshire und Freiberg. Hingegen treten in silikatreichen Zonen Oktaeder und Dodekaeder auf wie zum Beispiel in Striegau in Schlesien.

Eine eigenthümliche Mittelstellung nimmt, wie es scheint, Andreasberg ein. Hier sind auf den Erzgängen Silicate, namentlich verschiedenartige Zeolithe, keine seltene Erscheinung. Damit stellen sich auch oktaedrische Flussspathe ein, welche sonst auf Erzgängen selten sind. Das bekannte Fluoritvorkommen von Zinnwald zeigt sowohl Oktaeder als Würfel[262].

Abschließend meint Becke, dass diese Beobachtungen anhand eines größeren Materials lohnend wären, einen wissenschaftlichen Nachweis über Entstehung und Bildungsart zu erbringen, den er hier nur »hypothetisch« anführt.

Hier zeigt sich wiederum Beckes Denkstil, wie die aus den Versuchen gewonnenen Erkenntnisse und genauen Beobachtungen ein Zusammenhang von Kristallform und Genese bestehen muss. Die Erkenntnisse aus diesen Versuchen im Hinblick auf die Molekularstruktur weisen auf ein oktaedrisches Raumgitter nach Bravais hin, wobei die Ca-Atome vorzüglich der Dodekaederfläche (110)

---

260 BECKE, Fluorit (Anm. 249), S. 395.
261 BECKE, Fluorit (Anm. 249), S. 397.
262 BECKE, Fluorit (Anm. 249), S. 419.

und die F-Atome der Würfelfläche (100) zugekehrt sind. (Siehe Abbildung 16: Kristallstruktur des Fluorits.).

Becke zieht einen Vergleich zu Ätzfiguren, im Besonderen der Ätzflächen und Ätzungen mit seinen vorangegangenen Versuchen und den daraus gewonnenen Erkenntnissen, die seiner Meinung nach noch sehr unvollständig sind.

Wie weit wir noch entfernt sind von einer schöpfenden Kenntnis der Erscheinungen beim Aetzen zeigt sich wohl am klarsten darin, dass jede neue Untersuchung ganz neue Verhältnisse enthüllt.[263]

Resümee

Becke geht in seinen Forschungen über die gängigen Beobachtungen der Zeitgenossen hinaus, indem er Lichtverhältnisse und Einstellungen am Goniometer verändert, Forschungen an vielen gleichartigen und gleichen Mineralen unterschiedlichen Fundortes anstellt und in der Folge zu neuem Wissen gelangt, wie zum Beispiel die Erkenntnis von Ätzgrübchen und Ätzhügeln. Diese beiden Termini finden nicht nur Eingang in Gustav Tschermaks Lehrbuch der Mineralogie, sondern auch in einige andere Standardwerke der Mineralogie, wie zum Beispiel in das Lehrbuch von Naumann und Zirkel:

Das Studium der Aetzfiguren hat in neuerer Zeit nicht geringe Wichtigkeit erlangt und durch dasselbe ist die Krystallisation mancher Mineralien überhaupt erst richtig erkannt worden.[264] Es geht hier immer wieder um die Verbesserung der Versuchsanordnung. Wenn wir die Arbeitsprozesse berücksichtigen, so kann ein anderes Bild der disziplinären Zuordnung entstehen.

Aus den anfänglich zufälligen Erkenntnissen – Notizbuch Nr. 5 (1881–1882) – legt Becke eine Reihe von Versuchen an, die im Laufe der Zeit immer genauer werden hinsichtlich seiner Beobachtungen, seiner Messungen und Erfahrungen bezüglich des Ätzens mit verschiedenen Säuren und Laugen. Auf Grund seiner Beobachtungen gelangt Becke zur empirischen Schlussfolgerung mit der unterschiedlichen chemischen Angreifbarkeit durch die Säuren, dass die ZnS Moleküle der Zinkblende so gelagert sind, wobei nach der einen Seite der Tetraederfläche die Zn Atome schauen und nach der Gegenseite die S liegen. Heute wissen wir, dass es eine Art Doppel Gitterebene gibt, bei der neben der Zn-Ebene eine parallel liegende S-Ebene liegt (Siehe Abbildung 3). Die Notizen der Experimente an Zinkblende, Bleiglanz, Magnetit und Fluorit zeigen eine fortlaufende Entwicklung einer Idee, die in zeitlich sehr aufwendigen Experimenten erfolgt.

Das Experiment, mit Anfängen im ausgehenden 16. und beginnenden 17. Jahrhundert, wird nun zum ganz wichtigen Teil der Erkenntnis in der Na-

---

263 BECKE, Fluorit (Anm. 249), S. 420.
264 NAUMANN, ZIRKEL, Elemente der Mineralogie. (Anm. 241), S. 190–194.

turwissenschaft.[265] Dabei spielt die experimentelle Handlung der Geräte eine bedeutende Rolle, das heißt am Einsatz der Technik wird experimentiert. Die in Erzählform gehaltenen Erkenntnisse sind objektive Aufzeichnungen, die in den Notizbüchern – Beobachtungsbüchern, beziehungsweise Laborbüchern – mit subjektiven Ausrufen und Notizen über Messungen und graphischen Abbildungen abwechseln. Der narrative Text ist als Artikulation der Erinnerung zu sehen.

In den Publikationen wird eine geordnete Abfolge der empirisch gewachsenen Schritte wieder in Erzählform aufgezeichnet. Der erste Schritt stellt die Theorie dar, die es im Folgenden zu beweisen gilt. Daran schließt die Beschreibung des Arbeitsvorganges mit den technischen Geräten des Goniometers, dem Mikroskop und einem Schraubenmikrometer, weiters die Angaben der Einwirkungszeit und Temperatur des Lösungsmittels. Aus der Beobachtung der Ätzfiguren, die in Tafeln im Anhang angeführt sind, beantwortet Becke die von ihm selbst gestellte kristallographische Frage: Gehorchen die Ätzflächen dem Parametergesetz?[266] Er kann in der Folge anhand der Ätzflächen diese Frage positiv beantworten.

Seine erkenntnisreiche Leistung resultiert aus den veränderten Arbeitsweisen – Lichtverhältnisse und Einstellungen des Goniometers – sowie der Zeichnung als spezifisch, objektive Wahrnehmung und Unterstützung seiner Theorien[267]. Diese »Denkbewegung« erstreckt sich auf einen Zeitraum von zehn Jahren, innerhalb dieser Zeit finden dokumentierte Untersuchungen und daran schließende Publikationen zum Thema statt.

Die Beobachtungen am Mineral Bleiglanz stellen Becke zunächst vor ein großes Problem der chemischen Reaktion des Bleiglanzes auf die Säurebehandlung. Nach vielen Versuchen erkennt er die Abfolge des chemischen Prozesses und kann dann endlich die erfolgreichen Messungen der Ätzfiguren weiterführen. In den Notizbüchern finden sich Einträge über Beobachtungen an anderen Mineralen, die zwischen den Forschungen am jeweiligen Mineral eingeschoben werden. Es wird nicht dezidiert darauf hingewiesen, sondern als Überprüfung oder als zufällige Erscheinung am Objekt in die empirischen Schritte mit hineingenommen. Ätzfiguren entstehen nicht nur im Labor, sie sind auch mannigfaltig in der Natur zu beobachten, ihr Auftreten und ihre Lokation finden Eingang in die Publikation über »Natürliche Ätzfiguren an Pyrit, Zinkblende, Bleiglanz und Magnetit« (siehe Anm. 247). Die natürlichen Ätzfiguren

265 Anna CARNEIRO & Marianne KLEMUN, Experimernt had become a powerful way of knowing in science. In: Centaurus 53 (Singapore 2011), S. 79.
266 *PARAMETERGESETZ* siehe oben Kapitel 3.1.
267 HOFFMAN, Daten sichern (Anm. 169, S. 17): Mit dem Speichern seiner Beobachtungen werden *primäre Daten gesichert*, aber auch *mit der Setzung eines Problems eine Jahre füllende Denkbewegung eröffnet.*

beobachtet Becke an verschiedenen Mineralen während seiner experimentellen Untersuchungen, die er zwischen den Beobachtungen an einem ganz spezifischen Mineral einschiebt und notiert.

Die Publikation über den Fluorit kann in vielerlei Hinsicht als Zusammenfassung und Abschluss von Beckes Untersuchungen von Ätzfiguren an Mineralen gesehen werden. Im Jahr 1890 wechselt Becke an die deutsche Universität in Prag. Hier sieht er sich einem neuen Umfeld gegenüber und es stellen sich neue Aufgaben am großen mineralogischen Institut als Nachfolger des bekannten Mineralogen Viktor Zepharovich (1830–1890).

Beckes Erfahrungen aus den Untersuchungen mit Lösungsmitteln an Kristallen kann er später bei den Färbemethoden zur Unterscheidung von Quarz und Feldspat unter dem Mikroskop erfolgreich einsetzen. So gelingt es, Schliffe, welche Orthoklas, sauren Plagioklas und Quarz enthalten, derart zu ätzen, dass der Plagioklas intensiv gefärbt wird.[268]

Das Verfahren und der Ablauf des Beobachtens werden erst in der Publikation in einer konstruktiven Abfolge der einzelnen Laborstudien beschrieben. Beckes Theorien werden mit der Leistung der Geräte – Goniometer und Mikroskop – technisch beobachtet, und deren Messresultate zur Beweisführung herangezogen.

Die Beobachtungen über Ätzfiguren haben einen großen Wirkungsradius in der Wissenschaft ergeben. Beckes Forschungen finden auch in anderen Publikationen Anklang. So beschreibt Gerhard A. F. Molengraff in seiner Veröffentlichung über seine Quarzstudien Beckes Erkenntnisse folgendermaßen:

Mit Becke, glaube ich, dass die Form der Aetzfiguren in erster Linie von der chemischen Zusammensetzung der Substanz oder, was daraus schon hervorgeht, von der Molekularstructur der geätzten Fläche (welche doch von der Structur des Molekularnetzes der betreffenden Substanz direct abhängig ist) bedingt wird, in zweiter Linie aber von der Art des ätzenden Lösungsmittels und von der Oberflächenbeschaffenheit der geätzten Fläche. Nur auf ganz glatten Flächen entstehen demnach die für die Substanz charakteristischen Aetzfiguren.[269]

Auch Heinrich Baumhauer weist auf den Zusammenhang von Symmetrie und Ätzfiguren in seinen Publikationen immer wieder hin.[270] Theodor Liebisch konstatiert in seinem Werk über die Grundrisse der Kristallographie, dass Becke

---

268 Friedrich BECKE, Unterscheidung von Quarz und Feldspath in Dünnschliffen mittels Färbung. In: Tschermaks Mineralogische und Petrographische Mitteilungen 10 (Wien 1889), S. 90; ebenso TMPM 12 (Wien 1881), S. 257.

269 Gerhard A. F. MOLENGRAF, Studien am Quarz. In: Zeitschrift für Krystallographie und Mineralogie (Leipzig 1888), S. 198.

270 Heinrich BAUMHAUER, Das Reich der Kristalle (Leipzig 1889), S. 31–34.

einen fundamentalen Beitrag in der Erkenntnis des Kristallwachstums geleistet hat.[271]

Eine Auflösung, beziehungsweise Ätzung und damit eine erfolgte chemische Zersetzung an der Oberfläche eines Kristalls kann als reziproker Vorgang zum Kristallwachstum gesehen werden.

Diejenigen Wachstumsschritte [Becke nennt sie Wachstumskegel], *die bei der Anlagerung eines Atoms an den Kristalls den geringsten Energiegewinn liefern, werden bei der Auflösung bevorzugt durchgeführt, so werden »rauhe Flächen« zunächst abgelaugt. Ferner wird die Auflösung bevorzugt an den Ecken. Bei langsamem Auflösungsvorgang erfolgt die Einstellung der geometrischen Gleichgewichtsform.*[272]

Bei der raschen Auflösung mittels einer Ätzlösung erfolgt eine chemische Zersetzung an der Oberfläche eines Kristalls, wodurch dieser die geometrische Gleichgewichtsform nicht mehr halten kann. Die Symmetrie der Ätzfiguren entspricht daher der Symmetrie der Flächensymmetrie, auf denen sie entstehen.

6.3   Petrographisch-geologische Studien in den Alpen

6.3.1   Einleitung

Friedrich Becke hat in seinen Naturbeobachtungen und den daraus resultierenden Theorien die erdwissenschaftlichen Felder der Mineralogie, Petrographie und Geologie erfolgreich miteinander verbunden. Seine Bedeutung in der Mineralogie und hier vor allem in den fundamentalen Erkenntnissen der Feldspäte in den Beobachtungen mit dem Mikroskop ist immer wieder in der Fachliteratur hervorgehoben worden. Seine Beiträge in den Disziplinen Petrographie und Geologie treten dabei etwas in den Hintergrund. Die grundlegenden Erkenntnisse in der Erforschung der Waldviertler Gesteine werden auch heute noch in der Fachliteratur angeführt. Im Bereich der Kristallinen Schiefer und darüber hinaus in den Erkenntnissen der metamorphen Gesteine gilt Becke als einer der Pioniere innerhalb des Faches der Petrographie. Die fundamentalen wissenschaftlichen Erkenntnisse im Bereich der Alpengeologie – östliches und westliches Tauernfenster – treten dabei in den Hintergrund und finden in der heutigen Literatur wenig bis gar keine Beachtung.

Im Kontext werden hier nochmals die Grundprinzipien der beiden erdwissenschaftlichen Bereiche Petrographie und Geologie kurz erörtert, da sie eine

---

271 Theodor LIEBISCH, Grundriss der physikalischen Krystallographie (Leipzig 1896), S. 78.
272 Friedrich KLOCKMANN, Lehrbuch der Mineralogie. 16. Auflage überarbeitet und erweitert von Paul Rahmdohr und Hugo Strunz (Stuttgart 1978), S. 194.

Basis für die folgenden Erörterungen bilden. Zum Inhalt von petrographischen Studien an Gesteinen zählen die mineralogische Zusammensetzung, die chemische und physikalische Komponente, das Gefüge und die Textur[273] der Gesteine,[274] sowie deren mikroskopische Analyse im Labor. Zu den Inhalten der Geologie gehört vor allem die Stratigraphie der Gesteine in ihrer erdgeschichtlichen Aufeinanderfolge. Leopold Kober resümiert über die Aufgabe des Geologen folgendermaßen:

Der Geologe versteht die Zusammenarbeit von Natur und Mensch im Geiste der Zeit, im Rahmen der Aufgaben, der Forderungen der Wissenschaft.[275]

Mit der historischen Aufeinanderfolge der einzelnen Lithologien stehen hier im Besonderen Theorien über den Deckenbau der Alpen zur Diskussion. Becke selbst kann sich mit dem Deckenbau in Bezug auf das Tauernfenster, trotz fundierter petrographischer Aufarbeitung im Bereich der Hohen Tauern und umfangreichen wissenschaftlichen Diskussionen, vor allem mit dem französischen Geologen Pierre-Marie Termier (1859–1930) während des 9. Geologenkongresses in Wien 1903, nicht ganz anfreunden. Ebenso kann Becke eine exakte stratigraphische Zuordnung der Gesteine der Rieserferner Gruppe nicht überzeugend vertreten, da ihm die eindeutigen Beweise in Ermangelung technischer Messgeräte fehlten. Dies mag auch mit ein Grund sein, warum Becke sich selbst nicht als Geologe, sondern immer als Mineraloge und Petrograph betrachtet, aber mit sehr guten wissenschaftlichen Kenntnissen im Fach der Geologie, die ihm einen intensiven wissenschaftlichen Meinungsaustausch mit bekannten Geologen ermöglicht haben. Wir können auch sagen, dass Beckes Streben einem höchsten Ziel der Naturwissenschaften dient und dabei durch seine Anschauung, seiner Herangehensweise und mit seiner geistigen Gestaltung zu fundierten Erkenntnissen gelangt. Beckes fundamentale Aussagen aber wirken induktiv im Bereich der Alpenforschung und der kristallinen bzw. metamorphen Gesteine.

Die petrographischen und geologischen Publikationen Beckes werden, wie bereits erwähnt, in Biographien über Friedrich Becke zu wenig beachtet. Selbst

---

273 *TEXTUR:* Die Petrographen verstanden darunter die räumliche Anordnung der Minerale im Gestein. Ferdinand LÖWL definiert den Begriff Textur in seinem Werk »Geologie« (Leipzig, Wien 1906, S. 17) folgendermaßen: *Textur ist im Gegensatz zur Struktur eine Ausbildungsweise, die nicht durch die Entstehung der Gemengteile, sondern durch Einwirkung auf das Magma oder auf das fertige Gestein bewirkt wurde.* – Heute steht dafür in den Erdwissenschaften der Begriff »fabric«, bzw. microtexture. Die Textur ist heute der optischen Orientierung von Mineralen zugeordnet. Siehe Literatur: Cees W. PASSCHIER & Rudolf A.J. TROUW, Microtectonics, 2nd, Revised and enlarged ed. (Berlin 2005).

274 Ernst WEINSCHENK grenzt in seinem Werk: Grundzüge der Gesteinskunde I (Freiburg im Breisgau 1906, S. 14) die Petrographie eindeutig von der Geologie ab: *Es kann nicht scharf genug betont werden, daß die petrographische Beschaffenheit eines Gesteins zu keinerlei Schlüssen über dessen geologisches Alter berechtigt.*

275 Leopold KOBER, Bau und Entstehung der Alpen (Wien 1955), S. 289.

in den Nekrologen und Nachrufen von Himmelbauer, Tertsch, Suess und Wie-seneder,[276] die Beckes petrographisch-geologische Tätigkeit anführen, wird seine Bedeutung in diesen Bereichen zu wenig hervorgehoben. Hans Wieseneder sieht im Rückblick auf Beckes Lebenswerk diesen als einen großartigen Petro-graphen, der in vielerlei Hinsicht als der »Führer auf dem Gebiet der Gesteins-metamorphose und der metamorphen Gesteine« zu sehen ist.

1909 führte er den Begriff der Diaphtorese ein. Es handelt sich um den Begriff der rückschreitenden Metamorphose [...] Dieser Vorgang ist von größter Be-deutung für die Kristallingeologie alpidischer Faltenzüge. Diaphthoresezonen markieren die großen Bewegungshorizonte tektonischer Einheiten.[277]

Der Begriff Diaphtorese geht auf Friedrich Becke zurück und wird ebenfalls im Kapitel »Kristalline Schiefer« eingehend erörtert.[278]

Resultierend aus diesen Überlegungen ist hier den Tätigkeiten Beckes zum Thema Alpenstudien ein besonderes Augenmerk gewidmet. In einem Beitrag der Geologischen Bundesanstalt nimmt Christof Exner das 100-Jahrjubiläum der Theorie des Tauernfensters und die Wiederkehr des 150-jährigen Geburts-tages Beckes zum Anlass, Beckes petrographisch-geologische Publikationen neu zu betrachten.[279] Der Geologe Christof Exner (1915–2007) sieht in Beckes Tau-erngeologie ein Fundament der Forschungen im Bereich des Tauernfensters. Der Terminus »Tauernfenster« geht auf eine Bezeichnung des französischen Geo-logen Pierre-Marie Termier (1859–1930) zurück und wird erstmals in seiner Publikationen von 1904 erwähnt[280]. Eduard Suess hat den französischen Begriff

---

276 Alfred HIMMELBAUER, Zur Erinnerung an Friedrich Becke. In: Mineralogische und Pe-trographische Mitteilungen 42 (1931), S. I–VIII. Hermann TERTSCH, Mein Lehrer – Zu Friedrich Beckes 100. Geburtstag. In: Karinthin 30 (1955), S. 86–94. Franz Eduard SUESS, Friedrich Becke. In: Mitteilungen der Geologischen Gesellschaft 24 (Wien 1932), S. 137–146. Hans WIESENEDER, Friedrich Becke und sein Lebenswerk. In: Fortschritte der Mi-neralogie 60 (Stuttgart 1982), S. 45–55.

277 Hans WIESENEDER, Friedrich Becke (Anm. 276), S. 50.

278 *DIAPHTORESE: ist eine retrograde Metamorphose, ein heute weniger gebräuchlicher Aus-druck (von F. Becke 1909 geprägt) für die bei niedrigen Temperaturen (und Drücken) ab-laufende mineralische Umwandlung metamorpher Gesteine, eine Art Polymetamorphose, bei der es zu einer häufig nicht vollständigen, mineralogischen und texturellen Umwandlung des metamorphen Gesteins kommt. Sie tritt meist lokal begrenzt in Störungszonen oder tektonischen Bewegungshorizonten auf und führt unter Zufuhr von wässrigen Lösungen durch Reduktion zur Bildung von niedrig gradigen Mineralparagenesen, meist ohne voll-ständige Gleichgewichtseinstellung, so daß Relikte der höher gradigen Metamorphose er-kennbar bleiben. Definition aus dem Lexikon der Geowissenschaften (Berlin 2000), S. 435. Der Begriff wird heute im deutschen und französischen Raum verwendet.*

279 Christof EXNER , Friedrich Becke und die Tauerngeologie. In: Jahrbuch der Geologischen Bundesanstalt 145 (Wien 2005), S. 5–19.

280 Pierre TERMIER, Les nappes des Alpes Orientales et la synthèse des Alpes. In: Bulletin de la Société géologique de France (4) 3 (1903), (Paris 1904), S 711–765.

»fenêtre« in Bezug auf die besonderen geologischen Gegebenheiten in den östlichen Alpen als sogenanntes Tauernfenster übernommen.

Die Tauern sind ein Körper, der mit lepontinischer Umrandung unter den Ostalpen hervortritt [...] Das Tauernfenster ist zu gross, als dass es durch Erosion hätte entstehen können [...] Im Westen ist der Gneiss von Oetz und Stubai.[281]

Die Tauern sind demnach nur ein Fenster zwischen der nördlichen und der südlichen Hälfte der Ostalpen. Indem der Central-Gneiss als ein längst erstarrtes Gestein durch aus S. und SO. wirkenden Seitendruck passiv in diesem Fenster nach auswärts gedrängt wurde, hat er eine Umsäumung von Trias und Jura heraufgetragen und gegen W. und NW. über den Rahmen hinausgedrängt oder überfaltet.[282]

In der Publikation »Das Antlitz der Erde« werden auch Beckes Forschungen im Bereich der Alpenstudien hervorgehoben:

Becke und Löwl unterscheiden in der Schieferhülle ein älteres und jüngeres Glied, aber für das Alter gibt es nur Vermutungen.[283]

Aus den wichtigen, noch nicht abgeschlossenen Arbeiten Becke's ergibt sich, dass der sogenannte Central-Gneiss ein Intrusiv-Gestein ist, mit wechselnden Merkmalen, welche etwa die Mitte halten zwischen dem Älteren Granit anderer Theile der Alpen und dem Tonalit. Seine Abarten werden dann auch bald als Granit, Tonalit-Gneiss oder auch Tonalit bezeichnet. Fünf solcher Kerne werden unterschieden; von diesen sind der westliche (Gross-Venediger, 3660 M.) und der östliche (Hochalm-Spitz, 3350 M.) die ausgedehntesten. Die Schieferhülle dringt zwischen diese Kerne ein.[284]

Eduard Suess sieht den Gebirgskomplex der Alpen von Süden gegen Norden zusammengeschoben. Er teilt die Alpen in zwei unterschiedlich gebaute Gebirgsarten, die er als die nordbewegten Alpiden und die südbewegten Dinariden definiert. Ebenso unterscheidet er zwischen den westlichen Alpen der Schweiz und Frankreich und den östlichen Alpen, die landschaftsprägend in Österreich gelegen sind. Die Ostalpen erstrecken sich von der Rheinlinie bis an die Donau. Nach Eduard Suess bestehen die Alpiden aus drei großen Teilen, beziehungsweise Decken: die helvetisch-beskidische Decke, die lepontinische (= penninische) Decke und die ostalpine Decke. Die helvetisch-beskidische Decke ist vor allem in den Westalpen zu finden. Zur lepontinischen Decke zählen die tiefsten Einheiten des Zentralgneises und den darüber liegenden Teilen des Mesozoikums, dazwischen lagern Schistes lustrés und Kalkphyllite.

---

281 Eduard SUESS, Das Antlitz der Erde. Band 3 (Wien 1909), S. 189.
   Der Begriff Lepondinische Umrandung oder Lepontinische Decke wird heute dem Penninikum zugeordnet.
282 SUESS, Das Antlitz (Anm. 281), S.195.
283 SUESS, Das Antlitz (Anm. 281), S. 194.
284 SUESS, Das Antlitz (Anm. 281), S. 188.

Der Geologe und Alpenforscher Leopold Kober (1883–1970) resümiert in seiner historischen Betrachtung über die Erkenntnisse im Bereich der Alpen, und hier im Besonderen des Tauernfensters, das in ein westliches und östliches zerfällt, folgendermaßen:

Das Tauernfenster ist 160 km lang, 30 km breit, reicht im Norden bis an die Salzach. Im Süden ist das Mölltal, die Heiligenblut-Matrei Zone die Grenze. Innerhalb dieses Raumes liegt das Tauernfenster als große Kuppel, als Kulmination unter der ostalpinen Decke, die überall den Fensterrahmen bildet.[285]

Tektonisch herrscht im Westen der gleiche Bauplan wie im Osten. Ein tieferer, mehr autochthoner Deckenkörper wird von einer höheren Schuppenzone überfahren [...] Zillertaler- und Tuxermasse, sowie der Venedigerstock formen einen tieferen Zentralgneiskörper, der allseits steil aus der Tiefe emporsteigt. Er wird im Westen durch die Greiner Zunge gespalten. Altes Dach [= basement] mit alter vorpaläozoischer Metamorphose, mit alten Migmatiten wird in diesen Gesteinen sichtbar [...]. Alles überdeckend liegt die Schieferhülle.[286]

Zum östlichen Teil gehören die Hochalmspitze mit 3360 m, der Ankogel mit 3246 m, der Hafner mit 3076 m und der höchste Berg Österreichs, der Großglockner mit 3797 m.

Die Gneise sind meist glazial überformt und die mesozoischen Schichten, genannt Schieferhülle, sind stark zerfurcht.

Der in den zentralen Teilen des Tauernfensters weit verbreitete Zentralgneis lag vor seiner alpidischen Überprägung in der Form kalkalkalischer batholithischer Magmatite vor, die spätkinematisch zur variscischen Tektogenese in das Altkristallin [...] intrudierte.[287]

Günter Möbus, Professor für Geotektonik in Greifswald, Deutschland, führt in seiner geologischen Übersicht über die Tektonik der Alpen eine bereits bekannte Altersdatierung an:

Im westlichen Tauernfenster intrudierten im Bereich der Zillertaler Alpen mit 250 Millionen Jahren datierte granitoide Plutonite ebenfalls in eine vor ca. 283 Millionen Jahren (Rb/St-Werte) großräumig migmatisierte Umgebung.[288]

Die Aufzeichnungen der Alpenbegehungen von Friedrich Becke entstehen innerhalb von 20 Jahren zwischen 1892 und 1912 und finden in unterschiedlichen Stilen – Notizbuch, Feldtagebuch und Laborbuch – ihren Niederschlag. In speziell gebundenen Leinenbüchern – Feldtagebücher – die im Allgemeinen für die Feldforschung verwendet werden, sind die Beobachtungen im Gelände in

---

285 Leopold KOBER, Der geologische Aufbau Österreichs (Wien 1938), S. 4.
286 KOBER, Der geologische Aufbau Österreichs (Anm. 285), S. 19.
287 Günter MÖBUS, Geologie der Alpen. Eine Einführung in die regional-geologischen Einheiten zwischen Genf und Wien (Köln 1997), S. 110.
288 MÖBUS, Geologie der Alpen (Anm. 287), S. 110. *RB/ST* = mit den radioaktiven Elementen Rubidium und Strontium werden Altersdatierungen der Gesteine gemessen.

Berichten und mit zum Teil farbigen Geländeprofilen festgehalten. Die ersten Beobachtungen der Begehung in den Alpen unternimmt Friedrich Becke während seiner Lehrtätigkeit in Prag im August 1892 gemeinsam mit seinem Kollegen Ferdinand Löwl im Bereich der Rieserferner Gruppe in Südtirol.

Im Folgenden werden die verschiedenen petrographischen Themen in einzelnen Abschnitten eingehender besprochen, dazu zählen

- Die Gesteine der Rieserferner Gruppe
- Die Aufnahmen im Zillertal als Grundlage für die Exkursion in den Ostalpen während des 9. Geologenkongresses in Wien 1903
- Die Aufnahmen der Kommission für die petrographische Erforschung der Zentralkette der Ostalpen gemeinsam mit den Petrographen Friedrich Berwerth (1850–1918) und Ulrich Grubenmann (1850–1924) im Auftrag der kaiserlichen Akademie der Wissenschaften in Wien
- Petrographische und tektonische Untersuchungen im Hochalmmassiv und in den Radstätter Tauern gemeinsam mit dem Geologen Viktor Uhlig (1857–1915). Becke konzentriert sich auf das Hochalm-Almkogelmassiv zwischen den Jahren 1902–1905, die Erkenntnisse aus diesen Forschungen publiziert er 1906.

Die 18 Feldtagebücher und die drei Notizbücher mit petrographischen Untersuchungen beinhalten den umfangreichen Themenkomplex der Alpenbegehungen, dazu zählen die Notizbücher Nr. 30 (1893/94), 34 und 35 (1894), 36 und 37 (1895), 39, 40 (1896), 42 und 43 (1897), 44 (1898), 45, 49, 50 (1899), 53 und 54 (1900), 55, 56 (1901), 58 (1902); Nr. 28 (1892), 29 (1893) und 61 (1903–04). Zwischen 1892 und 1904 entstehen die petrographischen Aufzeichnungen im Raum des Rieserferner Gebietes, der Dolomiten in Südtirol, der Zillertaler Alpen und der Hohen Tauern. Daraus resultierten für die damalige Zeit fundamentale Erkenntnisse des Gebietes im Raume des Tauernfensters und des Periadriatischen Lineaments.[289]

Der erste Zugang einer graphischen Dokumentation beginnt 1893 im Notizbuch Nr. 29 auf Blatt 23 mit folgendem Eintrag:

Von Bruck etwa 1 Stunde auf dem markierten Wege zum Jenbacher Horn. Es wurden die wenig kristallinischen Gesteine des äußeren Kalkzuges passiert.

---

289 Das *PERIADRITSCHE LINEAMENT*, auch genannt Periadric Fault System (PFS). Claudio ROSENBERG, Shear zones and magma ascent. In: Tectonics 23 (Washington 2004, S. 3) resümiert über das PFS in seiner Publikation folgendermaßen: *The Periadric Fault System (PFS) is the most important Tertiary structure of the Alps, striking for more than 700 km along the entire length of chain. Overprinting realationships between plutons aligned along the PFS and mylonites formed within the PFS prove that deformation was active during and after magma crystallization, i. e., between 34 Ma and 28 Ma.*

Gesteinsbeobachtungen stehen zunächst im Vordergrund, aber auch Natur-
schauspiele werden in die Dokumentation mit einbezogen:

Während des Aufstiegs vor Sonnenaufgang entwickelte sich herrlich der ganze
Fusch-Kaprunner Kamm. [...] Nach Sonnenaufgang entwickelten sich immer
mehr Nebel, so dass die Sonne verhüllt wurde: prachtvolle Lichteffekte in der von
der Sonne durchleuchteten Nebel [...]. Oben Anfangs alles verhüllt: dann ge-
staltete sich die Sache so, dass der Norden vom Nebelmeer überwallt war, während
Ost Süd West wunderbar klare Aussicht boten.

Die Beobachtungen und Erkenntnisse seiner Erkundungen erfahren ein unterschiedliches Aufzeichnen in den Büchern. Einerseits werden Notizen bei der
Begehung im Gelände mit Bleistift oft sehr flüchtig notiert, andererseits erfolgt
im Rückblick in der Erzählung oft mit Tinte eine Zusammenfassung der petrographischen Beobachtung über seine am Tage gewonnenen Eindrücke. Profile und Geländezeichnungen vermitteln einen lebendigen Eindruck im Kontrast
zu den teils flüchtigen Kurznotizen und narrativen Textstellen. Beckes Eigenart,
die Naturbeobachtungen zunächst mit Bleistift einzutragen und zu einem späteren Zeitpunkt mit Tinte zu überschreiben, kommt in seinen Büchern häufig
vor.[290] Papier und Bleistift sind sehr flexible Instrumente, mit ihnen hält Becke
alle für ihn wichtigen Beobachtungen fest. Mit seiner ausgeprägten Visualität
und seinem geschulten Blick dokumentiert er nicht nur Gesteinsarten und deren
Zusammensetzung, Gefüge und Textur, sondern er nimmt auch die ganze Gebirgswelt auf und zeichnet sie mit einfachen, aber ausdrucksstarken Linien zu
einem großartigen Panoramabild. Naturphänomene, wie ein Sonnenauf- oder
Untergang, oder Nebelschwaden in den Tälern kann er ebenfalls mit eindrucksvollen Worten zu Papier bringen. Aus den vielen Einzelbeobachtungen
der Naturgegebenheiten, entwickelt sich eine Art von Ordnungsstreben und
Klassifikation, die als etwas Erkenntniswesentliches anzusehen ist.[291]

Zum Thema Studium der Phänomene gehören technische Werkzeuge, die
namentlich in den Aufzeichnungen fast nie erwähnt werden. Das Hauptinstrument eines Feldgeologen ist der Geologenhammer, dazu gesellen sich der
Kompass, eine Lupe, ein sogenanntes Klinometer zur Ermittlung des Nei-
gungswinkels der Schichtflächen gegen die Horizontale und einige Fläschchen

---

290 Christoph HOFFMANN, Daten sichern. Schreiben und Zeichnen als Verfahren der Aufzeichnung. (Zürich, Berlin 2008, S. 10). Hoffmann beschreibt diese Art der Dokumentation
mit folgenden Worten: *Mit Papier und Bleistift, die immer zur Verfügung standen, lassen*
sich viele Objekte festhalten. Etwas aufzeichnen, etwas aufschreiben, das geschieht im
Dienste einer Sache, stützt die Beobachtung, die Vorstellungskraft, wie das Studium der
Phänomene.

291 Paul NIGGLI, Probleme der Naturwissenschaften erklärt am Begriff der Mineralart. In:
Wissenschaft und Kultur. Band 5 (Basel 1949, S. 1). Niggli erkennt in den Naturwissenschaften einen systematischen Teil, der *Ordnung und Klassifikation der Wirklichkeit in-*
nerhalb eines Wissensgebietes [...] als etwas Erkenntniswesentliches ansieht.

mit Säuren, Barometer und Thermometer. Bezüglich der Mitnahme des Barometers finden sich in den Feldtagebüchern Eintragungen über die Werte des Luftdruckes. So notiert Becke im Notizbuch Nr. 42 (1897), auf Blatt 3 folgende Notiz: *Barometer bewährt sich!* Mit diesem technischen Gerät können kurzfristige Wetterindikationen erstellt und so einem unvorhergesehenen Gewitter entgangen werden, ebenso wird es eingesetzt für Höhenangaben. Ein Notizbuch, beziehungsweise Feldtagebuch, mit Bleistift ist ebenso ein Hauptbestandteil einer geologischen Ausrüstung, hier werden die Naturbeobachtungen dokumentiert und festgehalten. Auch können zu einer bereits vorhandenen geologischen Karte Details ergänzt oder korrigiert werden.

Becke nimmt auf seinen Begehungen ortskundige Bergführer mit, die nur zum Teil erwähnt sind – meistens am Ende des Feldtagebuchs oder erst in seinen Veröffentlichungen. In vielen Feldtagebüchern gibt Becke entweder auf den ersten oder auf den letzten Seiten des Büchleins die Tagestouren mit Datum an. Im Buch Nr. 54 notiert er auch seinen Namen und die Adresse, für den Fall, dass ihm seine Aufzeichnungen im Gelände verloren gehen könnten.

Abbildung 18: Verzeichnis der Tagestouren. Notizbuch Nr. 54 (1900), Blatt 2. Blattgröße: 17,5x12 cm

Friedrich Becke erstellte gemeinsam mit Friedrich Berwerth Aufnahmen der Trasse für den Eisenbahntunnel von Böckstein bis Mallnitz und der Strecke zwischen Schwarzach und Spital an der Drau (1902–1908). Sie sind hier vollständigkeitshalber angeführt, werden aber nicht analysiert. Diese petrographischen Aufnahmen, die er auch in den Notizbüchern Nr. 59 (1902–1904), 60 (1902), 61 (1903–1904), 62 (1904), 63 (ohne Jahreszahl), 65 (1905–1906), 66 (1907–1908) festgehalten hat, dienten dem Bau der Eisenbahnstrecken und sind damit als Teil eines wirtschaftlichen Großprojektes zu sehen.

6.3.2   Die Gesteine der Rieserferner Gruppe

Der Rieserferner Pluton zählt heute gemeinsam mit den Plutonen der Adamello-Gruppe, der Karawanken, der Bergell-Gruppe und des Pohorje, zu den magmatischen Intrusionen, die während der Alpenorogenese im Tertiär zwischen 34 und 28 Millionen Jahren entstanden sind.[292] Der Rieserferner erstreckt sich entlang der DAV, der Defereggen-Antholz-Vals-Seitenverschiebung, die sowohl einen sinistralen als auch dextralen Bewegungssinn hat.[293]

Dieser Tonalitstock intrudierte in das sogenannte Altkristallin (= basement) des Koralpe-Wölz Deckensystems und reicht bis in das Defferegger Gebirge hinein.

Die Grenze des Tonalites folgt im Allgemeinen der Schieferung der Nachbargesteine. […] In der zu Hornfels bis Kinzigit kontaktmetamorph umgewandelten, rund 100 m breiten Randzone des Nebengesteins sind Kontaktminerale von hoher Bildungstemperatur […] über jene des mittleren Temperaturbereiches […] vertreten.[294]

Gemeinsam mit seinem Kollegen und Freund Ferdinand Löwl (1856–1908), Professor für Geographie an der Universität in Czernowitz[295], unternimmt Becke wissenschaftliche Exkursionen in die Alpen und untersucht die Gesteine und

---

292 Siehe Literatur: Stefan, M. SCHMID, Andreas SCHARF, Mark R. HANDY, Claudio L. ROSENBERG, The Tauern Window (Eastern Alps, Austria): a new tectonic map, with crosssections and tectonometamorphic synthesis. In: Swiss Journal of Geosciences 106 (Zürich 2013), S. 1–32.

293 Siehe Literatur: N.S MANCKTELOW, D.F STÖCKLI, B. GROLLIMUND, W. MÜLLER, B. FÜGENSCHUH, G. VIOLA, D. SEWARD & I.M. VILLA, The DAV and Periadriatic fault systems in the Eastern Alps south of the Tauern window. In: International Journal of Earth Sciences 90 (2001), S. 593–622.

294 Alexander TOLLMANN, Geologie von Österreich, Band 1 (Wien 1977), S. 355.

295 Becke hat in einem Nachruf die Bedeutung des Geographen und Bergsteigers Ferdinand Löwl und dessen Forschungen im alpinen Bereich sehr hervorgehoben: Friedrich BECKE, Nekrolog. Ferdinand Löwl. In: Mitteilungen der Geologischen Gesellschaft Wien 1 (1908), S. 373–374.

Formationen der südlichen Alpen um Predazzo, im Rieserferner Gebiet und den Zillertaler Alpen. Die Beweggründe für diese ersten Erkundungen in dem Alpenkomplex werden nicht erwähnt, aber ein gemeinsames Ziel nach Erkenntnisstreben und Erkenntnisgewinnung ist für beide Wissenschafter von großer Bedeutung.

Im einleitenden Abschnitt der Publikation »Petrographische Studien am Tonalit der Rieserferner«[296] aus dem Jahr 1893 gibt Becke einen Hinweis darauf, dass er bereits im Sommer 1892 mit dem ortskundigen Geographen Löwl eine Begehung der Gebirgsgruppe absolvierte. Bedauernswerterweise gibt es darüber keine persönlichen Aufzeichnungen, das bedeutet, kein Feldtagebuch, kein persönliches Notizbuch, lediglich einige kurze Notizen im Notizbuch Nr. 28. Die Publikation selbst weist auf eine sehr gute Kenntnis der Örtlichkeiten und der bereits vorhanden Literatur, das ist die geologische Aufnahme Friedrich Tellers aus dem Jahr 1882, hin[297], die Becke in der Fußnote auf der ersten Seite bespricht. Hier zeigt sich Beckes Eigenheit, mit der er die positiven geologisch dokumentierten örtlichen Erkenntnisse im Gebiet hervorhebt, gleichzeitig aber in seiner Kritik an der vorhandenen Literatur eine Basis schafft für neue Hypothesen, die er anhand von Theorien mittels exakter Beweisführung durch die persönliche Erkundung im Gelände erörtert. Er möchte selbst frei von Vorurteilen, das heißt unbeeinflusst, zu Ergebnissen gelangen, die eine allgemeine Gültigkeit haben.

Löwls Veröffentlichungen in Petermanns geographischen Mitteilungen sind Ausgangspunkt der Beckeschen Erörterungen.[298] Löwl hat in seinen Ausführungen die geologischen Gegebenheiten aus der Sicht des Geographen dargestellt und Becke ergänzt diese mit den empirischen Forschungen aus dem Labor eines wissenschaftlich geschulten Mineralogen und Petrographen.

Nach Löwl's Beobachtungen, von deren Richtigkeit ich mich unter seiner freundlichen Führung im August 1892 in der Umrandung des Rheinwaldkernes überzeugen konnte, bildet der Tonalit einen gewölbten Kern, dem sich die Schiefer [...] allseitig im grossen und ganzen anschmiegen; wäre irgendwo eine horizontale Basis für das körnige Massengestein sichtbar, so würde der Reinwaldkern ein geradezu classisches Beispiel eines theilweise aus seiner Umhüllung befreiten Lakkolithen darstellen.[299],[300]

296 Friedrich BECKE, Petrographische Studien am Tonalit der Rieserferner. In: Tschermaks Petrographische und Mineralogische Mitteilungen 13 (1893), S. 379–430 und S. 433–464.

297 Friedrich TELLER, Ueber die Aufnahmen im Hochpusterthale. In: Verhandlungen der geologischen Reichsanstalt (Wien 1882), S. 342–346.

298 Ferdinand LÖWL, Die Tonalitkerne der Rieserferner in Tirol. In: A. Petermanns Mitteilungen aus Justus Perthes' Geographischer Anstalt 39 (Gotha 1893), S. 73–82 und S. 112–116.

299 Friedrich BECKE, Tonalit der Rieserferner (Anm. 296), S. 380.

Aus dieser exakten Beobachtung resultiert die Erkenntnis, dass der Tonalit kein Lakkolith sein kann.

Der genaueren Besprechung der Wissensinhalte des Forschungsgebietes Rieserferner ist hier ein erster zusammenfassender Überblick über das Terrain und die gestellte Aufgabe gegeben. Das Kerngestein des Rieserferner Tonalits ist intrusiv mit hypidiomorpher, körniger Struktur und es ist dem Tonalit von Adamello ähnlich.[301] Ändert sich der Charakter des Gesteins, so ändert sich auch die Plagioklasmischung in den Feldspäten. Die Zonenstruktur der Feldspäte ist auf die Schwankungen in den äußeren Umständen bei der Erstarrung zurückzuführen. Die pegmatitischen Lagen und Gänge im Rieserferner Gestein werden aus denjenigen Elementen gebildet, die im Kerntonalit am spätesten auskristallisieren, das sind Plagioklas, Mikroklin, Quarz, Muskovit und Biotit. Die im Tonalit auftretenden porphyrischen Gesteine lassen sich in zwei Gruppen teilen, dem lichtgefärbten Tonalitporphyrit und dem dunklen, quarzarmen Porphyrit[302]. Das Gestein der Schieferhülle zeigt deutliche Anzeichen einer Kontaktmetamorphose.[303] Von der Becke damals »unbekannten« Unterlage des Rieserfernerkerns stammen noch Einschlüsse von Augen-und Flasergneisen.[304] Das Alter der Intrusion ist petrographisch nicht zu bestimmen, Löwl selbst meint,

---

300 *LAKKOLITH* (griech. lakkos = Grube, lithos = Stein), ist ein in relativ geringer Tiefe erstarrter Pluton mit ebener Basis und nach oben gewölbter Oberfläche. Die hangenden Schichten werden durch das Magma aufgewölbt. Lakkolithe entstehen in der Regel aus saurem, zähflüssigem Magma.

301 Der Tonalit des Adamello zählt zu den Plutonen, die während der Erdbewegungen im Tertiär entlang des periadriatischen Lineaments intrudierten, diese Intrusion fand aber zu einer anderen Zeit statt als die magmatische Intrusion des Rieserferner Plutons. Siehe SCHMID, ROSENBERG (Anm. 292).

302 *PORPHYRIT* ist ein sekundär verändertes vulkanisches Gestein, dessen Grundmasse grau, grünlich-schwarz oder rötlichbraun und fein bis mittelkörnig ist. Siehe MATTHES (Anm. 173, S. 204). Wilhelm HAIDINGER definiert den Begriff *PORPHYRIT* in seinem Werk: Handbuch der bestimmenden Mineralogie, enthaltend Terminologie, Systematik, Nomenklatur und Chrakteristik der Naturgeschichte des Mineralreiches (Wien 1850, S. 585) mit folgenden Worten: *Porphyr = gleichförmige Grundmasse, innig gemengt, dicht oder amorph, und eingewachsene Krystalle von Feldspath, Quarz, Glimmer usw. enthaltend.*

303 *KONTAKTMETAMORPHOSE:* Paul NIGGLI (Gesteinsmetamorphose, Anm. 327, S. 247) definiert den Begriff folgendermaßen: *Unter Kontaktmetamorphose verstehen wir diejenigen Gesteinsumwandlungen, die als Folge des Empordringens von Magma* [in bereits bestehendes Gestein] *und der dadurch erzeugten Bedingungsänderungen zustande kommen.* Frank PRESS und Raymond SIEVER erweitern diesen Begriff in ihrer Publikation »Allgemeine Geologie« (Heidelberg 1995, S. 180): *Die Mächtigkeit und Ausbildung dieser Randzone metamorph veränderter Gestein in der Umgebung einer Magmenintrusion, der sogenannte Kontakthof, ist abhängig von der Temperatur, dem Volumen des Magmenkörpers und der Tiefe innerhalb der Kruste, in der die Platznahme der Intrusion erfolgte.*

304 *AUGENGNEIS:* ist eine Gneis Varietät mit flasrigem Gefüge, das durch Feldspäte, die linsenförmig wie die Augen ausgebildet sind, geprägt wird. Walter SCHUMANN: Der neue BLV Steine- und Mineralienführer (München 1997), S. 310. *FLASERGNEIS:* ist eine Gneis Varietät mit flasriger (= dünn gestreifter) Textur.

dass die Intrusion vor der permischen Alpenfaltung stattgefunden haben könnte. Auch die von Löwl postulierte Interpretation der Gesteine kann Becke aufgrund seiner petrographischen Erfahrung nicht nachvollziehen, da manche dieser Gesteinsinterpretationen nicht deren Chemie und deren Zusammensetzung entsprechen. Walter Prohaska untersucht als Petrologe am Wiener Institut für Petrologie (heute Department of Lithospheric research) in seiner Dissertation[305] die Gesteine des Rieserferner Tonalits und zieht Beckes petrographische Untersuchungen als Ausgangs- und Diskussionsgrundlage heran. In der Einleitung fasst Prohaska die geologischen und petrographischen Erkenntnisse überblicksmäßig zusammen.

Der Rieserfernertonalit in Ost- und Südtirol, ein Vertreter der periadriatischen Plutone, intrudierte zu oligozäner Zeit in bereits polymetamorphe Gesteine. [...] Die Tonalitintrusion bewirkte eine deutliche Veränderung der Nebengesteine sowohl in struktureller als auch in mineralogischer Hinsicht. [...] Nach dem geologischen Erscheinungsbild wird der Rieserfernerpluton in zwei Teile geteilt, dem »Rieserkern« im Osten und dem »Rainwaldkern« im Westen (Becke, 1893). In der mineralogischen Zusammensetzung ist dieser Pluton sehr homogen, es handelt sich durchwegs um Granodiorite und Tonalite [...]. Der Hauptkörper selbst liegt zwischen Iseltal und Raintal und ist etwa 50 km lang, 5 km breit und erstreckt sich in E-W mit geringer Diskordanz zum Nebengestein. Der S-Kontakt des Plutons [...] ist von einer deutlichen Störung geprägt.[306]

Am Fuß des Schneebiger Nockkees im Bereich der Hochgallhütte ist der Intrusivkontakt mit den Nebengesteinen besonders gut zu beobachten. Die Kontaktgesteine des Koralpe-Wölz Deckensystems, welche vor der Intrusion eine Eoalpine Metamorphose erfahren haben, sind Metapelite, Amphibolite, Pegmatite, Orthogneise und Karbonatgesteine.

Beckes Publikation »Petrographische Studien am Tonalit des Rieserferner« in der Zeitschrift »Tschermaks Mineralogische und Petrographische Studien« aus dem Jahr 1893 ist Ausgangslage der folgenden Erörterungen und kann als strukturierte Zusammenfassung in der Erforschung der Gesteine im Rieserferner Gebiet gesehen werden. Zu den einzelnen Abschnitten werden jeweils prägnante und informative Abbildungen aus dem Laborbuch – Notizbuch Nr. 27 – des Jahres 1892 hinzugefügt. Sie zeigen die Herangehensweise Beckes an die gesammelten Gesteine, wobei zu beobachten ist, dass die verwendeten Gesteinsproben keine Nummerierung besitzen, wie es in den Experimenten der Ätzfiguren der Fall ist, ebenso fehlen die Angaben über hergestellte Dünn-

---

305 Walter PROHASKA, Der Kontakthof der Rieserfernerintrusion in Ost- und Südtirol. Dissertation an der Formal- und naturwissenschaftlichen Fakultät der Universität Wien (Wien 1981).
306 PROHASKA, Rieserfernerintrusion (Anm. 305), S. 4.

schliffe. Die Untersuchungen im Labor weisen kein Konzept des Vorgehens an den Analysen der Gesteinsproben auf. Jedoch zeigen uns die Notizen die exakte Vorgehensweise einer petrographischen Analyse, wie die Bezeichnung des Gesteinstypus mit den einzelnen Gemengteilen, die Messung des spezifischen Gewichtes, das Verhalten unter dem Lötrohr und die Beobachtung der Gesteinsdünnschliffe mit dem Mikroskop. Besonderes Augenmerk widmet Becke der mikroskopischen Betrachtung der Feldspäte, die ihm Aufschluss geben können zur Frage der Entstehung und des Alters der Gesteine. Von Bedeutung sind die Notizen über Resultate der einzelnen Messungen, die an den unterschiedlichen Geräten erfolgen. Diese werden im Notizbuch nicht erwähnt, aber in der Publikation exakt beschrieben, wie zum Beispiel die Handhabung des Mikroskops oder des Mikrorefraktometers.[307]

Es werden zwei Örtlichkeiten, die Gesteine des Reinwaldkernes und die Gesteine des Iseltales, erörtert, wobei das Hauptaugenmerk auf der Beschreibung der Vorkommen des Rheinwaldkernes liegt.

In der Einleitung der Publikation weist Becke auf die zu untersuchende Lokation des kristallinen Gebirges der Rieserferner Gruppe, die zwischen Tauferer Boden im Westen und dem Defereggen Tal im Osten liegt, und auf eine bereits vorhandene geologische Karte des Gebietes hin. Die Untersuchungen von Ferdinand Löwl und Gerhard vom Rath[308] sind wiederum die Ausgangslage der Erforschung der Gesteine durch Friederich Becke. Die von Löwl gezeichnete Karte wird in Beckes Publikation als geographische Grundlage der petrographischen Forschungen der Rieserferner Gruppe herangezogen.

Die Karte zeigt den Kerntonalit mit den Randgesteinen und der umgebenden Schieferhülle vom Reinthal bis zum Zinsnock. Ebenso weist Becke auf die geologische Spezialkarte des Blattes Brunneck des bekannten Geologen der geologischen Reichsanstalt Friedrich Josef Teller (1852–1913) aus dem Jahr 1883 hin, deren Interpretation Becke in dieser Veröffentlichung ebenfalls diskutiert.

Ob zwar Teller [...] zu einer unhaltbaren Auffassung des Verhältnisses zwi-

---

307 *MIKROREFRAKTOMETER* ist ein Gerät, das für die Ermittlung des Brechungsindex von Flüssigkeiten oder von Einbettungsmitteln bei Dünnschliffen verwendet wird.

308 Ferdinand LÖWL, Die Tonalitkerne der Rieserferner in Tirol. In: A. Petermanns Mitteilungen aus Justus Perthes' Geographischer Anstalt 39 (Gotha 1893). Gerhard vom RATH, Beiträge zur Kenntnis der eruptiven Gesteine der Alpen. In: Zeitschrift der deutschen Geologischen Gesellschaft (Berlin 1864, Anmerkung S. 249): *Es möge mir gestattet sein, in gegenwärtiger Abhandlung dem Adamello-Gesteine den Namen Tonalit beizulegen nach dem Monte Tonale [...]. Der Tonalit ist ein quarzreiches Gestein der Granit-Familie, welches in wesentlicher Menge eine trikline, dem sogenannten Andesin ähnliche Feldspath-Species enthält, und nur in sehr geringer Menge und als accessorischen Gemengtheil Orthoklas einschließt. In dem petrographischen Systeme [...] gebührt dem Gesteine seine Stelle unmittelbar neben dem Diorit.*

schen Kerngestein und Schieferhülle gelangte, ist die Wiedergabe des thatsächlich Beobachteten in dieser Karte ganz vorzüglich.[309]

Becke erwähnt die Lage des östlichen Kerns bei Hochgall und widmet sich anschließend dem westlichen Reinwaldkern, dessen Lage und Gesteinszusammensetzung hier erörtert werden.

Die verschiedenen Gesteinsarten des Reinwaldkernes sind aufgrund ihrer Struktur, deren Gemengteile aufgelistet und petrographisch beschrieben. Die Hauptmasse des Reinwaldkernes ist ein granitisch-körniges Gestein von heller Farbe. Dieser, von Becke als »Normaltonalit« bezeichnet, ist zwischen Geltthalalpe und Elferscharte gut zu erkennen. Die Einschlüsse von basischen Ausscheidungen, Schlierenknödel genannt, treten häufig auf. Im Folgenden zeigt sich Beckes großartige Beobachtung und Beschreibung des Gesteins, die er an den Blöcken im Reinthal oberhalb der Mündung des Lanebachs anführt:

Die rohe Parallelstructur, die sich an den Blöcken kundgibt, geht im Handstück fast verloren. Obzwar Spuren von Dynamometamorphose[310] *nicht fehlen, kann diese Parallelstructur nicht durch nachträgliche Schieferung erklärt werden. Es handelt sich hier um schlierige Erstarrung des Magmas.*[311]

An der Schiefergrenze ändern sich Struktur und Mineralbestand. Die Korngröße wird kleiner und der Biotit verleiht dem Gestein ein schwarzweiß geflecktes Aussehen. Becke benennt diese Art »feinkörniger Tonalit«, der im Reinthal bei der Tobelbrücke und auf den Schutthalden gegen den Höhenkofel auftritt. Die Untersuchungen des Gesteins vom Höhenkofel stehen am Beginn der Notizen im Notizbuch Nr. 27 (1892) mit der Analyse des Feldspates – Plagioklas – vom porphyrartigen Randgranit. Beim zonierten Feldspat unterscheidet Becke äußere Hülle, Kern und die dazwischen liegenden Teile – die Fülle. Diese werden mikroskopisch eingemessen und in der Publikation mit den gewonnenen Messdaten der Auslöschungsschiefe angegeben. Die exakte Beschreibung des Messvorganges lautet folgendermaßen:

An den Plagioklasdurchschnitten nach M beobachtet man Anzeichen von Dispersion der Auslöschungsrichtungen. Stellt man einen Durchschnitt nach 101 auf dunkel ein, und dreht ihn im Uhrzeigersinn, so wird er bläulichweiss, bei entgegengesetzter Drehung gelblichweiss. [...] Stellt man die Füllsubstanz eines

---

309 BECKE, Rieserferner Tonalit (Anm. 296), S. 381. Literaturhinweis: Friedrich TELLER, Zur Tektonik der Brixner Masse und ihrer nördlichen Umrandung. In: Verhandlungen der k. k. geologischen Reichsanstalt (Wien 1881).

310 *DYNAMOMETAMORPHOSE* entsteht in stark deformierten Gebirgszonen mit intensiver Bruchtektonik. Das Gestein besteht aus einem stark zerkleinerten, pulverisierten (kataklastischen) Gefüge. Siehe PRESS & SIEVER (Anm. 303), S. 170.

311 BECKE, Rieserferner Tonlit (Anm. 296), S. 382.

der complicierten Plagioklasdurchschnitte auf dunkel ein, so erscheint das
Kerngerüst gelblich, die äusseren Hüllen bläulichweiss.[312]

Die Abbildung aus dem Notizbuch Nr. 27, Blatt 85 gibt die Beobachtung des
Messvorganges an der Zonarstruktur eines Feldspatblättchens durch das Mikroskop wieder. Ebenso dokumentiert die Graphik genauestens die einzelnen
Zonen des Feldspates und dessen Einschlüsse. Es sind dies die ersten Beobachtungen an Feldspäten, die Becke im Laufe seiner Forschungstätigkeiten in
den Alpen weiterführt und damit zu bedeutenden Erkenntnissen in Bezug auf
die Bildungsbedingungen der »Kristallinen Schiefer« gelangt.

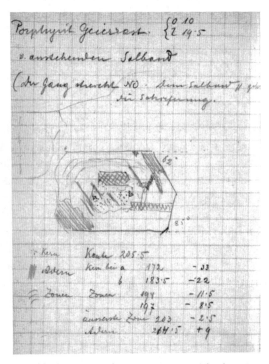

Abbildung 19: Feldspatplättchen im Porphyrit Geierrast. Notizbuch 27 (1892), Blatt 85. Blattgröße: 16,4x13,2 cm

Porphyrit Geierrast {o10/z 14.5} v. anstehenden Salband (Der Gang streicht NO
dem Salband // geht Schieferung

Graphik des Feldspatplättchens mit den äußeren Winkelangaben und im
Anschuss daran die Messdaten der eingezeichneten Punkte a, b und den einzelnen Zonen: Kern, Adern, Zonen.

---

312 BECKE, Rieserferner Tonalit (Anm. 296), S. 392–393.

Der von ihm ebenfalls definierte »<u>Randgranitit</u>« enthält im Gegensatz zum Normaltonalit häufiger Kalifeldspat und tritt südlich des Reinwaldkernes im Gang bei Mittertal auf. Die Intrusivmasse des Zinsnocks bezeichnet Becke als Quarzglimmerdiorit. Eine Varietät des Randgranits benennt Becke aufgrund der porphyrischen und der mittel- bis feinkörnigen Struktur und der Feldspatvarietät Mikroklin als <u>porphyrartigen Randgranit</u>. Diesen findet man bei der Tobelbrücke im Reinthal und auf den Schutthalden gegen den Höhenkofel. In den Randzonen sind auch Aplitgänge am Nordwestabhang des Burgkofels zu beobachten, mit viel Muskovit und zonierten Plagioklasen, die er als <u>aplitähnlichen Randgranit</u> bezeichnet.

Von diesen angeführten Gesteinsarten bestimmt Becke das spezifische Gewicht mittels einer hydrostatischen Waage, die Aufschluss gibt über das Gewicht der unterschiedlichen Gemengteile eines Gesteins. Das karierte Papier des Büchleins eignet sich bestens zur Aufstellung einer Tabelle mit übersichtlicher Angabe der einzelnen Positionen und der Messzahlen.

Im Abschnitt über die mikroskopische Physiographie der Gemengteile erklärt Becke die Vorgangsweise bei den Untersuchungen an den Gesteinsproben. Hier führt er die von ihm in einer umfassenden Artikel beschriebene Vorgangsweise bei der Betrachtung von Gemengteilen im Dünnschliff mit dem Mikroskop an,[313] es ist dies die genaue Darstellung der Beobachtungen an einer auftretenden Linie von Korngrenzen zweier Minerale mit unterschiedlichem Brechungsquotienten. Diese wissenschaftlich begründete Erklärung eines optischen Phänomens wird später als Beckesche Lichtlinie in die Fachwelt eingehen[314]. Diese ist bis zum heutigen Tag ein sicheres Hilfsmittel bei der Betrachtung von Festkörpern mit unterschiedlicher Lichtbrechung unter dem Mikroskop.

Um kleine Unterschiede der Lichtbrechung zu erkennen, kann man sich entweder starker Abblendung bei centraler Beleuchtung oder schiefer Beleuchtung bedienen.

Im ersteren Fall beobachtet man ein charakteristisches Verhalten an den Grenzen stärker und schwächer lichtbrechender Durchschnitte bei verschiedener Einstellung des Tubus. Nehmen wir an, wir hätten einen Durchschnitt eines stärker lichtbrechenden Minerals umschlossen von einem schwächer lichtbrechenden. Bei stark eingeengtem Beleuchtungskegel erscheint die Grenze bei einer

---

313 Friedrich BECKE, Über die Bestimmbarkeit der Gesteinsgemengtheile, besonders der Plagioklase, auf Grund ihres Lichtbrechungsvermögens. In: Sitzungsberichte der kaiserlichen Akademie der Wissenschaften 102, mathematisch-naturwissenschaftliche Klasse Abeilung I (Wien 1893), S. 358–376.

314 Siehe Literatur: Margret HAMILTON & Franz PERTLIK, Chronologische Dokumentation der zu Ehren von Friedrich Becke (1855–1931) benannten Lichtlinie. In: Mitteilungen der Österreichischen Mineralogischen Gesellschaft 162 (Wien 2016), S. 39–47.

bestimmten Einstellung als haarscharfe Linie. Hebt man den Tubus, so entwickelt sich auf der Seite des stärker lichtbrechenden Durchschnittes eine schmale Lichtlinie, die sich bei weiterer Hebung verbreitert und verschwimmt. Bei Senkung des Tubus erhält man dieselbe Erscheinung auf der Seite des schwächer lichtbrechenden Minerals. Die Lichtlinie an der Grenze lässt durch eine optische Täuschung den ganzen Durchschnitt heller beleuchtet erscheinen als die Umgebung. Es erscheint also bei einer Hebung (Senkung) des Tubus das stärker (schwächer) lichtbrechende Mineral heller erleuchtet. Vorausgesetzt ist, dass die Grenze rein sei von fremden Körpern (Zersetzungsproducten, Einschlüssen, Glashäutchen zwischen den Durchschnitten ect.). Die erforderliche Einengung des Beleuchtungskegels erzielt man am besten durch Einschaltung einer Irisblende unter dem Polarisator (bei den Instrumenten von Fuess) oder durch Senken des den Polarisator tragenden Armes, nachdem über demselben eine passenden Blende angebracht wurde (bei den Instrumenten von Reichert).[315]

Becke erkennt dieses Phänomen als großartiges Hilfsmittel zur einfacheren Bestimmung des Orthoklases, und er merkt an, dass dieser Vorgang noch zuverlässiger als die Bestimmung der optischen Orientierung sei. In weiterer Folge vergleicht er die Brechungsquotienten der unterschiedlichen Plagioklase gegenüber dem Quarz und führt die optischen Untersuchungen in einer übersichtlichen Tabelle an. Auch Hornblenden und Augite können mit der Methode der orientierten Schliffe und der Auslöschungsschiefe mikroskopisch gut beobachtet werden.

Anschließend werden die Gemengteile – Minerale – aller Gesteinsarten in der folgenden Reihenfolge besprochen: Plagioklas, Mikroklin, Quarz, Hornblende, Biotit; und den Accessorien Muscovit, Granat, Apatit, Zirkon und Titaneisen.

Das Mineral Plagioklas gehört zur Feldspatgruppe und stellt eine Mischkristallreihe von Albit und Anorthit dar, ist schneeweiß und charakteristisch für das helle Aussehen des Gesteins. Zwillingsbildungen nach dem Albitgesetz und Karlsbader Gesetz[316] treten auf. Der Kristall selbst besteht aus drei unterschiedlich gebauten Abschnitten: dem basisch inhomogenen Kern, der von einer zonaren Hülle umgeben ist, beide können von sogenannten »sekundären Adern« durchzogen sein. Die anschließende Beschreibung der mikroskopischen

315 BECKE, Rieserferner Tonalit (Anm. 296), S. 386–387.
316 *ZWILLINGSBILDUNG BEI PLAGIOKLASEN:* Unter Zwillingsbildung wird eine gesetzmäßige Verwachsung von zwei Mineralindividuen verstanden, das heißt, die beiden Individuen sind nach einer ganz bestimmten Orientierung miteinander verbunden. *ALBITGESETZ:* Beim Albit tritt eine sogenannte polysynthetische Verzwillingung auf den Spaltflächen (001) bzw. (010) auf und ist als parallele Steifung sichtbar. *KARLSBADER GESETZ:* Das Mineral Orthoklas kann ebenso verzwillingt sein, hier sind die zwei Individuen als sogenannte Berührungszwillinge nach (100) miteinander verwachsen.

Betrachtung zeigt uns Beckes geschultes Auge, das die Naturbeobachtung zu einem wissenschaftlichen und objektiven Vorgang macht.[317]

Wie anhand der chemischen Untersuchung zu erkennen ist, konnte Becke im Gestein das Titaneisenerz als ein erkenntniswesentliches Element nachweisen. Die Zeichnung des Plagioklaskristalles im Notizbuch Nr. 27, Blatt 83 wird in die Publikation als Figur 2 auf Seite 393 übertragen und vor Ort eingehend besprochen. Die oben gezeichnete Graphik eines Feldspatplättchens erklärt Becke mit folgenden Worten:

Die Zusammensetzung der Plagioklase ändert sich in den verschiedenen Gesteinsvarietäten in dem Sinne, dass im Kerntonalit basischere, in den verschiedenen Randgesteinen sauerere Feldspathmischungen vorherrschen. […] Ein Schnitt ungefähr parallel M (vergl. beistehende Fig. 2) lässt ein schwammiges Kerngerüst (in der Figur punktiert) mit Andeutung von Zonenstructur erkennen, darüber folgen in ihrer Auslöschungsschiefe merklich verschiedene Hüllen, die auch (deutlich am unteren Rande) als Füllsubstanz in die Lücken des Kerngerüstes eingreifen. Adern durchziehen Kerngerüst und Hüllen. Der schraffierte Streifen links ist eine Periklinlamelle.[318]

Alexander Tollmann beschreibt den Zonarbau des Plagioklas folgendermaßen:

Der stark ausgeprägte Zonarbau des Plagioklas sticht hervor (Kern bis 80 % An [Anorthit], Hüllen 60–35 % An, Randzone bis zu 24 % An). Der stärker zurücktretende […] Kalifeldspat ist jüngeres Kristallisationsprodukt, ebenso wie der Quarz.[319]

Anhand der zonaren Hülle kann Becke zwei Arten der Zonenbildung unterscheiden: ein allmählich Sauerwerden der Zonen mit basischen Resten, die nach außen albitreicher werden, und eine unregelmäßige Abfolge der Zone. Die Erkenntnis der Forschungen über die Zunahme des Säuregehaltes bei den Silikaten wird eingehend im Kapitel »Kristalline Schiefer« erörtert.

Im Anschluss daran vergleicht er die Plagioklase und Quarze in den bereits oben erwähnten unterschiedlichen Gesteinen und fasst die gewonnenen Resultate nochmals in einer Tabelle übersichtlich zusammen, damit sind die durch wissenschaftlichen Erkenntnisse gewonnenen Ergebnisse geordnet und tabellarisiert.

Das Mineral Mikroklin, auch Kalifeldspat genannt, ist in allen Gesteinsvarietäten ebenfalls vorhanden. Die Graphik des Blattes 57 dokumentiert Beckes

---

317 Siehe: NIGGLI, Naturwissenschaften (Anm. 291, S. 1–2). Niggli sieht in der Natur eine Gesamtheit aller Erscheinungen, die mit unseren Sinnesapparaten erfahren und durch wissenschaftliche Erkenntnisse geordnet und an Gesetzmäßigkeiten gebunden wird.
318 BECKE, Rieserferner Tonalit (Anm. 296), S. 393.
319 TOLLMANN, Geologie von Österreich (Anm. 294), S. 355–356.

Beobachtung in Bezug auf das Mineral Mikroklin und seine Vergesellschaftung innerhalb der Gesteinszusammensetzung.

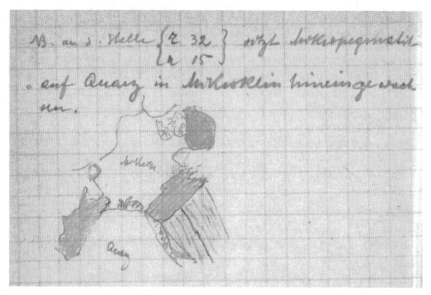

Abbildung 20: Mikroklin. Notizbuch Nr. 27 (1892), Blatt 57. Blattgröße: 16,4x13,2 cm

Nb. [Notabene] *An der Stelle {r32/r15} sitzen Mikropegmatite auf Quarz in Mikroklin hineingewachsen.*

Bezüglich der angeblich sauren Kerne im Zinsnockgestein ist zu constatieren, dass das einschlussreiche stark lichtbrechende schwammige Gerüst immer am basischen Feldspath besteht, während allerdings saurer (sehr schwach lichtbrechend nach eigener Beobachtung schwächer als Quarz!) eingewandert ist. Bezeichnend ist hierfür die Photographie.

Aufgrund der besonderen Erscheinung – Mikropegmatitspindeln – erklärt Becke in gut nachvollziehbarer Sprache die Entstehung eines Naturvorganges, den Spindeln. Im Notizbuch Nr. 27, Blatt 2 finden sich in der Beschreibung der Gemengteile des Gesteins die Mikropegmatitzapfen, die in ihrer Orientierung genau angegeben sind.

An den mikropegmatischen Verwachsungen wurden folgende Beobachtungen gemacht. Sie finden sich nur an den Orthoklaskörnern, bilden rundliche zapfenförmige Gestalten, die vom Rand der Orthoklase in deren Inneres ragen. Sie sitzen bald auf Plagioklas bald auf Quarz auf. Im ersteren Fall ist die Hauptmasse bisweilen (aber nicht immer) parallel orientiert zu dem benachbarten Korn sonst aber selbständig. Die eingewachsenen krummen Stengel unterscheiden sich in der

Brechung wenig vom umgebenden Flußspath; (sind Quarz) und sind immer selbständig orientiert, meist ein Büschel gleichartig.

Von den Mikropegmatitzapfen laufen perthitische Büschel in die Orthoklasmasse aus.

Wo Biotit im Orthoklas liegt ist er scharfkantig

Die Bezeichnung Mikropegmatitspindeln wird später von Becke korrigiert und mit dem neuen Namen Myrmekit in der Literatur eingehend besprochen. Eine eingehende Erörterung des Myrmekits erfolgt im Kapitel »Kristalline Schiefer«.

Quarz ist ein wesentlicher Bestandteil der Gesteine und umschließt an manchen Stellen den Plagioklas. Becke bezeichnet diese ganz charakteristischen Eigenheiten »Quarzlacunen«. Quarz ist sehr fassettenreich, und besonders die Quarze der Randzonen zeigen unter dem Mikroskop undulöse Auslöschungen, aber auch zackig-körnige Aggregate, die für die dynamometamorphen Gesteine charakteristisch sind.

Hornblende kommt mit unterschiedlichem Eisengehalt vor und enthält häufig Apatit als Fremdeinschluss und ist mit Biotit parallel orientiert verwachsen.

Biotit ist in allen Gesteinsvarietäten vorhanden und unterscheidet sich durch verschiedene Brauntöne, die durch den unterschiedlichen Fe-Gehalt entstehen. Er bildet Säulen, am Rande dieser sind angesetzte Lamellen, die alle nach derselben Seite abweichen. Becke erklärt dieses Phänomen als einseitigen Druck, der auf das Mineral eingewirkt haben muss.

Bei den akzessorischen Gemengteilen erscheint Muscovit häufig in Verbindung mit Biotit. Granat ist mit freiem Auge sichtbar und tritt sehr häufig auf. Nach Beckes Meinung wirkte der Granat als frühe Bildung im Magma als Strukturzentrum, um den sich die übrigen Minerale angelagert haben. Ein weiteres Mineral ist Orthit, ein für den Tonalit typisches akzessorisches Mineral. Von geringerer Bedeutung sind noch Apatit, Zirkon und einige Erze, wie zum Beispiel Titaneisenerz.

Zu den Untersuchungsmethoden zählen weitere Vorgänge, die er im Notizbuch Nr. 27 auf Blatt 80 notiert:

Quarzit – Inneres Geltthal. Erkannt wurden: Quarz, Orthoklas, Oligoklas, Muscovit, Biotit, Zirkon und Apatit
Ferner: farblose Mikroliten im Muscovit central gehäuft, hoher Brechungsexp.
[onent]
Rundl. [ich] *stark licht – u. doppelbrech.* [ende] *Körner sehr vereinzelt*
Das hier angebliche Titaneisenerz erwies sich nach Isolation mit Flusssäure als Graphit
Im Bunsenbrenner unveränderlich

V. d. L. [vor dem Lötrohr] *verbrennend*
Mit HNO$_3$ befeuchtet u. verglüht – keine Veränderung
Mit NaNO$_3$ geschmolzen Brausen verschwindet unter Behandlung mit Na$_2$CO$_3$.

Blatt 62 zeigt uns in einem Ausruf Beckes, wie notwendig die Genauigkeit seines Vorgehens bei der Beobachtung der Kristalle ist. Die Messungen mit dem Mikroskop schienen nach ersten Überlegungen nicht richtig, sie wurden wiederholt und korrigiert mit der Bemerkung: *Warum wurden die Stellen nicht notiert!* Daraus ist zu schließen, dass er jeden Schritt, jede Messung, genauestens aufzeichnen muss, um seine Forschung lückenlos zu dokumentieren. Ebenso weist eine Notiz auf Blatt 71 darauf hin, dass Becke seine Beobachtungen und Experimente mittels einer Wiederholung nochmals überprüft.

Eine Notiz auf Blatt 65 oben rechts lässt uns erkennen, dass dieses Büchlein nicht nur Beobachtungsbuch, Laborbuch, sondern auch Notizbuch ist. Mit der Überschrift »Programm für Samstag« legt er die geplanten Untersuchungen fest, wie die Messung des spezifischen Gewichtes, Auslöschungsschiefen und chemische Untersuchungen des Natrium- und Aluminiumgehaltes von Mineralen.

Anhand der gezielten Beobachtungen fasst nun Becke seine Theorie über die Bildung der Gesteine mittels Struktur, Ausscheidungsfolge und Vorgängen bei der Gesteinsverfestigung zusammen. Der Rieserferner Tonalit ist aufgrund seiner mineralogischen Zusammensetzung, der Struktur, der Verbandverhältnisse und einer erkennbaren Bildungsfolge zu den Intrusivgesteinen zu zählen. Die Struktur der körnigen Gesteine der Rieserferner Gruppe ist »vollkristallinisch« und hypidiomorph[320]. Die Ausscheidungsfolge wird zunächst im Kerntonalit anhand der Minerale und das Auftreten der Einschlüsse in selbigen anschaulich erklärt. Hornblende und Biotite entstanden früher als die Plagioklase, Mikroklin und Quarz kristallisierten noch später aus als Plagioklas. Wieder schließt eine übersichtliche Tabelle der Ausscheidungsfolge im Kerntonalit die Erörterungen ab.

Die Struktur des feinkörnigen Randtonalits unterscheidet sich vom Kerntonalit durch die xenomorphe Form[321] der Biotite und des Kleinerwerdens der Korngrößen. An einem charakteristischen Handstück beschreibt Becke detailliert seine Beobachtungen, die in der Graphik der Figur 3 auf Seite 408 der

---

320 VOLLKRISTALLINISCH sind jene Gesteinsmassen mit ausgebildeten Kristallen, die aber mit freiem Auge nicht wahrgenommen, sondern nur unter dem Mikroskop als selbständige Individuen betrachtet werden können. HYPIDIOMORPH ist eine Bezeichnung für die Ausbildung bestimmter Mineralaggregate, wobei hier freischwebende idiomorphe Minerale bei der Erstarrung nebeneinander zu einem körnig, kompakten Gestein führen.

321 XENOMORPHE Formen bei der Ausbildung von Mineralen im Gestein entstehen bei der Erstarrung im Endstadium und bei der gegenseitigen Behinderung im Wachstum, das heißt sie können dadurch auch fremdgestaltig werden.

Publikation besonders eindrucksvoll zu erkennen sind. Die Ergebnisse durch Ätzen und Einfärben des Dünnschliffes unterstützen seine Schlussfolgerungen über die Ausscheidungs- und Kristallisationsfolge der einzelnen Bestandteile. Die tafelige Stellung des Glimmers entspricht …

… somit samt den rundlichen Quarzkörnern und den zonar gebauten Pla-gioklasen älteren Ausscheidungen, die im Magma bereits vorhanden waren. Dieselbe Ausscheidungsfolge gilt auch für den mikroklinreichen Randgranit [...] Die Erkenntnis, dass in diesen Gesteinen zum Schluss Plagioklas, Mikroklin und Quarz gleichzeitig krystallisieren, erlaubt nun auch eine richtige Deutung jener mikropegmatitischen Aggregate von Feldspath und Quarz, die in den Randge-steinen in ziemlicher Verbreitung vorkommen, aber auch in den Kerngesteinen nicht fehlen.[322]

Sie treten immer am Rande in den Mikroklinkörnern auf, ihre Form benennt Becke als Mikropegmatitzapfen. Er betrachtet diese Zapfen unter dem Mikro-skop im polarisierten Licht mit schiefer oder starker Beleuchtung und kann dadurch die verschiedenen Lichtbrechungsvermögen der zwei ineinander ver-wachsenen Minerale gut erkennen. In der Folge betrachtet Becke die Anordnung und Orientierung der »Quarzstengel« wieder und weist auf die Bildungsbedin-gungen hin, die er abschließend zusammenfasst:

Ich sehe also in den mikropegmatitischen Zapfen nicht das Resultat späterer Corrosion oder gar der Verwitterung, sondern die zuletzt gleichzeitig mit dem Rand der Mikroklinkörner erstarrten Magmatheile[323].

Die Lichtbrechungsunterschiede (s) der Plagioklase stellen für Becke den Beweis für oben genannte Theorie dar. Die einzelnen Zonen des Feldspates werden eingemessen, ihre Lichtbrechung notiert und im Anschluss daran das Achsenbild der Rand- und Kernzonen skizziert. In einer Tabelle im Notizbuch Nr. 27, Blatt 59 fasst er die Resultate übersichtlich zusammen:

---

322 BECKE, Rieserferner Tonalit (Anm. 296), S. 410.
323 BECKE, Rieserferner Tonalit (Anm. 296), S. 414.

Zusammenstellung der Flußspathbestimmungen   *Plagioklas der Pegmatite*

		s
Kerntonalit Höhenkofel	*VI Labrador*	
Normal-Tonalit Schl 179	*VI Labrador*	*2.79*
Rainwald Schliff I	*VI nahe V Labrador*	
	nahe Andesin	
Zinnsnock Die äusseren Zonen Die Kerne?		*2.688*
Porphyrartiger Randgranit Höhenkofel		*2.665 (viel reicher an Mikroklin als das Zinsnockgestein)*
Mikropegmatit Zapfen	*III-IV Oligoklas Kerne*	
Aplit Bergkofel Äussere Zone I	*I Oligoklasalbit*	*2.62*
Pegmatitzone Burgk ofel	*II Oligoklasorthit*	
Plagioklas d. Pegmatite	*I Albit*	

Die Zonenstruktur der Plagioklase führt zum Beweis für die Entstehungsweise der Gesteine. Es sind unterschiedliche Plagioklas-Ausscheidungen zu erkennen, wobei anfänglich Anorthit-reiche Mischungen entstehen, die später mit Albit-reichen Hüllen umschlossen werden. Diese wechseln in drei beobachteten Zonenfolgen ab: eine periodische, eine regelmäßig wechselnde und eine unregelmäßig wechselnde Folge. Becke wiederum führt dazu Betrachtungen und Hypothesen aus der Literatur an und gelangt zu seinem begründeten Schluss, dass die unterschiedlichen Erscheinungen auf Druck, Temperatur und die chemische Zusammensetzung des Magmas zur Zeit der Bildung zurückzuführen sind. Die Ekenntnisgewinnung der Feldspatforschungen im Gestein Tonalit wird in den folgenden Jahren immer mehr zur Beweisführung im Bereich der Metamorphen Gesteine herangezogen.

Im Kapitel über magmatische Umwandlungen führt Becke wiederum aktuelle Literatur – Franz Graeff und Reinhard Brauns[324] – an, um in einem Vergleich ein für dieses Gestein schlüssiges Resultat zu erbringen. Dass nämlich die Mikrolithe in den Feldspaten die Hohlräume in diesen ausfüllten, die nach der abgeschlossenen Ausbildung durch chemische Korrosion entstanden sind.

Allgemeine Erwägungen lassen mich in dem als Kerngerüst bezeichneten Theil der Plagioklase die Reste der ältesten Plagioklasausscheidungen erblicken [...]

---

324 Franz GRAEFF & Reinhard BRAUNS, Zur Kenntnis des Vorkommens körniger Eruptivgesteine bei Cingolina in den Euganeen bei Padua. In: Neues Jahrbuch der Mineralogie, Geologie und Paläontologie 1 (Stuttgart 1893), S. 129.

Die Corrosion kann erst erfolgen, wenn eine merkliche Differenz zwischen der Zusammensetzung des Kernes und des Magmarestes eingetreten ist .[325]

In der Folge beschreibt nun Becke die Pegmatitischen Gänge, die zum Teil gangförmig oder in Lagen auftreten und das Massiv beim Schneebiger Nock und im ganzen östlichen Teil begleiten. Die Gemengteile der Randfacies des Tonalitkernes sind grobkörnig, sie bilden gangförmige Intrusionen in der Schieferhülle und schmale Adern im Kerntonalit. Hauptbestandteil ist der bläulichweiße Mikroklin, der von perthitischen Albitspindeln durchwachsen ist. Das zweithäufigste Mineral ist Plagioklas, der in schneeweißen unregelmäßigen Körnern auftritt. Quarz, Muscovit und Biotit und als accessorisches Mineral Turmalin sind vertreten. Die einzelnen Minerale werden optisch bestimmt und mit dem bestimmten spezifischen Gewicht überprüft. In den Notizen des Blattes 5 und 6 im Notizbuch Blatt 27 kann folgende explizite Erkenntnis nachvollzogen werden.

Die pegmatitische Zone

lässt folgendes erkennen
a) Kleinförmiges Aggregat von Plagioklas und Quarz z. Th. In mikropegm. Verband
b) Größere Individuen v. Plagioklas pegm. [atitisch]durchwachsen von Orthokl. [as]
c) Große Indiviuen von Orthoklas mikropegmatisch durchwachsen von Quarz

Dann kommt die Glimmerlage.
Der Plagioklas der // Zone unterscheidet sich in Lichtbrechung kaum von Quarz, hat also wol [sic] mittlere Zusammensetzung.
Damit stimmen auch die geringen Auslöschungsschiefen (keine Zonenstruktur deutlich)
Glimmer Lineale.
Also alles mit der Saigerungshypothese[326] *gut vereinbar*
Die pegmat. Zone enthält bloss diejenigen Gemengtheile die den späteren Verfestigungsstadien angehören: relativ saurer Plagioklas, Orth. Quarz
Es scheidet sich auch noch etwas Biotit ab, welcher riemenartig mit d. Plagioklas verwächst.
(entsprechend der jüngeren Bildung des Biotit)

---

325 BECKE, Rieserferner Tonalit (Anm. 296), S. 418.
326 Der Begriff »*SAIGER*« ist ein bergmännischer Ausdruck und bedeutet senkrecht, die saigeren Schichten verstehen sich als senkrecht stehende Schichten.

*Die Glimmerzone entsteht wohl durch das Zurücktreten der im Magma
schwimmenden, bereits ausgebildeten Krystalle durch den erstarrenden Krys-
tallisationsrand (?) [...]
Bei den breiteren Individuen* [Plagioklase] *in der inneren Zone finden sich An-
deutungen v. Zonenstructur, die Auslöschungsdiff.* [erenz] *erreichten* [...] *10°
und entsprechen jenen, wie sie in den Hüllschichten der Plagioklase vorkommen.*
Pulver von porphyrartigem Tonalit wird mehreren Fällungen unterzogen und
mit Flusssäure und Schwefelsäure aufgeschlossen, danach das spezifische Gewicht der einzelnen Fällungen errechnet. Biotit aus Normal Tonalit mit H_2SO_4
aufgeschlossen ergibt deutliche Reaktionen auf Al, K und Mg.

Die abschließende Bemerkung über die intrusiven Vorgänge zeigt uns die Verbindung von Beckes petrographischem Wissen mit der Entstehung der Gesteine.
Er resümiert darüber, dass einige Pegmatite in ihrer Zusammensetzung darauf
hinweisen, dass diese mit der eigentlichen Tonalitintrusion nichts zu tun haben.
In der Besprechung »Kristalline Schiefer« aus dem Jahr 1924 werden die
Pegmatite, resultierend aus den fortgeschrittenen epistemischen Erkenntnissen,
folgendermaßen definiert:
*Pegmatite sind typische Bildungen von mit vielen leichtflüchtigen Substanzen
beladenen Schmelzlösungen. Sie sind aus Laugenrückständen des Hauptmagmas
hervorgegangen und zeigen in der Hauptsache deren leukokrate Gemengteile,
insbesondere Quarz und Feldspat.*[327]
Aus vielen Einzeldaten im Bereich der metamorphen Gesteine hat sich diese
allgemeingültige Definition der Pegmatite herausgebildet. Becke selbst hat
durch seine Forschungen zum internationalen Diskurs aufgrund seiner exakten
Beobachtung und Laboruntersuchungen fundamentale Erkenntnisse beige-
bracht, die im Kapitel »Kristalline Schiefer« eingehend erörtert werden.
*Alle hiermit verknüpften Fragen zu lösen bin ich nach meinen Beobachtungen
nicht im Stande, weshalb ich mich begnüge, das tatsächlich Beobachtete wie-
derzugeben.*[328]
Becke erkennt die technischen Grenzen der Beweisführung und hält sich als
objektiv beobachtender Wissenschafter an die von ihm mit seinen Sinnesorganen wahrgenommen Verhältnisse. Aber er diskutiert alle Möglichkeiten innerhalb dieser Grenzen, um einen fundierten Nachweis zu erbringen. Auf Blatt 7
des Notizbuches Nr. 27 hält Becke die Beobachtungen eines Dünnschliffpräpa-
rates des Pegmatites vom Zinsnock mittels mikroskopischen Untersuchungen

327 Ulrich GRUBENMANN & Paul NIGGLI, Die kristallinen Schiefer. Darstellung der Er-
    scheinungen der Gesteinsmetamorphose und ihrer Produkte. 3. Auflage (Berlin 1924),
    S. 325.
328 BECKE, Rieserferner Tonalit (Anm. 296), S. 424.

fest, wobei die gemessenen Lichtbrechungsunterschiede mit ω, γ, ε und α zu der Erkenntnis führen, dass dieses spezifische Mineral als Albit zu konstatieren ist. Ebenso notiert er, dass für die mikroskopische Erfassung der Dünnschliff mit einem Granateinschluss bestens geeignet ist.

An der Grenze des Tonalits im Reinwaldkern treten fremde Einschlüsse auf, sie sind nächst der Tobelbrücke und am Höhenkofel zu beobachten. Die Gemengteile bestehen aus Mikroklin, Plagioklas, Quarz und verschiedenen Accessoires, und die Struktur der Einschlüsse ist ein charakteristisches Merkmal der Flasergneise. Im Bereich des Reinwaldkernes sind verschiedene Gesteinstypen, wie Tonalitporphyrit, schiefriger Porphyrit, Schieferhülle und Kalksilikatfelse zu beobachten, die nun ausführlich erörtert werden. In der Publikation weist Becke auf die bereits vorhandenen Beschreibungen des Gesteins von Foullon, Löwl und Teller hin.[329] Die Gesteinsbezeichnungen Tellers korrigiert er, indem Becke den Terminus Quarzglimmerporphyrit nach Teller nun aufgrund der Textur und des Gefüges eine neue Bezeichnung zueignet, Tonalitporphyrit. Die neue Gesteinsbezeichnung unterzieht Becke einer petrographischen Untersuchung mit der Angabe von Vorkommen, Mächtigkeit, Korngröße und Struktur des Tonalitporphyrits.

Der Geltthalferner ist ein helles Ganggestein, das sich aus den Mineralen Quarz, Plagioklas, Biotit, Orthit und Granat zusammensetzt. Die einzelnen Minerale werden in Dünnschliffen mit dem Mikroskop beobachtet: Bestimmung der Auslöschungsschiefe der Plagioklase, ihre Korngrößen, die Ausbildung und Farbe der Körner. Mit der Färbemethode kann Becke die feinkörnige Grundmasse mit den isolierten Gemengteilen erkennen. Es sind dies Plagioklas und Quarz. Granat weist durch die Einsprenglinge auf zwei unterschiedliche Bildungsstadien des Gesteins hin.

Die Beobachtungen lassen erkennen, dass die Erstarrung der wesentlichen Gemengtheile in der Hauptsache nach derselben Bildungsfolge und mit grossentheils übergreifenden Bildungszeiten erfolgte wie im Kerntonalit. Nur ist der wesentliche Unterschied vorhanden, dass die späteren Krystallisationen nicht durch Anschluss an die bereits vorhandenen Einsprenglinge erfolgten, sondern dass durch die rasche Krystallisation um zahlreiche neu entstandene Krystallisationscentren die feinkörnige Grundmasse gebildet wurde.[330]

Eine weitere Schlussfolgerung daraus ist die gleichzeitige Bildung von Pla-

---

329 Heinrich von FOULLON, Ueber Porphyrite aus Tirol. In: Jahrbuch der k. k. Reichsanstalt 36 (Wien 1886), S. 747–777. Ferdinand LÖWL, Die Tonalitkerne der Rieserferner in Tirol. In: A. Petermanns Mitteilungen aus Justus Perthes' Geographischer Anstalt 39 (Gotha 1893), S. 73–82 und S. 112–116. Friedrich TELLER, Zur Tektonik der Brixner Masse und ihrer nördlichen Umrandung. In: Verhandlungen der k. k. geologischen Reichsanstalt (Wien 1881), S. 69–74.

330 BECKE, Rieserferner Tonalit (Anm. 296), S. 439.

gioklas, Quarz und Orthoklas, wobei der Orthoklas zuletzt auskristallisierte. Muscovit und die Albit ähnliche Adersubstanz der Feldspäte entwickelten sich erst nachträglich unter Druck im bereits erstarrten Gestein. Auch das Mineral Granat weist auf eine Neubildung, das heißt, auf einen nachmagmatischen Prozess hin.

Auf dem Blatt 37 des Notizbuches Nr. 27 (1892) hält Becke seine Erkenntnisse aus den Beobachtungen am Tonalitporphyrit fest. Er fügt die mikroskopischen Daten mit dem Standardwert des Mikroskops, als k bezeichnet, hinzu und ergänzt mit dem daraus errechneten Einheitswert, der mit dem griechischen Buchstaben ε angegeben ist.

Mikroskopische Constante K=0.033
Sin ε= k.D
D die Distanz der Axen vom Mittelpunkt in Skalentheilen.

In einem weiteren Abschnitt verweist Becke auf aktuelle Diskussionen über die sogenannte Schieferhülle von Friedrich Josef Teller (1852–1913) und Dionýs Štúr (1827–1893).[331] Er selbst möchte auf die Frage einer Kontaktmetamorphose im Rieserferner Gebiet nach Štur eingehen. Als Vergleichsgestein zieht Becke ein Stück aus dem 3000 m westlich vom Tonalitkern entfernten Mühlwalder Bach bei Mühlen heran. Die makroskopische Untersuchung ergibt ein körniges Gemenge von Feldspat, Quarz mit Muskovit und Biotit. Bei der mikroskopischen Untersuchung sind neben Oligoklas und Quarz noch Muskovit, Klinochlor, Granat, Turmalin, Apatit und Zirkon zu beobachten. Becke konstatiert: das Mineral Orthoklas kommt nicht vor! Becke stellt fest, dass das Gestein nicht nur durch kataklastische Zerquetschung des Gesteins, sondern durch Auskristallisation unter Druck entstanden ist. Anhand der schiefrigen Struktur des Glimmers nennt Becke das Gestein Gneissglimmerschiefer.

Die Erkenntnisse Beckes bilden wiederum Grundlagen für Erörterungen in der Dissertation von Walter Prohaska:

Am Weg zwischen Vorderer und Hinterer Trojeralm findet man gute Aufschlüsse von einem Gestein, [...] das in der geologischen Karte als »phyllitischer – bis schuppiger Muskovit – oder Hellglimmerschiefer« bezeichnet wird. Da der Probenpunkt ca. 3 km vom Tonalit entfernt ist, und der Intrusivkörper selbst hier nur geringe Mächtigkeit aufweist, ist dieses Grundgestein hier in keiner Weise von

331 Friedrich TELLER, Ueber die Aufnahmen im Hochpusterthale. In:Verhandlungen der k. k. geologischen Reichsanstalt (Wien 1882), S. 342–346. Dionýs STUR, Die geologischen Verhältnisse der Thäler Drau, Isel, Möll und Gail. In: Jahrbuch der k. k. geologischen Reichsanstalt 7 (Wien 1856), S. 405–459.

der Intrusion beeinflußt. [...] Das Grundgewebe bildet ein Gefüge von stark undulös auslöschenden Quarzen ungleicher Korngröße.

Die Granat-Biotit-Gneise sind Teil der Nebengesteine und der äußeren Aureole. Gute Aufschlüsse findet man am Lenkstein und der von BECKE (1893) beschriebenen Lokalität westlich von Mühlen. Es sind feinkörnige, plattige Gneise mit Glimmerlagen am Hauptbruch. Der Gehalt an Granat ist [...] meist gering, mitunter fehlt Granat überhaupt. [...] Relikte der oben beschriebenen alten Granate zeichnen sich hier durch eine eigenartige Trübung aus und finden sich meist im Zentrum von Pseudomorphosen von Chlorit, Biotit, Muskovit und neugebildetem Granat nach den alten regionalmetamorphen Granaten.[332]

Zirka 2 km westlich von Mühlen findet man in der Klamm des Mühlenwalderbaches Aufschlüsse von Gesteinen der nach W abtauchenden Hülle (als Antiklinale) des Rieserfernertonalits (BECKE 1893).[333]

Im Vergleich zwischen Hauptgestein und der Schieferhülle und des unmittelbaren Kontaktes beider ist ein Unterschied vor allem in der Korngröße zu beobachten. Die mineralogische Zusammensetzung differiert vor allem in den Eigenschaften der Minerale. So zeigt der Biotit dunkelrotbraune Farbe, der Muskovit bildet isolierte, oft quer zur Parallelstruktur des Gesteins orientierte Blättchen, Quarz bildet Lagen, gemeinsam mit Plagioklas sind sie vorherrschend. An Accessorien treten Granat, Turmalin, Pseudomorphosen aus Disthen nach Muskovit und Sillimanit auf, ebenso Apatit, Zirkon, Rutil und Magnetkies. Abschließend zieht Becke einen Vergleich zu anderen Kontakmetamorphosen in der Literatur und schließt ab mit folgendem Satz:

Man wird die Unterschiede [der Minerale] durch eine minder intensive contactmetamorphe Einwirkung einerseits, durch eine ursprüngliche Verschiedenheit des Minerals andererseits erklären können.[334]

Am Ausgang des Gelttahles ist eine mannigfaltige Schieferhülle zu beobachten mit Amphibolit, Hornblende, Plagioklas, Zoisit und Pyroxen, sowie Granat und Wollastonit. Hauptgemengteil ist der dunkelgrüne Pyroxen, den Becke mikroskopisch untersuchte.

Der Kalksilikatfels bei den Reinbachfällen fällt durch einen größeren Gehalt an Titanitkristallen auf. Auf dem Blatt 79 des Notizbuches 27 (1892) hält Becke seine Schlussfolgerungen aus den Beobachtungen über das Titanitgestein mit den umgewandelten Einschlüssen fest und konstatiert, dass es sich hier um eine Metamorphose handeln muss.

---

332 PROHASKA, Rieserfernerintrusion (Anm. 305), S. 24–25.

333 PROHASKA, Rieserfernerintrusion (Anm. 305), S. 26. *ANTIKLINALE* ist eine Faltenstruktur, die durch eine Verbiegung von bereits vorhandenen geologischen Gegebenheiten entstanden ist. Eine Antiklinale ist eine Art Sattel, wobei die Schichtstruktur in konvexer Richtung verschoben ist.

334 BECKE, Rieserferner Tonalit (Anm. 296), S. 449.

Ein Leitmotiv wird sein:
Die Bildung nicht rein magmat. [ischer] Erstarrung wurde begleitet von Er-
scheinungen welche [sic!] = Metamorphose.
Die schneeweisse Farbe der Feldspathe bedingt durch ihre Structur! Ebenso der
Perlmutterglanz der Spaltflächen.

Die Kalksilikatfelse sind für Walter Prohaska ein Beweis einer intensiven
Kontaktmetamorphose, welche Becke bereits konstatierte, wie auf Blatt 79 des
Notizbuches Nr. 27 zu erkennen ist. Aufschlüsse finden sich am Talschluss des
Ursprungtales unterhalb des Schneebiger Kees, dem Tristennöckelbach und am
Ausgang des Gelttales.

Für die Gesteine am Ausgang des Gelttales schlägt Becke in dieser Arbeit den
Namen »Kalksilikatfels«, für die schiefrigen Gesteine den Namen »Kalksilikat-
schiefer« vor.[335]

Abschließend sucht Becke einen Namen für die vielfältige Zusammensetzungen der Gesteine in diesem Bereich, wobei er auf die in der Literatur erwähnten Bezeichnungen von Rosenbusch[336] hinweist.

Es fehlt in der petrographischen Nomenclatur ein bezeichnender und umfas-
sender Name, welcher alle die so mannigfaltigen Gemenge einschließt, die aus
mehr oder weniger körnig ausgebildeten Kalksilicaten bestehen und aus der
(contact- oder regional) metamorphen Umkrystallisierung stark silicathaltiger
Kalke, vielleicht auch unter Umständen aus reinen Kalken unter Zuführung von
Silicaten hervorgehen. Für die dichten Gemenge dieser Art, die in den Contact-
höfen von Sedimentgesteinen um Granite ect. auftreten ist der Name Kalksili-
cathornfels üblich. Für die gröber struirten möchte ich den Namen Kalksilicatfels,
bezüglich für die schieferigen Kalksilicatschiefer vorschlagen.[337]

1893 bereist Becke mit seinem Kollegen Ferdinand Löwl die italienischen
Dolomiten. Die beiden Notizbücher Nr. 29 und 30 beschreiben diese Reise nur
fragmentarisch. Sie werden hier in diesem Zusammenhang angeführt, da Becke
aufgrund seiner Erkenntnisse aus dem Gebiet der Rieserferner Gruppe Vorgänge
in beiden Gebieten miteinander vergleicht und daraus neue Erkenntnisse im
Bereich der Itrusivgesteine und Metamorphite erhält, die im Kapitel der Kristallinen Schiefer erörtert werden. Die Aufzeichnungen im Notizbuch Nr. 29
korrelieren mit dem anschließenden Feldtagebuch – Notizbuch Nr. 30 – und
werden in diesem Kontext gesondert besprochen. Im Vergleich der beiden ergibt
sich die Erkenntnis, dass die Eintragungen in das Notizbuch Nr. 29 als Vorlage
für die Erörterungen im Feldtagebuch Nr. 30 dienten. Die Beobachtungen wer-

---

335 PROHASKA, Rieserfernerintrusion (Anm. 305), S. 55.
336 Siehe: Karl Heinrich ROSENBUSCH, Elemente der Gesteinslehre (Stuttgart 1898).
337 BECKE, Rieserferner Tonalit (Anm. 296), S. 455.

den fast wörtlich – mit einigen Korrekturen und mit Tinte – in das Feldtagebuch übernommen.

Die folgende Abbildung 21 zeigt Beckes akribische Vorgangsweise, wie er mit seinem geschulten Blick die bereits vorhandenen Erkenntnisse mit den bestehenden geologischen Karten vergleicht und aus den daraus gewonnenen neuen Erkenntnissen neue Wege in seinen Forschungen geht. Vom 19.–27. August 1893 hält sich Becke in Südtirol auf. Gemeinsam mit Ferdinand Löwl untersucht er die Gesteine und Formationen der südlichen Alpen um Predazzo. Auf Blatt 28 ist der erste Eintrag Beckes zu seiner Südtirolreise mit Tinte dokumentiert. Von Moina nach San Pellegrino beobachtet Becke die Gesteine – Quarzporphyr und Augite in feinkörnig dunkelgrüner Masse. Anschließend zeichnet Becke mit Bleistift das »mitgetheilte« Profil von Mojsisovics[338] (Edmund Mojsisovics von Mojsvár, 1893–1907) und darunter die eigene korrigierte Zeichnung aus seiner persönlichen Wahrnehmung heraus.

Das von Moysisovics mitgetheilte Pofil stellt dies Verhalten dieses Augitporphyrs nicht richtig dar. Der unterhalb des Kammes Pizmeda auftauchende Augitporphyr erreicht den Kamm nicht; er verschwindet im Kalkstein. Dagegen legt sich weiter oestlich ein neuer Kamm an, der dann hinauf das Joch zwischen Pta Vallicia und Mal Inverno und darüber im Thal Monzoni reicht.
Moysisovicz: Graphik nach dem Profil von Mojsisovicz
Aufzählung und Benennung der beobachteten Gesteine
Richtiges Profil:
Graphik des korrigierten Profils von Becke

Im Monzonigebirge besucht Becke die Typlokalität des Minerals Monzonit. Und wiederum korrigiert Becke eine aktuelle Beschreibung der Gesteinsverhältnisse, dessen exakter Wortlaut mit den Blättern 21 und 22 und im Notizbuche Nr. 29 im Folgenden wiedergegeben ist:
Was nun Doelters[339][Cornelius Doelter (1850–1930)] *Einzeichnung von Gängen von Augit – Monzonit im Ho – Monz. betrifft, so ist diese Darstellung irreführend. Von Gängen ist keine Spur, vielmehr ist eine Verschererung der verschiedenen Varietäten das richtige. Es ist kaum zuzugeben, dass eine der vielfachen durch Übergänge verknüpften Varietäten jünger als die andere sei. An der Grenze ist nicht die Spur eines salbandähnlichen Verhaltens zu finden. [...] Wir trafen solche basische Schlieren, die Doelter als Augit Monzonit-Gänge*

---

338 Edmund MOJSISOVICS, Die Dolomit-Riffe von Südtirol und Venetien (Wien 1897).
339 Cornelius DOELTER (1850–1930). Siehe Literatur: Franz PERTLIK, Cornelio August Severus Doelter de Cisterich y dela Torre (1850–1930). Sein Lebensabschnitt als Professor an der Universität Wien (1907–1921). In: Mensch-Wissenschaft-Magie. (= Mitteilungen der Österreichischen Gesellschaft für Wissenschaftsgeschichte 30, Wien 2013), S. 133–156.

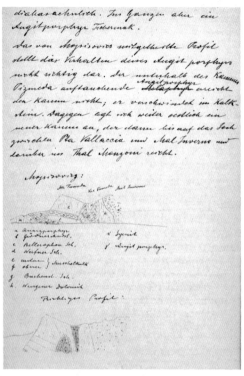

Abbildung 21: Profilkorrektur. Notizbuch Nr. 30 (1893), Blatt 29. Blattgröße: 20x14,7 cm

auffasst insbesondere an der mit x bezeichneten Stelle westlich von der ersten bedeutenden Stelle Monzonit Erhebung o. vom Allochestjoch. An der Gränze gegen den feldspathreicheren (auch Plagioklas-) Monzonit ist seicht die Spur eines Salbandes wahrzunehmen.

Die mit einem »x« angegeben Stelle in der Graphik auf Blatt 32 des Notizbuches 30 (1893) weist auf die sogenannte Typlokalität des Minerals Monzonit hin. Becke gibt hier die genaue Lokation seiner Wahrnehmung an und erörtert seine Besobachtungen auf dem folgenden Blatt:

Von der Monzon Alpe herab zur Grabenvercini Gang im Hintergrund des Monzoni Thales. [...] Wo Doelter die Grenze zwischen Augit- und Hornblende-Monzonit zieht ist unklar. Wie es scheint hat er das Orthoklasgestein und die feldspathreichen Plagioklas führenden Varietäten zusammen als Ho-Monzonit dem Au-Monzonit gegenüber gestellt. Was nun Doelters Einzeichnung von Gängen des Au-Mon. im Ho-Monzonit beträgt, so ist diese Darstellung irreführend. Es handelt sich nicht um Gänge; vielmehr ist eine Verschlierung der verschiedenen sehr mannigfaltigen Varietäten das richtige. Es ist kaum zuzugeben, dass eine der vielfachen durch Übergänge verknüpften Varietäten jünger als die andere sei.

Die Beobachtungen der Gesteinskomponenten der Erkundung auf dem Mal Inverno werden kurz notiert, wobei Becke feststellt, dass an einer Stelle, die hier nicht genauer angegeben ist, das Gestein in seiner Zusammensetzung und daher in seiner Interpretation schwieriger ist. Die petrographische Begutachtung – Gefüge, Streichen und Fallen des Gesteins – wird notiert ohne genaueren Kommentar. Mit Fragezeichen wird festgehalten: »Gleithalden? Moränen?«

Das Wetter hält von weiteren Begehungen ab, wie die Notiz des Blattes 31 zeigt:

Oben [zwischen Ponte Valaccia und Mal Inverno] von Gewitter überrascht, hinab zur obersten Alpe (Heustadel) im Val Monzoni, wo wir ein möglichst einfaches Nachtquartier fanden.

Es wird hier deutlich, dass Becke sich mit ganz einfachen Bedingungen einer Übernachtung im Heustadel zufrieden geben kann. Und nochmals schließt er diesen Tag mit einer großartigen Beschreibung des gelblichweißen Wengener Dolomits und dessen Überwachsung mit schwarzgrauen, dicken Flechtenkrusten ab.

Im August 1894 bereist Friedrich Becke nochmals das Gebiet der Rieserferner Gruppe. Aus den Aufzeichnungen geht nicht hervor, ob er alleine oder in Begleitung unterwegs ist. Die Erörterungen im Notizbuch Nr. 34 werden großenteils mit Bleistift festgehalten, einige Passagen sind wiederum mit Tinte sorgfältig überschrieben. Anhand der Aufzeichnungen ist zu erfahren, dass er bereits bekannte Wege nochmals besucht und die 1892 gemachten Notizen mit neuen Beobachtungen, wie zum Beispiel auf Blatt 5 ergänzt:

Früh ins Antholzer Thal gefahren. Gleich hinter Neu Rasen (Anisii) beginnen am rechten Ufer die grauen Flecken des Antholzergneises. Die Muhre von welcher die 1892 gesammelten Stücke stammen heisst »Äussere Giess«. [...] Mitterthal liegt in einem malerischen Kessel. Zur linken die steilen Wände des Nockhorn geradeaus das wilde Gebirge.

Hier zeigt sich schon Beckes Vorliebe, neben der geschulten wissenschaftlichen Aufnahme der Gebirgswelt auch persönliche Wahrnehmungen der Natur in seinen Aufzeichnungen festzuhalten. Eine Panoramazeichnung auf Blatt 4, vom Hotel Hochgall aus, weist die einzelnen Gesteinstypen farbig aus.

Von dieser Alpenbegehung stammt eines der eindrucksvollsten Panoramaufnahmen. Die Zeichnung ist ohne Angabe der Lokation, aber die Gebirgswelt ist so naturgetreu nachgebildet, dass sie im modernen Netzwerk (google maps) einfach gefunden und mit der Lokation eindeutig verglichen werden konnte: Am linken Bildrand ist der Lenkstein zusehen, in der Mitte die Jägerscharte und Mitte rechts der Jägersee, der kleine See im modernen Panoramabild ist in Beckes Zeichnung nicht präsent. Man kann sich aber vorstellen, welchen Platz

Becke wählte für die Zeichnung des Bildes – in der Nähe der Rieserferner Hütte mit Blick nach NO aufgenommen.

Abbildung 22: Panorama Rieserferner: Notizbuch Nr. 34 (1894), Blatt 44. Blattgröße: 26x13,6 cm

Resümee

1893 bereist Becke die Rieserferner Gruppe wieder und dokumentiert seine Wahrnehmungen in Büchern, die leider nicht vollständig erhalten geblieben sind. Die Aufzeichnungen darüber weisen zum Teil eine Vertiefung der petrographischen Beobachtungen sowie eine Weiterführung der Erkenntnisse über die Rieserferner Gesteine auf. Eine weitere Veröffentlichung über die Rieserferner Gruppe erfolgte nicht mehr. Erkenntnisse über Daten von Gesteinsproben des Gebietes finden Eingang in die Publikation »Die kristallinen Schiefer«[340]. Diese werden im folgenden Kapitel genauer erörtert.

Der bekannte Geologe und Alpenforscher Alexander Tollmann weist auf Beckes Studien in seiner Besprechung über die Geschichte der Erforschung des Rieserferner Gebietes hin, die hier mit folgenden Worten angeführt sind:

Eine fundamentale Studie des Rieserferner Tonalites legte F. Becke (1892) vor, die bis zu der Neuuntersuchung dieses Intrusivstockes durch F. Karl (1959) wegweisend geblieben war.[341] Eine Fortführung des Studiums an der Genese dieses Abschnitts der Alpen haben die Geologen Walter Senarclens-Grancy, Friedrich Karl, die Petrologen Reinhard Gratzer, Giuliano Bellieni, Dario Visona

340 Friedrich BECKE, Über Mineralbestand und Struktur der kristallinen Schiefer. In: Denkschriften der kaiserlichen Akademie der Wissenschaften Wien 75, mathematisch-naturwissenschaftliche Klasse, 1. Halbband (Wien 1913).

341 Alexander TOLLMANN, Geologie von Österreich. Band 1 (Wien 1977) S. 351. Friedrich KARL, Vergleichende petrographische Studien an den Tonalitgraniten der Hohen Tauern. In: Jahrbuch der Geologischen Bundesanstalt 102 (Wien 1959), S. 1–192.

und Walter Prohaska[342] in den folgenden Jahren erörtert und die wissenschaftlichen Erkenntnisse mit dem Wissensstand ihrer Zeit ergänzt. Auf der Suche nach neuen Erkenntnissen wird immer wieder auf die Grundlagen der Beckeschen Erfahrungen hingewiesen, ja sie bilden sogar den Ausgangspunkt für neue Betrachtungen und Messungen. So stellt Walter Prohaska in seiner Dissertation aus dem Jahr 1981 die einzelnen Gesteinsparagenesen gegenüber und fügt aus seiner Perspektive eigene Erkenntnisse hinzu. Hieraus ist auch ersichtlich, dass Beckes Theorien noch immer ihre Gültigkeit haben und dass seine Erkenntnisse, resultierend aus der mikroskopischen Betrachtung, fundamental waren und weit über seine Zeit hinausreichten.

6.3.3 Die Zentralkette der Ostalpen – Ein Forschungsprogramm der kaiserlichen Akademie der Wissenschaften

Die petrographische und feldgeologische Arbeit Beckes in den Alpen ist auch in drei Forschungsprogrammen und in Schriften der kaiserlichen Akademie der Wissenschaften in Wien festgehalten. Dazu zählen:
- Die Aufnahmen der Kommission für die petrographische Erforschung der Zentralkette der Ostalpen gemeinsam mit Friedrich Berwerth und Ulrich Grubenmann zwischen 1894 und 1898
- Untersuchungen im Hochalm Massiv und in den Radstätter Tauern, gemeinsam mit dem Geologen Viktor Uhlig zwischen 1902 und 1905.
- Geologische Untersuchungen zum Bau des Eisenbahntunnels von Böckstein bis Mallnitz und der Tauernstrecke zwischen Schwarzach und Spital an der Drau, gemeinsam mit Friedrich Berwerth zwischen 1902 und 1908

---

342 Walter SENARCLENS-GRANCY, Die geologischen Verhältnisse am Ostende des Tonalites der Rieserferner im Osttirol. In: Centralblatt für Mineralogie und Paläontologie, Abteilung B (Stuttgart 1930), S. 150–153. Friedrich KARL, (Siehe Anm. 341). Christof EXNER, Die geologische Position der Magmatite des periadriatischen Lineamentes. In: Verhandlungen der Geologischen Bundesanstalt (Wien 1976), S. 3–64. Giuliano BELLIENI & Dario VISONA, Metamorphic evolution of the Austrian schists outcropping the intrusive masses of Vedrette di Ries (Rieserferner) and di Vila (Zinsnock)) (Eastern Alps-Italy). In: Neues Jahrbuch für Geologie und Paläontologie. Monatshefte (Stuttgart 1981), S. 586–602. Reinhard GRATZER, Ein Beitrag zur Petrographie der Rieserferner Intrusion in Ost- und Südtirol. (Ungedruckte Dissertation, Universität Wien, 1982) PROHASKA, Rieserferner Intrusion (Anm. 305). Walter FRANK, Chritoph MILLER, Kostas PETRAKAKIS, Walter PROHASKAS, Wolfram RICHTER, Christof EXNER, Das penninische Kristallin im Mittelabschnitt des Tauernfensters und die Rieserferner Intrusion mit ihrem Kontakthof. DMG-ÖMG-Tagung 1981, Exkursion E 6. In: Fortschritte der Mineralogie 59, Beiheft 2 (Hg. Deutsche Mineralogische Gesellschaft, Stuttgart 1981), S. 97–128.

Grundlage dafür bilden die Aufzeichnungen in den Notizbüchern: Nr. 35 (1894), 36 (1895), 37 (1895), 39 (1896), 40 (1896), 42 (1897), 43 (1897), 44 (1898), hier finden sich die Notizen über die Zentralkette der Ostalpen, aber auch die ersten und leider einzigen Berichte über die Hochalmbegehungen.

Die Dokumentationen über die Untersuchungen im Hochalm Massiv mit Viktor Uhlig sind nicht erhalten!

6.3.3.1 Die ersten Berichte an die kaiserliche Akademie der Wissenschaften in Wien über die Erforschung der Zentralkette der Ostalpen gemeinsam mit den Petrographen Friedrich Berwerth und Ulrich Grubenmann

1894 genehmigt die kaiserliche Akademie der Wissenschaften eine Kommission für die petrographische Erforschung der Zentralkette der Ostalpen, deren erster Bericht von Gustav Tschermak im Jahr 1895 vorgelegt wird. In drei Regionen erforschen die Petrographen Friedrich Martin Berwerth (1850–1918), Johann Ulrich Grubenmann (1850–1924) und Friedrich Becke das Gebiet.[343]

Im ihrem ersten Bericht 1895 stellen die Petrographen ihre Untersuchungen, die sie im Sommer 1894 tätigten, vor. Martin Berwerth beobachtet im Bereich der Kreuzeck-Gruppe drei Schichtzonen, mit quarzarmen phyllitischen Schiefern auf der Linie Plainitzgraben-Ober-Drauburg, granatführende phyllitische Schiefer auf der Linie Wöllthal-Kreuzeck-Gnoppnitzthal – Greifenburg und nördlich um Polini gelagerte dickschiefrige zweiglimmrige Schiefer. Am Nordabhang findet Berwerth eine besondere Gesteinstyp: Tonalitporphyrit-Gänge.

Sämtliche Tonalitproben gleichen vollständig den von Teller bei Huben im Iselthale gefundenen tonalitischen Gangvorkommnissen, von denen Becke nachgewiesen hat, dass sie petrographisch dem Tonalit des Rieserferner nahe verwandt seien. Man wird also vermuthen dürfen, dass die Zone von Intrusivgesteinen, welche Suess als den Südtiroler Granitbogen bezeichnet hat (Adamello-Iffinger-Rieserferner), ihre Ausläufer weit nach Osten erstreckt.[344]

---

343 Im Archiv der ÖAW in Wien ist ein kurzer Archivbehelf über die Kommission zusammengestellt. *Auf Antrag der W.M. Gustav von Tschermak-Seysenegg und Edmund von Mojsisovics wurde im Jahre 1894 die »Kommission für die petrographische Erforschung der Zentralkette der Ostalpen« eingerichtet. Das betreffende Gebiet der Alpen wurde in Zonen eingeteilt – unter Leitung erfahrener Gelehrter wie Berwerth, Becke und Grubenmann – von jüngeren Wissenschaftlern erforscht. Die Kommission wurde im Jahre 1925 aufgelassen. Der Bestand umfaßt einen Faszikel und enthält Anträge, Abdrucke aus dem Anzeiger und den Sitzungsberichten. Korrespondenzen, Petita betreffend Subventionen aus Stiftungen sowie Abdrucke aus dem Anzeiger und den Sitzungsberichten. Die Verzeichnung erfolgte durch Hannah Winkelbauer am 20. Januar 2008. Zwischen den Jahren 1893 und 1904 sind 27 Einträge aufgelistet.*

344 Friedrich BECKE, Friedrich BERWERTH, Ulrich GRUBENMANN: Bericht an die Commission für die petrographische Erforschung der Centralkette der Ostalpen über die im

Das vollendete Profil, das Berwerth auf der Linie Oberfellach-Lonza-Liesele-Gamskaarlspitze gezeichnet hat, ist im Bericht leider nicht abgebildet.

Friedrich Becke berichtet von seinen Beobachtungen im Ahrntal und Pustertal.

An die Pusterthaler Phyllite grenzen gegen Nord längs einer Störungslinie hochkrystalline Gesteine, deren Kern die mächtige Antholzer-Granitgneiss-Masse bildet. [...] Der Granitgneiss zeigt in der Hauptmasse die wesentlichen Kennzeichen katogener Dynamometamorphose: Der Mineralbestand ist der eines Granites und das Gestein zeigt Krystallisationsschieferung. Daneben finden sich Spuren einer mehr localen und von sericitischen Schieferungsflächen begleiteten Kataklase, die vermutlich weit späteren Datums ist.[345]

Im Folgenden kreisen seine Ergebnisse um den oben bereits erwähnten Rieserferner Tonalit, der mit den Schiefergneisen im Süden und Westen und im Norden an die Gesteine der Kalkphyllite grenzt. Hier erwähnt Becke jene Kalke, die in den nächsten Jahren zu einem groß angelegten Forschungsprojekt werden sollen und er stellt bereits fest, dass diese Kalke jünger als die Gneise und auch jünger als die Schiefer der Greiner Scholle sind. Alexander Tollmann bezeichnet diese Kalke als *Einklemmung von mittelostalpiner Permotrias im WNW-ESE streichenden Zug von Kalkstein.*[346]

Die Schiefergneise der Mostock Gruppe enthalten Einlagerungen von Amphiboliten und Uralitkristallen, deren Laborresultate Becke in einer eigenen Veröffentlichung bespricht.[347]

Dem objektiven und rein abstrakten Bericht an die Akademie der Wissenschaften sind nun im Folgenden die persönlichen Aufzeichnungen Beckes im Notizbuch Nr. 34 (1894) auf den Blättern 5–6 hinzugefügt. Wir können hier den Aufstieg und den Weg durch das Gebirge Schritt für Schritt mitverfolgen. Die Notizen sind zum Teil mit Bleistift und auch mit überschrieberner Tinte festgehalten:

Früh ins Antholzer Thal gefahren. Gleich hinter Neu Rasen (Ruisic) beginnen am rechten Ufer die grauen Felsen des Antholzer Gneisses. Die untere von welcher die 1892 gesammelten Stücke stammen heisst »Äussere Giess«. Steile Gneissfelsen begleiten den Weg bei Bad Salomons Brunn, und noch ein ziemliches Stück weiter. Dann hören sie plötzlich auf und Niederlassungen machen sich auf dem sanften Abfall breit. Mitterthal liegt in einem sehr malerischen Kessel. Zur linken die steilen Wände des Hochhorn geradeaus das wilde Gebirge, das zur Gansbichl-

Jahre 1894 durchgeführten Aufnahmen. In: Anzeiger der kaiserlichen Akademie der Wissenschaften Wien 32, mathematisch-naturwissenschaftliche Klasse (Wien 1895), S. 45–49.
345 BECKE, Bericht Centralkette (Anm. 344), S. 47.
346 Alexander TOLLMANN,Geologie von Österreich (Anm. 341), S. 359.
347 Friedrich BECKE, Uralit aus den Ostalpen. In: Tschermaks Mineralogische und Petrographische Mitteilungen 14 (Wien 1895), S. 476.

und Antholzer Scharte emporleitet. Magerstein und Wildgall beherrschen das Thal. (Gasthaus Bruggerwirth. Fahrgelegenheiten bis Wildschner. Einspänner nach Mitterthal 3 fl.) Nach dem Essen bei furchtbarer Hitze über Schuttkegel, der von der Rothwandspitze herab kommt zum Antholzer See. Chrysoprasgrünes Wasser trüb u. grün, prächtige Farbeffekte, wenn ein Fisch aufspringt u. in dem dunkelgrünen Spiegel hell apfelgrüne Kreise entstehen, die sich lange in abweichender Färbung erhalten. [nun mit Bleistift fortlaufend geschrieben] Beim Antholzer See findet sich das erste Anstehende: O-W streichend steil S fallende Schiefer; scharfkantige u. fenseriger [sic!] in üblichem Wechsel. Auf den Schieferflächen Silberglanz mit mehr oder weniger ausgeprägten Knoten m. dunkelgrüner Farbe (Chloritnester). Hinter dem Antholzer See vergehen wir uns, gerathen zu weit südlich auf die Steinziger Alm. Der Weg hinauf führt durch die Schiefer mit Chloritknoten. Wir wandern auf einem Zingersteig, überschreiten den Weissenbach (immer dasselbe Gestein) gelangen endlich auf den Fahrweg z. Staller Sattel. Hier herrscht ein anderer Gesteinstypus: dichter, weniger phanerokrystallin, härter, splittrig brechend. Viele Bänke homogen dicht aussen von grünlicher, immer in rothbrauner an Cornubranit [??] erinnernder Farbe. Manche Bänke durch herrliche Flecken angezeichnet. Sie finden sich von verschiedener Dimension bis 4–5 cm gross. Immer beiläufig achteckig oder rundlich. Ab und zu finden sich quarzreiche, auch sehr schiefrige, schwarz abfärbende Schiefer. Diese Schichtenroute hält an bis zu dem Übergang des »Leutweges«. N von demselben, findet sich ein kleiner Aufschluss von Quarzit, dann ein etwas mächtiger von Pegmatit. Die steilen Fusswände bestehen aber schon aus einem flasrig schiefrigen Gneiss, der nur durch seine scheussliche Verwitterbarkeit und durch die grüne Farbe der Glimmer schimmernd auffällt. Dieser Gneiss hält an bis zu dem Kopf der über der Zeichnung des Staller Sattels mit # bez. Ist. Immer O-W (h 7) streichend u. steil (75°) fallend. Leider nicht bis zum Tonalit vorgedrungen.

Die Aufzeichnungen vom 9. August sind zunächst im Kurzstil mit Bleistift gehalten, später (Blatt 8–9) ergibt sich dann der Bericht mit Tinte im Erzählstil und der bekannten flüssigen schrägen Schrift.

9. August. Wurde längs des Horizonthalweges vom Oberwolfsgruber zur Fohrer Alpe im Widenbachthal der Antholzergneiss durchquert.

[Höhenangabe] 1574

Bei einer Stelle cca h7 vom Hochnall beginnen dann deutliche Aufschlüsse im grobflasrigen Gneiss.

Die Dokumentation der Erforschung des Gebietes wird in den petrographischen Profilen auf Blatt 17 festgehalten. Im ersten Profil werden die Lithologien um den Staller Sattel eingetragen. Das zweite Profil bezieht sich auf die Gesteinsabfolgen im Hirschbrunnengraben, den Becke am 13. und 14. August besucht und im Feldtagebuch Blatt 14–17 fest hält.

Im Glimmerschiefer kleine Amphibolitlager.

Der Gls. [Glimmerschiefer] *wird gegen den Tonalit merklich biotitreicher.*

Der Gneiss scharf vom Gls getrennt

Im Thal besteht blos die Felszone zwischen dem Weissenbach u. Staller Bach aus der Fleckschieferzone, welche von zwei Pegmatitlagern unterbrochen sind. Alles fällt steil N. Jenseits (südlich) des Weissenbaches kommen noch dichte dunkle schiefrige Gesteine vor, deren Zugehörigkeit zum Fleckschiefer fraglich, sie wechsellagern mit lichten quarzitischen Bänken. Darunter dann die charakteristischen weissen Schiefer mit Klinochlosknoten.

Auf Blatt 28 des Notizbuche Nr. 34 (1894) notiert Becke in kurzen Sätzen die Beobachtungen der Begehung des Mostocks:

26. August.

Von der Pojer Alm auf den Mostock.

Anfangs über Rundhöcker: Glimmerschiefer. Fällt noch steil nach S die Sattelaxe also noch nicht nördlich.

Auf dem Mostock hinauf durch Hornblendeschiefer, der eine etwa 100 m breite Zone bildet. Darin neben den gewöhnlichen Typen auch Uralit Diabas.

Mostockgipfel nebst Glimmerschiefer mit kleinen Granaten liegt flach oben mit Südfallen.

Beim Abstieg wurde beobachtet, dass die Amphibolite im Kern der Linsen deutliche Uralitdiabase und mit prachtvollen bis $1\frac{1}{2}$ cm grossen Uraliten.

✗ Am Weg ist ein Lagergang von dichtem Porphyrit? Aufgeschlossen.

Im Jahr 1896 legen die drei Alpenforscher ihre Arbeiten, die im Sommer des vorangegangenen Jahres stattgefunden haben, der Akademie der Wissenschaften vor.

Es wurde die geologisch-petrographische Aufnahme des Querprofils auf der Linie Oberfellach-Badgastein vollendet und die seitlichen Ergänzung dieses Profils auf der Höhe des Centralkammes im Westen bis zum Hohen Sonnblick und im Osten bis zur Hochalmspitze durchgeführt.[348]

Während der gemeinsamen Begehung von Friedrich Becke und Friedrich Berwert nördlich der Bockartscharte entdecken die beiden eine metamorphisierte Konglomeratbank, deren Inhalt sie sedimentären Ablagerungen zuordnen. Ebenso unternehmen sie eine gemeinsame Exkursion in das Malnitz-Gasteiner Gebiet.

Die Begehungen sind in den Notizbüchern Nr. 36 und 37 (1895) aufgezeichnet. Den Aufstieg von Mallnitz zur Tauernhöhe beschreibt Becke mit Bleistift in kurzen Sätzen im Notizbuch Nr. 37, Blatt 6–7 mit folgenden Worten:

23. [August] Früh von Mallnitz das Tauernthal aufwärts. Das Thal ist ein

---

348 Friedrich BECKE, Bericht über die petrographische Erforschung der Centralkette der Ostalpen. In: Anzeiger der kaiserlichen Akademie der Wissenschaften Wien 33, mathematisch-naturwissenschaftliche Klasse (Wien 1896), S. 16.

Längsthal. Unten voll Schutt. Wir queren die Zone des Ramettengneisses. Dann kommen deutlich aufgeschlossen: Lonzaschiefer, dann sieht man recht auffallend auf der rechten Seite eine mächtige Kalkbank auf dem Ramettengneiss aufliegen. Bei der Jaunnig Hütte (Alpe) eine prachtvolle halbkreisförmige Stirnmoräne mit hausgrossen Blöcken (von Blöcken der kalt-Wand), die am (hydrographisch) rechten Ende fast ausschliesslich aus Gneiss, links aus Kalkschiefer besteht. Auch der ganz obere Kessel ist mit Moränenhügeln ausgefüllt. Weiter auf der alten Seitenmoräne hinauf (darin Chloritschiefer von feinkörnig-schuppigen etwas gneissähnlicher Structur. Ferner Knollen und Strahlstein, lichtgrün, verworren stängelig nach Berwerth von den »lichtgrünen Bändern im Kalkglimmerschiefer.

Anstehend sodann lange nach flach SW fallende Kalkglsch. [glimmerschiefer] der bis auf den Tauern reicht. Hier sieht man bereits Lonzaschiefer mit dem Kalk wechseln;

Den lokalen Namen Woisgen notiert Becke als »Woigsten« und wird im Folgenden nach Beckes Notizen angeführt. Eine moderne Besprechung der örtlichen Geologie hat Alexander Tollmann in seinem umfangreichen Werk erörtert.[349]

Die Notizen über die Begehung zur Woigstenscharte finden sich auf dem Blatt 5, die Beobachtungen der Lithologien bezieht Becke in das folgende gezeichnete Profil (siehe Abbildung 23) mit hinein. Die Beobachtungen werden zunächst mit Bleistift notiert und dann mit Tinte exakt überschrieben.

21. Aug. von Malnitz auf die Woigsten Scharte. Im Tauernthal aufwärts am Abhang der Lieskehle unten Gneis, grob, fort im Gneis aufwärts längs des Woigstenbaches, zum Bosamer. Links vom Weg Rasenhügel mit braunen Felskuppen, die aus Lonzaschiefer bestehen, darüber die grauen Gneisszaccken des Rametten Kopfes. Der Schiefer führt zur Scharte hinauf. Die Woigsten Köpfe bestehen aus ihm. Eine Stelle des Weges besonders schön, etwa 6 m mächtig auf ungef. 30 m zu verfolgen. Gneis ziemlich fein, Grenzfacies mit Gletscherschliffen.

Skizze der Woigsten Scharte mit Woigsten Köpfe

Unter den Lonzaschiefern finden sich

1. *Schiefer mit reichlich Biotit theils auf den Schieferflächen theils quer dazu gestellt*
2. *Schiefer mit viel Muscovit und einzelnen Biotiten*
3. *Schiefer mit viel Muscovit und einzelnen grünen Flecken von Chlorit oder Sprödglimmer*

---

349 TOLLMANN, Geologie von Österreich (Anm. 341, S. 48): *Der innere Bau dieses Zentral-gneis-Deckenkörpers zeigt zwei markant ausgeprägte Großfalten [...]: Der Hölltorlappen im Osten, unter den am Ostrand die Glimmerschiefer der Seebach-bzw. Ankogelmulde einfallen, und der Siglitzlappen im Westen, der durch die darunter abtauchenden Woisgen-Glim-merschiefer der Gasteiner Mulde von ersterem getrennt wird.*

4. *Gneissähnl. Sch. Mit Biotittäfelchen in feldspatreicher weisser feinkörniger Masse*
5. *Schwarze graphitische Quarzite*

Ansicht der Lieskehle von West siehe Zeichnung Schieferkappe auf Gneiss. Gamskarlgneiss und Ramettengneiss scheinen in der Tiefe zusammen zu hängen. Die Woigstenschiefer scheinen sich zwischen beiden auszukeilen.

Auf den Blättern 9–10 des Notizbuches Nr. 37 setzt Becke seinen Bericht fort:

Beim Herabgehen zeigt sich, dass der Tauernweg fast genau der Grenze zwischen Gneiss und Schiefer entspricht. Unter den Schiefern finden sich insbesondere: schwarze Kieselschiefer ähnlich Quarzite, ferner Gneiss ähnliche Schiefer mit Biotitscheibchen. Der Weg führt einige Male in Gneiss zurück. Zuletzt geht es über Schutt ins Nassfeld.

An den Abhängen des Nassfelder Tauernzuges sieht man allenthalben in fast horizontalen Bänken die Schiefer ausstreichen, im Besonderen macht sich eine Kalkbank sehr bemerklich, die in halber Höhe ausstreicht und auch auf allen Karten angezeichnet ist. Gegenüber der NW Tauern erhebt sich ein Gneissberg an dem man die Gneissbänke bogenförmig aufsteigen sieht. Links dann das Siglitzthal, rechts das Bockhardthal, beide am Gneiss.

Nun durch die Astenschlucht abwärts. Hier ist man in der Mitte des Gneiss Massives. [...] Reichlich sind aplitische Adern vorhanden, besonders an einer kleinen Falte zwischen Bären- und Kesselfall. Das Hauptgestein ist immer reich an Muscovit. Ebenso auch in den Steinbrüchen bei Gastein, die mir sehr sauren Gneiss liefern. In dem Steinbruch unterhalb Gastein ist der Gneiss deutlich schiefrig und in Bänke geteilt, ohne deutliche Streckung. [...]

Abends zeigt mir Berwerth im Anlaufthal »Forellengneis«. Leicht gefärbt glimmerarmer sehr schiefriger Gneiss, mit zahlreichen Flammen und Biotit, die auf dem Hauptbruch als [...] elliptische Flatschen, auf dem Längsbruch als feine Schmitzen auftreten.

24. August. Silberpfennig Bockhart See. [...] Wir trafen dort nördlich der Bockhartscharte die Gneiss/Schiefergrenze, und nahe derselben über dem an jener Stelle gegen Süd auskeilenden Marmor eine Bank von Conglomerat Gneiss wechsellagernd mit dichten Schuppengneissen, über- und unterlagert von kurzflasrigen Biotit- Schiefergneisen (Fleckgneis).

Damit ist die gemeinsame Begehung mit Friedrich Berwerth für diesen Sommer abgeschlossen. Becke fährt dann weiter ins Ammertal, wo er mit Ferdinand Löwl das Ferlbertal und sodann das Stillup Tal und die Umgebung von Mayrhofen erforscht.

Im Bericht an die Akademie der Wissenschaften erörtert Friedrich Becke seine Forschungen im mittleren Arnthal und dem Zemmgrund. Er beschreibt die Gesteine und weist darauf hin, dass in petrographischer, aber auch in stra-

Abbildung 23: Schematisches Profil vom Geiselkopf nach Ankogel mit Woigstenscharte. Notizbuch Nr. 37 (1895), Blatt 7. Blattgröße: 17x11 cm

tigraphischer Hinsicht noch eingehende Studien notwendig sind. Ulrich Grubenmann berichtet über seine Beobachtungen an den Gesteinen des Illfinger-Tonalits um Meran und der Schieferhülle im Ultental. Die chemischen Untersuchungen finden im Labor von Hofrat Ernst Ludwig (1842–1915) statt.

Gleichzeitig wurde auch die mikroskopische Untersuchung des gesammelten Materials energisch gefördert und hat namentlich durch exacte Felspathbestimmungen zu wichtigen Ergebnissen geführt. Endlich wurden auch die Vorbereitungen für den Atlas mikroskopischer Gesteinsbilder in Angriff genommen, so dass für eine Anzahl charakteristischer Gesteinstypen und Structurverhältnisse Photogramme bereitliegen.[350]

Die Resultate der Exkursionen in das petrographisch unerforschte Gebiet der Ötztaler Alpen (Ötzthaler Masse) sollen von Ulrich Grubenmann zu einem späteren Zeitpunkt nachgeholt werden.

Im darauffolgenden Jahr, 1897, sendet Becke an die Akademie der Wissenschaften wieder einen Bericht über den Fortschritt der Erforschung der Zentralkette der Ostalpen. In diesem berichtet Friedrich Berwerth über seine Beobachtungen im »Gneiss Gebirge« von Bad Gastein. Friedrich Becke untersucht die Lagerungsverhältnisse der bei Mayrhofen das Zillertal durchquerenden Kalkzone. Ulrich Grubenmann stellt seine Untersuchungen der nördlichen Hälfte des Ötztales vor. Im Anschluss daran merkt Becke an, dass aus den Resultaten der chemischen Untersuchungen eine Trennung in schiefrige Intrusivgesteine und umgewandelte Sedimente der Gesteine erfolgen muss.

Die mikroskopische Untersuchung hat durchgreifende Unterschiede in der Plagioklasführung der Schiefergesteine herausgestellt [...] Bemerkenswerth ist auch das häufige Vorkommen von zonar gebauten Feldspathen. [...] Da in den eruptiven Gesteinen die entgegengesetzte Zonenfolge eine fast ausnahmslose Regel ist, beweisen diese Verhältnisse ein ausserordentliches Mass der Umwandlung.[351]

Die daraus resultierenden Erkenntnisse finden Eingang in die Erörterungen über die kristallinen Schiefer.

In den Notizbüchern Nr. 39 und 40 (1896) notiert Becke seine Aufzeichnungen über die Begehungen der Kalkzonen (= amphibolitfazieller Marmor) bei Hochsteg, Brandberg, Finkenberg und der Lachtalscharte. Auch die Grenzen zwischen Gneis und Kalk (= Marmor) werden genauestens festgehalten.

Die folgende Abbildung bezieht sich auf die Erforschung der Gesteine auf dem

---

350 BECKE, Bericht Centralkette 1896, (Anm. 348), S. 21. Leider sind die Photogramme an der ÖAW in einem äußerst schlechten Zustand, sodass hier kein Exemplar in die Arbeit aufgenommen werden konnte.

351 Friedrich BECKE, Bericht über die petrographische Erforschung der Centralkette der Ostalpen. In: Anzeiger der kaiserlichen Akademie der Wissenschaften Wien 34, mathematisch-naturwissenschaftliche Klasse (Wien 1897), S. 11.

Weg von der Elsalpe zum Kreuzjoch. Dieser Abschnitt ist in Erzählform mit Tinte ausführlich dokumentiert auf den Blättern 18–21 des Notizbuches Nr. 39 (1896). Und wiederum können wir mit Hilfe von Beckes Erörterungen den Weg mitverfolgen.

Bericht über den 14. August.

Früh von Mairhofen über Finkenberg zum Krapfenwirth (Treithof). Die Felsen durch welche der Tuxerbaach sich eine Klamm ausgewaschen hat, nehmen beiläufig von Brandstatt ein mehr bräunliches Aussehen an. In der That ist das Gestein, welches bei der Brücke oberhalb Freithof ansteht nicht mehr Kalk sondern sericitischer Schiefer. Derartige Gesteine mit Str N 97° F. N. 65° begleiten uns am Wege vom Krapfenwirth aufwärts, so zwar dass das anstehende fast parallel mit der Gefällslinie aufsteigt. Es sind theils deutliche Quarzite theils sericitische Grauwacken, seltener dünnblättrige Schiefer. Gesteine, die ganz den unteren Partien des »Nieder-Profils« entsprechen. Beim Aufwärtssteigen kommen wir in liegende Schichten.

Im Lachthal Kar steht hinten der graue Kalk an, dem Lachtelspitzzug angehörig; schiebt seine Sturzhalden weit herab. Die westlichen Seitenwand, sowie das braune Köpfl unterhalb der Tachtelspitz bestehen aus Schiefer, u. zwar aus den derben quarzitischen Schichten. Diese reichen herab bis zum »Röthl« einer etwa 100 m hohen Kalkwand. Dieser Kalk ist wie ich mich auf der Westseite überzeugte ein vorwaltend dichter, gelblich weisser »Gschöss Kalk« deutlich geschichtet. Hier muss eine Störung vorhanden sein. Denn auf dem Röthjöchl stehen O-W streichende Schiefer an. Die ersten Kalklager scheinen ihnen concordant aufzulagern. Aber unter diesen kommen weiter abwärts immer neue Kalkbänke zum Vorschein mit horizontalem Ausstrich. Danach meinte man, vorausgesetzt, dass der Kalk das Hangende des Schiefers bildet, dass der Kalk an einer Verwerfung abgesunken ist. – Skizze –

Damit harmoniert auch, dass die Lagerung des Kalkes, die an der Westseite der »Röth« gut beobachtbar war, etwas anders ist als die des Schiefers:

Schiefer N 87° O, F. N 60

Kalk N 62° O » » 70

Aufwärts an der Westseite des Lachtelgrates gelangt man an eine linsenförmige Einlagerung des Kalkes im Schiefer, die sich sehr gut von weitem beobachten lässt.

Im Seekar aufwärts wurde dann der Sattel vom Seekar zum äusseren Seekar erreicht. Hier steht grüner Blattlschiefer an. N 82° O F. 70° N. (331)

Dieser Sattel ist offenbar durch den leicht verwitterbaren Schiefer verursacht. Das Schartel zwischen Zirbenthal u. Lachthal zeigt ihn gleichfalls.

Dann kommt beim Anstieg der steil stehende graue plattige Kalk, dünn geschichtet klingend. Str N 87° O F. 65° N. Schon der 2. Gipfel mit den gelblichen Halden besteht aus Sericitquarzit, der sehr dünnblättrig u. schiefrig ist. Der deutlich hervortretende Felskopf mit steiler Südwand besteht aus compactem Sericitquarzit, der sehr an das Gestein des Dettenjochs erinnert. Hierauf folgen immer in gleichem Abstand Str. u. Fallen graue phyllitische Gesteine und endlich ziemlich hoch hinaufreichend Kalk, jenem der Röthwand entsprechend. Der Kalk ist deutlich geschichtet, fällt anfangs steil (65°) später flacher, zum Schluss gegen die Elsalpe zu wiederum steil. Die Rundhöcker im Boden der Elsalpe sind aber schon das lichtgrüne Gestein des Dettenjochs.

15. August.

Von der Elsaple $\frac{1}{2}$ 6 Uhr aufgebrochen zum Kreuzjoch. Die Felsen auf der S-W Seite desselben sind thatsächlich Moränenschutt zu einer Breccie verkittet. Bestandtheile vorherrschend Kalk untergeordnet Gneiss (Im Gegensatz zu der riesigen Endmoräne des Langewandgletschers, welche ausschliesslich Gneiss führt). Das Kreuzjoch ist also eine alte Mittelmoräne der ehemaligen Lange Wand und Els-Gletscher. Die Breccie zeigt die typische Beschaffenheit: grosse und kleine eckige und kantengrosse Blöcke sind darin durcheinander. Grosse Höhlen sind darin ausgewittert. Damit erledigen sich auch die Breccienbrocken, die ich auf der NO Seite des Kreuzjochs und im Lachtel- Schartel gesehen.

Nun im deutlich geschichteten Kalk nach rückwärts im Lange Wand Kar sehr deutlich sieht man zur linken eine Falte in den Kalkschichten; eine Quelle kommt an dieser Stelle heraus und färbt das Gestein schwarzbraun.

Die Falte sieht so aus: Skizze

Bald dahinter trifft man die Stelle wo der Kalk an den Gneiss grenzt. Die Stelle ist wunderbar deutlich und verdient einen nochmaligen Besuch. Eine Klamm trennt den Kalk von einer ... Bank welche deutlich geschichtet ist und starke Clivage in steiler Richtung zeigt. Diese Bank scheint aus demselben gelbbraunen verwitterten Eisendolomit und Schiefer zu bestehen. Auf der linken gegenüber liegenden Thalwand macht sie eine prachtvolle Falte. Vgl. die Skizze.

Das Gneissgestein ist sehr bald von der normalen Beschaffenheit des Stillupgneisses: Augengneiss mit schiefrigen basischen Congretionen und aplitischen Adern und Lagern.

An einer Stelle, wo das Thal eine merkliche Stufe bildet verliert sich die Schieferung fast ganz, und das von aplitschen Adern durchzogene Gestein wird hell, klotzig und granitähnlich.

Weiter hinten ist der Gneiss wieder deutlicher schiefrig, dunkler, aber immer stark augengneissartig [sic!] *entwickelt.*

Der Gneiss zeigt gleich hinter der Kalkbank sehr steile Schieferung, sodass die Kalkbank, die als eine deutliche und sichere <u>Schichte</u> auf den Köpfen der Gneissbänke liegt, was besonders an der linken Thalseite deutlich ist.

Im Hintergrund des Elskars und des Langwandkars tritt eine eigentümliche Bankung auf, welche von links nach rechts aufzusteigen scheint, so dass es fast den Anschein hat, als wäre der Gneiss hinten nahezu horizontal geschichtet.

Der Anblick der Kammpartie lehrt aber, dass die wahre Schichtung der Gneissbänke ganz steil steht, u. zwar auf dem Kamm steil S; wir mussten auch über die S. fallenden Platten absteigen. Das Gestein ist (332) ein recht schöner Augengneiss mit grossen Feldspathen, schiefrig dunklen Concretionen und aplitischen Lagern sehr ähnlich dem Gestein von Nösslach.

Sehr steil und wegen Neuschnee unangenehm herab ins Pizer Haus Kar. Ausgedehnte Rundhöcker Landschaft aus Augengneiss mit quarzitischen hellen Varietäten bestehend.

(333) Augengneiss Pizer Haus Kaar

(334) syenitische Varietät. Pizer Hauskaar.

Dieser ganze Granitgneiss des Duxer Kammes ist <u>arm</u> an Quarz sehr reich an Orthoklas. Syenitgneiss.

Nun herab über eine Riesen Moräne welche den ganzen Abhang überdeckt bis zur Pizer Alpe. Die Moräne besteht ausschliesslich aus Augengneiss. Unter der Pizer Alpe stehen zunächst am Wege Schiefer an, die doch wol [sic!] nur als schiefrige Gneisse aufzufassen sind, abwechselnd hellere und dunklere Lagen immer reich an weissem Glimmer, doch aber ab u. zu Feldspathe sichtbar in kleinen Augen.

Diese Gesteine stehen zw. Piz u. Lichteck in schönen Felsen an, die ganz horizontal gebändert aussehen. Bei näherem Zusehen bemerkt man einen Wechsel von glimmerreichen u. aplitischen Lagen. Letztere durchsetzen die glimmerreichen Lagen auch in quer durchgehenden Adern. (Eingeschmolzene Schiefer-Augengneisse? Oder geschiefter Gneiss? Gneissschiefer? Da jedes Anzeichen einer fremden Mineralbeimengung fehlt, erscheint letzteres das Wahrscheinliche.

Von zwei Stellen wurden Proben mitgenommen:

(335) Unter der Piz Alpe stark schiefriger Gneissschiefer

(/336) Zwischen Piz u. Lichteck-Alpe gebänderter Gneissschiefer. Dieses Gestein nur meist in hellen Varietäten hält nun an bis herunter ins Thal bei Dornauberg.

Ein eindrucksvolles Gesamtprofil in Farbe zwischen Lauerbach und Pizalpe über den oben beschriebenen Erkundungsweg durch einen Abschnitt der Zillertaler Alpen zeichnet Becke im Notizbuch Nr. 39 auf Blatt 21.

Im Anzeiger der Akademie der Wissenschaften des Jahres 1898[352] berichten die drei Wissenschafter über ihre Aufnahmen in der Hochalm-Gneis Masse, der bei Mayerhofen das Zillertal durchquerenden Kalkzone, des Schiefergebirges

352 Friedrich BECKE, Friedrich BERWERT & Ulrich GRUBENMANN, Bericht der Commission für die petrographische Erforschung der Centralkette der Ostalpen über die Aufnahme im Jahre 1896. In: Anzeiger der kaiserlichen Akademie der Wissenschaften Wien 35, mathematisch-naturwissenschaftliche Klasse (Wien 1898), S. 12–19. Friedrich BECKE: Untersuchungen der Lagerungsverhältnisse der bei Mayrhofen das Zillertal durchziehenden Kalkzone. In: Anzeiger der kaiserlichen Akademie der Wissenschaften Wien 35, mathematisch-naturwissenschaftliche Klasse (Wien 1898), S. 13–16.

Abbildung 24: Profil Lauerbach-Piz Alpe. Notizbuch Nr. 39 (1896) Blatt 21. Blattgröße: 23x17 cm

zwischen Duxer- und Inntal und der Aufnahme der nördlichen Hälfte des Ötztales. Hier fasst Becke die petrographischen Erkenntnisse zusammen und konstatiert innerhalb des Profilstreifens Bruneck-Inntal das Vorhandensein von vier Intrusivkörpern, der Antholzer Masse mit dem Tauferer Gneislager, die Tonalitgneismasse des Zillertaler Hauptkammes, die Granitmasse des Tuxer Kammes und die Masse des Kellerjochs. Über die Struktur, die Gemengteile und die metamorphe Prägung der Gesteine wird berichtet. Diese vier Gesteinskörper stehen im Gegensatz zu den tonalitischen Gesteinen der Rieserferner Gruppe, der durch seine granitische hypidiomorphe Tiefengesteinsstruktur geprägt ist.

Beckes Notizbücher Nr. 42 und 43 (1897) beinhalten die Aufzeichnungen seiner Begehungen in den Zillertaler Alpen, die nicht nur Grundlage der Aufnahmen für das Forschungsprojekt der Akademie der Wissenschaften sind, sondern auch eine bedeutende Ausgangslage für die Exkursion während des 9. Geologenkongresses in Wien im Jahr 1903 bilden (Siehe Kapitel 6.3.4).

Eine kurze persönliche Notiz am Beginn des Notizbuches Nr. 42 dokumentiert Beckes Ankunft in Wien und seinen kurzen, aber angenehmen Aufenthalt. Am 16. Juli 1897 reist er von Prag ab und verbringt einen »köstlichen Abend« in Weidling bei Wien und einen Abend im »Club«[353]. Am 19. Juli fährt er mit der Bahn bis Jenbach und ist »bei grässlicher Hitze in Mayerhofen« angekommen. Der Name des Ortes Mayrhofen erfährt in Beckes Büchern eine unterschiedliche Schreibweise, wie »Mayerhofen«, »Mairhofen« oder »Maierhofen«.

Notizen werden mit Bleistift verfasst und im Nachhinein mit Tinte überschrieben. Die kurzen Texte der Blätter 40–42 begleiten geologische Sequenzen. Der eigentliche Bericht der Begehung erfolgt auf den Blättern 43 und 44, der rein

---

353 Es ist dies der wissenschaftliche Klub in der Eschenbachgasse 9 im 1. Wiener Gemeindebezirk.

in Tinte geschrieben ist. Zunächst aber seien hier die Notizen im sogenannten »Kurzstil« wiedergegeben:

21. August.

Bis ins tiefe Thal fort durch die bunten Schiefer. Das erste sicher anstehende ist ein Quarzitzug, der in cca 1940 das Thal quert, 255 Str und 30° Max. N fällt.

Die Fortsetzung kann man auf der Geiselalpe und jenseits am Niederbach verfolgen. Darüber Grünschiefer. Str 265 F. N 60° 2020 am oberen Weg

Hinter dem Grünschiefer folgen blättrige graue Phyllite härter als die unteren, aber schlecht krystallin. Darin kleine höchstens 10 m mächtige Lagen an Eisenkalk.

An der Nase des Spitzgemäuer Grünschiefer. Feldspatreich. Str. 258 F. N 60°

Dann Phyllit

Dann rothe Thürme von Eisenkalk

Dann Phyllit mit vielen Blöcken überschüttet, die Blöcke bestehen aus Quarzit. Phyllit und Eisenkalk verschwinden unter dem Quarzit.

»Profil vom Lämmerbichl zum Spitzgemäuer« N – S

Eisenkalk Horberger Joch

Str 255 saiger

Auf Blatt 41 zeichnet Becke mit sehr zartem Bleistift das Profil des Spitzgemäuers und mit einem kleinen Profil, dessen Lithologien mit Tinte überschrieben werden und damit gut lesbar sind. Den Weg zum Gipfel des Spitzgemäuers mit 2540 m Höhe berichtet er mit folgenden Worten:

Von dem ° 2540 herab

Die nächsten 2 kleinen Hügel sind Quarzit, der ziemlich flach N fällt. Dann Grünschiefer – kleine Lage, dann gemeiner grauer Schiefer

Steiler Abfall 2410–2380

Lichtgrauer Schiefer

Dann Absatz – Quarzit

Sattel besteht aus graugrünem Schiefer

Horberger Joch der Karte. Jenseits des Jochs nicht zu unterscheiden vom Rastschiefer. Ebenso bis Wanglspitz 2400.

Daran schließt die Aufzählung der genommen Gesteinsproben mit Nummern und eine kurze Beschreibung der Gesteine, wie zum Beispiel folgende Notiz zeigt:

Ausbeute 21. August

566. Grauwackenähnliches Gestein aus der Zone der bunten Schiefer zwischen Lämmerbichl und Geisler

Die Begehung vom Lämmerbichl bis zum Spitzgemäuer hält Becke im Erzählstil fest; die Passage ist mit Tinte geschrieben. Und wiederum können wir Beckes Wegbeschreibungen gut nachvollziehen:

21. August. Von Lämmerbichl einwärts ins tiefe Thal. Blöcke und anstehendes bestehen immer aus »bunten Schiefern«. Neben der bekannten Varietäten: schwarze gefältelte, lichte, mit Quarzflasern und carbonat führenden ockerig verwitternde, kommen auch Steine vor, die deutlich klastisch grauwackenartig sind.

Im hinteren Theil des Thales streichen Felsen durch: sie erweisen sich als grünlich flach lagernde Quarzite; die Felsen ziehen einerseits aufwärts zum Lämmerbichl-Alpe, andererseits über den Bach und unter die Geisler Alpe hinein. Hinter dem Quarzitzug folgt dann mit beträchlich steilerem Einfallen der Schieferungsflächen Grünschiefer, dann blättriger Schiefer von grauer Farbe, in denen eine ganz kleine Einlagerung von Eisenkalk.

Dann kommt an dem kleinen Vorberg des Spitzgemäuers wieder grauer schiefer und abermals Grünschiefer mit stark schiefriger Textur, einzelne Lagen mehr körnig; Quarzlinsen enthalten kleine Augenkrystralle? Schlecht ausgebildete kleine Albite.

Die rothen Felsthürme unter dem Spitzgemäuer sind Eisenkalke, die noch vor Erreichung des Quarzits auskeilen. Die lichtgrauen Thonschiefer streichen gegen den Quarzit, verschwinden unter demselben, so dass die discordante Auflagerung des Quarzits auf dem Phyllit ohne Zweifel bleibt. Der Quarzit ist mannigfaltig, porös verwitternde Stücke sehen oft sehr nett aus, durch rosenrothe Quarzkörner.

Die höheren Theile sind reiner Quarzit. Auch auf der Ostseite stehen Schiefer unter dem Spitzgemäuer an. Dieser zeigt ziemlich flaches N-Fallen der undeutlichen Schichten

Nun zum Joch ob der Tappen. Der Vorhügel besteht aus E. Kalk, mit dem concordant sich Carbonat-reiche dunkelgraue Thonschiefer anstehen.

An dem °2540 kommen an mehreren Stellen Quarzite vor, die gegen das Spitzgemäuer streichen.

Im folgenden Jahr, 1899, berichten Becke, Berwerth und Grubenmann über ihre gemeinsame Begehung der Ostalpen im Sommer 1898.[354] Sie bringen eine Zusammenfassung ihrer Forschungsergebnisse, auch wird auf Ähnlichkeiten und auf Unterschiede in den drei gewählten Querschnitten der Ostalpen hingewiesen.

Im Profil von Gastein liegen die Granitgneisse samt den ihnen anscheinend concordant auflagernden Schiefern viel flacher, im Zillerthaler Gebirge steht sowohl die Schieferung des Granit- und Tonalitgneisses, als die Straten der Schieferhülle um vieles steiler. Dieser Unterschied scheint darauf hinzudeuten, dass im Gasteiner Gebirge ein höherer Querschnitt der Granitgneisss-Antiklinale

---

354 Friedrich BECKE, Bericht über den Fortgang der Arbeiten zur petrographischen Durchforschung der Centralkette der Ostalpen. In: Anzeiger der kaiserlichen Akademie der Wissenschaften Wien 36, mathematisch-naturwissenschaftliche Klasse (Wien 1899), S. 5–10.

blossgelegt ist, im Zillerthaler Gebirge ein tieferer [...] *Das Gasteiner Profil liegt den grossen transgredierenden Schollen der Radstätter Tauerngebilde viel näher, als der Zillerthaler Querschnitt den ähnlichen und tektonisch so ausserordentlichen Gebilden des Brenners. Im Gasteiner Gebirge sind die Erscheinungen mechanischer Kataklase schärfer ausgeprägt, im Zillerthaler Profil findet mehr Krystallisationsschieferung statt.*[355]

Aus den Forschungen ergibt sich die grundlegende Erkenntnis, dass das Profil des Ötztales sehr verschieden ist und daher nicht mit dem der Hohen Tauern verglichen werden kann.

Vom 31. Juli bis 28. August 1898 erkundet Becke wieder die Alpenwelt. Aus wenigen Notizen erfahren wir, dass er von Friedrich Berwerth und Ulrich Grubenmann begleitet wird. Aus den Eintragungen geht nicht hervor, wie lange die gemeinsamen Erkundungen dauerten, aber im Bericht an die Akademie der Wissenschaften wird mitgeteilt, dass die Begehungen der drei Petrographen im August stattgefunden haben:

Die gemeinsamen Excursionen wurden im August unter sehr günstigen Witterungsverhältnissen ausgeführt, und waren nicht nur für die Theilnehmer lehrreich, da sie den Anschauungskreis der Einzelnen in wünschenswerther Weise erweiterten, sondern auch für das ganze Unternehmen sehr förderlich, weil sie es ermöglichten, zu einer übereinstimmenden Auffassung ähnlicher Vorkommnisse zu gelangen und vorgefasste Meinungen zu berichtigen.[356]

Am 2. August (Blatt 5) notiert Becke in kurzen Sätzen seine Beobachtungen, darunter fällt auch die kleine Notiz: *Die Schiefer Einlagerung entspricht nach Berwerths Angabe dem Sattel N vom Rauchkögerl.*

Auf Blatt 12 wird Berwerth nochmals erwähnt und anschließend auch Grubenmann:

Auf dem Gipfel des Schwarzensteins gibt es ausser dem hellen körnigen auch ein dunkles flasriges Gestein, Berwerth hat ein Stück, es gleicht dem von der Leipziger Hütte, das ich habe. Grubenmann sagt, solche Gneissgebirge hätten sie in der Schweiz nicht.

Die Strecke Mallnitz – Obervellach hält Becke in einem großartigen Profil in Farbe (das wiederum nicht in die Publikation Eingang gefunden hat!) mit den einzelnen Lithologien fest:

---

355 BECKE, Bericht 1899 (Anm. 354), S. 6.
356 BECKE, Bericht 1899, (Anm. 354), S. 5–6.

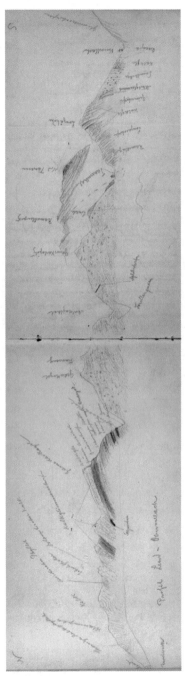

Abbildung 25: Gesamtprofil Lend-Obervellach. Notizbuch Nr. 44 (1898), Blatt 18. Blattgröße: 40,4x12,4 cm

Resümee

Mit diesem letzten Bericht ist die erste petrographische Aufnahme der Hohen Tauern abgeschlossen. Es ist zu erkennen, dass die Berichte die petrographische Beschreibung der beobachteten Gesteine, deren Auftreten und Verlauf im Gelände beinhalten. Sie weisen auf eine Bestandsaufnahme mit den vorhandenen technischen und wissenschaftlichen Möglichkeiten in der Darstellung der Naturbeobachtung hin. Es werden keine Hypothesen oder Theorien über die historische Abfolge der Lithologien aufgestellt und mittels erkenntnistheoretischer Beweisführung erörtert. Es ist eine großangelegte und zeitintensive Studie gewesen, die uns Beckes Entwicklung in der petrogaphischen Erforschung und deren Aufzeichnungen erkennen lassen; diese weisen auf eine immer exaktere und differenzierte Beobachtung mit deren Dokumentation im Notizbuch hin. Anhand der aufgelisteten Gesteinsproben ist zu erkennen, dass die Sammlung von Daten ebenfalls an Umfang zugenommen hat.[357]

Wie aus den geologischen zeitgenössischen Forschungen hervorgeht, haben diese Erkundigungen im alpinen Raum keinen nachhaltigen Eindruck hinterlassen. Es ist leider wirklich nur eine Bestandsaufnahme geblieben. Aber die Erkenntnisse daraus und das fundamentale Wissen um die Stratigraphie der Gesteinsabfolgen finden Eingang in die Beiträge des 9. Geologenkongresses in Wien im Jahr 1903. Die Aufzeichnungen hierfür werden im folgenden Abschnitt der Zillertaler Exkursion eingehender besprochen. Die Untersuchungen der Alpengesteine im Labor führen zu Erkenntnissen im Bereich der kristallinen Schiefer und der daraus resultierenden Grundlagen der metamorphen Gesteine. Die nachfolgenden Publikationen an der Akademie der Wissenschaften haben sehr wohl in der erdwissenschaftlichen Fachwelt ihren Nachhall gefunden. Sie resultieren aus den Beobachtungen der Begehungen in den östlichen Zentralalpen. 1906 erscheint eine Publikation über die Fortsetzung der Arbeiten in den Ostalpen mit dem Titel: »Zur Physiographie der Gemengteile der kristallinen Schiefer. Die Feldspate.«[358] Im Bericht über die Aufnahmen am Nord-und Ostrand des Hochalmmassivs aus dem Jahr 1908 sind zum ersten Mal graphische Darstellungen mit Verlauf der Gesteinsschichten und einer Übersichtskarte des Geländes hinzugefügt.[359] 1912 veröffentlicht Becke im Anzeiger der Akademie

---

357 Roger M. Mc COY erörtert in seiner Publikation: Field Methods in Remote Sensing (New York 2005, S. 6–7) den Zeit-, Geld- und Personenaufwand einer wissenschaftlichen Studie: *The optimal size of a study area is determined by the amount of time and money aviable, the number of people aviable to work in the field, the time required to collect data in dthe field, and the mode of travel possible in the field.*

358 Friedrich BECKE, In: Anzeiger der kaiserlichen Akdmie der Wissenschaften Wien 63, mathematisch naturwissenschaftliche Klasse (Wien 1906), S. 342–344.

359 Friedrich BECKE, Bericht über die Aufnahmen am Nord- und Ostrand des Hochalmmassivs. In: Sitzungsberichte der kaiserlichen Akademie der Wissenschaften Wien 117, mathematisch-naturwissenschaftliche Klasse, Abteilung I (Wien 1908), S. 371–407.

der Wissenschaften die Arbeit »Chemische Analysen von kristallinen Gesteinen aus der Zentralkette der Ostalpen«. Hier fasst er die großen Gesteinsformationen überblicksmäßig zusammen.[360] Eine Besprechung dieser Publikationen erfolgt im Kapitel »Die kristallinen Schiefer«.

Die bereits oben erwähnten Photogramme über Gesteine der Alpenexkursionen sind zum Teil an der ÖAW archiviert, können aber durch ihren sehr schlechten Zustand als graphische Belege hier leider nicht hinzugefügt werden.

6.3.3.2 Der zweite Bericht an die kaiserliche Akademie der Wissenschaften in Wien über petrographische und tektonische Untersuchungen im Hochalmmassiv – dem östlichen Tauernfenster – gemeinsam mit dem Geologen Viktor Uhlig

Becke arbeitet wieder im Auftrag der kaiserlichen Akademie der Wissenschaften in Wien in der ostalpinen Zentralzone zwischen dem Hochalmmassiv und der nördlichen Kalkzone, dieses Mal gemeinsam mit dem Geologen Viktor Uhlig (1857–1911) von der Geologischen Reichsanstalt. In der Publikation führt Becke die jungen Mitarbeiter an, die bei diesem großangelegten Projekt mitgeholfen haben, darunter finden sich Michael Stark (1877–1953), ein Dissertant Beckes, und der später bekannte Geologe Leopold Kober (1883–1970). Drei Berichte – 1906, 1908 und 1909 – werden der kaiserlichen Akademie der Wissenschaften vorgelegt.

Im ersten Teil gibt Becke einen allgemeinen Überblick über den tatsächlichen Forschungsstand im betreffenden Gebiet. Bereits während der petrographischen und geologischen Aufnahmen in der Umgebung des Tauerntunnels in den Jahren 1902–1905 haben Becke und Friedrich Berwerth grundlegende Erkenntnisse geschaffen. Zentralgneis und Schieferhülle sind die Hauptträger des Gebirgsbaues, wobei der Zentralgneis als geschiefertes Intrusivgestein allgemein anerkannt ist. Im östlichen Teil der Hohen Tauern sind zwei große Intrusivkomplexe zu beobachten, die Becke als Hochalmkern und den nach Berwerth benannten Sonnblickkern anführt.

Die beiden großen Intrusivmassen sind keineswegs homogen, sondern bestehen aus verschiedenen, wahrscheinlich durch Differenzierung aus einem Stamm-Magma hervorgegangenen Varietäten.[361]

---

360 Friedrich BECKE, Chemische Analysen von krystallinen Gesteinen aus der Zentralkette der Ostalpen. In: Denkschriften der Akademie der Wissenschaften Wien 75, mathematisch-naturwissenschaftliche Klasse (Wien 1912), S. 153–229.

361 Friedrich BECKE & Viktor UHLIG, Erster Bericht über die petrographischen und geotektonischen Untersuchungen im Hochalmmassiv und in den Radstädter Tauern. In: Sitzungsberichte der kaiserlichen Akademie der Wissenschaften Wien 65, mathematisch-naturwissenschaftlichen Klasse Abteilung I (1906), S. 1698.

Im Hauptteil seines Berichtes beschreibt Becke die einzelnen Lithologien mit dem Gefüge, der Textur und deren Lage. Der porphyrartige Granitgneis mit dunklem Biotit, feinschuppigem Muskovit und Feldspäten bildet das Liegende und wird im Hangenden von quarzreichem Forellengneis mit elliptischen Glimmerflasern begleitet. Der Syenitgneis ist gekennzeichnet durch Quarzarmut. Aplite, Pegmatite und Quarzgänge treten häufig hervor, wobei Aplit die älteste und Quarz die jüngste Gangausscheidung bilden.

Häufig ist eine starke Entwicklung einer Schieferung unter Zunahme des Kaliglimmers zu beobachten. Manchmal können auch die Grenzen von einem Gestein zum anderen, der Schieferhülle, nicht exakt hervortreten. In den körnigen Partien erkennt man oft trotz weitgehender Metamorphose noch Reste der alten granitischen Erstarrungsstruktur.[362]

Becke weist auf die Arbeiten von Eduard Suess hin, der im Zentralgneis ebenfalls Antiklinale erkannte, die Becke selbst im Gasteiner Tal, bei Mallnitz und im Naßfeld beobachtet hatte. Die genaue Verortung der Antiklinale wird durch Bankung, Streichen, Kluftrichtungen und Streckungserscheinungen in den Gesteinen dokumentiert.

Für die Schieferhülle des Hochalm- und Sonnblickkerns können wir dieselbe Gliederung anwenden, die im Zillertal zu Grunde gelegt wurde: Eine Stufe besteht aus ursprünglich klastischen, wesentlich kalkfreien Sedimenten mit größeren kompakten Kalklagern. Eine obere Stufe wird gebildet aus Sedimenten, denen Kalk in mehr diffuser Form beigemischt ist, mit Einlagerungen von Grünschiefern.[363]

Eine sogenannte mesozoische Bildung der Serizitquarzite kann Becke noch nicht bestätigen, da er hinsichtlich dieser Gebilde noch keinen gültigen Nachweis gefunden hat. Die gesichteten mesozoischen Sedimente sind reich an Marmor und Dolomitmarmor, in der unteren Stufe der Schieferhülle liegen Kalkmarmore. Die Grenze zwischen Granitgneis und Schieferhülle verläuft nach den kartographischen Aufzeichnungen unregelmäßig, aber sie ist in vielen Fällen durch Aufschlüsse dokumentiert, wie im Angertal.

Die konkordante Auflagerung der Schieferhülle auf den Zentralgneis ist hier überaus deutlich aufgeschlossen.[364]

Die metamorphen mesozoischen Kalke können im Angertal, auf den sogenannten Mitterasten, der Erzwiese und dem Stubnerkogel verfolgt werden, bei der Bockhartscharte keilt die Marmorlage aus. In Richtung Naßfeld beginnt die Marmorbank wieder und lässt sich bis zum Pass der Mallnitzer Tauern verfolgen.

---

362 BECKE, Hochalmmassiv (Anm. 361), S. 1701.
363 BECKE, Hochalmmassiv (Anm. 361), S. 1703.
364 BECKE, Hochalmmassiv (Anm 361), S. 1705.

Wenn die Marmorlage als Leithorizont angenommen wird, haben wir es somit nördlich vom Mallnitzer Tauern mit Glimmerschiefer im Liegenden des Marmors zu tun.

Die Grenze zwischen Gneis und diesem unteren Glimmerschiefer steigt vom Naßgeld längs des Weißenbaches gegen Osten auf [...] und zieht in das Mallnitzer Tauerntal.[365]

Zwischen dem Sonnblickkern und dem Hochalmkern liegt ein Schieferzug, der isoklinal liegt und SW einfällt. Die Kontaktzonen zwischen den beiden Gneismassen und dem Schieferzug kann er als Intrusivkontakte konstatieren. Diese Stelle vergleicht er mit ihm bekannten Intrusivkontakten, wie zum Beispiel den Zillertaler Granitgneisen. Anschließend beschreibt er die Struktur und die Zusammensetzung der Schieferhülle an der Kontaktstelle.

Becke unterscheidet je nach Vorkommen bestimmter Leitminerale eine untere und eine obere Schieferhülle. Das Ausgangsgestein bilden tonige Sedimente. Die Schieferung entstand also nicht durch Kataklase, sondern durch Einwirkung starker Pressung während der Entstehung. In der Folge führt Becke eine Beweisführung zu seiner Theorie über die sogenannte Pressung während einer magmatischen Intrusion und gelangt zur Erkenntnis, dass die Struktur des Gesteins darauf schließen lässt, dass der Intrusivkörper selbst den Stress im umliegenden Gestein hervorgerufen hat und dieses dagegen einen Widerstand leistete. Im Anschluss daran stellt Becke eine tiefsinnige Frage zur Entstehung der Gesteine, die er hier leider noch nicht beantworten kann:

Die Schieferung der äußeren Teile der Granitmasse sei primär, fluidal, und der von uns auf Grund der Mikrostruktur behaupteten Anschauung, die Umformung und Schieferung sei im starren Zustand (starr = kristallin) erfolgt?[366]

In diesem Bericht können wir ebenfalls die unterschiedliche Art der Dokumentation nachvollziehen und zugleich auch die Verschiedenartigkeit in den zugezogenen Literaturangaben verfolgen: Becke führt Erörterungen verschiedener petrographischer Studien an, und Uhlig bezieht seine Vergleiche aus der geologischen Diskussion. Beckes Erkenntnisse resultieren aus der Mineral- und Gesteinszusammensetzung mit der Entstehungsfrage, und Uhlig bezieht seine Erörterung auf tektonische Zusammenhänge.

Der zweite Bericht ist im Aufbau ähnlich strukturiert wie der erste, zunächst erfolgt eine Topographie des Gebietes und daran schließt die petrographische Beschreibung und Zuordnung der einzelnen Lithologien. Ebenso wird wiederum eine Korrektur in der geologischen Karte angeführt.

Das östliche Tauernfenster ist immer wieder Inhalt petrographischer und

---

365 BECKE, Hochalmmassiv (Anm. 361), S. 1707.
        Siehe auch Alexander TOLLMANN, Geologie von Österreich. Band 3 (Wien 1977), S. 48–50.
366 BECKE, Hochalmmassiv (Anm. 361), S. 1721.

geotektonischer Erörterungen. Leopold Kober berichtet über das östliche Tauernfenster in seinem Standardwerk »Der geologische Aufbau Österreichs« folgendermaßen:

Die tiefste Teildecke des östlichen Tauernfensters ist die Ankogel Decke. […]
Sie kommt überall steil aus der Tiefe heraus, wird weiterhin vom alten Dach und,
wo dieses fehlt auch von junger Schieferhülle gegen die überschobene Hochalm-
decke abgegrenzt. […] Die trennende Mulde gegen die höher liegende Hochalm
Decke ist die Liesermulde. Sie ist als trennendes Band von junger Schieferhülle
von Becke aufgefunden worden. Sie wurde damals als Schieferzone gedeutet, die
auf sich einen Lagergang von Granit trägt. In Wirklichkeit trennt sie die Ankogel
von der Hochalm Decke. […] Dann zieht die Mulde gegen das Mellnikkar hinauf,
verzahnt sich hier mit den Gneisen. Hier fand Becke auch einen Aplit, der aber
ganz zerquetscht ist. Er liegt in einer Schuppenzone von Zentralgneis und
Schieferhülle, also ganz in der Position, wie sie dieser Muldenzone zukommt. […]
Weiter gegen Westen zu wird die Mulde in der Seebachmulde von Mallnitz wieder
breit und zieht endlich als schmales Band von Glimmerschiefern gegen Böckstein
zu. Es ist die Woigstenzunge von F. Becke. Sie streicht quer N-S und trennt so im
Westen den gegen Westen einfallenden Ankogelgneis von dem überschobenen
Hochalmgneis des Stubnerkogels.[367]

In dem östlichen Teil des Tauernfensters östlich der Glockner-Depression
streicht flach kuppelförmig das große Hochalm-Ankogel-Massiv aus. Es wird
durch Muldenzüge der Unteren Schieferhülle in mehrere Teilkerne zerlegt. […]
Im Hochalm-Ankogel-Gebiet transgrediert permoscytischer Quarzit über Alt-
kristallin sowie über Paläozoikum, das von der Erosion verschont geblieben war.
Die Mallnitzer Mulde, die Gesteine der Oberen Schieferhülle (Glockner Decke)
enthält, trennt den Hochalm-Ankogel-Kern vom Sonnblick-Kern mit seiner
walzenförmigen Struktur.[368]

Basierend auf neuen technischen Möglichkeiten werden den Grundkennt-
nissen und aus den ersten fundamentalen Publikationen Beckes und Uhligs neue
Erkenntnisse hinzugefügt. Aus den umfangreichen Erörterungen werden hier in
diesem Zusammenhang einige Besprechungen hervorgehoben, so die Diskus-
sionsbeiträge von Franz Angel und Rudolf Staber aus dem Jahr 1952 und von
Holub und Marschallinger aus dem Jahr 1989. Hier werden noch die gebräuchlichen Termini, wie Schieferhülle, heute Penninikum, oder Altes Dach,
heute »basement« verwendet. Die Zentralgneiskerne verstehen sich als jene
Teile, die im Variszicum in das basement intrudierten.

Im östlichen Tauernfenster treten unter der permomesozoischen Schieferhülle
die Zentralgneise und deren Altes Dach zutage. Im Gebiet des oberen Maltatales/

367 Leopold KOBER, Der geologische Aufbau Österreichs (Wien 1938), S. 12.
368 Günter MÖBUS, Geologie der Alpen (Köln 1997), S. 115.

Kärnten blieben die Intrusionszusammenhänge der variscischen Granitoide von alpidischen Deformationseinflüssen weitgehend geschont, weshalb [...] innerhalb der Zentralgneise eine Intrusionsfolge abgeleitet werden konnte. Das Alte Dach [...] besteht aus altkristallinen Migmatiten sowie aus Gesteinen der Habachformation.[369]

In der Besprechung von Franz Angel und Rudolf Staber aus dem Jahr 1952 werden die Gesteine des östlichen Tauernfensters und deren Lokationen penibel aufgelistet. Wir können hier einige Aufschlüsse, die Becke selbst in seinen Büchern notiert hat, sehr schön nachvollziehen. Als Beispiel ist die Beschreibung der Woisken Schieferzone, die im Ankogel Stockwerk auftritt, angeführt:

Woisken-Schieferzone: Aufgeschlossen längs des Woisken-(= Woigsten, Becke) Baches, führt sie über die Woiskenscharte und -köpfe ins westliche Hiörkar, zum Thomaseck, zur Haitzinger Alm und nach NW ins Naßfelder Tal [...] Woisken- und helle Serizitschiefertypen walten vor.[370]

Die Aufzeichnungen Beckes über die »Woigstenscharte« finden sich im Notizbuch Nr. 37 (1895) auf Blatt 5-7. (Siehe oben). Im Vergleich zu den Gesteinsbeschreibungen von Angel und Staber ist zu erkennen, dass Becke in seiner Zeit die einzelnen Lithologien bereits exakt definieren konnte, sodass diese im Jahr 1952 noch immer ihre Gültigkeit hatten.

6.3.4 Die Aufnahmen im Gebiet des Zillertales als Grundlage der Alpenexkursion während des 9. Geologenkongresses in Wien 1903

Ausgehend von dem Forschungsauftrag der Akademie der Wissenschaften – siehe oben – führt Becke die Erkundung der petrographischen und geologischen Begebenheiten über Jahre hindurch im Zillertal und dessen Umgebung fort. Der Ort Mayrhofen ist für viele Exkursionen Aufenthalts- und Ausgangspunkt. Die Erfahrungen in der Beobachtung und Herangehensweise aus den Südtiroler Forschungen – Rieserferner, Adamello und Monzoni Gebirge – werden nun hier in einer groß angelegten Studie weitergeführt. Auf seinen Alpenbegehungen wird Becke von seinem Freund und Kollegen Ferdinand Löwl, zum Teil von Friedrich Berwerth und Ulrich Grubenmann, begleitet. Eindeutige Hinweise über die gemeinsamen Touren in den Notizbüchern sind selten gegeben, meistens notiert Becke ein »wir«.

Das vielfältige Notieren und Festhalten der Naturbeobachtungen auf Papier

---

369 Bernhard HOLUB, Robert MARSCHALLINGER, Die Zentralgneise im Hochalm-Ankogel-Massiv (östliches Tauernfenster). Teil I: Petrographische Gliederung und Intrusionsfolge. In: Mitteilungen der Österreichischen Geologischen Gesellschaft 81 (Wien 1989), S. 5.

370 Franz ANGEL & Rudolf STABER, Gesteinswelt und Bau der Hochalm-Ankogel-Gruppe. In: Wissenschaftliche Alpenvereinshefte, Heft 15 (Innsbruck 1952), S. 72.

mit Bleistift oder Tinte, sowie die unterschiedlichen Aufschreibestile, wie
Kurzstilnotizen, Berichte im Erzählstil und eine große Anzahl von Graphiken,
Panoramazeichnungen, geologischen Sequenzen, Profilen und detaillierten
Aufnahmen einzelner Gesteinsstücke dokumentieren Beckes Stil, wie er mit
geschultem Blick und geübter Hand seine Beobachtungen wiedergibt.[371]

Die Dokumentation über seine Aufenthalte im Bereich des Zillertales und des
Tuxer Hauptkammes mit Erkundigungen im Brennertal erstreckt sich über zehn
Jahre zwischen 1893 und 1903. Die aktive Teilnahme am 9. Geologenkongress in
Wien kann als wissenschaftlicher Höhepunkt und auch als Abschluss der For-
schungen im Zillertal und den Tuxer Alpen gesehen werden. Die petrographi-
schen Laboruntersuchungen aus den Gesteinen der Zillertaler Alpen führen
Becke zu fundamentalen Erkenntnissen im Bereich der »Kristallinen Schiefer«
und den metamorphen Gesteinen, die im Kapitel Nr. 6 erörtert werden.

Bereits 1897 auf Blatt 30 des Notizbuches Nr. 43 hält Becke die Vorstellung
über eine geführte Exkursion in das Zillertal fest. Es ist als Reifungsprozess einer
Idee zu sehen, die in der Folge zu einem großen Teil im Jahr 1903 ihre Ver-
wirklichung erfährt.

Entwurf für eine Partie durch die Zillerthaler Alpen
1. Tag: Brunneck Vormittag Dolomit Phyllit
   NM [Nachmittag] Hirschbrunngraben. Gais
2. Tag bei gutem Wetter: Sambock Abstieg u. Glimmerschiefer mit Pegmatiten
   ect. Mühlen Taufers
3. Tag Taufers – Reinbach Tonalit Contactgneiss Ahornschiefer
4. Tag Taufers – Leipziger Hütte
5. Tag Berliner Hütte Schwarzsee
6. Tag Berliner Hütte Mairhofen
7. Tag Penkenberg. Abstieg Mairhofen
8. Tag Rastkogel Abstieg u. Innerst
9. Tag Schwarz

Diese Idee verdichtet sich, als Becke im Jahr 1901 im Notizbuch Nr. 55 auf Blatt
31 notwendige Daten wie Quartiere, Mittagessen, Nachtlager und Preise notiert:

---

371 NIGGLI, *Naturwissenschaften* (Anm. 291, S. 4–5). *Erklären, Beschreiben, Urteilen, Verste-*
hen wollen sind Tätigkeiten einer wissenschaftlichen Forschung, die sich von der Vernunft
und Logik leiten lässt. [...] Das wissenschaftliche Verständnisziel kann daher der Natur
gegenüber nur erreicht werden, wenn gewisse Voraussetzungen erfüllt werden. Diese Vor-
aussetzungen sind Objektivität, das heißt frei von Subjektivität, Allgemeingültigkeit. Diese
kann sich aber erst nach vielen persönlichkeitsgebundenen, wissenschaftlichen Darstellun-
gen entfalten, denn die Naturwissenschaft ist nie ein Vollendetes, sondern immer ein Wer-
dendes.

In Mayrhofen Haus Moigg Neuhaus kann 2 Gesellschaftswägen oder 1:1 Land-
auer bereitstellen. Für Fahrt v. Zell bis Mayrhofen mit Abstecher nach Gerlos-
klamm á Person 60k [Kronen].
Mittagessen Suppe Braten Mehlspeise 70k
Abendessen Forellen Fleischspeise Butter und Käse 130k
Frühstück mit Honig u. Butter 20k
Gepäckspferd trägt bis 150 Kilo per Tag 6 fl [Gulden] u. Verpflegung cca 2 fl. Im
Ganzen 8 fl per Tag.
Neu Ginzling Mittagessen Suppe Brote mit Zuspeis, Mehlspeis Brot 70k.
Rosshag. Betten 26 vorhanden. 16 leicht bestellbar
Nachtlager 40k (?). Nachtessen und Frühstück zu vereinbaren.
Berliner Hütte:
Frühstück: Kaffee u. Thee, Butter, Brot 40k.
Mittagessen: Suppe, Brot 1.20, Mehlspeis
Abendessen: Braten 1.-, Butter u. Käse
Abendessen: Suppe, Vorspeis, Brot 1.20, Butter u. Käse, Brot
Gepäcktransport per Kilo 1.5k, 4 Führer mit dann einbezogen.
Ebenso notiert Becke die Wegzeiten zu den einzelnen Stationen im Notizbuch
Nr. 55, (1901), Blatt 33:
Aufschluss Hochsteg – bis Hochsteg 1 $\frac{1}{2}$ Stunden.
Zeit Mairhofen-Grinzling 4 Stunden erforderlich.
Aufschluss im Floitental: Zeitaufwand 1 $\frac{1}{2}$ Stunden.

Die Vorbereitungen zur großen internationalen Tagung in Wien beginnen einige
Jahre im Voraus. Auf dem internationalen Geologenkongress in Sankt Petersburg im Jahr 1897 wurden die ersten Schritte gesetzt. Der Geologenkongress im
Jahr 1903 wird von einem Komitee unter dem ersten Vorsitz bis 1901 von Eduard
Suess (1831–1914), Carl Diener (1862–1928) und Friedrich Josef Teller (1852–
1913) vorbereitet. Unter der Leitung des zweiten Vorsitzenden Emil Tietze
(1845–1931), er steht der Geologischen Reichsanstalt zwischen 1902–1912 vor,
findet der Geologenkongress statt. Becke gehört unter anderen neben Guido
Stache (1833–1921), Franz Toula(1845–1920) und Gustav Tschermak zum Or-
ganisationsteam.[372] Bereits 1901 werden Vorexkursionen und Ausflüge als Studienreisen, die das gesamte Gebiet der Monarchie umfassen, unternommen und
die Manuskripte der Studienreisen von Friedrich Teller redigiert. Zum Kongress
sollen eintägige und mehrtägige Exkursionen stattfinden. Die größeren und
mehrtägigen Exkursionen werden zum Teil vor und nach dem Kongress
durchgeführt, sie erhalten die Orientierungsnummern I–XIII. Der Führer zu den

---

372 Congrès géologique international. Compte rendu de la IX. Session, Vienne 1903 (Wien
    1904), S. 3.

geologischen Exkursionen ist nicht wie üblich in französischer, sondern in deutscher Sprache abgefasst. Im Inhaltsverzeichnis und Vorwort zum Führer für die Exkursionen in Österreich im Jahr 1903 nimmt Friedrich Teller Stellung zum Programm und Ablauf dieser internationalen Veranstaltung.

Eine Übertragung des Textes in die Geschäftssprache des Kongresses [französisch] *hätte bei dem Umfange des Werkes* [um die 1100 Seiten] *bedeutende Kosten verursacht und wäre in der uns zur Verfügung stehenden Zeit nicht durchführbar gewesen.*[373]

Zwei Exkursionen finden durch die östlichen Alpen statt, die in einem Heftchen zusammengefasst sind. Die erste Exkursion unter der Leitung von Friedrich Becke führt durch den westlichen Teil und die zweite Exkursion unter Ferdinand Löwl durch den mittleren Teil der Hohen Tauern. Beckes Beitrag zum 9. Geologenkongress hat folgenden Titel:

[Nr.] *VIII* – [Exkursion durch das] *Westende der Hohen Tauern (Zillertal). Unter Führung von F. Becke*

An der ersten Exkursion durch das Westende der Hohen Tauern beteiligen sich folgende Personen, die Becke in seinem Notizbuch Nr. 61 (1903–1904), Blatt 39 aufzählt und die ebenfalls im publizierten Bericht aufgelistet sind,

Hamberg Axel (1863–1933), Geograf (Stockholm, Schweden)

Inouye Kinosuke (1873–1947), Direktor der japanischen geologischen Landesuntersuchung (Tokoi, Japan)

Oberdorfer R. (Karlsruhe, Deutschland)

Philipp H., Geologiestudent in Heidelberg, (Deutschland)

Romberg Julius (1850–1924), Geologe (Berlin, Deutschland)

Stibing Leonid, Preparator am polytechnischen Institut in St. Petersburg unter der Leitung von Franz Y. Loewinson-Lessing (St. Petersburg, Russland)

Termier Pierre-Marie (1859–1930), Geologe (Paris, Frankreich)

Young Alfred Prentice (1841–1919), Geologe (London, England)

Die Namen von Gschwendberg, Schneeberg, Huber und Kröll, die Becke ebenfalls auf Blatt 39 des Notizbuches 61 notiert, finden in der Veröffentlichung keine Erwähnung, sie sind als lokale Bergführer zu sehen. Diese Bergführer haben eine große Bedeutung für den Ablauf der Exkursion und für die Betreuung der Exkursionsteilnehmer, und Becke hat ihre Tätigkeit in seiner Kalkulation im Notizbuch Nr. 55 (1901), Blatt 31 mit einbezogen. Hermann Tertsch (1880–1962) – ein Schüler Friedrich Beckes und Assistent am Mineralogischen Institut in Wien – begleitet die Exkursion. Christof Exner nennt ihn den *allgemein beliebten Nestor der BECKE-Schüler am Institut für Mineralogie und Petrogra-*

---

373 Friedrich TELLER, Inhaltsverzeichnis und Vorwort zum 9. Geologenkongress. Führer zu den Exkursionen in Österreich. (Hg. Organisationskomitee, Wien 1903), S. 11.

phie[374]. Hier sei eine Korrektur bezüglich der Institutsbenennung angeführt. Zur Zeit des 9. Geologenkongresses in Wien steht Becke dem Mineralogischen Institut vor, das Institut für Mineralogie und Petrographie leitet Becke erst ab dem Jahr 1907. Hermann Tertsch selbst dissertierte 1905 am Mineralogischen Institut unter der Leitung von Becke.[375]

Der »Alpenführer« kann als strukturierte Zusammenfassung der petrographisch-geologischen Erforschung der Gesteine in den Zillertaler Alpen, dem Tuxer Hauptkamm und dem Gebiet zwischen Brenner und Sterzing gesehen werden. Anhand der einzelnen Etappen des Geologischen Führers zur Exkursion innerhalb des Kongresses werden die persönlichen Aufzeichnungen Beckes in den Feldtagebüchern der vorangegangenen Jahre in diesen Gebieten hinzugefügt.

Die Geologische Karte dokumentiert das Gebiet der beiden Exkursionen in die Alpen. Folgende Farben empfiehlt Becke für die einzelnen Gesteinsarten in seinem Notizbuch Nr. 61(1903–1904) auf Blatt 44:

Farben für die Eintragung in die Karte: *Eruptivgestein* [rot]
Conglomeratschiefer [braungelb]
Hochstegenkalk [blau]
Sericitquarzit [grün]

Die Farben rot und blau finden Eingang in die Karte des Exkursionsführers.

Die im Original gefaltete Karte wird hier im Ganzen wiedergegeben, sie zeigt den geologischen Abschnitt des Gebietes, wobei das westliche und östliche Tauernfenster gut zu unterscheiden sind, und in der dazugehörigen Legende sehen wir die Sedimente in blauer Farbe und die Intrusivgesteine und Gneise (= kistsallinen Schiefer) in roter Farbe dokumentiert.

Christof Exner resümiert in seinem Diskurs zur Tauerngeologie Beckes über die großartige Zusammenarbeit und der Erstellung der geologischen Karte von Becke und Löwl folgendermaßen:

In der Person von F. LÖWL fand der Petrologe BECKE den kongenialen geologischen Mitarbeiter zur Herstellung der gemeinsamen […] übersichtlichen, einfach lesbaren geologischen Karte des westlichen Tauernkörpers zwischen Brennerfurche und Heiligenblut. Vor hundert Jahren, noch ohne Deckentheorie hergestellt, wirkt diese strukturell gegliederte Karte jedenfalls viel moderner als die gleichzeitig im Jahr 1903 publizierte Übersichtskarte der Strukturlinien der Ostalpen von C. Diener.[376]

374 Christof EXNER, Friedrich Becke und die Tauerngeologie. In: Jahrbuch der Geologischen Bundesanstalt 145 (Wien 2005), S. 10.

375 Margret HAMILTON, Die Schüler Friedrich Johann Karl Beckes an der Universität Wien (Ungedruckte Dissertation, Universität Wien 2009), Hermann Julius Tertsch S. 177–191.

376 EXNER, Becke und die Tauerngeologie (Anm. 374), S. 11. Carl DIENER (1862–1928), Geologe und Paläontologe.

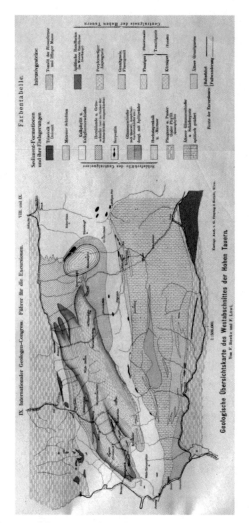

Abbildung 26: Exkursionsführer 9. Geologenkongress in Wien 1903. Blattgröße: 39x23 cm
Geologische Übersichtskarte des Westabschnittes der Hohen Tauern

Im Heftchen werden zunächst die einzelnen Tagesstationen der Exkursion
aufgezählt.

1. Tag. [30. August] *Bahnfahrt von Jenbach nach Zell. Besuch der Gerlosklamm.
Wagenfahrt von Zell nach Mayrhofen. Nachmittags Exkursion nach Finkenberg – Astegghöfe – Grubenwand. Nachtlager Mayrhofen.*

2. Tag. [31. August] *Hochsteg. Dornaubergklamm – Ginzling. Abstecher in die
Floite. Nachtlager in Roßhag.*

3. *Tag.* [1. September] *Oberer Zemmgrund, Berliner Hütte. Nachmittags Exkursion zur Granathütte, Roßrucken. Nachtlager Berliner Hütte.*

4. *Tag.* [2. September] *Exkursion zum Schwarzsee, Roßkar.*

5. *Tag.* [3. September] *Übergang über Schönbichler Horn – Schlegeistal. Nachtlager Dominkushütte.*

6. *Tag.* [4. September] *Pfitscher Joch – Landshuter Weg – Landshuter Hütte.*

7. *Tag.* [5. September] *Fortsetzung des Landshuter Weges, Wolfendorn, Griesbergkar – Brenner. Bahnfahrt nach Sterzing.*

8. *Tag.* [6. September] *Profil von Mauls. Steinbrüche von Grasstein. Bahnfahrt nach Bozen.*[377]

Im Vergleich zur oben genannten ersten Idee – Notizbuch Nr. 43 (1897), Blatt 30 – kann Becke viele Stationen in die Tat umsetzen. Die Umgebung von Mühlen und Taufers, sowie der Rainbacher Tonalit im Rieserferner Gebiet gehen in die 2. Exkursion unter der Leitung von Ferdinand Löwl ein. Weiterführende Literatur und eine geologische Übersicht der Hohen Tauern geben den interessierten Teilnehmern eine erste große Übersicht zum Thema der Alpen; sie sind als Gesamtschau zu den im Folgenden beschriebenen einzelnen Stationen zu sehen. Diese Literatur ist auch ein Hinweis auf die zeitgemäße Erforschung der Ostalpen.

Das Gebiet der Hohen Tauern ist orographisch durch die eisgepanzerten Berge der Ankogel-, Hochnarr-, Großglockner- und Venedigergruppe, durch die Doppelkette der Duxer und Zillertaler Alpen so gut ausgeprägt, wie wenige der Ostalpen.[378]

Der Norden ist begrenzt durch ein Phyllit-Gebirge, an das die nördlichen Kalkalpen anschließen.

Im Nordosten des Gebietes (Dienten, Salzburg), knapp unter der Auflagerung der Trias, sind in den obersten Lagen dieser Phyllite Fossilien des Obersilur gefunden worden.[379]

Die Grenze gegen das Tauerngebiet wird als Längsstörung bezeichnet.

Die Südgrenze des Tauerngebietes ist nicht so markant gekennzeichnet. Hier grenzen die Tauergesteine an altkristalline Glimmerschiefer und Schiefergneise, welche die Kreuzeck-, Pollinick-, Schober-Gruppe, das Deffreger Gebirge zusammensetzen und sich in zusammenhängendem Zuge über die Sarntaler Alpen bis in die Gegend von Meran verfolgen lassen.[380]

---

377 Friedrich BECKE & Ferdinand LÖWL, Westende der Hohen Tauern (Zillertal). In: Exkursionen im westlichen und mittleren Abschnitt der Hohen Tauern unter Führung von F. Becke und F. Löwl (Wien 1903), S. 1.

378 BECKE, Exkursionsführer (Anm. 377), S.3.

379 BECKE, Exkursionsführer (Anm. 377), S. 3.

380 BECKE, Exkursionsführer (Anm. 377), S. 4.

Als Gesteine werden hier Glimmerschiefer angegeben, die durch große Intrusionen, wie den Antholzer Granitgneis und die Tonalitgneise des Iffingers und der Rieserferner Gruppe geprägt sind.

Als Südgrenze der Glimmerschiefer wird die Pustertaler Verwerfung gesehen. Südlich stoßen hier die Pustertaler Phyllite an, welche Petrographisch mit den Pinzgauer Phylliten übereinstimmen.[381]

Zwischen Tauerngesteinen und Glimmerschiefer ist eine Störungslinie zu erkennen, zum Beispiel die Matreier Schichten.

Der geologische Bau der Hohen Tauern wird durch den scharfen Gegensatz zweier Gesteinsreihen beherrscht, welcher bei der ersten geologischen Übersichtsaufnahme durch Geologen der k. k. geologischen Reichsanstalt[382] *in der Unterscheidung von Zentralgneis und Schieferhülle einen prägnanten Ausdruck gefunden hat.*[383]

Im Anschluss daran werden die einzelnen Gesteine mit ihren petrographischen und geologischen Komponenten beschrieben. Der metamorphe Zentralgneis hat seine Kerne im Hochalmmassiv, dem Sonnblick, der Granatspitze und der Venediger Gruppe mit Duxer- und Zillertaler Alpen. Die Erörterung über die petrographische Erforschung des Hochalmmassives erfolgte bereits im vorhergehenden Abschnitt.

Die anschließende Beschreibung der Schieferhülle ist umfangreich.

Die petrographische Ausbildung der Gesteine der Schieferhülle ist eine verschiedenartige und durchläuft alle Stadien von tonschieferähnlichen Phylliten, Grauwacken, Kalkphylliten und feinkörnigen Kalken und Grünschiefer bis zu hochkristallinen Glimmerschiefern und Schiefergneisen, Kalkglimmerschiefern, grobkörnigen Marmoren und Amphiboliten.

Im allgemeinen nimmt die kristalline Entwicklung von Nord nach Süd zu; außerdem wächst sie mit der Annäherung an den Zentralgneis und ist am höchsten entwickelt in den schmalen Zügen von Gesteinen der Schieferhülle, welche tief zwischen die Gneiskerne eingeklemmt sind; z. B. in der zwischen Zillertaler und Duxer [Tuxer] Masse liegender Greiner Scholle.[384]

Der Tauerngeologe Christof Exner (1915–2007) erkennt in Beckes Forschungen wichtige Zusammenhänge des sogenannten Tauernkörpers und erklärt die Bezüge der Schieferhülle folgendermaßen:

Greiner Scholle als Paradebeispiel für zentrale Schieferhülle, bestehend aus

381 BECKE, Exkursionsführer(Anm. 377), S. 4.
382 Guido STACHE, Die kristallinen Schiefergesteine im Zillertale in Tirol. In: Verhandlungen der k. k. geologischen Reichsanstalt (Wien 1870). Friedrich TELLER, Zur Tekonik der Brixener Masse und ihrer nördlichen Umrahmung. In: Verhandlungen der k.k. geologischen Reichsanstalt (Wien 1881), S. 69–74.
383 BECKE, Exkursionsführer (Anm. 377), S. 4–5.
384 BECKE, Exkursionsführer (Anm. 377), S. 7–8.

dem Alten Dach eines variszischen Plutons mit dessen Intrusionen. Tektonisch steil eingequetscht zwischen Zentralgneis. BECKE erwähnt in kleineren zentralen Schieferschollen in der S-Flanke des Zillertaler Hauptkammes auch nach unten wurzelförmig ausspitzende Schollen. In den Glimmerschiefern der Greiner Scholle beobachtet BECKE auch häufig Konglomerate und zeigt sie auch auf der Exkursion beim Schwarzsee. Eventuell handelt es sich um transgredierendes jüngstes Paläozoikum, tektonisch steil gerichtet. Dass jüngere (mesozoische) periphere Schieferhülle einst ebenfalls muldenförmig synklinal über der Greinerscholle eintauchte und später der Erosion zum Opfer fiel, halten sowohl BECKE als auch FRISCH für möglich.[385]

Bezüglich der Altersbestimmung der Gesteine stellt Becke nur Vermutungen an, die aber im Großen und Ganzen ihre Richtigkeit haben.

Sicher ist das Alter höher als Trias. Denn obere Trias liegt in einzelnen Schollen transgredierend auf den Schichtköpfen der Schieferhülle längs des Nordwestrandes.[386]

Das Alter der Tonalitgneise kann Becke sehr schwer zuordnen – es fehlt ganz einfach die technische Voraussetzung der radiometrischen Messung – aber er konstatiert *etwa mittelkarbonisches Alter, da dies eine Periode starker Störungen war.*[387]

Aufgrund mangelnder Technik kann Becke hier keine exakten Altersdatierungen angeben, da den kristallinen und metamorphen Gesteinen jegliche biogene Elemente fehlen, die für eine genaue stratigraphische Zuordnung Voraussetzung sind.

Zur Altersdiskussion der jüngeren Sedimente findet Becke folgende Erklärung:

In der Depression, welche der Grenze der Schieferhülle und der nördlich vorgelagerten Phyllitberge entspricht, haben sich einzelne Schollen von Sedimenten erhalten. Das Alter dieser zumeist aus Kalken und Dolomiten sowie aus Schiefern, Quarziten und Sandsteinen bestehenden Ablagerungen reicht von Perm bis Lias. [...] Spurenweise sind diese Bildungen an einzelnen Stellen im Pinzgauer Grabenbruche zu finden und deuten die Verbindung mit den großen mesozoischen Transgressionen der Radstätter Tauern an.[388]

Die jüngere geologische Forschung sieht im Tauernfenster eine Heraushebung, die durch eine laterale O-W Extrusion der Alpen entstanden ist. Diese

---

385 EXNER, Becke und die Tauerngeologie (Anm. 374), S. 10–11. Literaturhinweis: FRISCH Walter, Der alpidische Internbau der Venediger Decke im westlichen Tauernfenster (Ostalpen). In: Neues Jahrbuch für Geologie und Paläontologie. Monatshefte. (Stuttgart 1977), S. 675–698.

386 BECKE, Exkursionsführer (Anm. 377), S. 9.

387 BECKE, Exkursionsführer (Anm. 377), S. 10.

388 BECKE, Exkursionsführer (Anm. 377), S. 11.

Bewegung bildet die Grundlage einer Vielzahl von geologischen Forschungen und Besprechungen namhafter Wissenschafter, von denen hier in meiner Arbeit im Konnex einige zur Erörterung herangezogen werden.

Im Tauernfenster kommen zwischen Brenner- und Katschbergfurche in einer weitgespannten Aufwölbung die tiefsten tektonischen Elemente der Ostalpen unter den Decken des Ostalpins zum Vorschein.[389]

Günther Möbus wiederum erklärt das Tauernfenster als eine Heraushebung von tiefer liegenden Gesteinsschichten, beziehungsweise Decken.

Die Heraushebung des heutigen Tauern-Fensters setzte im Oligozän ein und erfolgte verstärkt vor ca. 20 Millionen Jahren im Miozän. Damit verbunden war die erosive Freilegung der, unter den ostalpinen Decken liegenden penninischen Einheiten.[390]

Alexander Tollman beschreibt in seiner Geologie der Alpen folgenden Aufbau des Tauernfensters:

Durch die junge Aufwölbung ist hier im Zentrum der Ostalpen das tektonisch tiefste Stockwerk des Deckengebäudes an die Oberfläche gelangt. […] Den Inhalt dieses Deckensystems – ein durch Zentralgneiskerne, Altkristallin und eine paläozoische und mesozoische Schieferhülle von großer Mächtigkeit und in eugeosynklinaler Fazies, d. h. mächtiger, schieferrreicher, an basischen Vulkaniten reicher Entfaltung, gekennzeichnetes Deckenland.[391]

Der Exkursionsführer ist Ausgangslage der folgenden Erörterungen. Die Wegstrecken der einzelnen Exkursionstage mit den beobachteten Gesteinen sind nun ausführlich angegeben, begleitet von Profilen im Gelände, aber auch von Schwarzweißfotografien, die einen schönen Überblick über die Lage im Gelände geben. Die Stationen, beziehungsweise Aufschlüsse, werden mit den Aufzeichnungen aus den Notizbüchern – hier Feldtagebüchern – Beckes ergänzt.

An manchen Stellen, wie zum Beispiel auf dem Wegabschnitt an den Südabhängen des Kraxenträgers zur Landshuter Hütte fasst Becke die variablen Gesteine überblicksmäßig zusammen und zeichnet sie in einem anschaulichen Profil durch das SW-Ende des Duxer Kammes.[392]

Für einen exakten Messvorgang zur Bestimmung der Ortsangabe konstatiert Becke eine Standardmessung und notiert die Abweichung dazu.[393] Bereits 1896

---

389 Otto THIELE, Das Tauernfenster. In: Der geologische Aufbau Österreichs (Hg. Geologische Bundesanstalt, Wien 1980), S. 300.

390 Günter MÖBUS, Geologie der Alpen (Köln 1997), S. 116.

391 Alexander TOLLMANN, Geologie von Österreich, Band 1 (Wien 1977), S. 12.

392 BECKE, Exkursionsführer (Anm. 377), S. 39.

393 Mc COY (Anm. 357. Field methods, S. VII) ist der Meinung, dass den genauestens eingemessenen Daten der Lokation die gleiche Bedeutung zukommt wie den Messdaten im Labor: *Effective field data are best obtained through thoughtful planning, through knowledge of valid sampling techniques, accurate location – finding procedures, and reliable field*

wird diese Vorgangsweise praktiziert und im Notizbuch Nr. 39, Blatt 11 erst- und einmalig dokumentiert. Zur Standardausrüstung eines Geologen zählt auch ein Barometer. Eine erste Notiz über die Mitnahme eines Barometers findet sich im Notizbuch Nr. 42 (1897) Blatt 3 mit folgendem Kommentar: *Barometer bewährt sich!*

Der geologische Führer beginnt mit der Angabe der täglich vorgesehenen Wegstrecken. Den einzelnen Stationen werden nun Abbildungen aus den Feldtagebüchern hinzugefügt und mit den persönlichen Erläuterungen Beckes ergänzt.

1. Tag: Bahnfahrt von Jenbach nach Zell. Besuch der Gerlosklamm. Wagenfahrt von Zell nach Mayrhofen. Nachmittags Exkursion nach Finkenberg – Astegghöfe – Grubenwand. Nachtlager Mayrhofen.

Die Bahnfahrt geht von Jenbach nach Zell am Ziller. Von hier aus wird mit sogenannten Stellwägen weitergefahren. Auf dem Weg passieren die Exkursionsteilnehmer die Gerlos Klamm und die Gerlossteinwand. Der Schichtkopf der Gerlossteinwand zählt zu einer transgredierenden mesozoischen Kalkscholle, deren Fortsetzung in den Gesteinen des Penkenberges und der Grubenwand zu beobachten sind. In einer sehr schönen Zeichnung stellt Becke seinen ganz persönlichen Einblick in die Bergwelt um das Gerlostal dar, wobei hier nicht so sehr die Gesteine im Vordergrund stehen, sondern die Vegetation mit den sich an die Hänge schmiegenden Berghütten. Das Bild zeichnet Becke bei schlechtem Wetter, wie der beigefügte Text aussagt: *Stark vernebelte Aussicht der Abhänge des Gerlosthals unterhalb der Gerloswand.*

Im Notizbuch Nr. 55 (1901), Blatt 32 hält Becke die petrographischen Gegebenheiten an einem markanten Punkt im Gelände mit folgenden Worten fest:

25. Aug. NM [Nachmittag] Gerlosklamm. An der Brücke sind schöne Felsen von Phyllit. Ziemlich reich an Chlorit, wenig Feldspath u. Quarz. Quarzlinsen und Lagen durchsetzen das Gestein, insbesondere schöne Streckklüfte, welche senkrecht zur Streckung des Gesteins verlaufen. Die Schieferungsflächen sind wellig uneben, gehen vielfach in glänzend gestrickte Harnische über. Das Streichen ist ungefähr O-W, mit einer merklicher Abweichung nach SO /weiterhinten in der Klamm ist diese Abweichung mehrfach deutlich.

Nb [notabene] Dieser Streichrichtung folgt die Klamm.

Mit dem Wagen geht die Fahrt nach Mayrhofen. Der sogenannte Nieder ist ein Beispiel für die zahlreichen Rundhöcker[394] im Talboden. Die Schwarzweißfoto-

---

measurments. [...] However, the methods of measuring field data have as much influence on the reliability of the final product as do laboratory procedures.

394 *RUNDHÖCKER:* Ferdinand LÖWL definiert diesen geologischen Begriff in seiner Publikation »Geologie« (Leipzig, Wien 1906, S. 296) folgendermaßen: *Es kann nur mit der Eisbewegung, mit der Art des Strömens und mit örtlichen Druckunterschieden zusammen-*

grafie der Seite 4 des Exkursionsführers zeigt das Talbecken von Mayrhofen mit dem Beginn der Seitentäler von Zillergrund, Stilluptal, Zemmgrund und Tuxertal. Kurz vor dem Ort Mayrhofen erkennt man eine Marmorwand (Becke bezeichnet sie als Kalkwand), die einen Rundhöcker, den Burgstallschrofen, bildet und der »Nieder« genannt wird. Becke selbst hat die Erkundung des Nieders in seinem Notizbuch Nr. 39 auf den Blättern 12–14 dokumentiert: *Von Mairhofen über Burgstall zum Schedauer Wasserfall.*

Hier werden Proben genommen und die Gesteinsabfolge festgehalten und in einem abschließenden Profil graphisch ergänzt. Zu beachten ist, dass die Zeichnung keinen Maßstab, keine genaue Ortsangabe und keine Himmelsrichtung aufweist, von Bedeutung ist hier allein die petrographische Notiz.

Eine Erkundung der Gesteine des Brandberger Jochs wird im Notizbuch Nr. 42 auf den Blättern 16–17 mit Tinte im Erzählstil festgehalten:

Am 4. Früh über Brandberg auf das Brandberger Joch

Man passiert von Brandberg aufwärts erst die erste Kalkzone, dann die 1220–1340 typische Blattlschiefer, polyedrisch schief zerklüftet, dunkelgrün.

Darüber liegt eine ganz mächtige Kalkbank, die Felsen bricht. Die von oben herabkommenden Blöcke bilden Wasserfälle. Die Kalkbank bleibt bis zum Kar, hier ist dann alles Hollenzschiefer. […] Der Kalk bildet rechts die Abhänge. Der Sattelkopf zwischen beiden Scharten besteht aus recht schönen Schiefern. […] Der Seespitz besteht aus einer ziemlich steil stehenden Kalkbank. […] Im Gegensatz zu diesen ziemlich steil stehenden Dingen, ist nun der Thorhelm aus viel flacher fallenden Schichten aufgebaut. Bei diesen Sedimentgesteinen ist auffällig: 1. die Bänderung […] 2. Eine die Bänderung querende Klüftung. […] Am Gipfel selbst liegt eine flach gegen N geneigte Kalklage, die eigentümliche Form der Thorhelm. […] Kalk liegt andersrum vollkommen concordant über dem grünen Schiefer. […] Ganz ähnliche Verhältnisse sind nun auch am Gaiskopf zu beobachten.

Am Gaiskopf liegt am Ostabhang […] Grünschiefer. Der östliche Kopf besteht aus Kalk, der westliche aus sehr stark gefalteten Schiefern. An einer bezeichneten Stelle kommt dann eine Kalklage. […] Man kann sie leicht ins Kar hinab verfolgen. Sie scheint identisch mit der Kalklage, die am Laberg auftritt. Bei weiterem Fortschreiten auf dem Kamm kommt man in die schwarzen kohligen Schiefer, die breit ins Kar herabziehen, und sich bis in die andere Seite des Schönbergkars verfolgen lassen. Im Kar unten tritt mehrfach Kalk auf. […] Die Kalke des Karbodens sind alle in Zusammenhang zu denken mit der Kalkwand vom Thorhelm u. vom Gaiskopf. […] Abstieg zum Ötschen WH, wo ich übernachtete.

---

hängen, dass der Gletscher stellenweise kräftiger schürft, die Zwischenräume dieser Stellen kuppen förmig hervortreten läßt und so den Felsboden zum Rundhöckerfelde prägt. Rundhöcker sind von der Bewegung eines Gletschers landschaftlich geformte runde Hügel.

Hinunter zum Ötschen Wirtshaus notiert Becke Sericitgrauwacke, kohle-führende Phyllite und Kalke. Das Ergebnis dieser petrographischen Erkundung ist ein Profil über den Weg von der Gerlossteinwand zum Brandberger Kolm mit der anschließenden Rettelwand. Zunächst zeichnet Becke die einzelnen Litho-logien mit Bleistift. Mit Tinte wird dann die Kulisse des geologischen Profils nachgezeichnet und damit hervorgehoben. Das Profil wird auf der nächsten Seite fortgesetzt und mit einer geologischen Sequenz der Rettelwand ergänzt (siehe Abbildung 27).

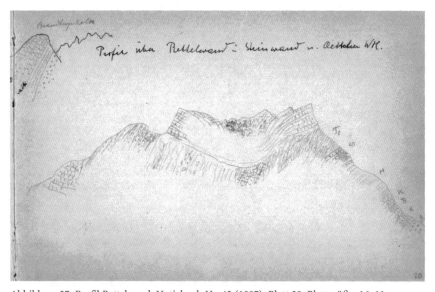

Abbildung 27: Profil Rettelwand. Notizbuch Nr. 42 (1897), Blatt 20. Blattgröße: 16x11 cm

Die einzelnen Großbuchstaben entlang des Profils am rechten Abhang der Rettelwand notiert Becke die Abkürzungen folgender Gesteinsarten:

K = Kalk
B = Blattlschiefer
H = Hollenzschiefer
T = Thorhelm – Quarzite und Grauwacken Gneisse

Auf der Rettelwand ist eine deutliche Synklinale zu sehen. Über dem Mulden-kern, feinkörniger Kalk, lagern gequetschte und gefältete Schiefer. Die oberen Kalke unterscheiden sich von denen des Brandberger Kolms und des Stilluptales.

Im Notizbuch Nr. 61 (1903–1904) auf Blatt 35 berichtet Becke von seiner Diskussion mit Pierre Marie Termier über den Alpenbau, im Besonderen über den Deckenbau der Ostalpen anhand der Beobachtungen an der Rettelwand während der Exkursion:

30. Aug. ab Mairhofen 7^{00}

Termier fragt um den Contact an d. Rettelwand und vermutet einen tektonischen Contact, glaubt eine Antiklinale an d. Steinwand zu sehen. Am Augengneis erklärt er = Gran Paradis

> *fragt, warum Schachbrett Albit secundär sei. Romberg hält die Flußspatkryst. für secundär. Gute Aufschlüsse an d. Wasserleitung zur Stillup-Klamm. Bemerkenswert stark aplitisch geaderte, biotitreiche Schlieren, ferner der Wechsel porphyrartiger u. aplitischer Varietäten.*

31. Aug. Astegg – Gschösswand – Knorrn

> *Sind die Verwerfungen an der Gschösswand nicht vielleicht Überschiebungen.*

> *In der Quarzitzone unter dem Knorrn Kalk forscht Termier einen Chloritoidphyllit. In den Kalken welche von d. Gschösswand nach W ziehen kommen prachtvolle Albitkrystalle vor.*

> *Termier erblickt in den Feinstkalken eine »Nappe« die in Zusammenhang war. Meint xxx [Fortsetzung der Aussage auf Blatt 38] wenn man die weichen Schiefer zur Trias rechne, werde der Zusammenhang hergestellt.*

> *Die dunkelgrauen Ekartanphyllite erklärt er für Schistes lustrees, den Quarzit mit Gschösskalk für Trias-Quarzit. Findet überhaupt die ganze Facies der westalpinen Trias vertreten; Marbre phylliten = Marmor mit sericitisch-chlorit. Zwischenlag. Marbre seriten mit Sericitflammen.*

> *Erstere soll in d. Westalpen in Varmoise einen bestimmten Horizont einnehmen.*

> *Unter Knorrn Sedimentbrecc. nach Termier kommen solche in d. Trias-Lias-Malm vor im bestimmten Niveau.*

Diese Aufzeichnungen über die Diskussion mit Termier können als wichtiges Dokument und als Grundlage für die nachfolgenden geologischen Publikationen gesehen werden. Christof Exner resümiert über das Zusammentreffen der beiden Alpenforscher während der Begehung im Jahr 1903 folgendermaßen:

> *Temiers Befassung mit den Ostalpen ist als deduktiv zu bezeichnen [...] Termier beteuert, dass er es dem großen Wissen und dem unermüdlichen Wohlwollen Herrn BECKES verdankt, in so wenigen Tagen so viele Dinge sehen und so hohe Probleme anschneiden zu können.*[395]

Die Erkenntnisse aus dieser Alpenexkursion legte Termier in Paris der Akademie der Wissenschaften vor. Die beiden Termini »Schistes lustrés« und »fenêtre« in anschließenden Publikationen Temiers wurden im 3. Band der Publikation »Das Antlitz der Erde« von Eduard Suess[396] in den deutschen Sprachgebrauch übernommen und haben somit als »Tauernfenster« in die Alpengeologie Eingang gefunden.

---

395 EXNER, Tauerngeologie (Anm. 374), S. 12.
396 Eduard SUESS, Das Antlitz der Erde. 3. Band (Wien, Leipzig 1909), S. 189 ff.

Im Exkursionsführer wird nun die Örtlichkeit von Finkenberg beschrieben. Die erste Begehung bei Finkenberg findet am 17. August 1896 statt und wird im Notizbuch 39 auf den Blättern 23–25 festgehalten. Eine geologische Sequenz über die Gesteinsabfolge des Penkenberges schließt den Bericht ab. Einige Vorkommen kann Becke in der ersten Begehung noch nicht eindeutig zuordnen, aber die wiederholten Beobachtungen in den Jahren 1897 (Notizbuch 42/1–6), 1899 (Notizbuch 50/4, 8–9) und im Gelände lassen ihn ein klares Bild über die geologische Beschaffenheit erkennen. Das Profil kann als reine petrographische Notiz der vorangegangenen Besprechungen gesehen werden, denn es enthält keine Angaben der Orientierung oder der Größenverhältnisse. Die Erkundung der Lithologien um den Penkenberg von Mairhofen aus über Astegg wird im narrativen Stil mit einem anschließenden geologischen Profil im Notizbuch Nr. 50 auf den Blättern 8–9 zu Papier gebracht. Der Aufstieg geht über Schutthalden, dann Hollenzschiefer, Geröll, dann wieder Hollenzschiefer bei 1000 m, über die eine mächtige Bank von Grünschiefer gelagert ist, und letztendlich wird der sericitische graue Schiefer erreicht. Die folgende Schilderung des Gesteins weist auf ein geschultes petrographisches Auge hin, das gut die Farbqualitäten des Gesteins zum Ausdruck bringt. Ebenso beginnt hier Becke erstmalig, einen Vergleich zu anderen Lokalitäten herzustellen.

Darüber folgt in gleicher Lagerung das Gestein der Kante. Grosse Partien davon sind hell, apfelgrün, doch aber öfter unterbrochen durch braungraue Lagen. Die Stücke die ich mithabe sehen eher wie Hollenzschiefer aus. Das ältere nach meiner Erinnerung wie Sericitquarzit. Diese Unterscheidungen sind furchtbar schwer! Ich bin trotz vielen Klopfens nicht sicher, ob die hier anstehenden Gesteine mit dem typischen Sericitquarzitgneissen vom Dettenjoch u. Schönberg identifiziert werden dürfen.

Aus der Zusammenfassung der detaillierten Aufnahmen aller Begehungen kann Becke im Geologenführer 1903 einen klaren Überblick über das Gebiet Mairhofen – Astegg – Finkenberg und den Penkenberg geben:

Zwischen Gschöß- und Grubenwand streicht eine jener Verwerfungen durch, in denen die hochlagernde Kalkscholle des Penkenberges staffelförmig über Gschösswand und Grubenwand bis ins Niveau des Zillertales herabsinkt.[397]

Die geologischen Sequenzen des Notizbuches Nr. 50 (1899) auf Blatt 9 dokumentieren die Gesteinsabfolge zwischen Finkenberg und Astegghöfe und einer Ergänzung des Niederprofils, auch Burgstallschrofen genannt. Zwei Profile werden hier übereinander gezeichnet. Das obere der beiden findet Eingang in die Publikation auf Seite 15. Die einzelnen Gesteinstypen können durch die dazugehörige Signatur in der Graphik gut unterschieden werden, wie der gebankte Kalk mit der Ziegelstruktur, der Schiefer mit den Schrägstrichen und die

---

397 BECKE, Exkursionsführer (Anm. 377), S. 16.

schmalen sericitischen Lagen mit den dicken schwarzen Linien. Einige Örtlichkeiten, wie das Symbol einer Kirche oder eine Höhenangabe sind als Orientierungspunkte im Gelände fixiert. In der Publikation fügt er die lokalen Namen der einzelnen Gesteinsschichten hinzu, wie zum Beispiel Hollenzschiefer oder Hochstegenkalk.

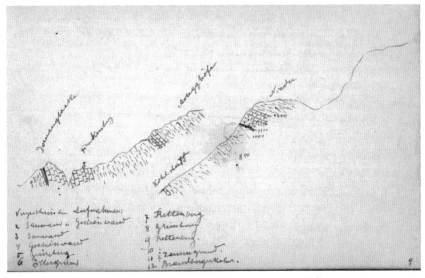

Abbildung 28: Profil Finkenberg-Astegghöfe. Notizbuch Nr. 50 (1899), Blatt 9. Blattgröße: 17x11 cm

Die oben hinzugefügte Aufzählung bestimmter Aufnahmen – zum Beispiel: 2 Sauwand und Gschösswand – haben mit den beiden Geländeprofilen nichts zu tun, es ist dies ein schriftliches Festhalten über die bereits vorhandenen Aufnahmen im Gebiet. Die im Gelände dominante Grubenwand besteht vorherrschend aus dolomitischem Kalk, sie wird einige Male in den Feldtagebüchern (Notizbuch 42/3–7; Notizbuch 55/32) gezeichnet.

Übernachtet wird in Mayrhofen, das Quartier hat Becke bereits im Jahr 1901 im Notizbuch Nr. 55 notiert.

2. Tag: Hochsteg. Dornaubergklamm – Ginzling. Abstecher in die Floite. Nachtlager in Roßhag.
Im Notizbuch Nr. 39 auf den Blättern 2 und 3 notiert Becke seine ersten Beobachtungen: *Spaziergang zum Hochsteg. Die Grenze zwischen Kalk u. dem Gneiss zieht knapp durch das Ende der Dornaubergklamm. Der Weg zum Hochsteg zieht noch über Kalk. Zwischen Kalk-Gneiss ein etwa 5 m breiter grüner Graben.*

Christof Exner weist auf Beckes ausgezeichnete Beobachtung und Erkenntnis aus den Geländegegebenheiten des Hochstegenzuges hin:

Transgression peripherer Schieferhülle über Zentralgneis wird längs des Nordrandes von Ahorn- und Tuxer Gneiskern erstmals von BECKE beschrieben (Hochstegenzug) und gezeichnet.[398]

Diese, im Gelände gut sichtbare Grenze zwischen Granit und Gneis zeichnet Becke einige Male aus verschiedenen Perspektiven.

Der Hochstegenkalk oder im späteren Sprachgebrauch Hochstegen Fazies genannt, besteht aus…

…einem permoscytischen Sericitquarzit. Darüber folgen Dolomitmarmore und Rauhwacken[399] *[…] Der wandbildende graue Hochstegen-Kalk (bis 200 m) konnte nach dem Fund eines Ammoniten von der Form Perispinctes sp. bei Hochstegen südwestlich von Mayrhofen sowie durch Funde von Belemniten- fragmenten und Schwammspiculae in den Ober-Jura (Malm) bis Kreide einge- stuft werden.*[400]

Im fortlaufenden Bericht im Notizbuch 39 (1896) über seine Wanderung durch die Dornauberg Klamm schildert Becke auch die Wettergegebenheiten, die aber sofort mit den Beobachtungen der Umgebung verbindend notiert werden:

Von Gewittern überrascht stellten wir uns in einer Alpe bei Gross-Dornau unter. Überall sind im Thalgrund die prächtigen Rundhöcker im Granitgneiss mit deutlichen grossen Porphyr-Flussspathen.

Die Begleitperson wird hier nicht genannt, aber Becke nimmt auf seinen ersten Touren immer einen lokalen Führer zur besseren Orientierung im Ge- lände mit.

Der Hochstegenkalk ist im Notizbuch 55 (1901), Blatt 33 als kleine geologi- sche Skizze aufgezeichnet. Die Qualität der Abbildung ist sehr mangelhaft, da das Papier die Bleistiftzeichnung über die Jahre hinweg absorbiert hat, sie soll uns aber auf die für die wissenschaftliche Dokumentation äußerst wichtige Bedeutung hinweisen. Eine exakte Wiedergabe erfährt diese Zeichnung in der Publikation. Die beobachteten und mit Nummern versehenen Gesteinsarten werden in den Exkursionsführer 1:1 transferiert. Ihre Dimension ist aber erst im Exkursionsheft nachvollziehbar, die ganze Sequenz umfasst eine Breite von 4 m. Der Hochstegenkalk, ein mesozoisches Sediment, ist geologisch von Bedeutung, da er als Marmorstock zwischen den Zentralgneisen hervortritt. Hier wird die

---

398 EXNER, Becke und die Tauerngeologie (Anm. 374), S. 11.
399 *RAUHWACKE* ist eine Bezeichnung für ein Sedimentgestein mit löchrigem Aussehen. Die Grundmasse besteht aus Kalk mit dolomitischen Fragmenten, die zum Teil herausgelöst worden sind.
400 Günter MÖBUS, Geologie der Alpen (Anm. 368), S. 110.

skizzenhafte Anordnung der einzelnen Lithologien zur wissenschaftlich exakten Dokumentation eines beobachteten Naturereignisses.

Am 26. August 1901 besucht Becke diesen Aufschluss und fügt im Nachhinein mit Tinte hinzu, wieviel Zeitaufwand für die Begehung zu berechnen ist. Am 27. August 1901 notiert er den Zeitaufwand für die Begehung des Aufschlusses im Floitental:

Zeit Mairhofen-Ginzling 4 Stunden erforderlich. Zeitaufwand 1 $\frac{1}{2}$ Stunden.

In der folgenden Abbildung aus dem Notizbuch Nr. 36, Blatt 21 zeichnet Becke eine charakteristische aplitische Ader[401] in einem handgroßen Gesteinsbrocken auf. Er verzichtet auf eine Größenangabe, wichtig ist die petrographische Notiz, die er im Nachhinein auch korrigiert, denn das Gestein konte erst bei näherer Bestimmung im Labor als Gneis definiert werden.

Abbildung 29: Aplitische Ader. Notizbuch Nr. 36 (1895), Blatt 21. Blattgröße: 17x11 cm

Das Thal bildet eine Weitung, kleine Rundhöcker von Gneiss I, Str 5, F sehr steil N. Gneiss zeigt aplitische Adern. Von der Schieferzwischenlage ist nichts zu sehen

---

401 *APLITISCHE ADERN* sind Gänge oder Injektionen im Gestein, die sich aus Fremdsubstanzen zusammensetzen und im Nachhinein in das bereits erstarrte Gestein intrudierten.

ausser Quarzitblöcke, die von oben kommen. Am Ausgang der Klamm steht der grobkörnige Marmor an. Nein! Was dafür gehalten wurde ist Gneiss. Rückwärts hinter der unteren Neves Alpe beginnt schon der Granit Gneiss.

Im Exkursionsführer werden nun die unterschiedlichen Gesteinsarten beschrieben und anhand der Gesteine die geologische Beziehung zu den Tuxer Alpen darstellt. Grundlage dieses Berichtes ist die persönliche Dokumentation im Notizbuch Nr. 36 (1895), Blatt 31–32:

Am 19. August. Vormittag. Besuch der Felsköpfe am linken Ufer des Floitenkees. Der oberste besteht aus lichtem Gneis (343) der den Kern eines Buckels bildet, von dem die Bänke nach 3 Seiten gegen Schwarzenstein Mörchner und Tristner abfallen. Das Gestein ist recht homogen hat wenig Concretionen und spärliche π-Adern [Quarz-Adern]. Gegen N, näher dem Amphibolit wird er etwas porphyrartig. Dann stellen sich Bänke und Flammengneise[402] ein, durchsetzt von Pegmatitlagen. Vgl. Zeichnung. In den dunklen Flammen ist zunächst keine Hornblende zu sehen. Die Bänke der Bändergneise zeigen mannigfache Schattierung, die Durchflechtung erfolgt immer [sic!] (Resultat d. Beobachtung v. 3 Tagen!), so dass das lichtere durchdringt. Nur bisweilen wurden hell aplitisch geaderte dunkle Schlieren von grauen Lagen einschlussartig umschlossen. An der Grenze zwischen Amphibolit u. Gneiss stellt sich eine Lage von falt [sic!] intensiv gefältetem hellgrünem Muscovitschiefer ein, wo sie am mächtigsten ist, von etwa 1 m. Dann folgen zunächst Gneisse mit viel Granat u. etwas Hornblende-Strahlen, letzter häufig umgewandelt in Biotit. Dann die dichten compacten dunkelgrünen u. schwarzen etwas seidenglänzenden Amphibolite, welche stellenweise epidotisch geadert sind. Sehr auffallend sind grellweisse pegmatitische u. aplitische Adern, letztere der Sitz schöner Periklin-Drusen. Der Amphibolit bildet 2 je etwa 10 m mächtige Lagen, die von etwas mächtigen Gneisslagern getrennt sind. – Am Nachmittag in der Umgebung der Hütte Gneisse u. granatführende Gneisse, letztere vorherrschend, in einigen Lagen kleine Granate bis Walnussgrösse. Alles N fallend.

In der anschließenden geologischen Sequenz ist der Textteil graphisch dargestellt.

In der Publikation »Über den Mineralbestand und die Struktur der kristallinen Schiefer«, veröffentlicht in den Denkschriften der Akademie der Wissenschaften im Jahr 1903 bespricht Becke unter anderem die Zusammensetzung und die Benennung der Gesteine im Floitental:

Krystalline Schiefer, wesentlich aus Oligoklas, Biotit und Zoisit bestehend, mit etwas Quarz, manchmal auch mit Hornblende sind im Bereiche des Zillertaler Zentralgneises nicht selten. Für diese Kombination wird der Name Floite vorge-

---

402 *FLAMMENGNEIS* ist ein migmatitischer Gneis, es ist ein partiell aufgeschmolzenes metamorphes Gestein mit gebändertem Aussehen.

*schlagen. Sie vermitteln chemisch zwischen den Tonalitgneisen und Amphiboli-
ten. Der Name ist vom Floitental genommen, wo Gesteine dieser Zusammensetzung vorzüglich entwickelt sind.*[403]

Die graphische Darstellung der Beobachtungen im Floitenkees gibt detaillierte Ausschnitte der oben im Text beschriebenen Gesteine wieder: Einen
Aufschluss des Muscovit-Aplitbuckels, Moränenblöcke und Granatblöcke. Mit
dem Ausflug in das Floitental ist der 2. Exkursionstag abgeschlossen.

3. Tag: Von Roßhag über Breitlahner zur Berliner Hütte. Besuch des Roßrückens

Die erste Begehung zur Berliner Hütte von Roßhag aus unternimmt Becke am
26. August 1896, die er mit dem Führer Andrä Pfister absolviert. Leider ist dieser
Partie kein gutes Wetter beschieden, es regnet intensiv und auf der Berliner
Hütte liegt $\frac{1}{2}$ m Schnee. Die Notizen darüber erfolgen im Notizbuch Nr. 39 Blatt
35, und werden als »Schandwetter« bezeichnet. In den Jahren 1898, 1900 und
1901 kann Becke bei guten Wetterbedingungen die Gebirgswelt mit ihren
mannigfaltigen Lithologien erkunden.

Das großräumige geologische Geländeprofil zwischen Schwaz und der Berliner Hütte ist eine farbige Darstellung der Gesteinsschichten und kann als eine
großangelegte Zusammenschau des westlichen Tauernfensters gesehen werden.

Sehr schön sind die Kerne der Plutone der Ahorn-Gruppe, der Zillertaler
Alpen und der Tuxer Alpen in roter Farbe zu erkennen. Diese Plutone intrudierten in das paläozoische Basement, zu Beckes Zeiten als Altes Dach oder
Zentralgneis bezeichnet. Die Gesteine der sogenannten Schieferhülle werden im
aktuellen Sprachgebrauch als mesozoische Sedimente, die dem variszischen
Basement aufgelagert sind, in blauer Farbe festgehalten. Die schwarz gezeichneten Stellen, wie die Tuxer Kalke, der Hochstegenkalk oder Wolfendorn gehören nach neuen Forschungen den mesozoischen Sedimenten an und werden
der subpenninischen Decke zugeordnet. Die prägnante Ochsner Wand ist ein
sogenannter Ultrabasit, Serpentingestein, das in dieser subpenninischen Decke
steckt.[404]

Die petrographische Erkundung von Roßhag zur Berliner Hütte dokumen-

---

403 Friedrich BECKE, Über Mineralbestand und Struktur der krystallinen Schiefer. In:
Denkschriften der kaiserlichen Akademie der Wissenschaften Wien 75, mathematisch-
naturwissenschaftliche Klasse, 1. Halbband (Wien 1913), S. 29.

404 Siehe auch Stefan SCHMID, et al., The Tauern Window (Eastern Alps, Austria): a new
tectonic map, with cross-sections and a tectonometamorphic synthesis. In: Swiss Journal of
Geosciences 106 (2013), 1–32. Es ist eine umfassende Zusammenstellung des Tauernfensters mit einer umfangreichen Literaturangabe. Leider werden hier die petrographischen
Arbeiten Beckes nicht erwähnt. Ich finde Beckes Arbeiten können als fundamentale Forschungen zum Tauernfenster gesehen werden und sollten in einer so guten Literaturliste
nicht fehlen!

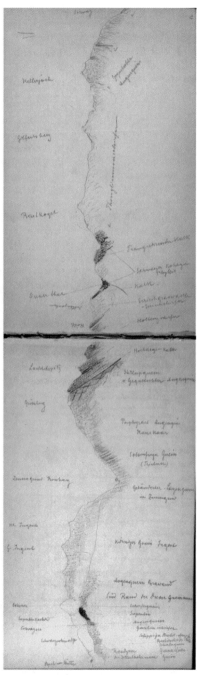

Abbildung 30: Panoramzeichnung zwischen Schwaz und Berliner Hütte. Notizbuch Nr. 44 (1898), Blatt 16 Blattgröße: 20x12 cm

tiert Becke im Notizbuch Nr. 55 (1901), Blatt 34 und 35 im Erzählstil mit folgenden Worten:

Partie von Rosshag zur Berliner Hütte.

Die Felsen hinter Rosshag bestehen aus dem Adergneiss: Licht gefärbte Glimmer arme Gesteine, welche bald in Form von Lagern u. Linsen, bald in Form von eckigen Einschlüssen biotitreiche geschieferige Partien umschliessen. Derartige Gesteine sieht man an dem Wasserfall oberhalb Rosshag anstehen, und kann sich von dem normalen ONO streichen der Schieferung überzeugen. Auch der Rifflerbach bringt dasselbe Gestein in meist hell gefärbten Blöcken herab. Eine Änderung des Gesteins tritt ein, sobald man den ebenen Thalboden bei Bernau verlässt. Der Zemmbach schneidet hierin anstehenden Fels ein, der vom Wasser geglättet ausgezeichnete Aufschlüsse darbietet. Man beobachtet einen ziemlich gleichmässig und gut geschieferten Granitgneiss in prallen Felsen anstehen. Das Gestein enthält nicht selten linsenförmige basische Concretionen, auch eine grössere basische Schliere wird sichtbar, bestehend aus Hornblende armen biotitreichen Diorit-Amphibolit, welche parallel der Schieferung dem hellen Granitgneiss eingeschaltet ist. Sie zeigt undeutlich plattige Absonderung in der allgemeinen Schieferungsrichtung und ist von aplitischen und pegmatitischen Adern durchzogen, welche meist der allgemeinen Schieferungsrichtung folgen. – Dieselbe Beschaffenheit zeigen auch die anstehenden Felsen am Wege beim Breitlahner; Der Weg führt nun ohne deutliche Aufschlüsse durch den ebenen Thalboden des oeren. Zemmgrundes. Beim allmählichen Aufstieg zur Grawandalpe am neuen Berliner Weg kreuzt man die breite Zone des hell gefärbten sehr homogenen Ingent Gneisses. Er führt wie die meisten ächten Granitgneisse wenig basische Concretionen, dagegen häufig Quarzadern, die oft Drusen von Bergkristall, Muscovit, auch Adular umschliessen.

Gegen den Südrand des Granitgneisses wird das Gestein porphyrartig, immer gut geschiefert, die Bankung fällt ganz steil süd, wie insbesondere am Hennsteiger Kamm gut sichtbar ist.

Der ebene Boden der Grawand Alpe biete keine Aufschlüsse, man kann aber von da die scharfe Grenze der Schiefer der Greiner Scholle gegen den Ingent-Gneiss recht gut an den Felswänden des kleinen Greiner verfolgen: Granitgneiss grau, Schiefer braun.

In den Schieferwänden der Klamm sieht man weisse Gänge von Aplit in der Tiefe der Klamm. Nun quert der Weg $1\frac{1}{2}$ Stunden lang die überaus mannigfaltigen hochkrystallinen Schiefer der Greinerscholle. Zuerst prachtvolle Garben Amphibolite mit unterordnetem Granatführ. [enden] Glimmerschiefer. Dann vorherrschend Glimmerschiefer mit Pseudomorphosen von Biotit nach Amphibol. Bei der Waxegg-Alpe erreicht man die Randgrenze des grauen Tonalit-Gneisszuges der Zillerthaler Hauptkette. Die ersten Lagen des Gneisses sind glimmerarm, aplitartig, strichweise ziemlich reich an Granaten dazwischen finden sich einzelne

Lagen, die Hornblende pseudomorphosen erkennen lassen. Um die Berliner Hütte selbst ist das Gestein stark differenziert, dunkle Schlieren, von feinschuppigem, biotitreichem Amphibolit von aplitischen Adern vielfach durchzogen. [weiter mit Bleistift] *Dasselbe Gestein wird vom Zemmbach in eine mehrere m tiefen Klamm durchsetzt. Auf dem ebenen Boden von d. ebenen Boden von d. Horngletscher ist ein porphyrartiger Granitgneiss aufgeschlossen. Er enthält namentlich auf der östlichen Seite prachtvolle basische Schlieren von verschied. Dimensionen. Das Gestein ist ziemlich epidotreich, mehr geplättet als geschiefert, ziemlich glimmerreich. Die Feldspathe bis 4 cm gross. Es geht durch stufenweise Übergänge in Tonalitgneiss über.*

In der Nähe der Granathütte ist es von $2\frac{1}{2}$ bis $\frac{1}{4}$ m mächtig basischen Gängen durchzogen.

In einer früheren Begehung (1896) dieser Strecke gibt Becke einen Überblick über die Gebirgswelt des Tuxer Hauptkammes und schildert seine Beobachtungen mit eindrucksvollen Worten im Notizbuch Nr. 40, Blatt 34:

Sehr lehrreich und interessant war von hier aus [Lämmerbichl Alm und Spitzgemäuer] *der Anblick des Tuxer Hauptkammes. Insbesondere das deutliche Absinken der Bankung gegen West, welches beim Rosskopf beginnt, im Riffler sehr deutlich ist, bogenförmig sieht man mächtige Bänke unter der Firnhaube gegen Westen sich herabneigen. Auch am Olperer ist diese Bankung gut zu sehen. Sie zieht quer durch die Felswand, die sich zwischen dem NO u. NW-Grat anspannt, und senkt sich etwas gegen letzteren. Eine auffallend lichte Bank ist in den Grat unterhalb des Rosskopfes in eine seltsame Felsenkrone aufgelöst. Diese Gegend sollte nächstes Jahr nochmals besucht werden.*

Den Gesteinen um die Berliner Hütte ist nun die Aufmerksamkeit gewidmet. Darüber berichtet Becke erstmalig im Notizbuch Nr. 37 (1895), Blatt 38. Im Notizbuch 40 (1896), Blatt 4–6 dokumentiert er wieder seine Beobachtungen. Hinter der Berliner Hütte liegt der sogenannte Flammengneis, dann folgen Amphibolite.

Darüber dann braune [sic!] *Schiefergneisse ziemlich mächtig, bilden den flachen Boden. Wo sich die Schneide zwischen Ochsenkar und d. Schwarzensteinalpe auskeilt beginnen die Garbenschiefer, zunächst bestehen die spärlichen Garben aus* Biotitschuppen. [sic!] *Die* Pseud. [omorphosen] *nach* Hornblende [sic!] *bilden, einzelne Granaten in dem hellen aber rostig verwitternden Gestein. Weiterhin wird das Gestein dunkler reich an Hornblende u. Granat prachtvolle Gesteine.*

Die Berliner Hütte und ihre Umgebung besucht Becke in den folgenden Jahren und berichtet in seinen Notizbüchern Nr. 44 (1898), Blatt 11–14, Nr. 54 (1900), Blatt 22 und 28 und Nr. 55 (1901) Blatt 34 ff.

Von der Berliner Hütte aus geht es zur Granat Hütte, diesen Weg dorthin beschreibt Becke erstmalig im Notizbuch Nr. 39 (1896) auf den Blättern 39–40:

1. September [1896]. *Rossrucken, Granatgrube. Auf stark verschneitem Weg über die rechte Seitenmoräne des Waxegg Gletschers dann, wo dieser aufhört, über die »Platte« einen Rundhöcker, dann über einen flach geneigten Gehänge Gletscher in die tiefe Klamm, in welcher gearbeitet wird, über steile Wände an Seilen und Stiften aufwärts. (NB tiefer unten ist eine ähnliche Klamm, in welcher in früherer Zeit gearbeitet wurde). Der Feldort der Grube ist in der Skizze dargestellt. Das Ortgestein ist eindeutlich Muscovit schiefriger Gneiss, dessen Schieferung steil N gerichtet ist. Darin liegen nun schlierige Partien des granatführ. Gesteins umschliessen Linsen des Gneiss; Adern von Pegmatit-Quarz mit Periklin- u. Glimmer Drusen durchsetzen die Gesteine.*

Unverkennbar sind die Verschiebungen und Rutschungen an den linsenförm. Körpern des Granatgesteins, denen auch die eigentüml. Form des Vorkommens zuzuschreiben ist.

Die Schlierenknödel im anstossenden Granit, der sehr grob bankig abgesondert ist, so dass man keine bestimmte Richtung angeben kann, stimmen mit der Bankung <u>nicht</u> überein und liegen an verschiedenen Stellen verschieden. Das Gestein ist ganz Granit ähnlich im Hintergrunde schwarzfleckig weiter auswärts ärmer an Glimmer, besonders ähnlich dem Gestein des Mösele. […] Die heutigen Beobachtungen lassen sich so deuten, dass die N- Schieferung bedeutend jünger als die urspr. Tektonik des Granitstockes [ist]. Woher kommt das granitführende Gemenge? Keine Ähnlichkeit mit den Erscheinungen in der Floite. Kein Flammengneiss. Diese Zone wird erst unten bei der Berliner Hütte erreicht.

Becke setzt seinen Gedankengang zu den Beobachtungen am Rossrucken bei der Granatgrube im Notizbuch Nr. 39 (1896), Blatt 41 fort:

Von Wichtigkeit ist noch folgende am 1. September [1896] an Granitgneiss-Blöcken am Fuss des Rossruckens gemachte Beobachtung.

Das Gestein zeigte in der Hauptmasse granitisch-körnige Structur; am Rande des Blockes der einer Bankfuge entsprach zeigt sich Schieferung an den Glimmerflasern, der Übergang zwischen den Flasern u. den Putzen vollzieht sich in einer Breite von 10–15 cm.

Die ganze Erscheinung erinnert ausserordentlich an den Übergang von Olivingabbro zum Amphibolit – vom Loisberg. Sie beweist unwiderleglich dass die Schieferung am erstarrten Gestein eintrat.

Art des Übergangs von der körnigen zur flasrigen Varietät. Im körnigen Gestein stellen sich einzelne Flasern des schiefrigen ein, nehmen an Menge u. Ausdehnung zu bis zur Verdrängung des körnigen Gesteins.

Dies ist eine ganz allgemeine Regel: In derselben Weise vollzieht sich auch der Übergang zwischen dem schiefrigen Granitgneiss und den Flammengneissen und den Schiefern.

Am Rossruckweg zeichnet Becke eine Aufnahme eines Teilstückes im Gesteinsverlauf und Angabe des Mineralganges Kersantit.[405] Hinzugefügt sind die Lage mit Streichen und Fallen, das Datum 1. September 1896 und die Lokation: Rossrucken.

Die Dokumentation über die Erforschung der Gesteine auf dem Weg zum Rossrucken ist im Notizbuch Nr. 54 (1900) auf den Blättern 25 und 26 und mit 2 Profilen auf Blatt 27 sowie mit einer Erklärung der Gesteine auf Blatt 28 festgehalten.

[Blatt 25] *17. September* [1900] *Weg zum Rossrucken*

Die untersten Felsen (Rundhöcker), die unter der Moräne des Horngletschers zum Vorschein kommen, bestehen aus denselben glimmerarmen, z. Th. porphyrartigen Granitgneissen, wie das Gestein der ausgez. [eichneten] *Schliffe zur Berl.*[iner] *Hütte u. Horngletscher.*

Weiter oben hat man einen Wechsel v. aplitischen u. granodioritischen Varietäten. Letzter deutlich gebankt mit N-Fallen der Bänke. Damit stimmt die Lage der Fische [= Boudinage] *nicht.* [sic!] *Diese fallen steil Süd! Eine Beobachtung, die mit früheren aus der Gegend der Granathütte gut übereinstimmt. In einer Höhe von cca 2100 liegen in grosser Menge Blöcke des schwarzweissen Knödelgesteins herum. Das sind Flammengneisse* ohne [sic!] *Parallelstructur. Denkt man sich ein solches Gestein ausgewalzt, so muss genau das entstehen, was ich in der Floite als Flammengneiss notiert habe. Darin liegt wohl auch ein deutlicher Hinweis, dass diese Flammengneisse nicht als metamorphe Sedimente, sondern als* Spaltungsprodukte des Magmas *aufzufassen sind.* [sic!] *Über dieser Region* [...] *kommt eine Region wo reichlich die dunklen gneissähnlichen Einschlüsse auftreten. Deutliche Adergneisse mit Wechsel v. Biotit reicheren u. Biotit freien Lagen, die stark gefältelt sind, jedoch in einer Weise die durchaus nicht an die regelmässige Fältelung erinnert, wie sie so oft in gepressten Gesteinen auftritt, wo 2 Lagen regelmässig wechseln, sondern kraus in sehr unregelmässig, gebogen*

[Blatt 26] *die Gneissschollen, z. Th. von ganz interessanter Grösse stecken in zumeist aplitischem Gestein, dessen Lagen die Lagen des Gneisses oft quer, oft schief abschneiden. Auch der Gneiss selbst ist von Aplitadern durchzogen, die manchmal zerstückt* [sic!] *u. gegeneinander verschoben erscheinen, ohne dass man im Aplit selbst etwas von Quetschungen bemerkt. Bei 2200 beginnt körniger Tonalit. Die Fische* [Boudinage] *darin fallen Süd ein! Hier zeigt das Gestein deutlich Pseudomorphosen von Biotit nach Hornblende. Accessor. Bestandmassen bestehen aus Quarz- u. linsigen Rhomboedern eines Carbonates (Calcit? Ankerit? Melinit?*[406]*) erbsengelb. Bei 2350 cca ist das Gestein reich a. n Granat, der*

---

405 *KERSANTIT* ist eine Biotit- Hornblende-Apatit-Lamprophyr, wobei in der Grundmasse der Plagioklas-Anteil gegenüber dem Orthoklas vorherrschend ist. Das Gestein Lamprophyr ist ein fein bis mittelkörniges Ganggestein im magmatischen Bereich.

406 Der mineralogische Begriff *MELINIT* wird in der Literatur folgendermaßen definiert:

das ganze Gestein durchschwärmt sich in kleinen u. kleinsten Körnern in den Aplit einstellt. In dem tonalitischen Hauptgestein tritt er an dieser Stelle ganz reichlich auf. Linsen und unscharf abgegrenzte Schlieren sind reich an chloritischem Mineral u. Granat. Ähnlich den Granat führenden Partien des Rossruckens, aber lange nicht so rein. [...] Ein Gestein, das dem »Kurantit« des Rossruckens von 1896 sehr ähnlich ist, findet sich in der Höhe von 2360 m.

Die Ziffern der einzelnen Gesteinsarten sind in einem geologischen Profil festgehalten, die auf Blatt 28 beschrieben werden:

1 *porphyrartiger Granitgneis*
2 *heller, aplitischer Tonalitgneiss*
3 *schiefriger Tonalitgneiss*
4 *Gestein sehr variabl, schiefrige Flammengneisse, Amphibolit, Aplitadern, Granitgneiss*
5 *Heller Granitgneiss u. Granodioritgneiss, pophyrartig im Wechsel*
6 *körniger Tonalitgneiss mit Amphibolit – Einlagerung*
7 *Heller Granodiorit u. Granitgneiss, quarzreich bald viel bald wenig Orthoklas*
8 *Dasselbe mehr u. mehr schiefrig.*

4. Tag: Exkursion zum Schwarzsee, Roßkar.

Der vierte Tag ist dem Studium der kristallinen Schiefer der Greiner Scholle gewidmet. Die Exkursion wird so geführt, daß in schräger Richtung ein vollständiges Querprofil der Schieferscholle von der nördlichen Randfazies des Tonalitgneiszuges der Zillertaler Hauptkette bis zum Südrande der Duxer Gesteinsmasse begangen wird. Die Exkursion ist bei günstigem Wetter auch landschaftlich sehr dankbar, da man von der Höhe der oberen Schwarzenstein Alpe eine prachtvolle Aussicht auf die Firnfelder und Gipfel genießt, welche den Schwarzenstein-, Horn- und Waxegg-Gletscher umgeben.[407]

Über die Erkundung auf dem Weg zum Schwarzsee berichtet Becke mit Bleistift in seinem Notizbuch Nr. 55 (1901) auf den Blättern 36–37 im Erzählstil.

[Blatt 36] *30. VIII.* [1901] *Schwarzsee Weg*

Weg zum Schwarzsee führt zuerst durch die Randfacies des Gneisse, theils aplitisch, mit Granaten, theils dunkel geflammt durch Biotit-Amphibolite. Dann die Zone der braunen Biotitschiefer, z. Th. mit Pseudomorphosen nach Hornblende, dann eine ausgedehnte Zone von graugrünen feinschuppig-strahligen Biotit-Amphiboliten, welche mit wenig Unterbrechung bis an den See reichen. Dort erreicht man in der Höhe v. 2400 m die ersten Bänke der prachtvollen

---

Paul GROTH, Tabellarische Übersicht der Mineralien nach ihren krystallographisch-chemischen Beziehungen. (Braunschschweig 1898, S. 172): *Melinit = Gelberde: Ein Gemenge von Brauneisenerz und Ton.*
407 BECKE, Exkursionsführer (Anm. 377), S. 24.

Garben-Amphibolite theils mit theils ohne Granat, manche Lagen von kohliger Substanz bleigrau bis schwarz durch Biotit rothbraun verwitternd. Hier hat man nun eine prachtvolle Aussicht die Gletscher der Zillerthaler Hauptkette.

Aufstieg ins Rosskar längs der südlichen Rinne östlich vorne mit Seewand. Im Rosskar findet man auf gut aufgeschlossenem Terrain glatt gescheuerte Rundhöcker von einem deutlichen Conglomerat-Gneiss: lichte meist linsenförmig ausgezogene Gerölle von feldspathigem Gestein, und von Quarz lagenweise in hellem bis dunklem Cement, welches biotithaltig ist, und kleine Granaten führt. Vom Conglomeratgneiss nördlich das Kar [sic!] querend passiert man zunächst eine Zone prachtvoll entwickelter Garben-Amphibolite, wechselnd mit dunklen u. hellen granatführenden Glimmerschiefern, dann eine Zone etwas zweifelhafter, [Bl 37 Fortsetzung] *dünnplattiger schiefriger Gneise. Ob sie noch zur Schieferzone der Gurgler Serie od. als Randfacies zum Ingert-Gneiss gehört.*

In diesem Gestein steckt der kleine Serpentinstock des Serp. Kastells.

An der N Grenze desselben sieht man schön die Schale v. Chloritschiefer mit Magnetit. Am Ostende des Stocks, wo er sich im Gneiss auskeilt sieht man die mannigfachen Gesteine, die der Randzone des Serpentins eigentümlich sind: Talkschiefer, Topfstein mit Brennerit, Chloritschiefer mit Magnetit-Chlorit, Serpentin von Stielstein durchsetzt u.s.w.

Zurück zum Schwarzsee. Bei d. Hütte ist Conglomeratgneiss zu constatieren, genau ein Streichen hinter sich bis unter das Ochsner Kar verfolgen.

Hier hat man die Begleitgesteine eine kleine Sepentinlage im Schiefer, Strahlstein, Talkschiefer etc.

Ferner Blöcke von: *1. Schiefergneiss durchzogen*
                               2. Conglomeratgneiss
                               3. Pophyr-Augengneiss
                               4. Aplit

Alles aus dem Ochsner Massiv abgestürzt.

Die Wegstrecken, den Zeitaufwand und die Namen der Bergführer für die obige Begehung notiert Becke, im Hinblick auf die Exkursion bereits im Jahr 1901 im Notizbuch Nr. 55 auf Blatt 38:

Entfernungen gebraucht

Berliner Hütte – Schönbichler Horn $3\frac{1}{2}$ *St.*

Horn – Furtschagel H. $1\frac{1}{2}$

Furtschsgel – Dominikus H. 2

Dominicus – Pfitscher Joch $2\frac{1}{2}$

Joch – Landhuter H. $3\frac{1}{4}$

Landshuter Hütte – zurück 2 St.

Kraxentrager

Landshuter Hütte: Bergführer Plank. Brenner

Am Donnerstag, dem 10. September 1896, begibt sich Becke von der Berliner Hütte aus zum Schwarzsee. Im sogenannten »Kurzstil« und mit Bleistift, dann mit Tinte überschrieben, notiert er seine Wahrnehmungen im Notizbuch Nr. 40, Blatt 18.

Beim Schwarzsee Garbenschiefer Str 270 F S 60°

Am rechten Seeufer Serpentin

Sodann nach einer Schutthalde Conglomeratgneiss Str 270 F flach N!?

Dann wieder mächtig Serpentin [...] Chromglimmer Nester im Gneis

Auf der anderen Seite des Serpentinstocks Gneiss Str 255 Saiger schmiegt sich um d. Ende des Serpentinstocks.

Daran schließt zunächst ein Profil an der Grenze von Gneis und Serpentin, die Becke hinter dem Rothkopf erkennt und festhält. Die eingetragen Zahlen sind Gesteinsproben, deren Beschreibung auf dem nächsten Blatt 19 erfolgt.

Nr. 451 [ist ein] Topfstein (Carbonat-Talk) bildet in bedeutender Mächtigkeit die Grenze des Serpentinstockes vom Rothkopf gegen den Hennsteigen Gneiss.

452 [sind] Biotit – Aggregate. Grenze des Hennsteigen Gneisses gegen Serpentin des Rothkopf.

453 [ist ein] großer Gneiss mit viel Biotit Grenze wie oben. Siehe Skizze.

In der folgenden Skizze zeichnet Becke die markante Grenze der Gesteine.

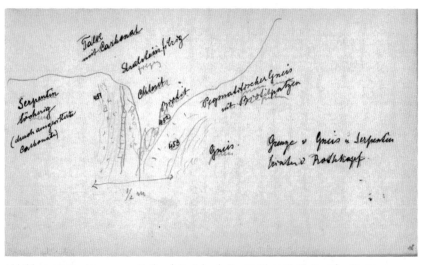

Abbildung 31: Gesteinsgrenze Rotkopf. Notizbuch Nr. 40, Blatt 18. Blattgröße: 19x11 cm

Skizze der Gesteinsgrenze

Ein Profil im Exkursionsführer der auf S. 25 abgebildeten Greiner Scholle hat seinen Ursprung im Notizbuch Nr. 40 (1996), Blatt 8. Der Bericht dazu erfolgt auf Bl 7–8:

5. September [1896] Mörchenscharte. Samstag

Auf dem alten Schwarzensteinweg aufwärts, dann weiter unter den Wänden des Saurüssels. Das Gestein ist mehrstentheils Biotitschiefer es kommen aber auch Stücke von Hornblende vor [...]. Ein eigentüml. Gestein tritt über den Wänden in deutlich geschichteten Blöcken auf. Graugrün wie es scheint Biotit? Chlorit haltend, leider kein Stück mitgenommen.

Das Gestein des Sattelkopfes ist ein gut geschichteter Biotit Schiefer, mit quarzitischen Bänken, durchzogen von $\frac{1}{2}$ m breiten Quarzgängen, Nester mit Disthen führend, eine Einlagerung, welche gerade durch den Gipfel geht, besteht aus einem körnigen Diorit-Gestein. Becke setzt seine petrographischen Erkundungen fort.

Am Ende des Berichtes stellt er folgende Fragen: *Im Liegenden scharf geschieden ein plattiger Gneiss. Scheint völlig ohne Grenze zum Feldkopf. Frage: Ist dieser Gneiss noch Schiefer Gneiss oder Granitgneiss?*

Was ist mit dem Conglomeratgneiss.

Unter d. Schiefer gibt es solche, die stark zusammengefaltet sind zwar so, dass die Schichten Süd fallen.

Im Feldtagebuch werden mit blauer Farbe die besonderen Gesteinsschichten hervorgehoben, während im publizierten Profil nur eine schwarz-weiße Abbildung der Greiner Scholle aufliegt.

1897 (Notizbuch 43, Blatt 12–14) erkundet Becke unter Führung eines lokalen Bergsteigers den Ochsner. Über das Ochsner Kar wandert Becke bis auf die Höhe von 2760 m, mit Bleistift und Tinte überschrieben ist im Kurzstil die Reise dokumentiert.

Ochsenwand 2760 Gneiss Fleckengneiss

Str 270 saiger unmittelbar unter d. Granitpophyr –

Bis hinauf 2630 Strah [sic!] Amphibolite Str 260 F S 60°

Bl 14 – Anmerkung Beckes: *Am Fuss der Ochsner Wand liegen neben den grauen Tafelgneissen, den Granitpophyr Blöcken, Fleckengneissen auch zahlreiche Blöcke der dunkelgrauen Biotitschiefer Gneisse herum, welche von dem dunklen Gestein kommen, das oben in der Wand sich zwischen die Theile des Granit des Ganges einschiebt.*

Im Anschluss daran die großartige Zeichnung der Ochsner Wand, die in die Publikation auf Seite 28 Eingang gefunden hat.

Die erste kurze Aufnahme der Ochsner Wand wird bereits 1896 im Notizbuch Nr. 40, Blatt 17 festgehalten:

9. Sept. [1896] Mittwoch

Auf den Ochsner. Aufwärts durch das Thal zw. Ochsner u. Rothkopf, die wichtigsten Beobachtungen wurden an der Gneisscholle in dem Kamin gemacht. Dieselbe zieht in N-S Richtung in den Serpentin hinein. Der Gneiss zeigt keine merkliche Veränderung obwohl er selbst sehr eigentümlich aussieht. Der Serpentin ist am Contact stark verändert, erfüllt v. Stralstein, Chloritschiefer mit Magnetit Adern v. Epidot stralen [sic!] *aus.*

Die petrographische Aufnahme der Ochsner Wand oberhalb des Schwarzsees, mit der graphisch differenzierten Aufzeichnung der einzelnen Gesteine findet Eingang in den Exkursionsführer auf S.28. Die Legende zu den einzelnen Gesteinsarten notiert Becke im Feldtagebuch in der Zeichnung und fügt Ziffern hinzu, die in der Publikation unterhalb der Graphik angeführt sind. Die eingetragenen Nummern 590, 591 und 592 weisen darauf hin, dass er Gesteinsproben an dieser Stelle zur genaueren Analyse in das Labor des mineralogischen Institutes in Prag mitgenommen hat.[408]

Der bekannte »Ochsner« besteht aus einem ultrabasischen Gestein, Serpentinit, das zu den mesozoischen Sedimenten der subpenninischen Decke zählt.

Auf der Berliner Hütte, die unter der Leitung des deutschen und österreichischen Alpenvereines steht, wird das Nachtlager aufgeschlagen.[409]

5. Tag: Übergang von der Berliner Hütte über das Schönbichler Horn zum Furtschagelhause, durch das Schlegeistal zur Dominkushütte.

Am 19. Juli 1901 berichtet Becke im Notizbuch Nr. 55, Blatt 3–4 über seine Erkundung des Zemmgrundes folgendermaßen:

Beim Anstieg v. Breitlahner in den Zemmgrund liegen Blöcke von Tonalit, Tonalitgneiss u. Hornblende Garbenschiefer herum, aber das scheinen nur Fremdlinge zu sein. Anstehend ist bloß aplitischer Gneiss wechselnd mit Biotit reicheren Lagen. [...] *Weiter hinten im Zemmgrund sind die Aufschlüsse deutlicher.* [...] *Sehr auffallend ist die Ähnlichkeit zweier Kämme, die vom Riffler Massiv gegen den Zemmgrund absteigen. Runder Kamm, trapezförmiger Kopf, Scharten dann flach runder Buckel.*
Sollte untersucht werden.

---

408 Beckes Vorgehen im Sammeln von Proben sind nicht nach einem Plan oder einer systematischen Vorgabe erfolgt, es ist ein Zusammentragen von Proben, die als repräsentative Stücke eines Gesteins zu sehen sind. Sie sollen alle charakteristischen Merkmale des bestimmten Gesteins beinhalten. Mc COY, Field methods (Anm. 357, S.19): *The field person's experience determines where sample sites should be in order do best represent the variation with a category.*

409 BECKE berichtet in der Nachlese zum 9. Geologenkongress über den 4. Exkursionstag (Wien 1903, S. 870): *Der 1. September führte durch den Granitgneis des Zemmgrundes und das herrliche Profil durch die Greiner Scholle zur Berliner Hütte. Die Sektion Berlin des Deutschen und Österreichischen Alpenvereines hatte in zuvorkommender Weise für die Unterbringung der Exkursionsteilnehmer die besten Zimmer zur Verfügung gestellt.*

In der anschließenden kleinen Panoramazeichnung konstatiert Becke eine interessante Beobachtung im Verlauf der Bergrücken, die er von der Dominikus-Hütte aus gegen den Riffler machte:

Auffallender Parallelismus in der Entwicklung der vom Riffler herabziehenden Grate.

Die Beobachtungen mit einer sehr schönen Zeichnung gegen den Riffler sind im Notizbuch Nr. 40 (1896), Blatt 28 festgehalten. Hier ist ersichtlich, wie Becke mit einfachen und wenigen Strichen die charakteristischen Merkmale des Bergmassivs hervorhebt.

Die erste Panoramazeichnung mit Blick zum Schönbichler Horn zeichnet Becke bereits 1896 im Notizbuch Nr. 39 auf Blatt 53.

Der Weg führt über die Granathütte und den unteren Teil des Waxegg-Gletschers, folgt dann eine zeitlang seiner linken Ufermoräne und erreicht in stetigem Anstieg eine mit Rundhöckern bedeckte Fläche, das Bett des in der Eiszeit vergrößerten Waxegg-Gletschers. Man gewinnt hier gute Einblicke in die Beschaffenheit des Intrusivgneises.[410]

Über die Krähenfußwand, die Becke auch als Krohnfusswand im Notizbuch Nr. 43, Blatt 18 bezeichnet, führt der Weg zum Furtschagel-Haus. Zunächst werden wiederum im Kurzstil die Beobachtungen im Feld notiert, mit einer kleinen geologischen Skizze am Rande ergänzt; danach schildert Becke im narrativen Stil und mit Tinte die fortlaufende petrographische Erkundung.

1. September [1896] Über die Krohnfusswand zum Schönbichler Joch. Platten: grober körniger Gneiss. W.. Wechsel vom dunklen Biotit Amphibolit und aplitischen Gneiss. Gneiss Ende 2740 m. Bei 2780 m 2 etwa 4 m mächtige Gneisslage.

[Mit Tinte fortlaufender Bericht] *Gleich dahinter durchquert ein $\frac{1}{4}$ mächtiger Gang des Biotit-Amphibol Gesteines die Schieferschichten. Er streicht teilweise NS und ist saiger. Schmale Lager/ vielleicht Lagergänge desselben Gesteins wiederholen sich öfter. Das Schiefergestein selbst hält sich im Rahmen derjenigen Varietäten, die von der Schwarzenteinalpe, insbesondere vom Rastall bekannt sind. Insbesonders häufig sind dunkel violettbraune dünntafelige brechend klingende plattige Schiefer. Im Allgemeinen ist das Gestein des Gipfels ein kleinwenig weniger klein als unten. Bemerkenswert sind Ausscheidungen von Quarz und graumittelschuppigem Biotit.*

Die Beobachtungen Beckes zwischen Furtschagel und Schlegeistal dokumentiert er im Notizbuch 43 auf den Blättern 21–22 folgendermaßen:

Die Gesteinsinsel zwischen Furtschagel u. Schlegeisenkern ist auf der geol. Karte falsch kartiert. Der hintere Theil, weisse plattige Felsen besteht aus schiefrigem Gneiss von sehr zierlicher Structur. Kleine / höchstens 5–10 cm gr. Concretionen haselnussgrosse weisse Feldspathe, das ganze stark gestreckt, die

---

410 BECKE, Exkursionsführer (Anm. 377), S. VIII.

Streckung schiesst unter den Hochferner ein unter bedeutendem Zerrungswinkel [...] Auf den Gneiss folgt Amphibolit in gleicher Lagerung [...] Gegen die Moräne zu wird der Amphibolit sehr dicht, stark verwittert rothbraun eisenscheinig. Darin liegen einige wenige m mächtige Kalkschollen, mit ausgez. Granat-Epidot-Chlorit Drusen. Kein Serpentin!

Am Ausgang des Schlegeistales erreichen die Teilnehmer der Exkursion die Dominikus-Hütte.

6. Tag: Pfitscher Joch – Landshuter Weg – Landshuter Hütte.

Der Weg zum Pfitscher Joch ist Ausgangspunkt für die geologische Exkursion im Jahr 1903. Erstmalig wird dieser Weg im Notizbuch 43, Blatt 25 notiert:

Von Dominiucus zum Pf. Joch

Jenseits d. Laviz Alpe Rundhöcker Muscovitschiefer Gneiss

Str 280 F undeutlich Streckung richtet sich gegen West, nicht alle deutlich ausgesprochen.

In der Folge beschreibt Becke die Gesteinsarten, verzeichnet und nummeriert die Gesteinsproben. Die erste Zusammenfassung über die Schiefer auf dem Pfitscher Joch wird im gleichen Notizbuch Nr. 43, Blatt 31–32 kurz beschrieben:

Die Schiefer am Pfitscher Joch entsprechen formell einer spitzen Mulde: Auf dem Hochsteller u. auf der Oberberg Alpe hat man deutl. Fallen N allerdings sehr steil; auf dem Joch u. im Haupenthal fallen S.

Dagegen ist unten im Pfitschthal der Streifen Schiefer von dem Duxer Gneiss überschoben u. zeigt N fallen; vielleicht nur als Folge Hangrutschung.

Nb [nota bene] Die Gesteinsabfolge lässt den Muldencharakter nicht hervortreten. Namentlich liegender Kalkglimmersch. U. Grünschiefer sehr einseitig nach S verschoben.

Bemerkenswerth, was in der inneren und südlichen Schieferzone fehlt:

1. Sericitgesteine

2. Die weichen sericitischen Schiefer.

Ein zusammenfassender Bericht vom Pfitscher Joch zur Landshuter-Hütte wird im Notizbuch Nr. 55 auf den Blättern 39–41 geschrieben:

Vom Pfitscher Joch an kreuzt man zuerst die Jochschiefer: Muscovitschiefer mit Biotit Schmitzen u. Ankerit-Pseudom. [orphosen], in der tiefsten Stelle des Jochberges steht eine Lage von etwas zweifelhaftem feinschiefrigem Gneiss mit kl. Feldspath-Augen.

Beim grossen Jochsee i. etwa 20 m vorher schon sind grosse weissgraue Felsköpfe zu sehen welche aus ausgesprochenem Conglomeratschiefer bestehen. Stücke bis kopfgross, alle stark ausgequetscht. Diese Felsen lassen sich geradlinig fortsetzen bis in den Jochgraben verfolgen. Am anderen Seeufer setzen fein schiefrig auszusehende helle Gneise ein, welche mehrfach mit feinflasrigen

Amphiboliten von geringerer Mächtigkeit wechsellagern. Die Amphibolitlinsen verschwinden bald, an Stelle tritt im Wechsel aplitisch u. flasriges Gestein.

[Bl 40] *Im nächsten Kar wird der Gneiss grobflasrig u. im Klippenkar sehr grob, granitisch accessorische Bestandmassen: Biotitschieferlinsen, aplitreich – Quarzgänge sind nicht selten.*

Im nächsten Kar (Beilstein) wird das Gestein schiefriger, Varietäten reicher, namentlich grobporphyrische, Faserglimmerite, schiefrige herrschen vor. Dazwischen immer wieder hellere, mehr körnige Lagen. Im Ganzen. Grenzfacies.

[Bl 41] *Der letzte Wegabschnitt unter dem Kraxentrager zur Landshuter Hütte führt durch recht variables Gestein. Die verschiedenen Abänderungen wechseln in Lagen ab, die keine bedeutende Mächtigkeit, höchstens 1–2 m, meist viel weniger erreichen. Die Gesteinsbänke senken sich flach nach WSW unter die Sedimente. Insbesondere sind folgende Varietäten erwähnenswert:*

1) ganz grob porphyrischer Granitgneiss, flasrig, mit mehreren cm grossen Feldspathen

2) [siehe unten, hinzugefügt]

3) Granitporphyr-Gneisse:

  a. mit hellem Biotit armen Grundgewebe

  b. mit dunklem Biotit reichem Grundgewebe

  c. mit dunklen Biotitflasern u. hellen Feldspathen, eine sehr hübsche aussehende Abänderung, die schwarz-weiss fleckig aussieht

4) ganz dunkle Biotitschiefer, die oft feingefältet erscheinen, in sehr verschiedenen Abstufungen der Reinheit, ähnlich dem Gang-Gestein unter der Wildsee-Spitze

Zwischen diesen extremen Abänderungen gibt es eine Menge Zwischenformen

  2) Grobkörnig-flasriger heller, biotitarmer Granitgneiss.

  Bei 3) ist der Gegensatz des feinen Grundgewebes und der Einsprenglinge von Feldspath recht auffallend. Für den Charakter des Gesteins ist es wichtig hervorzuheben, dass Quarzaugen auch in den hellen Abänderungen u. a. zu fehlen scheinen.

  Von 1) habe ich 1896 Proben genommen. Von 3) sind 3 Handstücke heuer gesammelt, 4 stimmt wohl überein mit dem gangförmig auftretenden Handstück.

  Noch wäre zu erwähnen, dass 3a sehr dünnplattig-schiefrig werden kann.

  Alle diese Beobachtungen wurden verificiert bei der Besteigung des Kraxentragers.

  Der felsige steil nach O abfallende Vorgipfel besteht aus Lagen von 2.

Diese Gesteinsdokumentation findet wortwörtlich Eingang in den Exkursionsführer auf Seite 37. Ebenso bildet eine geologische Sequenz im Notizbuch Nr. 55 (1901), Blatt 38 die Grundlage für die Figur 6 im Exkursionsführer über das Profil am Pfitscher Joch.

Die Legende zu den einzelnen Gesteinsbezeichnungen im Profil schreibt Becke am rechten Rand der Zeichnung:

1 *Salband*
2 *länglicher Schiefer*
3 *Gneiss Turmalin führend, Glimmer in der Mitte dickbankig, rundlich dünn-plattig*
4 *Jochschiefer*
5 *schiefriger Gneiss schlecht aufgeschlossen, undeutlich*
6 *schöner mächtiger Konglomeratgneiss beim großen Jochsee*
7 *Randfazies des Gneises zuerst mit Amphibolit wechsellagernd*

Übernachtet wird auf der Landshuter Hütte, sie steht auf den Gesteinen des Jochschiefers.

7. Tag: Fortsetzung des Landshuter Weges, Wolfendorn, Griesbergkar – Brenner. Bahnfahrt nach Sterzing.

Becke erkundet im Jahr 1900 erstmalig den Landshuter Weg von der Südtiroler Seite von Sterzing aus und notiert diesen im Notizbuch Nr. 53 auf den Blättern 36–41.

Im Notizbuch Nr. 54 (1900) auf den Blättern 1–4 wird die Dokumentation weiter geführt mit der Überschrift:
Partie auf den Landshuter Weg 29.–30.VIII. 1900
Becke beginnt den Weg aufwärts von der Brenner Post im Vermattal.
Wenige Schritte höher [1780 m] überschreitet der Weg plattige, stufige Felsen, die aus einem ausgezeichneten plattigen Granitporphyr Gneiss bestehen. Grundmasse u. Einsprenglinge sind scharf getrennt.
[Blatt 2] Viele Rostflecken im Grundgewebe deuten auf Carbonat-Auswitterung. [...] Es sind ausgezeichnete Blätter [...] vorhanden, die das Gestein in Parallelepipede zerlegen [...]. Der Weg geht nun in der Mitte einer ungeheuren Moränenwüste [...]. Bei 2200 m wurde das erste anstehende Gestein in Rundhöckern getroffen: ein mittelkörniger pophyrartiger Augengneiss. [...] Bei 2360 erreicht man / fast über Rundhöcker sehr groben porphyrartigen Augengneiss, mit grossen (8 cm) Orthoklasen, die stellenweise ausgezeichnete Krystallform zeigen. [...] Constant bleibt die Streckung WSW.
Am 30. Früh von der Landshuter Hütte bis z. Flatsch-Spitze.
Die Friedrichshöhe u. die Felsen um die Hütte bestehen aus typischem Duxer Gneiss grob klotzig. Im Sattel gegen die Wildseespitze kommen in demselben schwarze u. graue Schiefer vor. Erstere entspr. [echen] den dunklen Biotit-Schiefern vom Breitlehner, die früher (1892) gesammelt wurden. Die grauen sind nur sericitisch geschieferter Gneiss Str. ONO F. 30° 50. Man sieht aber, dass das Fallen gegen d. Pfitschthal immer steiler wird, ja ins Gegengesetzte umschlägt.

Die ganze Schieferung lässt sich überhaupt nicht nach dem Faltenschema con-statieren, sondern stellt sich je nach den an Ort u. Stelle wirkenden Druckkräften.

Hinter dem Sattel, beim Anstieg zur Wildseespitze sind Gneissvarietäten zu sehen.

[Bl 3] *Beim Anstieg zur Wildseespitze am Drahtseil steht ein wunderbares Ganggestein an: 2 m mächtig fast nur Biotit mit einzelnen grossen Feldspathen, die unregelm. vertheilt sind. Das Gestein ist im Ganzen schiefrig krumm. Am Salband wendet sich die Schieferung // zum Salband. […] Auf der Südseite der Wildseespitze wird das Gestein sehr variabel. […] Nun herab über gerundete flache Kammpartien mit fast schwebender Lagerung der Gneissplatten zum Untergrund des Söllthales. […] Gegen Pfitsch grossartige Entwicklung kleiner Moränen […]. Über eine ziemlich grobblockige Gneisspartie herab kommt man nun zur kritischen Stelle. Ich war der Meinung immer auf schiefrigem dünn-plattigem Gneiss zu gehen, u. traf auf Kalkplatten. Mit dem Kalk zusammen lagen helle sericitische Schiefer, diese wechsellagern mit einem grauen Schiefergestein mit Biotit-Idioblasten (mitgenommen), dazwischen kommen immer noch ächte [sic!] Gneisse vor! Über der Kalkplatte folgen erst einige Schichten v. Phyllit […], dann Kalkgls. [glimmerschiefer] u. Kalk, etwa 10 m mächtig, darüber eine dunkelbraun schwarze Lage bestehend aus: schwarzen kohligen Schiefern, Quarziten, Phylliten mit Biotit Idioblasten, Rhäticit-Schiefern. Diese Lage ist schon 20 m mächtig. Hierauf kommt nun eine mächtige Masse v. hellgrauem plattigen bis schiefrigem Kalk, die weit in das Sillkar herabreicht, und auf die der Wolfendorn aufgesetzt ist. […] Der Wolfendorn besteht aus einer Säule von über einander liegenden Kalkschichten, die nach SW einfallen.*

[Blatt 4] *Resultat: Die Grenze am Duxer Kamm sieht genauso aus wie bei Hintertux. Also ist eine Verwerfung ausgeschlossen.*

Zur Frage ob Intrusion oder Auflagerung: Die Erscheinungen sprechen sehr für Intrusion

a. *Wechsellagerung v. Gneiss u. Schiefer.*

b. *Der Duxer Gneiss ist intrusiv Gneiss. Es fehlt der Mantel wenn die Brenner Phyllite ihn nicht darstellen.*

c. *Die Fortsetzung der Brennerphyllite liegt auf den Söldner Schiefern. Diese sehen ganz anders aus.*

Folgende Stufen wären anzunehmen:

1. *Quarzite u. Schiefer mit grossen Kalklagen*

2. *Phyllit*

3. *Kalkgls.*

Die anschließende Panoramazeichnung ist als graphische Wiedergabe dieses Berichtes zu betrachten. Leider hat die Bleistiftzeichnung auf dem Papier im

Laufe der Jahre gelitten und ist etwas ausgebleicht, von Bedeutung ist aber die exakte Wiedergabe der einzelnen charakteristischen Kalkschichten des Wolfendorns.

Den Weg Landshuter Hütte – Wolfendorn begeht Becke nochmals 1901 und hält seine Beobachtungen fest im Notizbuch Nr. 55 auf den Blättern 42–43. Hier notiert er auch die Wegzeiten, bereits im Hinblick auf die große geologische Exkursion im Jahr 1903:

Pfitscher Joch – Landshuter Hütte: gebraucht 3 $\frac{1}{4}$ Stunden – anzurechnen 4

L. H. [Landshuter Hütte] – Brenner Mäuerl 2 Stunden

Brenner M. [Mäuerl] Wolfendorn u zurück 2 Stunden Br. M. – Brenner Post 2 $\frac{1}{2}$

Stunden.

Also: L. H. [Landshuter Hütte] früh weg, B. [Brenner] Post. Mittag Essen

Mit dem NM. Schnellzug nach Sterzing

Die Bahnfahrt von Sterzing nach Brenner hält Becke im Notizbuch Nr. 49 (1899) auf Blatt 5 fest. In Sterzing weist er auf die Gesteinsvarietäten unterhalb der Burg hin.

Der hervorragende Fels, auf dem südlich von Sterzing die Burg Sprechenstein sich erhebt, bezeichnet die Grenze zwischen Tauerngesteinen und den südlich angrenzenden altkristallinen Schiefern[411].

Eine kurze Beschreibung der Gesteine wird rechts im Bild eingetragen. Die zarte Bleistiftzeichnung zeigt die Burg Sprechenstein auf dem Felsen mit den unterschiedlichen Lithologien, die Legende rechts davon ist mit Tinte überschrieben und daher sehr gut lesbar..

8. Tag: Profil von Mauls. Steinbrüche von Grasstein. Bahnfahrt nach Bozen

Die Örtlichkeiten um Mauls hat Becke bei seiner Begehung im Jahr 1901 im Notizbuch auf den Blättern 44–45 mit folgenden Worten im Erzählstil und mit Tinte festgehalten:

4. September.

Mit Bahn bis Freienfeld

Strasse nach Mauls. An den Strassenmauern sieht man die verschiedenen Typen des Kalkglimmerschiefers und der Gneissschiefer, letztere spärlich. Kurz vor Mauls kommt ein kleines Thälchen herab, in dessen Hintergrund man deutlich geschichteten Dactyloporenkalk Tellers anstehen sieht. Der Schichteneinbiss verläuft links ziemlich geradlinig, nur durch die Erosionsschlucht bogig angeschnitten, rechts sieht man die Bänke sich steiler aufrichten. Anscheinend concordant darunter liegen Gesteine, die deutlichst einem sedimentären Glied entsprechen: dem Verrucano-Sericit. Etc. Quarzkörner, grossentheils röthlich

---

411 BECKE, Exkursionsführer (Anm. 377), S. 40.

gefärbt, nicht sehr gross etwa 1–3 mm, von apfelgrünem sericitischem, Cement verkittet.

Dasselbe Gestein trifft man weiterhin an der Strasse in mächtigen Felsmassen an. Wowie beim Kalk ist das Str. NO F. 40° NW.

Die Bänke an der Strasse haben z. Th. deutlichen Conglomerat-Charakter. Die Quarzgerölle werden bis nussgross. Das Cement zu sericitischen Schieferflatschen ausgestreckt. Theils apfelgrün, theils violett.

Grosse, sehr thonschieferähnliche Zwischenlagen enthalten auch verborgene zerrissene Muscovitschüppchen, offenbar klastischer Abstammung. Die Stellung der Bänke wird dann immer steiler, bis 70°.

Dann – gegenüber dem Schloss Welfenstein ändert sich der Gesteinscharakter: Rostig angelaufene dunkelgrünbraune undeutlich geschichtete und geschieferte Felsmassen in sehr zerrütteter Stellung treten auf. Von Teller den Schiefergneissen zugezählt.

Mit Recht: es sind Söldner Schiefergneisse in äusserst zerrüttetem Zustand. Die Bänke str. hier mehr <u>NW</u>. Das Fallen saiger bis 75° N.

Dann hören die Aufschlüsse auf, es folgt der breite Schnittkegel des Rizailthales von Mauls, an welchem wir hinaufgehen bis fast zur Spitze. Hier treten hinter dem Bauernhof neben dem Schulhause am südl. Thalabhang am Waldsaum schwarze Felsen auf, welche bis an die Wegumbiegung gegen W. anhalten. Es ist fleckiger etwas schiefriger Hornfels (Str. ONO saiger bis steil N fallend) die Contactzone des Brixner Tonalit-Stockes. Durch ein mit Gehänge Schutt erfülltes Thälchen sind diese Aufschlüsse von den ersten Anbrüchen des Eruptivgesteins getrennt.

Es steht die basische Varietät des Brixner Granites an, durch schwarze mehrere cm reichende Säulchen v. Hornblende porphyrartig, dabei merklich schiefrig. Die Schieferung so wie im Hornfels ONO saiger. Das Gestein lässt in dem fleckigen schwarzweissen Gemenge einzelne Linsen u. Lagen v. feinkörniger Masse erkennen, die aus verwitterer Hornblende mit wenig Biotit bestehen. – bas. Concr.

Zeitaufwand bis hierher: 2 Stunden.

Nun 1 Stunde nach Grasstein. Gasthaus zur Sachsenklemme, Alois Fischer. Steinbruch

Die Steinbrüche von Grasstein bilden den Abschluss der Exkursion. Sie werden im Notizbuch Nr. 55 (1901), Blatt 42 kurz angeführt:

Steinbruch von Fischer. 50 Arbeiter.

Schöner Granit oder Tonalit (Granodiorit?)

schmale und breite aplitisch-pegmatitische Gänge

Quarzlinsen

Basische Concretionen bis $\frac{1}{4}$ m längster Durchmesser.

Im nachfolgenden Bericht über diese Exkursion, der 1904 erschien, fasst Becke die einzelnen Exkursionstage überblicksmäßig zusammen. Im letzten Absatz seines Berichtes ist Becke voll der Bewunderung über die vom Schönwetter begleitete Begehung.

Die ganze Exkursion war von außerordentlichem Wetterglück begünstigt. Eine ununterbrochene Reihe sonnenheller, klarer Spätsommertage, wie sie nur selten von solchem Glanz und solcher Dauer vorkommt, ließ nicht nur das Programm in vollkommenster Weise erledigen, sondern trug auch viel bei zu der frohen Stimmung, die alle Teilnehmer bis zum letzten Moment des Beisammenseins erfüllte und in jedem einzelnen eine angenehme Erinnerung an die Tage der gemeinsamen Wanderung durch die Gebirgswelt der Zillertaler Alpen hinterlassen mußte.[412]

Dieser überschwängliche Kommentar zur erfolgreichen Alpenbegehung im Jahr 1903 lässt sich nur im Zusammenhang mit der vorangegangenen Schlechtwetterperiode wirklich verstehen. Becke besuchte die einzelnen Stationen der Exkursion bereits im Juli 1903, die sechs Wochen Aufenthalt im Gebiet waren begleitet von ausgesprochen schlechtem Regenwetter, und Becke schien wirklich desillusioniert im Hinblick auf die bevorstehende Exkursion. Diese jedoch war von Anfang an begleitet von herrlichem Sonnenschein.

Resümee

Die über Jahre dauernde Forschung im Gebiet des westlichen Tauernfensters mit ihrer Dokumentation in den Feldtagebüchern lassen uns in Friedrich Becke eine intensiv geschulte petrographische Persönlichkeit erkennen. Mehrmaliges Begehen einzelner Stationen und akribische Aufzeichnungen führten zu grundlegenden Aussagen über tektonische Vorgänge und fundamentale Erkenntnisse in Bezug auf die metamorphe Bildungsweise von Gesteinen. Zu den wichtigen Entdeckungen Beckes im Tauernfenster zählen die Trennung des Ahorn-Kernes vomTuxer-Kern, sowie die Erkenntnis, dass die Greiner Scholle (der heutige Terminus lautet Greiner Decke) zwischen beiden Kernen eingekeilt ist. In der Achse Mayerhofen-Ginzling konstatiert Becke ein Herausheben der »Schiefermulde«.

Schon öfter wurde im westlichen Tauernfenster ein nördlich der Tuxer Gneissmasse liegender Gneiskern angenommen. Dieser scheint unter ddem Namen »Ahornkern« in der Litratur auf. Becke (1903) und Hammer (1936) suchten schon eine Trennung des Ahornkernes von der Tuxer Hauptmasse.[413]

Beckes petrographische Erkenntnisse im Bereich des Tauernfensters bilden

---

412 Friedrich BECKE, Bericht über Exkursion in das Zillertal. In: Congrès géologique international. Compte rendu de la IX. Session, Vienne 1903 (Wien 1904), S. 871.

413 Ernst KUPKA, Zur geologischen Stellung des Ahornkernes in den westlichen Hohen Tauern. In: Skizzen zum Antlitz der Erde. Geologische Arbeiten, herausgegeben zum Anlaß des 70. Geburtstages von Prof. L. Kober. (Hg. H. Küpper, Ch. Exner, H. Grubinger, Wien 1953), S. 159.

das Fundament für eine über seine Zeit hinausreichende geologische Erforschung dieses Abschnittes der Ostalpen, die bis in die aktuelle Forschung hinein reicht. Die zeitgenössischen Geologen Pierre Termier und Eduard Suess können erfogreich auf Beckes Erkenntnissen aufbauen und diesem Gebiet den bedeutenden Namen »Tauernfenster« geben, das in der Folge von vielen Geologen intensiv erforscht wird.

Kober gibt 1912 eine Zusammenfassung der Ergebnisse in den östlichen Hohen Tauern und stellt später Vergleiche mit den westlichen Hohen Tauern an.

Dabei entspräche die Ahorndecke (Ahornkern) der Ankogeldecke, die Tuxerdecke der Hochalmdecke und die Zillertalerdecke fände ihr Äquivalent in der Sonnblickdecke.[414]

Ebenso beeinfllusste die petrographisch-geologische Führung mit intensivem fachlichen Austausch durch den Abschnitt des Tauernfensters während des 9. Geologenkongresses auch andere Kollegen, so zum Beispiel Julius Romberg, dessen Erfahrungen mit dem Studium der Gesteine im Zillertal zu umfangreichen Forschungen und Erkenntnissen in dessen Untersuchungen über die Zusammensetzung der Eruptivgesteine geführt haben.[415]

6.4 Die Bezeichnung »Kristalline Schiefer« – ein petrographischer Terminus – als Vorläufer der Metamorphite

6.4.1 Historischer Überblick

Das Bestreben, eine Klassifizierung der Gesteine nach bestimmten Kriterien zu finden, hat in den geowissenschaftlichen Disziplinen im 19. Jahrhundert eine große Bedeutung. Nicht nur die Aufstellung einer historischen Reihung der Gesteinsschichten – eine Stratigraphie – sondern auch eine Definition der Bildungsweisen wird immer wieder angestrebt. Die Petrographie hat Ende des 19. Jahrhunderts in Bezug auf die Sedimente und auf die Erstarrungsgesteine (Magmatite) aufgrund von deren Bildungsweisen bereits eine gültige Klassifizierung gefunden. Der Schweizer Petrograph Ulrich Grubenmann (1850–1924) stellt die These auf, dass die Geschichte der Erforschung der kristallinen Schiefer zugleich die Geschichte der Petrographie ist, indem er einige markante Beispiele aus der Entwicklungsgeschichte der Geowissenschaften erörtert. Auf der Suche

---

414 Ernst KUPKA, Zur geologischen Stellung des Ahornkernes in den westlichen Hohen Tauern. (Anm. 413), S. 159.

415 Julius ROMBERG, Über die chemische Zusammensetzung der Eruptivgesteine in den Gebieten von Predazzo und Monzoni. Aus dem Anhang zu den Abhandlungen der königlich preussischen Akademie der Wissenschaften vom Jahre 1904. (Berlin 1904).

nach der Art der Bildungsweise von Gesteinen, die auch als Grundlage einer Definition für die Kristallinen Schiefer gelten kann, werden von ihm zwei Gruppen von Naturforschern und deren bedeutende Vertreter unterschieden; es sind dies die sogenannten Neptunisten und Plutonisten.

Der Vater der Neptunisten, Werner [Abraham Gottlob, 1749–1817], *hielt die kristallinen Schiefer für primäre Absätze aus dem heißen Urmeere, das alle dazu nötigen Substanzen gelöst enthielt. Im Gegensatz zu ihm glaubten Naumann, Roth und Scheerer, in den kristallinen Schiefern des Grundgebirges, besonders in den tiefsten Gneißen, die erste Erstarrungsrinde der Erde sehen zu müssen.* [...] [Archibald] *Geikie* [meint]*, daß die Lagentextur der alten Gneiße Schottlands schon in dem ihnen zugrunde liegenden Erstarrungsgestein vorhanden war und durch die Metamorphose nicht verwischt wurde* [...] *Auch Breislack* [Scipione, 1750–1826] *(1818), Poulett Scrope* [Georg Julius, 1797–1876] *(1825) und Fournet* [Joseph Jean Baptiste Xavier, 1801–1869] *(1853) sehen in den kristallinen Schiefern die erste Erstarrungskruste, die aber eine Metamorphose erlitt*[416].

Grubenmann bezeichnet Charles Lyell (1797–1875) als den »Schöpfer« der Regional- metamorphose, wobei Lyell die innere Erdwärme mit einem Zentralfeuer bezeichnet, welches die darüber liegenden Sedimente metamorphosiert und mit der Tiefe zunimmt. In seinem Traktat »The Principles of Geology« (1833) tritt erstmalig der Begriff Metamorphose[417] auf. James Hutton (1726–1797) sieht in seiner Interpretation das Zentralfeuer im Erdinneren und den Druck als umwandelnde Kräfte. Er fand Beweise von Intrusivgesteinen auf der Insel Arrau, die als Dykes in den Granit intrudierten. Hutton wird in den Geowissenschaften als Vorläufer Lyells gesehen.

Joseph-Marie-Elisabeth Durocher (1817–1860) hat den Begriff der Kontaktmetamorphose eingeführt, wobei er die magmatischen Intrusionen als »Injektionen« von Gasdämpfen oder Lösungen bezeichnet, die umwandelnd in bereits bestehendes Gestein eindringen. Im heutigen Sprachgebrauch wird der Terminus »Dykes« angewendet.

Auch in den Alpen und im Waldviertel mehren sich die Funde, die dafür sprechen, daß sich die Injektionstheorie einen bleibenden Platz in der Gesteinslehre behaupten wird.[418]

---

416 Ulrich GRUBENMANN, Die kristallinen Schiefer. 1. Teil (Berlin 1904), S. 3.

417 Unter dem Begriff *METAMORPHOSE* von Gesteinen wird die Umwandlung eines Gesteins unter sich ändernden physikalischen und chemischen Bedingungen, wie Druck und Temperatur, verstanden. Es kommt zu einer Umkristallisation mit und ohne Veränderung des Gesteinsgefüges meistens in festem Zustand. Heute werden drei Metamorphosearten unterschieden: die Kontaktmetamorphose, die Dynamo- oder Dislokationsmetamorphose und die Regionalmetamorphose.

418 GRUBENMANN, Kristalline Schiefer (Anm. 416), S. 5.

Die kristallinen Schiefer des Waldviertels zählen zu Beckes ersten großartigen und fundamentalen Publikationen, die heute noch ihre Gültigkeit haben.[419]

Im Vorwort zur ersten Auflage über die »Kristallinen Schiefer« (1904) weist Grubenmann auf die gemeinsame petrographische Untersuchung der Ostalpen mit Friedrich Becke und Friedrich Berwerth, die von der kaiserlichen Akademie der Wissenschaften in Wien im Zeitraum von 1894–1898 subventioniert worden ist, hin.

Daß mein lieber Freund Becke mit seinem reichen Wissen und seiner großen praktischen Erfahrung dabei in hervorragender Weise allseitig fördernd mitgewirkt hat, dies hier auszusprechen, ist für mich eine Pflicht herzlichster Dankbarkeit.[420]

Grubenmann zählt Becke neben anderen Forschern, wie zum Beispiel Pierre-Marie Termier (1859–1930) oder Ernst Weinschenk (1865–1921), zu jenem Personenkreis, der sich intensiv mit dem Thema »Kristalline Schiefer« auseinandersetzt.

Leopold Kober (1883–1970) sieht in der Erforschung der Gesteine in den Hohen Tauern, hier im Besonderen des Tauernfensters, eine bedeutende Erkenntnisgrundlage für die Gliederung der kristallinen Schiefer.

Mineralogen und Petrographen finden im Zentralgneis und in der Schieferhülle eine bestimmte Form der Bildung kristalliner Schiefer. […] Becke, Berwerth, Löwl, Weinschenk und Grubenmann geben dieser Zeit ihr Gepräge.[421]

In dem nun folgenden Abschnitt bilden die Publikationen von Friedrich Becke die Grundlage meiner Erörterungen. Ergänzt wird diese von zeitgenössischer Fachliteratur und aktuellen Besprechungen im Bereich der Kristallinen Schiefer, bzw. der Metamorphose. Beckes Einfluss auf die empirischen Forschungen im Bereich der Petrographie und Geologie wirkt induktiv auf Generationen von Wissenschaftern und besitzt heute noch ihre Gültigkeit. Gleichzeitig werden die bereits historischen Termini durch die moderne Fachsprache ergänzt und erörtert.

---

419 In einer geologischen Übersicht über die Regionen Niederösterreichs weist Godfrid WESSELY, Geologie der österreichischen Bundesländer. Niederösterreich (Hg. Geologische Bundesanstalt, Wien 2006, S. 27), auf die bedeutende Forschung Beckes hin: *Mit der Entwicklung der Landesaufnahmen innerhalb der Monarchie* [und hier im Besonderen des Waldviertels] *ging ab der zweiten Hälfte des 19. Jahrhunderts von Wien aus auch ein beachtlicher Aufschwung der Geowissenschaften einher, der, die Metamorphite und Erstarrungsgesteine des Waldviertels betreffend, besonders mit den Namen Friedrich Becke und Franz Eduard Suess* [1867–1941] *verbunden ist.*

420 Ulrich GRUBENMANN & Paul NIGGLI, Die Gesteinsmetamorphose. 1. Allgemeiner Teil. (Berlin 1924), S. V.

421 Leopold KOBER, Der geologische Aufbau Österreichs (Wien 1938), S. 3. Friedrich BERWERTH (1850–1918). Ferdinand LÖWL (1856–1908). Ulrich GRUBENMANN (1850–1924). Ersnt WEINSCHENK (1865–1921).

6.4.2   Definition des Begriffes »Kristalline Schiefer«

Als kristalline Schiefer werden jene Gesteine benannt, die bei der thermisch-kinetischen Umkristallisationsmetamorphose ein gerichtetes (geregeltes) Gefüge aufweisen.

Sie lassen Schieferung und/oder Lineare erkennen, indem blättrige Minerale (Glimmer, Chlorit) in die Ebene der Schieferung oder stengelige Minerale (Amphibol, Zoisit) nach einem Linear der tektonischen Verformung eingeregelt sind.[422]

Sie bilden die untersten Schichten der Gesteinsabfolge und werden in der historischen Terminologie auch »Urgebirge«, »Grundgebirge« oder später Kristallin genannt. Heute ist der Begriff »basement« allgemein gültig. Bildungsmäßig können sie in den Sedimenten vorkommen, aber auch in den Erstarrungsgesteinen und in den metamorphen Gesteinen, das heißt, kristalline Schiefer sind in allen drei Bildungsbereichen (das sind: Magmatite, Sedimente und Metamorphite) von Gesteinen möglich.

Die Gruppe der kristallinen Schiefer [umfasst] die ältesten Gesteine der Erdkruste, die überall zutage treten, wo durch Denudation oder Dislokation die Unterlage der tiefsten versteinerungsführenden Ablagerungen bloßgelegt worden ist. Die hierher gehörigen Gesteine werden auch als Urgebirge oder archäische Gesteinsgruppe bezeichnet. [...] In ihrer Gesamtheit stellen sie eine ungemein mächtige, stellenweise über 30 km dicke Gesteinsfolge dar, für die in allen ihren Gliedern die beiden hier in innigster Verbindung auftretenden Eigenschaften der Kristallinität und der Schiefrigkeit charakteristisch sind.[423]

Umgelagerte und umkristallisierte Sedimente werden aufgrund ihrer Textur[424] ebenso zu den kristallinen Schiefern gezählt, es ist jedoch keine eindeutige Gesetzmäßigkeit in ihrer chemischen Zusammensetzung zu erkennen. Daraus folgt die Unterscheidung von Paragneisen, das sind Gesteine, die sich aus den Sedimenten entwickelten, und Orthogneisen, deren Ursprung in den Erstarrungsgesteinen (Magmatite) zu finden ist.

Eine bedeutende Frage, die Becke in seiner Publikation im Jahr 1906, es ist dies der erste Bericht der gemeinsamen Begehung mit dem Geologen Viktor Uhlig, nach der Umformung (Metamorphose) des Gesteines im starren Zustand – Kataklase genannt – wird im folgenden Kapitel eingehend erörtert.

Die Schieferung der äußeren Teile der Granitmasse sei primär, fluidal, und der

---

422 Siegfried MATTHES, Mineralogie. Eine Einführung in die spezielle Mineralogie, Petrologie und Lagerstättenkunde. 6. Auflage (Berlin, Heidelberg, New York 2001), S. 365.
423 Emanuel KAYSER, Lehrbuch der allgemeinen Geologie. 4. Auflage (Stuttgart 1912), S. 128.
424 *TEXTUR:* Unter dem Begriff Textur verstand man die räumliche Anordnung der Gemengteile in den Gesteinen.

von uns auf Grund der Mikrostruktur behaupteten Anschauung, die Umformung und Schieferung sei im starren Zustand (starr = kristallin) erfolgt?[425]

6.4.3 Friedrich Beckes Publikationen im Bereich der kristallinen Schiefer

Die Erforschung der Ostalpen beginnt Becke im Jahr 1893 gemeinsam mit Ferdinand Löwl, zunächst im Gebiet der Rieserferner Gruppe und in den folgenden Jahren im Bereich des westlichen und des östlichen Tauernfensters. Innerhalb zweier Forschungsprogramme der kaiserrlichen Akademie der Wissenschaften arbeitet Becke im Bereich der Zillertaler Alpen und der Hochalm-Ankogel-Gruppe, hier gemeinsam mit dem Geologen Viktor Uhlig. Seine wissenschaftlichen Abhandlungen zum Thema der kristallinen Schiefer erscheinen in unterschiedlichen Publikationsreihen, sie beschäftigen ihn von Anbeginn seiner wissenschaftlichen Tätigkeiten an und sind vor allem in den Veröffentlichungen in der kaiserlichen Akademie der Wissenschaften, in Tschermaks mineralogischen und petrographischen Mitteilungen, in einem Beitrag zum 9. Wiener Geologenkongress und in enigen wissenschaftlichen Zeitschriften zu finden.[426]

---

425 Friedrich BECKE & Viktor UHLIG, Erster Bericht über die petrographischen und geotektonischen Untersuchungen im Hochalmmassiv und in den Radstätter Tauern. In: Sitzungsberichte der kaiserlichen Akademie der Wissenschaften Wien 115, mathematisch-naturwissenschaftliche Klasse, Abteilung I (Wien 1906), S. 1721.

426 Friedrich BECKE, Gesteine von Griechenland. II. Krystalline Schiefer. In: Tschermaks Mineralogische und Petrographische Mitteilungen (= TMPM) 1 (Wien 1878), S. 469–493. Die krystallinen Schiefer des niederösterreichischern Waldviertels. In: Sitzungsberichte der kaiserlichen Akademie der Wissenschaften Wien 84, mathematisch-naturwissenschaftliche Klasse, Abteilung I (Wien 1881), S. 546–560. Vorläufiger Bericht über den geologischen Bau und die krystallinen Schiefer des Hohen Gesenkes (Altvatergebirge). In: Sitzungsberichte der kaiserlichen Akademie der Wissenschaften Wien 101, mathematisch-naturwissenschaftliche Klasse Abteilung I (Wien 1892), S. 268–300. Über Beziehungen zwischen Dynamometamorphose und Molecularvolumen. In: Anzeiger der kaiserlichen Akademie Wisseenschaften Wien 33, mathematisch-naturwissenschaftliche Klasse (Wien 1896), S. 3–15. Über krystalline Schiefer der Alpen. In: TMPM 21 (Wien 1902), S. 356–357. Exkursion Nr. VIII in das Westende der Hohen Tauern (Zillertal). In: Exkursionen im westlichen und mittleren Abschnitt der Hohen Tauern unter Führung von F. Becke und F. Löwl (Wien 1903), S. 1–41. Bericht über Exkursion in das Zillertal. In: Congrès géologique international. Compte rendu de la IX. Session, Vienne 1903 (Wien 1904), S. 1–3. Über Mineralbestand und Struktur der krystallinen Schiefer. In: Denkschriften der kaiserlichen Akademie der Wissenschaften Wien 75, mathematisch-naturwissenschaftliche Klasse (Wien 1913), S. 1–53. Zur Physiographie der Gemengtheile der krystallinen Schiefer. In: Denkschriften der kaiserlichen Akademie der Wissenschaften Wien 75, mathematisch-naturwissenschaftliche Klasse (Wien 1906), S. 97–151. Ebenso: Anzeiger der kaiserlichen Akademie der Wissenschaften Wien 43, mathematisch-naturwissenschaftliche Klasse (Wien 1906), S. 342–344. Friedrich BECKE & Viktor UHLIG, Erster Bericht über petrographische und geotektonische Untersuchungen im Hochalmmassiv und in den Radstätter Tauern. In: Sitzungsberichte der kaiserlichen Akademie der Wissenschaften Wien 115,

Anhand der Publikationen lässt sich der Wissensstand in den Fächern Petrographie und Geologie in dieser Zeit gut nachvollziehen und wie dieses Wissen im Laufe der folgenden Jahre rasch innerhalb der internationalen Community ergänzt und erweitert wird. Beckes Publikationen sind Ausgangslage für meine folgenden Erörterungen zum Thema »kristalline Schiefer«, die ergänzt werden von internationalen Besprechungen. Die empirische Wissensgrundlage bilden die Beobachtungen und Aufzeichnungen während seiner Alpenbegehungen. Die gesammelten Exponate (sie sind heute nicht mehr erhalten) und die dazugehörigen Notizen werden eingehend petrographischen Untersuchungen im Wiener Institut unterzogen. Die mikroskopische und die chemische Analyse der Alpengesteine dokumentiert Becke in seinen Laborbüchern, die daraus resultierenden Erkenntnisse bilden wiederum die Grundlage eingehender Besprechungen in Publikationen.

Die stratigraphische Einordung und die Zuordnung einer geologischen Formation oder einer ganz bestimmten Bildungsweise sind zu diesem Zeitpunkt noch nicht möglich, aber eine Einordnung zu den einzelnen Bildungsarten kann Becke wissenschaftlich fundiert nachweisen Becke sieht …

… vielmehr das Hauptkriterium eines krystallinen Schiefers in der Ausbildung einer gesetzmäßigen Mineralassotiation aus gegebenen Stoffen in einer bestimmten Struktur, die das Resultat eines geologischen Vorganges ist.[427]

Kristalline Schiefer sind als »petrogenetische Prozesse« innerhalb der Gesteinsbildung zu sehen und können daher weder den Erstarrungsgesteinen noch den Sedimentgesteinen eindeutig zugeordnet werden, da sie durch Diagenese oder durch Metamorphose andere Eigenschaften angenommen haben. Da es im

---

mathematisch-naturwissenschaftliche Klasse, Abteilung 1 (Wien 1906), S. 1–45. Bemerkungen betreffend die krystallinen Schiefer aus Brasilien. In: Sitzungsberichte der kaiserlichen Akademie der Wissenschaften Wien 116, mathematisch-naturwissenschaftliche Klasse, Abteilung I (Wien 1907), S. 1201–1203. Spezifisches Gewicht der Tiefengesteine. In: Sitzungsberichte der kaiserlichen Akademie der Wissenschaften Wien 120, mathematisch-naturwissenschaftliche Klasse (Wien 1911), S. 1–37. Ebenso: Anzeiger der kaiserlichen Akademie der Wissenschaften 48, mathematisch-naturwissenschaftliche Klasse (Wien 1911), S. 184–185. Über Diaphtorite. In: TMPM 28 (Wien 1909), S. 369–375. Fortschritte auf dem Gebiet der Metamorphose. In: Fortschritte der Mineralogie, Kristallographie und Petrographie 1 (Stuttgart 1911), S. 221–256. Chemische Analysen von krystallinen Gesteinen aus der Zentralkette der Ostalpen. In: Anzeiger Akademie der Wissenschaften Wien 49, mathematisch-naturwissenschaftliche Klasse (1912), S. 324. Ebenso: Denkschriften der kaiserlichen Akademie der Wissenschaften Wien 75, mathematisch-naturwissenschaftliche Klasse (Wien 1912), S. 153–229. Fortschritte auf dem Gebiet der Metamorphose. In: Fortschritte der Mineralogie, Kristallographie und Petrographie 5 (Stuttgart 1916), S. 210–264. Zur Facies-Klassifikation der metamorphen Gesteine. In: TMPM 35 (Wien 1922), S. 215–230. Stoffwanderung bei der Metamorphose. In:TMPM 36 (Wien 1923), S. 25–41.

427 Friedrich BECKE, Über Mineralbestand und Struktur der krystallinen Schiefer. In: Denkschriften der Akademie der Wissenschaften Wien 75, mathematisch-naturwissenschaftliche Klasse (1913), S. 2.

Jahr 1903 noch keine exakten Zuordnungen der kristallinen Gesteine im Forschungsbereich der Geowissenschaften gibt, konzentriert sich Becke in seinen Arbeiten auf den Mineralbestand und die Struktur. Ebenso können die kristallinen Schiefer keiner stratigraphischen Reihe zugeordnet werden – es fehlt die radioaktive Messtechnik – es kann nur anhand der Gemengteile ein Wechsel in ihrem Auftreten erforscht und damit der Grad der Metamorphose festgestellt werden. Innerhalb großer Gesteinsbereiche ist anhand von tektonischen Diskordanzen eine zeitliche Zuordnung insofern möglich, als ein Prinzip für gültig erklärt wird, dass das vorhandene Gestein älter sein muss als das injizierte.

Die Erstarrungsgesteine (der heutige Begriff lautet Magmatite) können nach erfolgter Metamorphose als kristalline Schiefer auftreten, sie sind als Lagergänge, intrusive Kerne oder Lakkolithe erkennbar. Aber auch tektonische Vorgänge wirken auf das Gestein und rufen unterschiedliche Deformationsprozesse hervor, wie Kompression, Dehnung oder Scherung. Bei der Kompression wird der Gesteinskörper zusammengedrückt, es entstehen Falten, bei der Dehnung wird der Körper gestreckt, das kann soweit erfolgen, dass es zum Reißen der Materie kommt. Bei einer Scherung gleiten zwei Körper aneinander vorbei. Alle diese Vorgänge können noch eine zusätzliche Verschiebung in entgegengesetzter Richtung erfahren. Diese enormen Kräfte wirken in und auf der Lithosphäre und führen zu großen Gesteinsbewegungen, wie das Entstehen von Gebirgen oder Kontinentalverschiebungen. Albert Heim erörtert die enormen Kräfte der Gebirgsbildung in seiner ausführlich dargestellten Publikation »Untersuchungen über den Mechanismus der Gebirgsbildung« mit folgenden Worten:

Wird die umformende Kraft endlich so gross, dass sie anstatt an ein paar tausend Stellen die Festigkeit durch Bruch aufheben zu können, dieselbe in jedem Punkte überwindet, so wird das Spaltennetz unendlich fein, und das Gesteinskorn zur Kleinheit des Molecules reduciert, d. h. die mechanische Bewegungseinheit ist nicht mehr ein Gesteinsbrocken, sondern unendlich klein, sodass die Bewegung eine continuierliche Umforung ohne Bruch wird. Das Gestein verhält sich Kräften gegenüber, welche im Vergleich zu einer Festigkeit unendlich gross sind, als eine plastische Masse.[428]

Im Abschnitt über die kristallisierten Gemengteile in Erstarrungsgesteinen (Magmatite) erörtert Becke den Kristallisationsvorgang im flüssigen Magma und die chemischen Gleichgewichtsvorgänge bei der Bildung von festen Körpern in Abhängigkeit von Druck- und Temperaturverhältnissen. – Es sind dies die grundlegenden Inhalte der Disziplin Petrographie. – Die der Ausscheidungsfolge der Komponenten des Magmas hängt nicht nur von der Löslichkeit,

---

428 Albert HEIM, Untersuchungen über den Mechanismus der Gebirgsbildung im Anschluss an die geologische Monographie der Tödi-Windgällen-Gruppe. 1. Band, 1. Teil (Basel 1878), S. 31.

sondern auch von der Sättigung der Teile ab. So hat Rosenbusch eine empirische Regel aufgestellt, wobei die kristallinen Ausscheidungen in einem Silikat-Magma nach abnehmender Basizität derart folgen, dass der vorhandene Kristallisationsrest saurer ist als die Summe der bereits auskristallisierten Verbindungen.[429]

Zwei Jahrzehnte später stellte der kanadische Geologe Norman L. Bowen (1887–1956), im Jahr 1928, nach vielen Laborversuchen eine sogenannte Reaktionsreihe auf, indem er nachweisen konnte, dass bei Temperaturabnahme der Kieselsäuregehalt zunimmt.[430]

Becke selbst hat bereits 1897 anhand der Zonenstruktur von Mineralen in Erstarrungsgesteinen darauf hingewiesen, dass schwerer schmelzbare Komponenten im Kern, die leichter schmelzbaren in der Hülle angereichert sind und dass sich in der ersten Kristallisationsphase die schwerer schmelzbaren Komponenten anreichern.[431] Aus den Beobachtungen zieht Becke Erkenntnisse über die Zonenstruktur und leitet daraus seine Theorien über die Kristallisationsabfolge im magmatischen Bildungsbereich ab. Das chemische Gleichgewicht bei kristallinen Schiefern unterscheidet sich eindeutig von der Chemie der im magmatischen Bereich gebildeten Stoffe.

Die Kristallisation der Gemengteile (der heutige Begriff lautet Paragenese) in den kristallinen Schiefern steht im Gegensatz zur Auskristallisation der einzelnen Komponenten im Magma. Denn schiefrige Gesteine werden von den Lösungsmitteln vollkommen durchdrungen und in ein chemisches Gleichgewicht gebracht. Aber trotz gleicher chemischer Zusammensetzung gibt es große Unterschiede in der Mineralkombination, da die Temperaturbedingungen, die Druck- und die Löslichkeitsverhältnisse unterschiedlich sind. Es braucht auch seine Zeit, damit ein System aus einem instabilen in einen stabilen Zustand gelangen kann. Diese Beobachtungen werden von internationalen Wissenschaftern, mit denen Becke im brieflichen Wissensaustausch steht, gleichzeitig

---

429 GRUBENMANN, Kristalline Schiefer. 1. Teil (Berlin 1904), S. 17.
     Heinrich ROSENBUSCH, Zur Auffassung des Grundgebirges. In: Neues Jahrbuch für Mineralogie, Geologie und Paläontologie 2 (Stuttgart 1889), S. 81–115.
430 Die *BOWENSCHE REAKTIONSREIHE* wird in Matthes Mineralogie (Anm. 174, S. 225) folgendermaßen beschrieben: *Bei der Kristallisation natürlicher Magmen* [bestehen] *Reaktionsbeziehungen zwischen früher ausgeschiedenen Mineralkristallen und verbliebener Restschmelze.* [...] *Diese Überlegungen werden im Wesentlichen durch 2 einfache experimentelle Modellsysteme begründet, für die mafischen Gemengteile Olivin und Pyroxen durch das System Forsterit-SiO$_2$ und für die felsischen Gemengteile das System der Plagioklase, das binäre Mischkristallsystem Albit-Anorthit.*
431 Friedrich BECKE, Ueber Zonenstructur der Krystalle in Erstarrungsgesteinen. In: TMPM 17 (Wien 1898), S. 97–105. Ebenso: Petrographische Studien am Tonalit der Rieserferner. In: TMPM 13 (Wien 1893), S. 379–464.

erforscht, wobei er konstatiert, dass alle Forscher unabhängig voneinander zum gleichen Thema zu ähnlichen Aussagen gelangen.[432]

Das sogenannte Volumsgesetz bildet nach Beckes Theorie ein Fundament zur Bestimmung der Gesteinsanalyse, das besagt, dass sich bei der mineralischen Verbindung bei den kristallinen Schiefern jene Stoffe zusammenfinden, die das kleinste Volumen aufweisen. Dies konnte er bereits selbst im Vergleich mit dem Mineralbestand von Magmatiten empirisch nachvollziehen. Nun setzt er Schritte, die für die Beweisführung der von ihm aufgestellten Theorie von Bedeutung sind und die Ansprüche einer wissenschaftlichen Dokumentation erfüllen. In der folgenden Besprechung der einzelnen Minerale listet er die einzelnen Molekularvolumina auf.

Die Berechnung erfolgte auf Grund der vertrauenswürdigsten Analysen und spezifischen Gewichtsbestimmungen.[433]

Zunächst bespricht er die Vorgehensweise sowie die mathematischen Grundrechnungen und die Schwierigkeiten der Analysen. Einschlüsse von Wasser und Kohlensäure sind bei größeren Mengen sehr wohl zu beachten und in die Berechnung mit einzubeziehen. Daran schließt die Angabe der einzelnen Minerale mit ihrem Molekulargewicht, dem spezifischen Gewicht und dem Molekularvolumen. Mit einbezogen werden die Literaturangabe und die Quelle der Daten, aber auch unterschiedliche Messdaten werden als Diskussionsbeitrag angeführt. Die berechneten und erörterten Minerale beziehen sich auf internationale Daten, wie zum Beispiel das Mineral Anorthoklas vom Kilimanjaro, dessen Messergebnisse von Shearson Hyland stammen, oder von Khania, mit der Quelle von Heinrich Förstner; auch die Messdaten über das Mineral Bronzit von Alexander Köhler, einem Schüler Friedrich Beckes, werden hier aufgelistet.[434] Becke hat hier die Ergebnisse aus den unterschiedlichsten Quellen zusammengetragen und daraus den Mittelwert errechnet. Daran schließt eine übersichtliche Tabelle mit den Molekularvolumina der häufigen Gesteinsgemengteile, die erkennen lässt, dass die berechneten Volumen der Gesteine in zwei Gruppen zerfallen, die Becke mit – und + bezeichnet:

In der einen Gruppe ist das Molekularvolumen der Verbindung kleiner als das der Oxyde, aus welchen die Verbindung zusammengesetzt werden kann; in der anderen Gruppe ist das Molekularvolumen größer. Man merkt sofort, dass viele

432 BECKE, Krystalline Schiefer (Anm. 427), S. 6.
433 BECKE, Krystalline Schiefer (Anm. 427), S. 6.
     Das *MOLEKULARVOLUMEN* errechnet sich aus dem Molekulargewicht gebrochen durch das spezifische Gewicht des Gesteines.
434 J. Shearson HYLAND, Ueber die Gesteine des Kilimandscharo und dessen Umgebung. In: TMPM 10 (Wien 1889), S. 256. Heinrich FÖRSTNER, Ueber Feldspäthe von Pantelleria. In: Zeitschrift für Krystallographie und Mineralogie 8 (Leipzig 1884), S. 193.

Minerale der + Gruppe typische Kontaktminerale sind, während unter den typischen Gemengteilen der krystallinen Schiefer die der Gruppe – vorherrschen.[435]

Das Volumsgesetz ist somit ein charakteristisches Element zur Erkennung der häufigen Mineralien in Erstarrungs- oder Kontaktgesteinen, wobei in den kristallinen Schiefern die Minus-Minerale dominieren und in den Kontaktgesteinen die Plus-Minerale. Grubenmann listet in einer übersichtlichen Tabelle die Forschungsergebnisse der Plus- und Minus Minerale nach Becke auf.[436] Hier sind die einzelnen Minerale mit der chemischen Formel, dem spezifischen Gewicht, dem Molekulargewicht und dem beobachteten und berechneten Molekulargewicht, angegeben.

[Es] *darf hier darauf hingewiesen werden, daß in Magmen, welche unter hohem Drucke erstarren, sich gern Mineralien mit kleinem spezifischen Volumen bilden, bei druckfreier Erstarrung dagegen ihre chemischen Äquivalente mit großem spezifischen Volumen*[437].

Im Anschluss daran bespricht Becke die Zusammensetzung der Gesteinsarten und die darin vorherrschenden und bestimmenden Mineralen. Sie geben den Hinweis auf die magmatische Differentiation der Kristalle im Magma. Wie bereits oben auf die Reaktionsreihe von Bowen hingewiesen worden ist, so kann hier Becke die Entwicklung dieser Reihe beobachten und in der damaligen Fachsprache explizit wiedergeben:

Die Aufzehrung des Kalifeldspates erfolgt in der Weise, daß der Kalifeldspat durch Albit verdrängt wird.[438]

Becke weist darauf hin, dass noch zu wenige Analysen für exakte und nachhaltige Beweise vorliegen, jedoch bilden die Forschungsergebnisse des sogenannten Forellengneises von Hermann Graf von Keyserling, einem seiner Dissertanten, in dieser Richtung eine gute Ausgangslage.[439]

Druck und Temperatur sind eine der Hauptindikatoren der Metamorphose. Der Druck entsteht einerseits durch das Gewicht der überlagernden Gesteine und andererseits durch den horizontalen Druck, der sich bei der Deformation der Gesteine entwickelt. Die Temperatur wiederum nimmt mit der Tiefe, wie bereits Charles Lyell oder James Hutton festgestellt haben, zu. Das wiederum bewirkt, dass sich im oberen Teil der Erdkruste niedrigere Temperaturen und auch ein niedrigerer Druck befinden und mit zunehmender Tiefe beide physi-

---

435 BECKE, Krystalline Schiefer (Anm. 427), S. 27.
436 GRUBENMANN, Kristalline Schiefer (Anm. 416), S. 37–38.
437 GRUBENMANN, Kristalline Schiefer (Anm. 416), S. 18.
438 BECKE, Krystalline Schiefer (Anm. 427), S. 30. Die Feldspat-Gruppe wird heute aufgrund ihres Mischkristallsystems in einem Dreieck mit den Eckpunkten dargestellt: Anorthit $Ca(Al_2Si_2O_8)$, Albit $Na(AlSi_3O_8)$ und Orthoklas $K(AlSi_3O_8)$.
439 Margret HAMILTON, Die Schüler Friedrich Beckes (Anm. 2), Graf von Keyserling. S. 103–105.

kalischen Faktoren zunehmen. Becke und einige seiner Zeitgenossen, wie zum Beispiel der Finne Johann Jakob Sederholm (1863–1934), haben dieses Phänomen bereits eingehend diskutiert.[440] Mit zunehmender Temperatur verändern sich auch die Raumbedingungen und die chemischen Prozesse, aus denen sich dann die Berechnungen des Volumsgesetzes ergeben. Daraus zieht Becke folgenden Schluss, der bis heute seine Gültigkeit besitzt:

Daß es innerhalb der Erdrinde zwei Tiefenstufen geben muß: eine tiefere, in welcher die Temperatur so hoch ist, daß die Bildung hydroxylreicher Minerale ausgeschlossen ist, und eine obere, in welcher solche Minerale sich bilden können.[441]

Mit der Auflistung und dem Vergleich der Minerale kann Becke das Vorkommen charakteristischer Minerale für beide Tiefenstufen, sogenannte Leitminerale, nachweisen. Ebenso konstatiert er, dass bei der Kristallisation aus der Schmelze oder aus übersättigter Lösung im Magma der Prozess immer in eine Richtung und bei sinkender Temperatur abläuft und dabei sich die einzelnen Gemengteile in zeitlicher Abfolge auskristallisieren. Hingegen erfolgt der Kristallisationsprozess bei den kristallinen Schiefern gleichzeitig und mehr oder weniger im erstarrten Aggregatzustand. Sie bilden eine für diese Gesteine typische »kristalloblastische Struktur«, deren charakteristische Merkmale Becke erklärt: die Ausbildung von Kristallformen ist relativ selten; es fehlen auch Skelettbildungen und Zonenstruktur bei den Kristallen und eine Parallelstruktur ergibt sich aus dem senkrecht zur »Pressung« – heutiger Terminus lautet »stress« – erfolgten Wachstum der Minerale.

Bereits 1878 hat der Schweizer Geologe Albert Heim (1849–1937) in der Publikation »Mechanismus der Gebirgsbildung«[442] die Theorie einer bruchlosen Umformung der Gesteinsteile bei der Metamorphose aufgestellt, wobei durch die Einwirkung von einem gerichteten Druck eine Art latente Plastizität entsteht, die es ermöglicht, dass es im oberen Bereich der Erdkruste zu einer bruchlosen Umformung der Gesteinsteile kommen kann. Becke sieht in der Umformung eher einen chemischen Vorgang, wie Auflösung und Neukristallisation, indem er die Rieckesche[443] Gleichung, aber auch die Erkenntnisse von William Gibbs anführt. Druck und Temperatur sind die Hauptindikatoren bei der Metamor-

---

440 Johan Jakob SEDERHOLM, Über eine Archäische Sedimentformation im südwestlichen Finland und ihre Bedeutung fürr die Entstehungsweise des Grundgebirges. In: Bulletin de la Commission géologique de la Finlande, Nr. 6 (Helsingfors 1897), S. 1–254.
441 BECKE, Krystalline Schiefer (Anm. 427), S. 31–32.
442 Albert HEIM, Mechanismus der Gebirgsbildung (Anm. 428).
443 Das *RIECKESCHE PRINZIP*, nach dem Physiker Eduard Riecke (1845–1915) benannt, besagt folgendes: Bei einseitigem Druck auf eine Substanz in einer gesättigten Lösung erniedrigt sich ihre Löslichkeit, diese ist proportional dem Quadrate der Beanspruchung. Es ist ein reversibler Prozess. Gleichung: $\vartheta = \alpha \cdot Z_t^2$, ϑ ist die Schmelzpunkterniedrigung, Zt die Größe des Druckes.

phose, sie wird Kataklase genannt. Grubenmann weist in seinen späteren Erörterungen über die kristallinen Schiefer darauf hin, dass das Riekesche Prinzip ein »Sonderfall« der Gibbschen Phasenregel ist.[444] Hier ist erneut der historische Ablauf von Erkenntnissen und Definitionen in den einzelnen Disziplinen zu beobachten, wie wissenschaftliche Forschung in den Fachbereichen zu neuen Erkenntnissen und diese ihrerseits Grundlage von neuen Theorien bilden.

Bei tektonischen Bewegungen kann die Kruste zerbrechen und Gesteinsteile können aneinander vorbeigleiten. Die Gesteinsteile werden dabei mechanisch zertrümmert und zu einer plastischen Masse verrieben. Bereits in der Besprechung der kristallinen Schiefer im Altvatergebirge im Jahr 1892 erkannte Becke diese starken Krustenbewegungen, die er als dynamometamorph bezeichnete.[445] Das Ergebnis dieser Dislokations- oder Dynamometamorphose ist ein intensiv zerkleinertes, pulverisiertes (kataklastisches) Gefüge, das in stark deformierten Gebirgszonen mit intensiver Bruchtektonik auftritt.[446]

Becke stellt auch fest, dass die Chemie des Ausgangsgesteines bei der Metamorphose im Allgemeinen keine Veränderung erfährt. Aber die einzelnen Gemengteile besitzen seiner Meinung nach eine sogenannte Kristallisationskraft, die in Berührung mit dem nächsten Mineral stehen und damit rückwirkend eine Aussage über die Bildungsvorgänge geben. Hier bezeichnet Becke die kristallisierten Minerale als idioblastische Minerale und jene, die keine Eigenform bilden, heißen xenoblastische Körner.[447]

Im Folgenden vergleicht Becke die Ausbildung von Zonenstrukturen an Mineralen zwischen magmatischen und metamorphen Gesteinen. Bei den magmatischen zonierten Plagioklasen konnte Becke anhand seiner Erfahrungen aus

---

444 Ulrich GRUBENMANN & Paul NIGGLI, Die Gesteinsmetamorphose. 1. Allgemeiner Teil (Berlin 1924), S. 464. Josiah Willard GIBBS (1839–1903), Mathematiker und Naturwissenschafter in New Haven, USA. In seinem 1876 erschienen Werk »The Equilibrium of Heterogeneous Substances« beschreibt er das Gleichgewicht der Mineralphasen in metamorphen Gesteinen. Die GIBBSCHE PHASENREGEL erklärt, wie viele Mineralphasen bei einem gegebenen Gesteinschemismus in einem metamorphen Gestein nebeneinander im Gleichgewicht sein können. Die Gibbsche Formel lautet: p=k+2-f
P= Phase, mit ihren physikalisch und mechanisch trennbaren System (unterschiedliche Aggregatzustände)
K=Komponenten in dem System, die die Mindestzahl der Molekülgattungen angibt, z. B. H_2O
F= Freiheitsgrade innerhalb eines Systems, die durch Druck und Temperatur gegeben sind (veränderliche Zustandsvariablen).
445 Friedrich BECKE, Vorläufiger Bericht über den geologischen Bau und die krystallinen Schiefer des Hohen Gesenkes (Altvatergebirge). In: Sitzungsberichte der kaiserlichen Akademie der Wissenschaften Wien 101, mathematisch-naturwissenschaftliche Klasse, Abteilung I (Wien 1892), S. 286–300.
446 PRESS & SIEVER, Allgemeine Geologie (Anm. 303), S. 170.
447 IDIOMORPHE Ausbildung von Kristallen mit Wachstumsflächen, die Bezeichnung lautet Idioblasten (der Suffix blast stammt aus dem Griechischen und bedeutet sprossen, wachsen). XENOMORPHE Minerale zeigen keine Ausbildung von Wachstumsflächen.

den Rieserferner Plutoniten erkennen, dass im Allgemeinen der Kern der Plagioklase mehr Anorthitsubstanz beinhaltet als die Hülle.

Bei den krystallinen Schiefern ist die Verteilung umgekehrt und zwar mit großer Regelmäßigkeit: Der Kern ist reicher an Na-Feldspat, die Hülle reicher an Anorthitsubstanz. Die Erscheinung ist allgemein verbreitet, sie findet sich sowohl in Granitgneisen als in Glimmerschiefer, in Grünschiefern und Amphiboliten. Ich kenne sie ferner aus den Alpen, dem niederösterreichischen Waldviertel, dem sächsischen Granulitgebirge und aus den krystallinen Schiefern von Schonen in Südschweden. Ich zweifle nicht, daß sie überall nachzuweisen sein wird, wo überhaupt andere Plagioklase als Albit in krystallinen Schiefern auftreten.[448]

Im Folgenden beschreibt Becke die wichtigsten Modifikationen – Gefügeeigenschaften und Gefügeregelung – der kristallinen Schiefer. Das kristalloblastische (= gleichzeitiges Kristallwschstum) Gefüge der metamorphen Gesteine ist gekennzeichnet durch die Ausbildung von sogenannten Berührungsparagenesen. Hier unterscheidet er je nach Korngröße und Zusammensetzung im Grundgewebe homöoblastische, granoblastische, diablastische oder porphyroblastische Strukturen[449] und ergänzt diese mit den in ihnen enthaltenen charakteristischen Mineralen.

Die Kristalle werden bei einem tektonischen Verlauf in eine für die Verformung günstige Lage gebracht, das bedeutet, dass die Kristalle im Gestein in eine bestimmten Richtung eine Orientierung erfahren, und bilden eine schiefrige oder flasrige Lagentextur aus. Diese Flasertextur definiert Becke mit folgenden Worten:

Wir verstehen darunter jenen besonderen Fall krystalloblastischer Paralltextur, welcher durch das Auftreten gewisser Gemengteile in flachlinsenförmigen Aggregaten in annähernd paralleler Lagerung ausgezeichnet ist. Mit ihren Breitseiten liegen sie rundlich oder elliptisch auf dem Hauptbruch, auf dem Querbruch erscheinen sie als schmale in die Länge gezogene Schmitzen. [...] Die Flasertextur ist wohl immer der Ausdruck einer Inhomogenität des Ausgangsmaterials, aus dem der krystalline Schiefer durch Umformung hervorgegangen ist.[450]

Je nach Einfluss des Druckes (Pressung) kann eine schiefrige oder gestreckte

---

448 BECKE, Krystalline Schiefer (Anm. 427), S. 45. *ANORTHIT* ist eine Plagioklasvarietät.

449 Eine Definition des Begriffes *STRUKTUR* ist in der Publikation »Kristalline Schiefer« von Grubenmann und Niggli (Anm. 444, S. 415) angegeben: *Man versteht unter Struktur das Gesteinsgefüge, wie es durch die Formentwicklung und die relative Größe der Gemengteile hervorgebracht wird und besonders durch die zeitliche Relationen der Mineralbildungsprozesse bedingt ist. HOMÖOBLASTISCH sind gleichkörnige, geregelte Körner. GRANOBLASTISCH sind gleichkörnige, ungeregelte Körner in metamorphen Gesteinen. DIABLASTISCH sind stengelige Minerale mit regelloser Verwachsung. PORPHYROBLASTISCH einzelne Minerale sind größer als das kristalloblastische Grundgewebe.*

450 BECKE, Krystalline Schiefer (Anm. 427), S. 49–50.

Textur entstehen. Die schiefrige Textur entspricht dem Einfluss größerer Pressung und die Streckung wird durch geringere Pressung erzeugt, die senkrecht zur Richtung größerer Pressung steht. Die Streckung hat einen Einfluss auf die Klüftung eines Gesteins. Becke unterscheidet zwischen Längs- und Querklüften, die nach bestimmten Abläufen im Gelände eingemessen werden. Hier führt Becke den genauen Messvorgang an, wie im Gelände das Streichen (= Streckung) und Fallen von Klüften und Schieferungen des Gesteins notiert wird.[451]

Die Lage der Streckung kann unmittelbar bestimmt werden, in dem man das Azimut der durch die Streckungsrichtung gelegten Vertikalebene und den Winkel angibt, welchen die Streckungsrichtung mit der in dieser Vertikalebene gezogenen Horizontalen einschließt. [..] Die Streckung fällt nach – (Angabe des Azimutes z.B. S15°W) unter x°. [...] Man setzt ein steifes Notizbuch vertikal auf die am Aufschluß sichtbare Streckungslinie und bestimmt dann das Azimut NT in der gewöhnlichen Weise mit dem Bergkompaß. Dann setzt man den Bergkompaß vertikal auf die Streckungslinie und liest am Schenkel die Neigung gegen den Horizont ST ab. [...] Die Richtung der Streckung ist oft über große Räume konstant oder zeigt regelmäßige Veränderungen. Sehr auffallend ist z.B. die konstante Lage der Streckungsrichtung am Südwestende der Duxer Granitgneismasse. Die Streckung fällt gegen WSW zu W unter 15–20°. In den mittleren Teilen der Zillertaler Zentralgneismasse (Floite, Stillup, Zillergrund) ist die Streckung durchwegs horizontal.[452]

Eine kurze Notiz auf Blatt 26 des Notizbuches Nr. 39 (1896) dokumentiert den oben beschriebenen Messvorgang mit einem Bergkompass, dabei ist zu beobachten, dass Becke die einzelnen Daten notiert, aber keine Angabe der Handhabung des Gerätes angibt, da diese für ihn selbstverständlich ist. Aber in der Publikation werden die exakte Beschreibung des Arbeitsschrittes und die Übertragung der dreidimensionalen Daten in eine zweidimensionale Projektion angegeben.

Den zweiten großen Abschnitt über die kristallinen Schiefer »Zur Physiographie der Gemengteile der Krystallinen Schiefer« legt Becke in einer Sitzung der Akademie der Wissenschaften am 12. Juli 1906 vor. Hier erörtert er die Zusammensetzung der Feldspäte, wobei er nicht nur bereits bekannte wissenschaftliche Arbeiten, sondern auch aktuelle Literatur in die wissenschaftliche Diskussion mit einbezieht und mit den eigenen Forschungsergebnissen ver-

---

451 Roger M. Mc COY vertritt in seiner Publikation: Field Methods in Remote Sensing (New York 2005, S. 4) die Meinung, dass ein exakter Messvorgang im Gelände von großer Bedeutung ist: *The question of what to measure, how to measure it and what level of detail it should be measured is still one of the greatest questions to field personnel.*

452 Friedrich BECKE, Zur Physiographie der Gemengteile der krystallinen Schiefer. In: Denkschriften der kaiserlichen Akademie der Wissenschaften Wien 75, mathematisch-naturwissenschaftliche Klasse (Wien 1906), S. 101.

gleicht, aber auch korrigiert und gleichzeitig seine Beweisführung mit den aktuellen Daten dokumentiert. So erklärt er die Erkenntnisse des Zonenbaues in den Plagioklasen als allgemein gültige und bereits gut erforschte Tatsache. Den Zonenbau selbst hat Becke bereits in seiner Publikation über den Rieserferner Tonalit ausführlich besprochen. (Siehe oben S. 164).

Hier wird zum ersten Mal die Orientierung von M und P angegeben: die Fläche M hat bei den Plagioklasen die Indizes (010) und die Fläche P die Indizes (001). Anhand dieser exakten Definition der Flächen ist schon ein großer Schritt in der kristallographischen Arbeit zu erkennen.[453] Becke verwendet auch die neuen technischen Zusatzgeräte zur Beobachtung der Minerale mit dem Mikroskop, wie Camera lucida und den eigens von ihm entwickelten Zeichentisch für genauere Messergebnisse, die ältere Beobachtungen und Messdaten an den verschiedenen Feldspäten ersetzen. Es werden nun sogenannte Bestimmungsdiagramme aufgezeigt, die Lichtbrechung, die Auslöschungsschiefe, sowie die Winkel der Achsen und der Achsenebenen in Zwillingen graphisch wiedergeben. Hier stellt Becke auch fest, dass die Auslöschungsschiefe relativ unempfindlich ist gegen Orientierungsfehler. Wiederum beschreibt Becke den Arbeitsvorgang bei der optischen Untersuchung mit dem Mikroskop und beim Einsatz von Camera lucida und Zeichentisch.

[Die] *Hauptvorteile* [des Einsatzes beider Instrument] *sind: leichte Erkennbarkeit der Schnitte mit Achsenaustritt durch die niederen graublauen Interferenzfarben; Unabhängigkeit des Resultates von der speziellen Schnittrichtung; starke Änderung gewisser Achsenabstände mit dem Mischungsverhältnis; endlich die Möglichkeit einer Menge von Nebenbeobachtungen, wie der Charakter der Doppelbrechung, Orientierung der Achsenebenen des Zwillings gegeneinander, Art der Durchkreuzung der in die Projektion oder in das Gesichtsfeld eingetragenen Spuren der Achsenebenen. Zweckmäßig erscheint namentlich die Eintragung der Achsenebene im Gesichtsfeld. […] Man bringt das Fadenkreuzokular in den Tubus und befestigt auf dem Zeichentisch ein Kartonblättchen, auf dem mit einem Pastellstift eine Schar paralleler Linien gezogen wurden. Durch Drehen des Zeichentisches wird diese Linienschar mit einem der Kreuzfäden und dadurch mit einem der Nikolhauptschnitte parallel gestellt.*[454]

Die weiteren Schritte der Anwendung und die Beobachtung mit dem Mikroskop werden mit gut verständlichen Worten erläutert, sowie die Betrachtung unterschiedlicher Winkel zwischen den optischen Achsen von Zwillingen der

---

453 Im Lehrbuch der Krystallographie von Albrecht SCHRAUF aus dem Jahr 1866, S. 239–244, werden die Bezeichnungen M und P in jedem einzelnen Kristallsystem mit den dazugehörigen Grundgestalten noch individuell angegeben und noch nicht allgemein gültig festgelegt. Die Millerschen Indizes für eine allgemeingültige Flächenbezeichnung sind erst ab dem Jahr 1837 gebräuchlich.

454 BECKE, Physiographie der Krystallinen Schiefer (Anm. 452), S. 108.

einzelnen Feldspatarten (Plagioklas, Albit, Oligoklas, Andesin, Anorthit, La-
bradorit und Bytownit). Tabellen und Graphiken, die verschiedene Achsenbilder
zeigen, veranschaulichen die im Text beschriebenen Verhältnisse.

Anschließend bespricht Becke die optische Orientierung von einzelnen Ver-
zwillingungen, wie Albit Zwillinge oder Karlsbader Zwilling. Hier wird das
Kristallplättchen schematisch aufgezeichnet mit der Zwillingsebene und dann
die Projektion graphisch hinzugefügt. Die Messdaten der einzelnen Winkel von
Kern und Hülle ergänzen die Graphik.

Einer Besonderheit in der Verwachsung von Plagioklas und Quarz, die der
schwedische Mineraloge Johann Jakob Sederholm[455] als Myrmekit bezeichnet
hat, widmet nun Becke ein eigenes Kapitel. Becke selbst hat das Mineral Myrmekit im Zusammenhang mit dem Mikropegmatit bereits während seines Studiums der Gesteine im Niederösterreichischen Waldviertel und der Erforschung
des Tonalits der Rieserferner Gruppe eingehend betrachtet, diese aber damals als
Mikropegmatitzapfen, bzw. -spindeln, bezeichnet (siehe oben Abbildung 20 aus
dem Notizbuch Nr. 27, Blatt 57). Hier korrigiert und ergänzt er seine neuen
Erkenntnisse in der Erforschung dieses Minerals:

*Der echte Myrmekit besteht aus halbrunden oder kegelförmigen oder krus-
tenartigen Wucherungen von Plagioklas mit wechselndem, aber meist niedrigem
Anorthitgehalt, welche von gekrümmten bisweilen verästelten Quarzstengeln
durchwachsen werden. Die Quarzstengel erweisen sich in der Regel auf größere
oder kleinere Strecken als Teile desselben Individuums. Myrmekit findet sich
ausschließlich in Zusammenhang mit Kalifeldspat (Mikroklin) […] Der Myr-
mekitfeldspat grenzt sich gegen den Kalifeldspat durch konvexe Flächen ab […].
Die Myrmekitbildung scheint älter zu sein als die Bildung von Muskovit und
Epidot aus Plagioklas. […] Die Zusammensetzung des Plagioklasgrundes im
Myrmekit schwankt, wie es scheint, mit der chemischen Zusammensetzung des
Gesteins. Durch Vergleich der Lichtbrechung mit den Quarzstengeln läßt sich die
Bestimmung leicht vornehmen.*[456]

Als Beispiele führt Becke die Lichtbrechungen von Myrmekiten aus dem
Tonalit des Rieserferner, hier der Randfacien, des Randgranits und des Kern-
tonalits des Reintales an. Eine eindeutige Charakteristik des Minerals Myrmekit
war zu diesem Zeitpunkt aus technischen Gründen noch nicht möglich.

Eine aktuelle Besprechung des Myrmekites fand in Wien am Institut für
Lithosphärenforschung (das Institut gründet auf dem unter Tschermak und
Becke firmierten Namen mineralogisch-petrographisches Institut) statt und
bestätigt zum großen Teil Beckes und Sederholms Untersuchungen:

The mymekytes are always associated with perthitic alkali feldspar, replacing

---

455 SEDERHOLM, Archäische Sedimentformation (Anm. 440).
456 BECKE, Physiographie der Krystallinen Schiefer (Anm. 452), S. 137–138.

the latter at sharp fronts. In most cases, the myrmekites form along former interfaces between alkali feldspar and plagioclase. The myrmekites are comprised of a matrix of plagioclase and inclusions of vermicular or lamellar quartz.[457]

Im Anhang werden moderne Dünnschliffphotographien bei gekreuzten Nicols im Ausschnitt eines Mikroskops von den einzelnen Feldspaten und deren optischen Beobachtungen angeführt.

Der im Jahr 1909 publizierte Vortrag, gehalten am 19. April am mineralogisch-petrographischen Institut in Wien, anlässlich der Monatsversammlung der Mineralogischen Gesellschaft, »Über Diaphtorite« enthält Beckes Erörterungen über metamorphe Gesteinsbildungen. Er bespricht zunächst die Abfolge bei der Metamorphose mit den Einflüssen von Druck und Temperatur und den kristallinen Schiefern der oberen und der unteren Tiefenstufe, wobei zwischen oberer und unterer Tiefenstufe immer Übergänge möglich sind. Er bezeichnet diesen Vorgang der Gesteinsumwandlung als die »normale vorschreitende Metamorphose«. In den Radstätter Tauern beobachtete Becke aber Gesteine, die zunächst von früheren Beobachtern als Phyllite und Tonglimmerschiefer bezeichnet worden waren, in denen er bei genauerer Untersuchung grobkörnige Gesteinspartien aus Quarz, Feldspat und Muskovit fand, die von phyllitischen Zügen umgeben waren. Sie weisen auf Relikte einer alten Gneisstruktur hin. Becke erklärt diese nach eingehenden Erörterungen als Gesteine, die einer rückschreitenden Metamorphose zuzuordnen sind.

Die rückschreitende Metamorphose ist gewiß in den Gesteinen der Alpen sehr verbreitet. […] Häufig tritt die Erscheinung […] nur in Spuren auf, so daß Neubildungen […] das Aussehen des Gesteins völlig beherrschen, nur untergeordnet auftreten, so daß der alte Mineralbestand und die alte Struktur überall durchleuchtet. […] Es gibt große Gebiete, wo solche schwach diaphtoritische Gesteine die Regel zu sein scheinen. Nach meinen Erfahrungen gehören dazu in den Ostalpen die Gesteine der Ötztaler, Stubaier und Silvrettamasse; die Gesteine der Schladminger Masse, die Gneise der Stubalpen südlich von Leoben, […] Gesteine des Wechselgebietes. Im Osten und Süden der Tauerngesteine.[458]

Er stellt diese Gesteine mit rückschreitender Metamorphose – er bezeichnet sie Diaphtorese – den Zentralgneisen und der Schieferhülle (beides metamorphe Gesteine) gegenüber. Die Biotitblättchen oder auch die Spaltflächen der Feldspäte sind bei der fortschreitenden Metamorphose frisch, glänzend und glatt, hingegen besitzen alle Gesteine der rückschreitenden Metamorphose ein mattes, glanzloses Aussehen, und eine Neubildung von Chlorit auf Kosten des Biotits ist

---

457 Rainer ABART, David HEUSER, Gerlinde HABLER; Mechanisms of myrmekite formations: case study from the Weinsberg granite, Moldanubian zone, Upper Austria. In: Contrib. Mineral Petrol (Regensburg 2014), S. 1074.

458 Friedrich BECKE, Über Diaphtorite. In: Tschermaks Mineralogische und Petrographische Mitteilungen 28 (Wien 1909), S. 370.

zu beobachten. Die Gesteine dieser Entwicklungsart werden Diaphtorite genannt.

Die dritte Auflage der kristallinen Schiefer von Grubenmann wird von Paul Niggli, seinem Nachfolger an der Universität Zürich, 1924 vollendet. Hier können wir schon den Fortschritt der Entwicklung der Gesteinsmetamorphose im Zusammenhang mit dem Begriff der kristallinen Schiefer erkennen.

Der Begriff Metamorphose ist bereits exakt formuliert:

Metamorphose ist die Summe der Prozesse, durch welche einzelne oder alle der drei Faktoren Mineralbestand, Struktur und Textur einer als Ganzes erhalten bleibenden Minerallagerstätte eine wesentliche Änderung erleiden, wobei jedoch gewisse, an der Grenzzone der Lithossphäre mit der Atmosphäre und Hydrosphäre gebundene Erscheinungen (Diagenese, Zementation, Verwitterung, Halmyrolyse usw.) nicht inbegriffen sein sollen.[459]

Becke selbst erweitert die Erkenntnisse im Bereich der Metamorphose in weiteren Publikationen, die auch in der Fachwelt positiv erörtert werden.

In aller Kürze müssen wir noch auf H. Rosenbuschs Zweireihentheorie der Eruptivgesteine und Fr. Beckes petrographische Provinzen eingehen. Nach Rosenbusch lassen sich sämtliche Erstarrungsgesteine in zwei große Reihen trennen: [Kalk-Alkalireihe und als Alkalireihe]. Daß diese beiden, chemisch und mineralogisch selbständige Gruppen sich auch geographisch selbständig verhalten, daß sie getrennten Eruptivgebieten, besonderen petrographischen Provinzen angehören, hat Becke gezeigt. Ausgehend von einer Vergleichung (theralitisch-foyaitischen) Eruptive des böhmischen Mittelgebirges einerseits und der (granitodioritischen) amerikanischen Anden andererseits, unterschied er eine atlantische und eine pazifische Sippe [...] die Gesteine der pazifischen Sippe (der besonders die Eruptive des großen, den Stillen Ozean umgürteten Vulkanringes angehören) treten in jungen Faltungsgebieten auf, die der atlantischen Sippe dagegen sind an Schollenbrüche gebunden.[460]

In den Jahren 1921, 1922 und 1923 widmet sich Becke den metamorphen Gesteinen und fügt neue Erkenntnisse aus seinen mikroskopischen Betrachtungen hinzu.

In seinem Vortrag, gehalten am 7. November 1921 vor der Wiener Mineralogischen Gesellschaft, bespricht Becke die neuesten Erkenntnisse zum Themenkreis der Metamorphite.

Vor ungefähr zwanzig Jahren haben wir hier versucht, über die Bildungsweise der metamorphen Gesteine bestimmtere Vorstellungen zu entwickeln.[461]

---

459 GRUBENMANN, NIGGLI, Die kristallinen Schiefer, 1924 (Anm. 444), S. 179.
460 Emanuel KAYSER, Lehrbuch der allgemeinen Geologie. 4. Auflage (Stuttgart 1912), S. 821–822.
461 Friedrich BECKE, Zur Facies-Klassifikation der metamorphen Gesteine. In: TMPM 35 (Wien 1922), S. 215.

Becke weist auf seine persönlichen Erfahrungen und Forschungen auf dem Gebiet der Erstarrungsgesteine – Magmatite im Rieserferner Gebiet und den kristallinen Schiefer – Metamorphite im Gebiet der Hohen Tauern hin. Aufgrund des empirischen Vergleiches zwischen den unterschiedlichen Arten der metamorphen Gesteine des Waldviertels und der Hohen Tauern gelangte er zur These des Vorhandenseins von zwei extremen Tiefenstufen.

In der oberen Tiefenstufe, in höheren Regionen der Erdrinde bei relativ niederen Temperaturen war die Gelegenheit zur Bildung hydroxylreicher Minerale gegeben – Typus der alpinen kristallinen Schiefer. In der unteren Tiefenstufe, in tiefen Regionen der Erdrinde bei höherer Temperatur wurden wasserfreie Minerale bestandsfähig – Typus der Waldviertelgesteine.[462]

Ulrich Grubenmann führte dann drei Tiefenstufen ein: Katazone, Mesozone und Epizone. Die noch heute gültige Einteilung der metamorphen Gesteine ist auf Pentti Eskola zurückzuführen. Dieser hat anhand der Studien des Grundgebirges von Finnland eine, über die älteren Vorschläge hinausgehende, neue Klassifizierung der Metamorphite aufgestellt. Eskola teilt die Gesteine in vier metamorphe Facies nach ihrer chemischen Zusammensetzung mit der in ihr enthaltenen gleichen Mineralgesellschaft ein.

Becke erklärt die historische Entwicklung des Begriffes Facies; dieser stammt zunächst aus dem Bereich der Stratigraphie, hier wird bei den Sedimenten, die durch äußere Ablagerungsbedingungen eine unterschiedliche Zusammensetzung innerhalb der gleichen geologischen Zeit haben. Ebenso erklärt er in verständlichen Worten die Ansprüche der Wissenschaft, wie an wiederholbaren Experimenten und durch viele (er bezeichnet dies »in Hunderten von Fällen«) Beobachtungen eine Erkenntnis gewonnen und damit eine gesetzmäßige Grundlage geschaffen worden ist.

In der Petrographie wurde der Ausdruck »Facies« bisher zur Bezeichnung der Verschiedenheiten der Struktur (Strukturfacies) oder des Mineralbestandes und der chemischen Beschaffenheit (Konstitutionsfacies) bei Teilen desselben geologischen Körpers verwendet. Bei Eskola erscheint nun Facies in einer neuen physikalisch-chemischen Bedeutung.[463]

Nach Eskola werden die metamorphen Gesteine unabhängig vom Ursprungsgestein (das können Magmatite oder Sedimente sein) mit unterschiedlicher Zusammensetzung aber nach Druck und Temperatur in vier Gesteinstypen (= Facies) eingeteilt, die auch heute noch ihre Gültigkeit besitzen. Es sind dies: Hornfelsfacies, Amphibolitfacies, Grünschieferfacies und Eklogitfacies. Dieses »einfache Schema« ist nach Beckes Ansicht eine gute und überdachte Theorie, aber nicht immer anwendbar, so zum Beispiel müssen noch die Er-

---

462 BECKE, Facies-Klassifikation (Anm. 461), S. 217.
463 BECKE, Facies-Klassifikation (Anm. 461), S. 219.

kenntnisse der Waldviertler Gesteine, aber auch die der Ostalpen in ein nach-
vollziehbares System gebracht werden, denn diese können nicht eindeutig
Eskolas Schema zugeordnet werden.

Beckes Schlussfolgerungen und Hinweise gehen weit über seine Zeit hinaus,
sie dokumentieren aber auch die grundlegenden Wesenszüge einer Forscherpersönlichkeit im Bereiche einer Wissenschaft. Mit seinen abschließenden und
klar gesprochenen Worten soll dieses Kapitel zu einem Ende kommen:

Vieles aber ist noch zu tun, um die Faciesklassifikation befriedigend zu ge-
stalten. […] Denn eine vollkomme befriedigende Behandlung der Gesteine sollte
ja wohl über die ganze Bildungsgeschichte des Gesteins Aufschluß geben, und es
wäre eine Forderung, die man aufstellen könnte, daß man aus einer erschöp-
fenden Untersuchung des Gesteins seine ganze Entwicklung, seine geologische
Geschichte sollte entziffern können. […] Daß man die Bildungsgeschichte zu-
rückverfolgen könne bis zur entscheidende Zeit, wo das Gestein seine petrogra-
phische Ausprägung erhalten hat.

Über diese Prägezeit hinaus nach rückwärts können die Forschungen auf dem
Boden der Facieslehre nicht führen. Nur jene Erscheinungen, wie Reliktge-
mengteile, Reliktstrukturen […] können da allenfalls weiter helfen – und geo-
logische Beobachtungen, die über das rein Petrographische hinausgehen. Die
allseitige Erforschung der Gesteine muß aber das Ziel sein. Weder die geologische
Beobachtung allein, noch die rein petrographische […] wird dieses Ziel erreichen,
sondern nur durch die Vereinigung beider Betrachtungsweisen können wir uns
diesem Ziel schrittweise nähern[464].

Beckes Aussagen blicken weit in die Zukunft, denn heute ist eine intensive
Zusammenarbeit in den Geowissenschaften gegeben.

---

464 BECKE, Facies-Klassifikation (Anm. 461), S. 230.

7. Zusammenfassung

Die persönlichen Aufzeichnungen innerhalb des umfangreichen Nachlasses des Mineralogen und Petrographen Friedrich Becke dokumentieren den Wissensstand in den erdwissenschaftlichen Fächern Mineralogie und Petrographie des ausgehenden 19. und beginnenden 20. Jahrhunderts. Die Naturbeobachtungen seiner geschulten wissenschaftlichen Persönlichkeit sind in Büchern akribisch aufgezeichnet und bilden ein beredtes Zeugnis in diesen Disziplinen. Mit Hilfe der technischen Werkzeuge, wie Bleistift, Kompass, Mikroskop, Goniometer, Lötrohr und chemischen Zutaten, werden die Beobachtungen genauestens in kleinen, zum Teil ganz speziellen Büchern festgehalten. Diese Bücher sind das Hauptinstrument und -werkzeug des anerkannten Wissenschafters, sie bilden eine machtvolle Grundlage seiner Untersuchungen, seiner Hypothesen und seiner daraus resultierenden Aussagen, die dann in eine wissenschaftliche Publikation gegossen werden. Aus diesem umfangreichen Nachlass ist in der Besprechung eine Auswahl getroffen worden, die einerseits die Dokumentation der Experimente im mineralogischen Bereich und andererseits die petrographische Arbeit im Gelände aufzeigen. Aus den Forschungen in diesen beiden Fächern resultieren die grundlegenden Erkenntnisse im Bereich der kristallinen Schiefer. Becke verbindet hier das Wissen und die Forschung dieser beiden Welten und gelangt zu theoretischen Aussagen und den eminent wichtigen praktischen Beweisen innerhalb der metamorphen Gesteinsbildung. Die fudamentale Ausbildung im mineralogisch-petrographischen Fach an der Universität Wien unter der Leitung von Gustav Tschermak und die hervorragende Gabe Beckes, eine wissenschaftliche Forschungsarbeit exakt zu absolviern, führten Becke sehr schnell zu einer wissenschaftlich anerkannten internationalen Bekanntheit und Karriere. Wenn auch Beckes erster beruflicher Karriereschritt an einer sehr kleinen Universität in Czernowitz erfolgte, so hatte er nie den Kontakt zu Wien und hier vor allem zu seinem Lehrer und Mentor Gustav Tschermak verloren.

Beckes Arbeitsschritte im mikroskopischen Bereich bei den Untersuchungen der Ätzfiguren an Mineralen und die daraus entstandene Entwicklung ist in den Studienbüchern sehr deutlich nachvollziehbar. Die Forschungsreihe über Lö-

sungserscheinungen an Kristallflächen lässt uns erkennen, dass sie ein abgeschlossenes und in kurzer Zeit erfolgtes Ereignis, auch innerhalb der internationalen, vor allem deutschsprachigen Forschungen bildet.

Aus anfänglich zufälligen Beobachtungen am Mineral Baryt entwickelt Becke
eine Forschungsreihe an den Mineralen Zinkblende, Bleiglanz, Magnetit und
Fluorit. Die exakte Beobachtung an den technischen Geräten Mikroskop und
Goniometer führen ihn zu erstaunlichen Resultaten, wie die räumliche Anordnung der Ätzfiguren und die Erkenntnis über die Lageverhältnisse der ZnS
Moleküle der Zinkblende, wobei die Zn Atome nach der einen Seite der Tetraederfläche und die S Atome nach der Gegenseite orientiert sind. Das Thema
Ätzversuche an Mineralen gibt letztendlich keine eindeutigen Beweise für die
innere Struktur der Minerale, obwohl Becke mit all seinen Erörterungen zum
Kristallbau exakt die Zuordnung der Elemente erklären kann, leider fehlte ihm
damals der experimentelle Beweis. Dieses war erst möglich mit der Bestrahlung
fester Materie durch Y- Strahlen, deren Resultate im Jahr 1912 Max von Laue
erstmals erfolgreich nachgewiesen hat. In den Schlussbemerkungen zu den
Forschungen am Mineral Fluorit zeigt sich erneut Beckes Denkstil, wie aus
gewonnenen Erkenntnissen und einer genauen Beobachtung ein Zusammenhang von Kristallform und deren Genese bestehen kann. Becke sucht nach Ge-
meinsamkeiten im Erscheinungsbild der Ätzfiguren und stellt fest, dass der
endgültige Beweis noch weit entfernt ist. Seine Erkenntnis besteht darin, dass er
mit dieser Methode, die so vielversprechend begonnen hat, keinen exakten
Nachweis über die innere Struktur (Kristallgitter) erbringen kann, wiewohl er
seine Erfahrungen aus diesen Untersuchungen mit Lösungsmitteln an Kristallen
in nachfolgenden Färbemethoden zur Unterscheidung von Quarz und Feldspat
unter dem Mikroskop erfolgreich einsetzten kann.

Im heutigen Anwendungsbereich können solche Ätzungen Kristallbaufehler,
wie Lehrstellen im Gitterbau oder Stufenversetzungen, rasch sichtbar machen.

Die Untersuchungen im Makrobereich, die Erforschung der Zentralkette der
Ostalpen, erfordern einen erheblich größeren Zeitaufwand und körperlichen
Einsatz, hier ist eine kontinuierliche Entwicklung in der Naturbeobachtung zwar
gegeben, aber nur in einem sehr großen Zeibabschnitt und Umfang wahrzunehmen. Anhand der Eintragungen in den Büchern kann auch eine fortlaufende
Entwicklung der geologischen Darstellung des Beobachteten verfolgt werden.
Anfangs zeichnet und beschreibt Becke den Gesamteindruck, wie die Gebirgswelt und die Naturvorgänge auf ihn wirken, zum Beispiel eine Morgenstimmung
im Gebirge oder einen plötzlichen Wetterumschwung. Im Laufe der Zeit treten
die persönlichen Beobachtungen und Notizen in den Hintergrund und die rein
wissenschaftliche Forschung ist Ziel seiner Aufzeichnungen. Trotz alledem ergänzt Becke diese mit ganz kleinen Sequenzen persönlicher Erfahrungen, sie
machen die Notizen zu einer lebendigen, ereignisreichen Welt der Erforschung

des alpinen Gebirges. Er verbindet Natur und Mensch, fügt beide zu einem wunderbaren Gesamtbild und schafft so für den Forscher grundlegende Erkenntnisse für die Wissenschaft. Die Lebendigkeit der Natur, das Naturschauspiel und das Leben der Menschen im Gebirge werden immer wieder in kurzen Aufnahmen festgehalten. Die umfangreichen Skizzen und geologischen Profile weisen Becke nicht nur als ausgezeichneten Naturbeobachter aus, sondern auch als großartigen Künstler in der Wiedergabe der Natur. Die persönlichen Notizen über das Wetter, das Gelände, die Quartiere und die Begegnung mit Personen gehen in die Publikationen nicht ein. Die Kleinräumigkeit der Beobachtungen, die vielen, aber wichtigen Details der Aufnahmen, die gesammelten Handstücke von Gesteinen oder die Notizen über Beobachtungen am Wege werden in den Veröffentlichungen zu einem großen Ganzen zusammengeführt, und somit wird die Publikation zur rein wissenschaftlichen, abstrakten Berichterstattung der Forschung. Diese Veröffentlichungen finden in den Berichten und den Publikationen an der kaiserlichen Akademie der Wissenschaften in Wien statt und sind eine sachliche Berichterstattung der petrographischen Untersuchungen mit einem Überblick über die beobachteten Gesteinsarten und -strukturen, deren Auftreten im Gelände und deren chemischer Zusammensetzung.

Beckes wissenschaftliche Erkenntnisse im Bereich der petrographischen Erforschungen der kristallinen – metamorphen – Gesteine in den Alpen und im niederösterreichischen Waldviertel bilden eine wesentliche Grundlage der Forschungen von späteren Wissenschaftern. Seine Anregungen führen zur geologischen Karte der Zentralalpen, die er gemeinsam mit seinem Kollegen Ferdinand Löwl während des 9. Gelogenkongresses in Wien im Jahr 1903 vorlegte. Die sich über zehn Jahre erstreckenden Forschungen haben im westlichen Tauernfenster zu fundamentalen Erkenntnissen geführt: so hat Becke erstmalig die Ahorndecke als selbständigen Gneiskern von der Tuxermasse beobachtet, die Greiner Scholle als eigenständigen Deckenkörper erkannt und eine erste und zweite Schieferzone durch unterschiedliche Metamorphosegrade anhand der Mineralassoziationen definiert. Die aktive Teilnahme am Geologenkongress 1903 und seine Führungen in den Zillertaler Alpen und im Waldviertel führen zu regen wissenschaftlichen Diskussionen mit Fachkollegen, so zum Beispiel mit Pierre Termier. Beckes petrographische und mineralogische Ausführungen wirken induktiv auf Termiers geologische Interpretation des westlichen Tauernfensters und auf Eduard Suess' großangelegte Darlegung der Alpengenese. An den Diskussionen über eine Deckenlehre und an den eventuellen und nicht exakt beweisbaren Hypothesen über die Entstehung der alpinen Gesteine beteiligt er sich nicht. Sein Augenmerk richtet sich auf die petrographischen Forschungen und die Bildungsbedingungen der metamorphen Gesteine, deren Grundlage die alpinen Gesteine sind.

Ebenso haben Beckes Erkenntnisse nachfolgende Wissenschafter im Bereich des Waldviertels beeinflusst, wie Rudolf Görgey, Alfred Himmelbauer und Franz Reinhold. Seine Grundlagen führen zu wichtigen Forschungen im Bereich der Feldspäte, die Beckes Schüler Alexander Köhler (1893–1955) in den folgenden Jahren dokumentiert. An einer Stelle notiert Becke, dass die Gesteine im alpinen Bereich sehr denen des Waldviertels gleichen. Damit kann aus moderner Interpretation der Gesteine ein Zusammenhang zwischen den Waldviertler Gesteinen und den exhumierten plutonischen Körpern des Tauernfensters hergestellt werden. Das westliche und das östliche Tauernfenster entstanden erst im Miozän durch die laterale Extrusion der Alpen.

Beckes Stellung als Generalsekretär der Akademie der Wissenschaften ermöglichte ihm eine umfangreiche Korrespondenz mit vielen akademischen Forschern, unter anderem mit den finnischen Geologen Johan Sederholm und Pentti Eskola (1883–1964). Beckes Einteilung der metamorphen Gesteine nach Tiefenstufen kann als induktiv auf die heute gebräuchlichen metamorphen Facien mit den geologischen Isograden nach Eskola bezeichnet werden. Es ist bedauerlich, dass diese petrographischen Untersuchungen der Akademie der Wissenschaften in den geologischen Besprechungen der folgenden Jahre geringe Erwähnung gefunden haben. Denn sie beinhalten fundamentale Erkenntnisse der Geologie der Ostalpen und hätten in der geologischen Wissenschaft als Basis für neue Betrachtungen herangezogen werden können. Einige Forschungsinhalte haben die internationale Diskussion um die Enstehung der Alpen und alpinen Gesteine intensiv bereichert und sind als Ausgangslage für neue Forschungen immer wieder angeführt worden. Eine aktuelle Zusammenfassung des heutigen Erkenntnisstandes mit einer umfangreichen Literaturangabe der Alpen bringen Stefan Schmid, et al., in ihrer Studie »The Tauern Window (Eastern Alps, Austria): a new tectonic map, with cross-sections and a tectonometamorphic synthesis.« Leider werden hier die petrographischen Arbeiten Beckes nicht erwähnt. Ich finde, Beckes Arbeiten können als fundamentale Forschungen zum Tauernfenster gesehen werden und sollten auch in einer ausführlichen Literaturliste nicht fehlen!

Becke forscht immer als Mineraloge und Petrograph, sein Hauptinstrument ist das Mikroskop. Die Studien am Mikroskop führen zu grundlegenden Erkenntnissen, die in bedeutenden Publikationen ihren Niederschlag gefunden haben und Becke zu internationaler Anerkennung verhalfen. Die sogenannte Beckesche Lichtlinie ist heute noch ein wertvolles Instrument bei der Betrachtung von Feststoffen unter dem Mikroskop. Sein ausgezeichnet geschultes Auge in der mikroskopischen Analyse von Mineralen und Gesteinen und die daraus resultierenden fundamentalen Aussagen und Theorien in Bezug auf die Lösungserscheinungen an Kristallen und die Entstehung von Gesteinen machten ihn zu einem international anerkannten Wissenschafter.

Die Aufzeichnungen in den 80 Studienbüchern fanden bis heute wenig bis gar kein Interesse, sie lassen uns aber bei genauerem Studium einen tiefen Einblick in die Arbeitsmethoden und die darauf basierenden fundamentalen Aussagen und Theorien in den erwissenschaftlichen Bereichen um 1900 erkennen. Becke selbst hat nur ein einziges Mal einen eher beiläufigen Hinweis auf seine Forschungsunterlagen in einer Publikation angeführt: in der Besprechung über die Ätzfiguren am Mineral Bleiglanz aus dem Jahr 1885 listet er die Messergebnisse aus seinem – wie er es selbst bezeichnet – »Beobachtungsjournal« – auf (siehe Seite 120 f. in dieser Arbeit).

Wiewohl der umfangreiche und spannende Nachlass Friedrich Beckes nicht mehr vollständig erhalten ist, geben die Studienbücher einen genauen Einblick in die Arbeitsweise der Forscherpersönlichkeit. Sie zeigen uns einen exakten, disziplinierten und experimentierfreudigen Wissenschafter, der die Naturbeobachtungen im Mikro- wie auch im Makrobereich hervorragend dokumentiert und aus der objektiven Betrachung heraus neue und fundamentale Aussagen tätigen kann, die weit über seine Zeit hinaus reichen. Alle sein Aussagen sind in der Folgezeit immer wieder bestätigt worden oder dienten als Fundament für wichtige Erkenntnisse.

Tabellen- und Abbildungsverzeichnis

Tabelle 1: Ferdinand SENFT: Übersicht der Kristallsysteme und ihre Benennung in verschiedenen Kristallkunden. (1857) S. 28–29   49

Abbildung 1: Figuren 23, 24, 25: Gustav TSCHERMAK, Lehrbuch für Mineralogie, S. 18   51

Abbildung 2: Die Notizbücher in chronologischer Reihenfolge, © Margret Hamilton   87

Abbildung 3: Zinkblende aus dem Lehrbuch der Mineralogie (Tschermak), S. 428 – Figuren 1, 5. Kristallstruktur aus Matthes, S. 37   96

Abbildung 4: Baryt von Teplitz. Notizbuch Nr. 5 (1881–1882), Blatt 23. Blattgröße: 10x16 cm   98

Abbildung 5: Zinkblende. Notizbuch Nr. 6 (1882–1883), Blatt 27. Blattgröße: 18x14,5 cm   102

Abbildung 6: Kristallformen des Minerals Bleiglanz Abb. 14.a-d, und das Kristallgitter. Matthes: Mineralogie S. 35   110

Abbildung 7: Bleiglanz. Notizbuch Nr. 7 (1883), Blatt 115. Blattgröße: 20,5x12,5 cm   115

Abbildung 8: Magnetit. Tschermak, Lehrbuch der Mineralogie (1905), S. 473   122

Abbildung 9: Versuchsanordnung der Messinstrumente. Notizbuch Nr. 8 (1884), Blatt 60. Blattgröße: 15x9 cm   125

Abbildung 10: Figur Nr. 152. Mikroskop mit integriertem Goniometer   125

Abbildung 11: Kristallkombinationen und Kristallstruktur von Pyrit. Matthes, S. 43, 44   130

Abbildung 12: Pyrit. Notizbuch Nr. 9 (1885–1886), Blatt 1. Blattgröße: 14x 17 cm   132

Abbildung 13: Pyrit. Notizbuch Nr. 9 (1885–1886), Blatt 44. Blattgröße: 14x17 cm   133

Abbildung 14: Skizze Schraubenmikrometer. Notizbuch Nr. 13 (1886–1887), Blatt 4. Blattgröße: 14,5x9 cm   138

Abbildung 15: Schraubenmikrometer aus der Publikation »Aetzversuche am Pyrit«, S. 318   138

Abbildung 16: Fluorit, Durchkreuzungszwilling und Kristallstruktur, Matthes, S. 81 und 82   140

Abbildung 17: Fluorit. Notizbuch Nr. 13 (1886–1887), Blatt 94. Blattgröße: 17,4x10,6 cm   142

Abbildung 18: Verzeichnis der Tagestouren. Notizbuch Nr. 54 (1900), Blatt 2. Blattgröße: 17,5x12 cm   157

Abbildung 19: Feldspatplättchen im Porphyrit Geierrast. Notizbuch 27 (1892), Blatt 85. Blattgröße: 16,4x13,2 cm   164

Abbildung 20: Mikroklin. Notizbuch Nr. 27 (1892), Blatt 57. Blattgröße: 16,4x13,2 cm   168

Abbildung 21: Profilkorrektur. Notizbuch Nr. 30 (1893), Blatt 29. Blattgröße: 20x14,7 cm   180

Abbildung 22: Panorama Rieserferner: Notizbuch Nr. 34 (1894), Blatt 44. Blattgröße: 26x13,6 cm   182

Abbildung 23: Schematisches Profil vom Geiselkopf nach Ankogel mit Woigstenscharte. Notizbuch Nr. 37 (1895), Blatt 7. Blattgröße: 17x11 cm   190

Abbildung 24: Profil Lauerbach-Piz Alpe. Notizbuch Nr. 39 (1896) Blatt 21. Blattgröße: 23x17 cm 			195

Abbildung 25: Gesamtprofil Lend-Obervellach. Notizbuch Nr. 44 (1898), Blatt 18. Blattgröße: 40,4x12,4 cm 			199

Abbildung 26: Exkursionsführer 9. Geologenkongress in Wien 1903. Blattgröße: 39x23 cm Geologische Übersichtskarte des Westabschnittes der Hohen Tauern. 			210

Abbildung 27: Profil Rettelwand. Notizbuch Nr. 42 (1897), Blatt 20. Blattgröße: 16x11 cm 			217

Abbildung 28: Profil Finkenberg-Astegghöfe. Notizbuch Nr. 50 (1899), Blatt 9. Blattgröße:17x11 cm 			220

Abbildung 29: Aplitische Ader. Notizbuch Nr. 36 (1895), Blatt 21. Blattgröße: 17x11 cm 			222

Abbildung 30: Panoramzeichnung zwischen Schwaz und Berliner Hütte. Notizbuch Nr. 44 (1898), Blatt 16 Blattgröße: 20x12 cm 			225

Abbildung 31: Gesteinsgrenze Rotkopf. Notizbuch Nr. 40, Blatt 1. Blattgröße: 19x11 cm 			232

Literatur zum Thema Ätzfiguren zur Zeit Friedrich Beckes

Heinrich BAUMHAUER, Aetzfiguren am Adular, Albit, Flussspat und chlorsaurem Natron. In: Neues Jahrbuch für Mineralogie, Geologie und Paläontologie (Stuttgart 1867), S. 602–607.

Heinrich BAUMHAUER, Die Aetzfiguren an Krystallen. In: Sitzungsberichte der mathematisch-naturwissenschaftlichen Classe der königlich bayerischen Akademie der Wissenschaften zu München 4 (München 1874), S. 48–53.

Heinrich BAUMHAUER, Die Aetzfiguren am Kaliglimmer, Granat und Kobaltnickelkies. In: Sitzungsberichte der mathematisch-naturwissenschaftlichen Classe der königlich bayerischen Akademie der Wissenschaften zu München 4 (München 1874), S. 245–251.

Heinrich BAUMHAUER, Die Aetzfiguren am Lithiumglimmer, Turmalin, Topas und Kieselerz. In: Neues Jahrbuch für Mineralogie, Geologie und Paläontologie (Stuttgart 1876), S. 1–8.

Heinrich BAUMHAUER, Aetzversuche an Quarzkrystallen. In: Zeitschrift für Krystallographie und Mineralogie 2 (Leipzig 1878), S. 117–125.

Heinrich BAUMHAUER, Ueber die Structur und die mikroskopische Beschaffenheit von Speisekobalt und Chloranthit. In: Zeitschrift für Krystallographie und Mineralogie 12 (Leipzig 1887), S. 18–33.

Heinrich BAUMHAUER, Das Reich der Krystalle für jeden Freund der Natur insbesondere für Mineraliensammler leichtfasslich dargestellt (Leipzig 1889).

Heinrich BAUMHAUER, Die Resultate der Aetzmethode in der krystallographischen Forschung, an einer Reihe von krystallisierten Körpern dargestellt (Leipzig (1894).

Eugen BLASIUS, Zersetzungsfiguren an Krystallen. In: Zeitschrift für Krystallographie und Mineralogie 10 (Leipzig 1885), S. 221–239.

Reinhard BRAUNS, Ueber Aetzfiguren an Steinsalz und Sylvin. Zwillingsstreifung bei Steinsalz. In: Neues Jahrbuch für Mineralogie, Geologie und Paläontologie (Stuttgart 1889), S. 113–214.

David BREWSTER, On the Optical figures produced by the Disintegrated Surfaces of Crystals. In: London, Edinburgh and Dublin Philosophical Magazine and Journal of Science. Vol V (London 1853), S. 16–28.

Friedrich Julius Peter van CALKER, Beitrag zur Kenntnis der Korrosionsflächen des Flussspates. In: Zeitschrift für Krystallographie und Mineralogie 7 (Leipzig 1883), S. 449–456.

John Frederic DANIELL, Ueber einige den Auflösungsprozess begleitende Erscheinungen, und ihre Anwendung auf die Krystallisationsgesetze. Deutsche Übersetzung aus dem im Jahr 1816 im Journal of the Royal Institution erschienene Beitrages. In: ISIS oder Encyclopädische Zeitung Heft VI, Stück 94 (Jena 1817), S. 397–390.

Viktor von EBNER, Die Lösungsflächen des Kalkspathes und des Aragonites. In: Sitzungsberichte der kaiserlichen Akademie der Wissenschaften Wien 89, Abteilung II (Wien 1884), S. 368–458.

Viktor von EBNER, Die Lösungsflächen des Kalkspathes und des Aragonites. In: Sitzungsberichte der kaiserlichen Akademie der Wissenschaften Wien 91, Abteilung II (Wien 1895), S. 760–835.

Franz Serafin EXNER, Untersuchungen über die Härte an Krystallflächen. Preisschrift der kaiserlichen Akademie der Wissenschaften zu Wien (Wien 1873).

A. Capen GILL, Beiträge zur Kenntnis des Quarzes. In: Zeitschrift für Krystallographie und Mineralogie 22 (Leipzig 1894), S. 97–128.

Leopold GMELIN, Gmelin Kraut's Handbuch der anorganischen Chemie, Lehrbuch der Chemie 1 (Heidelberg 1885).

Paul GROTH, Die Mineralien-Sammlung der Kaiser Wilhelms-Universität in Strassburg (1878).

Paul GROTH, Physikalische Krystallographie und Einleitung in die krystallographische Kenntnis der wichtigsten Substanzen. 3. Auflage (Leipzig 1895).

Franz HAIDINGER, Bemerkungen über die zuweilen im geschmeidigen Eisen entstandene krystalline Structur, verglichen mit jener des Meteoreisens. In: Sitzungsberichte der kaiserlichen Akademie der Wissenschaften Wien 15, mathematisch-naturwissenschaftliche Klasse Abteilung I (Wien 1852), S. 354–360.

Carl KLEIN, Blende aus dem Dolomit von Imfeld im Binnenthale. In: Neues Jahrbuch für Mineralogie, Geologie und Paläontologie (= Mineralogische Mitteilungen III, Stuttgart 1872), S. 897–900.

Friedrich KLOCKE, Ueber Aetzfiguren der Alaune. In: Zeitschrift für Krystallographie und Mineralogie 2 (Leipzig 1878), S. 126–146.

Friedrich KLOCKE, Mikroskopische Beobachtungen über das Wachsen und Abschmelzen der Alaune in isomorphen Substanzen. In: Zeitschrift für Krystallographie und Mineralogie 2 (Leipzig 1878), S. 552–575.

Friedrich KLOCKE, Ueber das Verhalten der Krystalle in Lösungen, welche nur wenig von ihrem Sättigungspunkt entfernt sind. In: Zeitschrift für Krystallographie und Mineralogie 4 (Leipzig 1880), S. 76–82.

Franz von KOBELL, (1862): Ueber Asterismus und die Brewster'schen Lichtfiguren. In: Sitzungsberichte der königlich bayerischen Akademie der Wissenschaften zu München 1 (München 1862), S. 199–209.

Arnold von LASAULX, Kristallographische Notizen. In: Zeitschrift für Krystallographie und Mineralogie 1 (Leipzig 1877), S. 359–367.

Franz LEYDOLT, Über eine neue Methode, die Struccur und Zusammensetzung der Krystalle zu untersuchen, mit besonderer Berücksichtigung der Varietätn des rhomboedrischen Quarzes. In: Sitzungsberichte der kaiserlichen Akademie der Wissenschaften Wien 18, mathematisch-naturwissenschaftliche Klasse Abteilung I (Wien 1855), S. 59–81.

Franz LEYDOLT, Über die Structur und Zusammensetzung des prismatischen Kalkhaloids, nebst einem Anhange über die Structur der kalkigen Theile einiger wirbellosen Thiere. In: Sitzungsberichte der kaiserlichen Akademie der Wissenschaften Wien 19, mathematisch-naturwissenschaftliche Klasse Abteilung I (Wien 1856), S. 10-32.

Theodor LIEBISCH, Grundriss der physikalischen Krystallographie (Leipzig 1896).

Otto MEYER, Calcitkugel. In: Neues Jahrbuch für Mineralogie, Geologie und Paläontologie 1 (Stuttgart 1883), S. 74.

Carl Friedrich NAUMANN, & Ferdinand ZIRKEL, Elemente der Mineralogie (Leipzig 1898).

Gerhard A. F. MOLENGRAFF, Studien am Quarz. In: Zeitschrift für Krystallographie und Mineralogie 14 (Leipzig 1888), S. 173-201.

Carl Friedrich NAUMANN, & Ferdinand ZIRKEL, Elemente der Mineralogie. 13. Auflage (Leipzig 1898).

Carl PAPE, Verwitterungsellipsoid wasserhaltiger Krystalle. In: Annalen der Physik und Chemie 124 (Leipzig 1865), S. 329-337. Ebenso 125, S. 513-563.

Gustav ROSE, Weitere Bemerkungen über die durch Druck im Kalkspath hervorgebrachten Erscheinungen von E. Reusch in Thübingen. In: Monatsberichte der königlich preussischen Akademie der Wissenschaften zu Berlin (Berlin 1872), S. 242-246.

Gustav ROSE, Über das Verhalten des Diamants und Graphits bei Überhitzung. In: Monatsberichte der königlich preussischen Akademie der Wissenschaften zu Berlin (Berlin 1872), S. 516-540.

Alexander SADEBECK, Ueber Fahlerz und seine regelmäßigen Verwachsungen. In: Zeitschrift der Deutschen Geologischen Gesellschaft 24 (Berlin 1869), S. 427-464.

Werner B. SCHMIDT, Untersuchungen über die Einwirkung der schwefeligen Säure auf Mineralien und Gesteine. In: Tschermaks Mineralogische und Petrographische Mitteilungen 4 (1881), S. 1-41.

Albrecht SCHRAUF, Lehrbuch der physikalischen Mineralogie. Band 2 (Wien 1868).

Leopold SOHNKE, Ueber das Verwitterungselilipsoid rhomboedrischer Krystalle. In: Zeitschrift für Krystallographie und Mineralogie 4 (Leipzig 1880), S. 225-231.

Gustav TSCHERMAK, Das Krystallgefüge des Eisens insbesondere des Meteoreisens. In: Sitzungsberichte der kaiserlichen Akademie der Wissenschaften Wien 70, Abtheilung 1 (Wien 1877), S. 443-472.

Gustav TSCHERMAK, Meteoreisen aus der Wüste Atacama. In: Denkschriften der kaiserlichen Akademie der Wissenschaften Wien 31 (Wien 1872), S. 187-196.

Emil WEISS, Aetzfiguren bei Gyps und Schlagfiguren bei Bleiglanz. In: Zeitschrift der Deutschen Geologischen Gesellschaft (Protokoll der Märzsitzung, Berlin 1877), S. 208-214.

Gerhard WERNER, Natürliche Eindrücke auf Flussspat. In: Neues Jahrbuch für Mineralogie, Geologie und Paläontologie (= Mineralogische Mitteilungen) (Stuttgart 1881), S. 1-22.

Ludwig WULFF, Ueber die Krystallform der isomorphen Minerale der Bleiglanzgruppe. In: Zeitschrift für Krystallographie und Mineralogie 4 (Leipzig 1880), S. 122-161.

Literatur- und Quellenverzeichnis

Othenio ABEL, Bau und Geschichte der Erde (Leipzig 1909).

Rainer ABART, David HEUSER, Gerlinde HABLER, Mechanisms of myrmekite formations: case study from the Weinsberg granite, Moldanubian zone, Upper Austria. In: Contributions to Mineralogy and Petrology (Regensburg 2014), S. 1074.

Franz ANGEL & Rudolf STABER, Gesteinswelt und Bau der Hochalm-Ankogel-Gruppe. Wissenschaftliche Arbeitshefte Heft 13 (Hg. Deutscher und Österreichischer Alpenverein, Innsbruck 1952).

Georg AGRICOLA, De Re Metallica Libri XII. Unveränderter Nachdruck der Erstausgabe des VDI-Verlags, Berlin 1928 (Wiesbaden 2006).

Giuliano BELLIENI & Dario VISONA, Metamorphic evolution of the Austrian schists outcropping the intrusive masses of Vedrette di Ries (Rieserferner) and Cirma di Vila (Zinsnock)) (Eastern Alps-Italy). In: Neues Jahrbuch für Geologie und Paläontologie. Monatshefte (Stuttgart 1981), S. 586–602.

Dieter A. BINDER, Das Joanneum in Graz, Lehranstalt und Bildungsstätte. Ein Beitrag zur Entwicklung des technischen und naturwissenschaftlichen Unterrichtes im 19. Jahrhundert (Graz 1983).

Ludwig BURMESTER, Geschichtliche Entwicklung des kristallographischen Zeichnens und dessen Ausführung in schräger Projektion. In: Zeitschrift für Kristallographie (Kristallgeometrie, Kristallphysik, Kristallchemie) 57 (Leipzig 1923), S. 1–47.

Kurt von BÜLOW & Martin GUNTAU, Geschichte der Geologie. In: Die Entwicklungsgeschichte der Erde. Brockhaus Nachschlagewerk Geologie 1 (Leipzig 1970), S. 17–32.

Ana CARNEIRO, & Marianne KLEMUN, Instruments of Science – Instruments of Geology; Introducing to Seeing and Measuring, Constructing and Judging: Instruments in the History of the Earth Sciences. Centaurus 53 (Singapore 2011), S. 77–85.

Tillfried CERNAJSEK, Die geowissenschaftliche Forschung in Österreich in der ersten Hälfte des 19. Jahrhunderts. In: Die geologische Bundesanstalt in Wien. 150 Jahre Geologie im Dienste Österreichs (1849–1999). (Wien 1999), S. 41–54.

Tillfried CERNAJSEK, Christoph MENTSCHL, Johannes SEIDL, Eduard Sueß (1831–1914). Ein Geologe und Politiker des 19. Jahrhunderts. In: Wissenschaft und Forschung in Österreich. Exemplarische Leistungen österreichischer Naturforscher und Techniker (Hg. Gerhard Heindl, Frankfurt am Main / Wien u.a. 2000), S. 59–84.

Roger M. Mc COY, Field Methods in Remote Sensing (New York, London 2005).

Hermann CREDNER, Elemente der Geologie (Leipzig 1872).

Peter CSENDES, Wien in der liberalen Ära. In: Eduard Suess und die Entwicklung der Erdwissenschaften zwischen Biedermeier und Sezession. Schriften des Archivs der Universität Wien 14 (Hg. Johannes Seidl, Wien 2009), S. 13–21.

James Dwight DANA, Manual of Geology: treating of the principles of science with special reference to American Geological History (New York 1875).

Eduard Salisbury DANA & James Dwight DANA, A Text-Book of Mineralogy. With an extended treatise on Crystallography and physical Mineralogy (New York 1883).

Lorraine DASTON, & Peter GALISON, Objektivität (Frankfurt/Main 2008).

Michel DURAND-DELGA, Johannes SEIDL, Eduard Suess (1831–1914) et sa fresque mondiale » La Face de la Terre «, deuxième tentative de Tectonique globale. In: Géoscience (Comptes-Rendus, Académie des Sciences, Paris 339, 2007), S. 85–99.

Herbert EGGLMAIER, Naturgeschichte. Wissenschaft und Lehrfach. Ein Beitrag zur Geschichte des naturhistorischen Unterrichts in Österreich. In: Publikationen aus dem Archiv der Universität Graz (Graz 1988), S. 22.

Christof EXNER, Die geologische Position der Magmatite des periadriatischen Lineamentes. In: Verhandlungen der geologischen Bundesanstalt 2 (Wien 1976), S. 3–64.

Christof EXNER, Friedrich Becke und die Tauerngeologie. In: Jahrbuch der Geologischen Bundesanstalt 145 (Wien 2005), S. 5–19.

Eginhard FABIAN, Die Entdeckung der Kristalle. Der historische Weg der Kristallforschung zur Wissenschaft (Leipzig 1968).

Eginhard FABIAN, Kristallographie: Die Entstehung einer Wissenschaft im Spannungsfeld wissenschaftlicher Traditionen. In: Der Ursprung der modernen Wissenschaften. Studien zur Entstehung wissenschaftlicher Disziplinen (Hg: Martin Guntau & Hubert Laitko, Berlin 1987), S. 11–126.

Peter FAUPL, Historische Geologie. Eine Einführung (Wien 2000).

Die FEIERLICHE INAUGURATION des Rektors für das Studienjahr 1918/1919 am 28. Oktober 1918. Selbstverlag der k. k. Universität Wien.

Günther B. FETTWEIS, 150 Jahre Montanuniversität Leoben. Rückblick und Jubiläumsfeiern. In: Glückauf 127 (Leoben 1991), S. 212–215.

Günther B. FETTWEIS, Über Freiberger Einflüsse auf die Vorgeschichte der Gründung der heutigen Montanuniversität Leoben und auf das Wirken ihres ersten Professors Peter Ritter von Tunner. In: Bibliotheken, Archive, Museen, Sammlungen. Beiträge des 10. Internationalen Symposiums Kulturelles Erbe in Geo- und Montanwissenschaften. (Hg. Sächsisches Staatsarchiv, Reihe A: Archivverzeichnisse, Editionen und Fachbeiträge 14, Halle an der Saale 2010), S. 197–215.

Günter B. FETTWEIS, Wo Forschung Zukunft wird. Festschrift zum Jubiläum »175 Jahre Montanuniversität Leoben«. 3 Bände (Leoben 2015).

Walter FILLA, Weltbekannter Mineraloge und Volksbildner. Ein Kurzportrait Friedrich Beckes (1855–1931). In: Verein zur Geschichte der Volkshochschulen. Mitteilungen 4, Nr. 1 (Wien 1993), S. 17–23.

Walther FISCHER, Becke, Friedrich Johann Karl. In: Neue deutsche Biographie 1, 2. Auflage. (Hg.: Historische Kommission bei der bayerischen Akademie der Wissenschaften, Berlin 1971), S. 708–709.

Helmut W. FLÜGEL, Der Abgrund der Zeit. Die Entwicklung der Geohistorik 1670–1830 (Berlin, Diepholz 2004).

Heinrich FÖRSTNER, Ueber die Feldspäthe von Pantelleria. In: Zeitschrift für Krystallographie und Mineralogie 8 (Leipzig 1884), S. 125–202.

Michel FOUCAULT, Die Ordnung der Dinge. Eine Archäologie der Humanwissenschaften. 23. Auflage (Frankfurt am Main 2015).

Heinrich von FOULLON, Ueber Porphyrite aus Tirol. In: Jahrbuch der k. k. geologischen Reichsanstalt 36 (Wien 1886), S. 747–777.

Walter FRANK, Christoph MILLER, Kostas PETRAKAKIS, Walter PROHASKA, Wolfram RICHTER, Das penninische Kristallin im Mittelabschnitt des Tauernfensters und die Rieserferner Intrusion mit ihrem Kontakthof. DMG-ÖMG-Tagung 1981, Exkursion E 6. In: Fortschritte der Mineralogie 59, Beiheft 2 (Hg. Deutsche Mineralogische Gesellschaft, Stuttgart 1981), S. 97–128.

Moritz Ludwig FRANKENHEIM, Die Lehre von der Cohäsion, umfassend die Elasticität der Gase, die Elasticität und Cohärenz der flüssigen und festen Körper und die Krystallkunde (Breslau 1835).

Walter FRISCH, Der alpidische Internbau der Venediger Decke im westlichen Tauernfenster (Ostalpen). In: Neues Jahrbuch für Geologie und Paläontologie. Monatshefte (Stuttgart 1977), S. 675–698.

Peter GAY, An X-Ray investigation of some rare-earth silicates: cerite, lessingite, beckelite, britholite, and stillwellite. In: The Mineralogical Magazine and Journal of the Mineralogical Society 31 (London 1958), S. 455–468.

Archibald GEIKIE, Anleitung zu Geologischen Aufnahmen. (Deutsch von Karl v. Terzogli) (Leipzig & Wien 1906).

Gregory A. GOOD (Hg), Sciences oft the Earth. An Encyclopedia of Events, People and Phenomena (New York & London 1998).

Stephen Jay GOULD, Die Entdeckung der Tiefenzeit. Zeitpfeil oder Zeitzyklus in der Geschichte unserer Erde (München 1990).

Hermann GRABER, Die Aufbruchzone von Eruptiv- und Schiefergesteinen in Südkärnten. In: Jahrbuch der geologischen Reichsanstalt 47 (Wien 1897).

Franz GRAEFF, Reinhard BRAUNS, Zur Kenntnis des Vorkommens körniger Eruptivgesteine bei Cingolina in den Euganeen bei Padua. In: Neues Jahrbuch der Mineralogie, Geologie und Paläontologie 1 (Stuttgart 1893), S. 123–133.

Reinhard GRATZER, Ein Beitrag zur Petrologie der Rieserferner Intrusion in Ost- und Südtirol. – Dissertation zur Erlangung des Doktorgrades an der Formal- und naturwissenschaftlichen Fakultät der Universität Wien (Wien 1982).

Paul GROTH, Physikalische Krystallographie und Einleitung in die krystallographische Kenntnis der wichtigeren Substanzen (Leipzig 1876, 1895).

Paul GROTH, Tabellarische Übersicht der Mineralien nach ihren krystallographisch-chemischen Beziehungen. 4. Auflage (Braunschweig 1898).

Ulrich GRUBENMANN, Die kristallinen Schiefer. 1. und 2. Teil, 1. Auflage (Berlin 1904).

Ulrich GRUBENMANN, Die kristallinen Schiefer: eine Darstellung der Erscheinungen der Gesteinsmetamorphose und ihrer Produkte. 2. Auflage (Bonn 1910).

Ulrich GRUBENMANN & Paul NIGGLI, Die Gesteinsmetamorphose. Die kristallinen Schiefer. Eine Darstellung der Erscheinungen der Gesteinsmetamorphose und ihrer Produkte. 3. Auflage (Berlin 1924).

Patrick GRUNERT, Lukas Friedrich Zekeli (1823–1881). Leben und Werk eines nahezu vergessenen Pioniers des paläontologischen Unterrichts in Österreich. In: Jahrbuch der Geologischen Bundesanstalt 146 (Wien 2006), S. 195–215.

Siegmund GÜNTHER, Geschichte der anorganischen Naturwissenschaften im Neunzehnten Jahrhundert (Berlin 1901).

Martin GUNTAU, Die Genesis der Geologie als Wissenschaft. (= Schriftenreihe für geologische Wissenschaften 22, Berlin 1984), S. 1–131.

Martin GUNTAU, Die Entstehung der Mineralogie als wissenschaftliche Disziplin in der Geschichte. In: Zeitschrift geologischen Wissens 12 (Berlin 1984), S. 395–403.

Martin GUNTAU & Hubert LAITKO, Der Ursprung der modernen Wissenschaften. Studien zur Entstehung wissenschaftlicher Disziplinen (Berlin 1987).

Martin GUNTAU, Zu einigen Wurzeln der Mineralogie. In: Wissenschaftsgeschichte und Wissenschaftstheorie. Hubert Laitko zum 70. Geburtstag (Hg. von H. Kant und A. Vogt, Berlin 2005), S. 111–129.

Martin GUNTAU, Wissenschaftshistorische Arbeiten zu den geologischen Wissenschaften in der DDR. (= Schriftenreihe für Geowissenschaften 16, Rostock 2007), S. 371–384.

Wilhelm HAIDINGER, Handbuch der bestimmenden Mineralogie, enthaltend Terminologie, Systematik, Nomenklatur und Charakteristik der Naturgeschichte des Mineralreiches (Wien 1850).

Margret HAMILTON, Die Schüler Friedrich Johann Karl Beckes an der Universität Wien. Ihre Biographien und Werkverzeichnisse, mit einer Beschreibung der nach vier Schülern benannten Minerale: Chudobait, Cornuit, Görgeyit und Tertschit. – Dissertation, eingereicht an der Fakultät für Geowissenschaften, Geographie und Astronomie der Universität Wien. (Wien 2009).

Margret HAMILTON, Friedrich Becke als akademischer Lehrer am mineralogisch-petrographischen Institut an der Universität von 1898–1927. In: Berichte der Geologischen Bundesanstalt 45 (Wien 2009), S. 12–15.

Margret HAMILTON, Der Einfluss Friedrich Johann Karl Beckes auf die Erdwissenschaften an der Universität Wien. In: Bibliotheken, Archive, Museen, Sammlungen. Beiträge des 10. Internationalen Symposiums Kulturelles Erbe in Geo- und Montanwissenschaften. Editionen und Fachbeiträge 14 (Hg. Sächsisches Staatsarchiv, Reihe A: Archivverzeichnisse, Halle an der Saale 2010), S. 147–155.

Margret HAMIILTON, »Prodromus Crystallographiea de Crystallis improprie sic dictis commentarum«. Der Mediziner Moritz Anton Cappeller (1685–1769) mit der ersten kristallographischen Dokumentation in der Geschichte der Kristallographie. In: 14. Wissenschaftshistorisches Symposium der Österreichischen Arbeitsgruppe »Geschichte der Erdwissenschaften« 2015 »Geologie und Medizin«. Berichte der Geologischen Bundesanstalt 113 (Wien 2015), S. 17–22.

Margret HAMILTON & Franz PERTLIK, Chronologische Dokumentation der zu Ehren von Friedrich Beecke (1855–1931) benannten Lichtlinie. In: Mitteilungen der Österreichiscgen Mineralogischen Gesellschaft 162 (Wien 2016), S. 39–47.

Vera M.F. HAMMER, Sonderschau zum Thema »100 Jahre (Wiener) Österreichische Mineralogische Gesellschaft – ÖMG. In: Mitteilungen der Österreichischen Mineralogischen Gesellschaft 146 (Wien 2001), S. 397–416.

Vera M.F. HAMMER & Franz PERTLIK, Ein Beitrag zur Geschichte des Vereins »Wiener Mineralogische Gesellschaft« (27. März 1901–24. November 1947). In: Mitteilungen der Österreichischen Mineralogischen Gesellschaft 146 (Wien 2001), S. 417–425.

Vera M.F. HAMMER & Franz PERTLIK, Das wissenschaftliche Erbe von Gustav Tschermak-Seysenegg (1836–1927): Eine Zusammenstellung biographischer Daten seiner Doktoranden. In: Mitteilungen der Österreichischen Mineralogischen Gesellschaft 155 (Wien 2009), S. 189–230.

Vera M.F. HAMMER, Franz PERTLIK & Johannes SEIDL, Friedrich Martin Berwerth (16.11.1850–22.9.1918): Eine Biographie. In: Berichte der Geologischen Bundesanstalt 45 (Wien 2009), S. 16–17.

Franz Ritter von HAUER, Die Geologie und ihre Anwendung auf die Kenntnis der Bodenbeschaffenheit der Österreichisch – Ungarischen Monarchie (Wien 1875).

Renee Just HAÜY, Essai d'une théorie sur la structure des crystaux appliquée à plusieurs genres de substances crystalisées (Paris 1874).

Albert HEIM, Untersuchungen über den Mechanismus der Gebirgsbildung im Anschluss an die geologische Monographie der Tödi-Windgällen-Gruppe. 1. Band, 1. Teil (Basel 1878).

Alfred HIMMELBAUER, Zur Erinnerung an Friedrich Becke. In: Mineralogische und Petrographische Mitteilungen 42 (Wien 1931), S. I–VIII.

Walter HÖFLECHNER, Österreich: eine verspätete Wissenschaftsnation? In: Geschichte der österreichischen Humanwissenschaften. Band 1: Historischer Kontext, wissenschaftssoziologische Befunde und methodologische Voraussetzungen (Hg: Karl Acham, Wien 1999), S. 93–114.

Christoph HOFFMANN, Daten sichern. Schreiben und Zeichnen als Verfahren der Aufzeichnung (Zürich, Berlin 2008).

Christoph HOFFMANN, Unter Beobachtung. Naturforschung in der Zeit der Sinnesapparate (Göttingen 2006).

Bernhard HOLUB & Robert MARSCHALLINGER, Die Zentralgneise im Hochalm-Ankogel-Massiv (östliches Tauernfenster). Teil I: petrographische Gliederung und Intrusionsfolge. In: Mitteilungen der Österreichischen Geologischen Gesellschaft 81 (Wien 1989), S. 5–32.

Bernhard HUBMANN, Daniela C. ANGETTER & Johannes SEIDL, Eduard (Carl Adolph) Suess between science and politics. In: INHIGEO Annual Record 4 (Canberra 2014), S. 79–82.

J. Shearson HYLAND, Ueber die Gesteine des Kilimandscharo und dessen Umgebung. In: Tschermaks Mineralogische und Petrographische Mitteilungen 10 (Wien 1889), S. 203–268.

Gerd IBLER, Nathanael Gottfried Leske (1751–1786) und sein klassisches Naturalienkabinett. In: Mitteilungen der Österreichischen Mineralogischen Gesellschaft 161 (Wien 2015), S. 151–171.

Volker JAKOBSHAGEN, Jörg Arndt, Hans-Jürgen GÖTZE, Dorothee MERTMANN & Carin M. WALFASS, Einführung in die Geologische Wissenschaft (Stuttgart 2000).

Friedrich KARL, Vergleichende petrographische Studien an den Tonalitgraniten der Hohen Tauern und den Tonalitgraniten einiger periadriatischer Intrusivmassive. In: Jahrbuch der geologischen Bundesanstalt 102 (Wien 1959), S. 1–192.

Emanuel KAYSER, Lehrbuch der allgemeinen Geologie. 4. Auflage (Stuttgart 1912).

Gustav Adolf KENNGOTT, Handwörterbuch der Mineralogie, Geologie und Paläontologie. Band 1 (Hg. A. Kenngott, unter Mitwirkung von Arnold von Lasaulx und Friedrich Rolle, Breslau 1882).

Marianne KLEMUN, The Geologist's Hammer – Fossil Tool, Equipment, Instrument and/ or Badge? In: Centaurus 53 (Singapore 2011), S. 86–101.

Marianne KLEMUN, »Die Gestalt der Buchstaben, nicht das Lesen wurde gelehrt.« Friederich Mohs »naturhistorische Methode« und der mineralogische Unterricht in Wien. In: Mensch-Wissenschaft-Magie (= Mitteilungen der Österreichischen Gesellschaft für Wissenschaftsgeschichte 22, Wien 2002), S. 43–60.

Friedrich KLOCKMANN, Lehrbuch der Mineralogie. 16. Auflage, überarbeitet und erweitert von Paul Rahmdohr und Hugo Strunz (Stuttgart 1978).

Franz von KOBELL, Geschichte der Mineralogie von 1650–1860. In: Geschichte der Wissenschaft in Deutschland Neuere Zeit, 2. Band: Geschichte der Mineralogie (München 1864).

Leopold KOBER, Über Bau und Entstehung der Ostalpen. In: Mitteilungen der Geologischen Gesellschaft Wien 5 (Wien 1912), S. 368–481.

Leopold KOBER, Lehrbuch der Geologie. Für Studierende der Naturwissenschaften, Geologen, Monatanisten und Techniker (Wien 1923).

Leopold KOBER, Gestaltungsgeschichte der Erde. Sammlung Borntraeger 7 (Berlin 1925).

Leopold KOBER, Der geologische Aufbau Österreichs (Wien 1938).

Leopold KOBER, Bau und Entstehung der Alpen (Wien 1955).

Alexander KÖHLER, Verzeichnis der Arbeiten F. Becke's nach Jahren geordnet. In: Mineralogische und Petrographische Mitteilungen 38 (Wien 1925), S. VII–XIX.

Alexander KÖHLER, Zur Kenntnis der Ganggesteine im niederösterreichischen Waldviertel. In: Mineralogische und Petrographische Mitteilungen 39 (Wien 1928), S. 125–203.

Alexander KÖHLER & Emil DITTLER, Über das Verhalten der Feldspäte bei hohen Temperaturen. In: Anzeiger der Akademie der Wissenschaften 61, mathematisch-naturwissenschaftliche Klasse (Wien 1924), S. 153–154.

Alexander KÖHLER & Emil DITTLER, Zur Frage der Entmischbarkeit der Kali-Natron-Feldspate und über das Verhalten des Mikroklins bei hohen Temperaturen. In: Mineralogische und Petrographische Mitteilungen 36 (Wien 1925), S. 229–261.

Gmelin KRAUT, Handbuch der anorganischen Chemie. Lehrbuch der Chemie. Band 1 (Heidelberg 1885).

Ernst KUPKA, Zur geologischen Stellung des Ahornkernes in den westlichen Hohen Tauern. In: Skizzen zum Antlitz der Erde. Geologische Arbeiten, herausgegeben zum Anlaß des 70. Geburtstages von Prof. L. Kober (Hg. H. Küpper, Ch. Exner, H. Grubinger, Wien 1953), S. 159–167.

Johann Gottlob KURR, Grundzüge der ökonomisch-technischen Mineralogie. Ein Lehr- und Handbuch für Oekonomen und Erwerbsmänner, sowie für Polytechnische-, Real-, Gewerbs-, Land- und forstwirtschaftliche Lehranstalten. 2. Auflage (Leipzig 1844).

Rachel LAUDAN, From Mineralogy to Geology. The foundations of a Science 1650–1830 (Chicago/ London 1987).

Arnold von LASAULX, Elemente der Petrographie (Bonn 1875).

Arnold von LASAULX, Einführung in die Gesteinslehre. Ein Leitfaden für den akademischen Unterricht und zum Selbststudium (Breslau 1886).

Werner LEINFELLNER, Struktur und Aufbau wissenschaftlicher Theorien. Eine wissen-schafts-theoretisch-philosophische Untersuchung (Wien, Würzburg 1965).

Christian L. LENGAUER, Nina HRAUDA, Uwe KOLITSCH, Rober KRICKL & Eckehart TILLMANNS, Friedrichbeckeite, $K(\square_{0.5}Na_{0.5})_2 (Mg_{0.8}Mn_{0.1}Fe_{0.1})_2 (Be_{0.6}Mg_{0.4})_3 [Si_{12}O_{30}]$, a new milarite-type mineral from the Bellerberg volcano, Eifel area, Germany. In: Mineralogy and Petrology 96 (Wien, New York 2009), S. 221–232.

Hans LENTZE, Die Universitätsreform des Ministers Graf Leo Thun-Hohenstein (= Beiträge zur Geschichte der Universität Wien 5 = Sitzungsberichte der Österreichischen Akademie der Wissenschaften 239, Abh. 2), Wien u.a. 1962.

Johannes LEONIS & Ferdinand SENFT, Synopsis der drei Naturreiche. Ein Handbuch für höhere Lehranstalten. 1. Abteilung: Synopsis der Mineralogie und Geognosie. 3. Band (Hannover 1875).

Franz LEYDOLDT, Über eine Methode, die Structur der Zusammensetzung der Krystalle zu untersuchen. In: Sitzungsberichte der kaiserlichen Akademie der Wissenschaften Wien 15, mathematisch-naturwissenschaftliche Klasse, Abteilung I (Wien 1854), S. 59–63.

LEXIKON der Geowissenschaften. 3. Band (Heidelberg, Berlin 2001). Redaktion: Christiane MARTIN, Inga DREWS, Manfred EIBLMAIER, Hélène PRETSCH.

Theodor LIEBISCH, Grundriss der physikalischen Krystallographie. (Leipzig 1896).

Ferdinand LÖWL, Profil durch den Westflügel der Hohen Tauern. In: Jahrbuch der k.k. geologischen Reichsanstalt 21 (Wien 1881), S. 445–452.

Ferdinand LÖWL, Die Tonalitkerne der Rieserferner in Tirol. In: A. Petermanns Mitteilungen aus Justus Perthes' Geographischer Anstalt 39 (Hg. A. Supan, Gotha 1893), S. 73–82 und 112–116.

Ferdinand LÖWL, Geologie (Leipzig, Wien 1906).

N.S. MANCKTELOW, D.F. STÖCKLI, B. GROLLIMUND, W. MÜLLER, B. FÜGENSCHUH, G. VIOLA, D. SEWARD & I.M. VILLA, The DAV and Periadriatic fault systems in the Eastern Alps south of the Tauern window. In: International Journal of Earth Sciences 9 (Heidelberg, New York 2001), S. 593–622.

Otto MASCHKE, Ueber Abscheidung krystllisierter Kieselsäure aus wässrigen Lösungen. In: Annalen der Physik und Chemie 145 (Leipzig 1872), S. 549–578.

Stephen MASON, Geschichte der Naturwissenschaft in der Entwicklung ihrer Denkweisen, Unveränderter Nachdruck der unter Mitwirkung vom Klaus M. Meyer-Abich und von Bernhard Sticker † besorgten deutschsprachigen Ausgabe (1974). (Bassum 1997).

Siegfried MATTHES, Mineralogie. Eine Einführung in die spezielle Mineralogie, Petrologie und Lagerstättenkunde. 6. Auflage (Berlin, Heidelberg, New York 2001).

Olaf MEDENBACH, Peter W. MIRWALD & Peter KUBATH: Rho und Phi, Omega und Delta. Die Winkelmessung in der Mineralogie. Sonderdruck aus MINERALIEN-Welt 5 (Haltern, Deutschland 1995).

Karl MIELEITNER, Moritz Anton Cappellers Prodromus Crystallographiae. Herausgegeben und übersetzt von Mieleitner (München 1922).

Günter MÖBUS, Geologie der Alpen. Eine Einführung in die regional-geologischen Einheiten zwischen Genf und Wien (Köln 1997).

Friederich MOHS, Die ersten Begriffe der Mineralogie und Geognosie für junge praktische Bergleute der k. k. österreichischen Staaten. 2. Teil: Geognosie (Wien 1842).

Friederich MOHS, Grundriß der Mineralogie. Teil 1: Terminologie, Systematik, Nomenklatur, Charakteristik (Dresden 1822); Teil 2: Physiographie (Dresden 1824).

Edmund MOJSISOVICS, Die Dolomit-Riffe von Südtirol und Venetien (Wien 1897).

Jozef MOROZEWICZ, Über Beckelith, ein Cero-Lanthano-Didymo-Silikat von Calcium. In: Tschermaks Mineralogische und Petrographische Mitteilungen 24 (Wien 1905), S. 120–127.

Kurt MÜHLBERGER, Das »Antlitz« der Wiener Philosophischen Fakultät in der zweiten Hälfte des 19. Jahrhunderts. Struktur und personelle Erneuerung. In: Eduard Suess und die Entwicklung der Erdwissenschaften zwischen Biedermeier und Sezession (= Schriften des Archivs der Universität Wien 14, Hg. J. Seidl, Wien 2009), S. 67–102.

Carl Friedrich NAUMANN, Elemente der theoretischen Krystallographie. Mit einem Atlas von 33 Kupfertafeln (Leipzig 1856).

Carl Friedrich NAUMANN, & Ferdinand ZIRKEL, Elemente der Mineralogie. 13. Auflage (Leipzig 1898).

Paul NIGGLI, Probleme der Naturwissenschaften erläutert am Begriff der Mineralart. In: Wissenschaft und Kultur 5 (Basel 1949).

OKEN, Allgemeine Naturgeschichte für alle Stände. Band 1. Mineralogie und Geognosie. Bearbeitet von F.A. Walchner (Stuttgart 1839).

David R. OLDROYD, Thinking about the earth. A History of Ideas in Geology (Cambridge 1996).

David R. OLDROYD, Die Biographie der Erde. Zur Wissenschaftsgeschichte der Geologie (Frankfurt am Main 1998).

David R. OLDROYD, Science of Earth Studies in the History of Mineralogy and Geology (Hg. Aldershot et al., Ashgate 1998).

David R. OLDROYD, Maps as pictures or diagrams: The early development of geological maps. In: Rethinking the Fabric of Geology. The Geological Society of America, Special paper 502 (Boulder, Colorado 2013), S. 41–101.

Cees W. PASSCHIER, Rudolf A. J. TROUW, Microtectonics. 2nd, revised and enlarged ed. (Berlin 2005).

Franz PERTLIK, Argumente für die Existenz eines diklinen Kristallsystems in der Fachliteratur des 19. Jahrhunderts. Ein Beitrag zur Geschichte der Kristallographie. In: Mitteilungen der Österreichischen Mineralogischen Gesellschaft 152 (Wien 2006), S. 17–29.

Franz PERTLIK, Cornelio August Severus Doelter de Cisterich y dela Torre (1850–1930). Sein Lebensabschnitt als Professor an der Universität Wien (1907–1921). In: Mensch-Wissenschaft-Magie. (= Mitteilungen der Österreichischen Gesellschaft für Wissenschaftsgeschichte 30, Wien 2013), S. 133–156.

Walter PETRASCHEK, Über Gesteine der Brixener Masse und ihrer Randbedingungen. In: Jahrbuch der geologischen Reichsanstalt, 54 (Wien 1904). S. 47–74.

Adrian O. PFIFFNER, Geologie der Alpen (Bern, Stuttgart, Wien 2009).

Hans PICHLER & Cornelia SCHMITT-RIEGRAF, Gesteinsbildende Minerale im Dünnschliff (Stuttgart 1993).

Frank PRESS & Raymond SIEVER, Allgemeine Geologie. Eine Einführung (Hg: Volker Schweizer, Heidelberg, Berlin, Oxford 1995).

Walter PROHASKA, Der Kontakthof der Rieserfernerintrusion in Ost- und Südtirol. – Dissertation an der Formal- und naturwissenschaftlichen Fakultät der Universität Wien (Wien 1981).

Gerhard vom RATH, Beiträge zur Kenntnis der eruptiven Gesteine der Alpen. In: Zeitschrift der Deutschen Geologischen Gesellschaft (Berlin 1864), S. 249–266.

REKTORATSAKTEN im Archiv der Universität Wien.

Julius ROMBERG, Über die chemische Zusammensetzung der Eruptivgesteine in den Gebieten von Predazzo und Monzoni. Aus dem Anhang zu den Abhandlungen der königlich preussischen Akademie der Wissenschaften vom Jahre 1904 (Berlin 1904).

Claudio L. ROSENBERG, Shear zones and magma ascent: A model based on a review of the Tertiary magmatism in the Alps. TECTONICS 23 (Washington 2004), S. 11.

Heinrich ROSENBUSCH, Elemente der Gesteinslehre (Stuttgart 1898).

Heinrich ROSENBUSCH, Zur Auffassung der chemischen Natur des Grundgebirges. In: Tschermaks Mineralogische und Petrographische Mitteilungen 12 (Wien 1891), S. 49–61. Ebenso in: Neues Jahrbuch für Mineralogie, Geologie und Paläontologie (Stuttgart 1889), S. 81–115.

Heinrich ROSENBUSCH & Ernst Anton WÜLFING, Mikroskopische Petrographie der petrographisch wichtigen Mineralien. 1. Hälfte: Allgemeiner Teil (1904), 2. Hälfte: Spezieller Teil. 4. Auflage (Stuttgart 1905).

Hans Jürgen RÖSLER, Lehrbuch der Mineralogie. 5. Auflage (Leipzig 1991).

Martin J.S. RUDWICK, Earth History and the History of Geology. In: The Story of Time (Ed. K. Lippincott, London 1999).

Martin J.S. RUDWICK, Minerals, strata and fossils. In: The New Science of Geology. III. Cultures of Natural History (ed. N. Jardine, J.A. Secord and E.C. Spary, Cambridge 2004), S. 266–286.

Alexander SADEBECK, Ueber Fahlerz und seine regelmässigen Verwachsungen. In: Zeitschrift der Deutschen Geologischen Gesellschaft 24 (Berlin 1872), S. 427–464.

Wilhelm SALOMON, Ueber die Berechnung des variablen Werthes der Lichtbrechung in beliebig orientierten Schnitten optisch einaxiger Mineralien von bekannter Licht- und Doppelbrechung. In: Zeitschrift für Krystallographie und Mineralogie 26 (Leipzig 1896), S. 178–187.

Stefan SCHMID, Andreas SCHARF; Mark R. HANDY, Claudio L. ROSENBERG, The Tauern Window (Eastern Alps, Austria): a new tectonic map, with cross-sections and tectonometamorphic synthesis. In: Swiss Geological Society (Bern 2013), S. 1–32.

Albrecht SCHRAUF, Lehrbuch der Krystallographie und Mineral-Morphologie. Handbuch zum Studium der theoretischen Chemie, Mineralogie und Krystallphysik (Wien 1866).

Albrecht SCHRAUF, Lehrbuch der physikalischen Mineralogie (Wien 1868).

Elmar SCHÜBL, Mineralogie, Petrographie, Geologie und Paläontologie: Zur Institutionalisierung der Erdwissenschaften an österreichischen Universitäten vornehmlich an jener in Wien, 1848–1938 (Graz 2010).

Walter SCHUMANN, Der neue BLV Steine- und Mineralienführer. 5. Auflage (München, 1997).

Claudia SCHWEIZER, Wissenschaftspolitik im Spiegel geistiger Nachfolge. Zur Korrespondenz von Friederich Mohs an Franz-Xaver Zippe aus den Jahren 1825–1839 (aus dessen Nachlass). (Berichte der Geologischen Bundesanstalt 71, Wien 2007).

Johan Jakob SEDERHOLM, Über eine Archäische Sedimentformation im südwestlichen Finland und ihre Bedeutung für die Entstehungsweise des Grundgebirges. In: Bulletin de la Commission géologique de la Finlande 6 (Helsingfors 1897), S. 1–254.

Johannes SEIDL, Von der Geognosie zur Geologie. Eduard Sueß (1831–1914) und die Entwicklung der Erdwissenschaften an den österreichischen Universitäten in der zweiten Hälfte des 19. Jahrhunderts. In: Jahrbuch der Geologischen Bundesanstalt 149. Festschrift zum 66. Geburtstag von HR Dr. Tillfried Cernajsek, Bibliotheksdirektor i. R. der Geologischen Bundesanstalt (Wien 2009), S. 375–390.

Johannes SEIDL, Franz PERTLIK, & M. SVOJTKA, Franz Xaver Maximilian Zippe (1791–1863) – Ein böhmischer Erdwissenschafter als Inhaber des ersten Lehrstuhls für Mineralogie an der Philosophischen Fakultät der Universität Wien. In: Eduard Suess und die Entwicklung der Erdwissenschaften zwischen Biedermeier und Sezession (= Schriften des Archivs der Universität Wien 14, Hg. K. Mühlberger, Th. Maisel & J. Seidl, Wien 2009), S. 161–209.

Johannes SEIDL, Eduard (Carl Adolph) Suess. Geologe, Techniker, Kommunal-, Regional- und Staatspolitiker, Akademiepräsident. In: Universität – Politik – Gesellschaft (= 650 Jahre Universität Wien – Aufbruch ins neue Jahrhundert , Bd. 2, Hg. Mithell G. Ash, Josef Ehmer, Wien 2015), S. 217–223.

Walter SENARCLENS-GRANCY, Die geologischen Verhältnisse am Ostende des Tonalites der Rieserferner im Osttirol. In: Centralblatt für Mineralogie und Paläontologie, Abteilung B (Stuttgart 1930), S. 150–153.

Ferdinand SENFT, Synopsis der drei Naturreiche. Ein Handbuch für höhere Lehranstalten. Erste Abteilung: Synopsis der Mineralogie und Geognosie (Hannover 1875).

A.M. Celâl ŞENGÖR, Eduard Suess' Briefe an Theodor Gomperz: Suess' Ansichten über die frühesten erdgeschichtlichen Theorien im Altertum. In: Geohistorische Blätter 25 (2015), S. 55–70.

A.M. Celâl ŞENGÖR, The Founder of Modern Geology died 100 Years Ago: The Scientific Work and Legacy of Eduard Suess. Geoscience Canada 42 (Ahrensfelde 2015), S. 181–246.

A.M. Celâl ŞENGÖR, Eduard Suess and Global Tectonics: An illustrated »Short Guide«. In: Austrian Journal of Earth Sciences (= Mitteilungen der österreichischen Geologischen Gesellschaft 107/1, Wien 2014), S. 6–81.

William SMITH, A Memoir to the Map and Delineation of the Strata of England and Wales with parts of Scotland. (Re-mastered from an original held in the British Geological Survey Library, London 2015).

William SMITH, 1815 Geological Map. (Reproduction and published by the British Geological Survey, London 2015).

Guido STACHE, Aus den Randgebieten des Adamello Gebirges. In: Verhandlungen der k. k. Geologischen Reichsanstalt (Wien 1880), S. 252–255.

Guido STACHE, Die kristallinen Schiefergesteine im Zillerthale in Tirol. In: Verhandlungen der k.k. geologischen Reichsanstalt (Wien 1870), S. 216–219.

Hugo STRUNZ & Ernt H. NICKEL, Strunz Mineralogical Tables. 9th Edition (Stuttgart 2001).

Dyonisus STUR, Die geologischen Verhältnisse der Thäler Drau, Insel, Möll und Gail. In: Jahrbuch der k. k. geologischen Reichsanstalt 7 (Wien 1856), S. 405–459.

Eduard SUESS, Das Antlitz der Erde. 3. Band, 2. Hälfte (Wien, Leipzig 1909).

Eduard SUESS, La Face de la Terre. Traduite et annotée par Emmanuel de Margerie, éditeur scientifique Pierre Termier; avec un épilogue par Pierre Termier. Tomes I–III en 4 parties (Paris 1897–1918).

Eduard SUESS, The Face oft he Earth. Translated by Hertha B.C. Sollas, under the direction of W.J. Sollas, 5 volumes (Oxford 1904–1924).

Franz Eduard SUESS, Friedrich Becke. In: Mitteilungen der Geologischen Gesellschaft Wien 24 (Wien 1932), S. 137–146.

Friedrich Josef TELLER, Vorwort zum 9. Geologenkongress in Wien. Führer zu den Exkursionen in Österreich (Hg. Exkursionskomitee, Wien 1903).

Friedrich Josef TELLER, Zur Tektonik der Brixner Masse und ihrer nördlichen Umrandung. In: Verhandlungen der k. k. geologischen Reichsanstalt (Wien1881), S. 69–74.

Friedrich Josef TELLER, Ueber die Aufnahmen im Hochpusterthale. In: Verhandlungen der k. k. geologischen Reichsanstalt (Wien 1882), S. 342–346.

Friedrich Josef TELLER, Topographie: Spezialkarte von Bruneck. (Hg. Geologische Reichsanstalt, Wien 1882).

Friedrich Josef TELLER, Ueber porphyritische Eruptivgesteine aus den Tiroler Central-Alpen. In: Jahrbuch der k. k. geologischen Reichsanstalt 26 (Wien 1886), S. 715–746.

Pierre TERMIER, Les nappes des Alpes Orientales et la synthèse des Alpes. In: Bulletin de la Société géologique de France (4) 3 (1903), (Paris 1904), S. 711–765.

Hermann TERTSCH, Mein Lehrer. Zu Friedrich Beckes 100. Geburtstag. Der Karinthin 30. Beiblatt der Fachgruppe für Mineralogie und Geologie der Naturwissenschaften des Vereins für Kärnten zu Carinthia II. Naturwissenschaftliche Beiträge zur Heimatkunde Kärntens (Klagenfurt 1955), S. 86–94.

Hermann TERTSCH, Friedrich Johann Becke. 1855–1931. In: Geschichte der Mikroskopie. Leben und Werk großer Forscher. Band III. Angewandte Naturwissenschaften und Technik (Hg. H. Freund und A. Berg, Frankfurt am Main 1966).

Hermann TERTSCH, Erinnerungen an Friedrich Becke. In: Mitteilungen der Österreichischen Mineralogischen Gesellschaft. Sonderheft 4 (Wien 1956), S. 4.

Otto THIELE, Das Tauernfenster. In: Der geologische Aufbau Österreichs (Hg. Geologische Bundesanstalt, Wien, New York 1980).

Alexander TOLLMANN, Geologie von Österreich, Band 1 (Wien 1977).

Gustav TSCHERMAK, Meteoreisen aus der Wüste Atacama. In: Denkschriften der kaiserlichen Akademie der Wissenschaften Wien (Wien 1872), S. 187–196.

Gustav TSCHERMAK, Mineralogie. In: Geschichte der Wiener Universität von 1848–1898. Eine Huldigungsfestschrift zum fünfzigjährigen Regierungsjubiläum seiner k. u. k. Apostolischen Majestät des Kaisers Franz Josef I. (Hg. Akademischer Senat der Wiener Universität, 1898), S. 301–306.

Gustav TSCHERMAK, Geologie und Paläontologie. Ebenda, S. 306–310.

Gustav TSCHERMAK, Lehrbuch der Mineralogie. 6. Auflage (Wien 1905).

Gustav TSCHERMAK, Grundriss der Mineralogie für Schulen (Wien 1863).

Norbert VÁVRA, August Emanuel Ritter von Reuss (1811–1873). Mineraloge, Arzt und Paläontologe. In: Österreichische Naturwissenschafter, Techniker und Mediziner im 19. und 20. Jahrhundert (Hg. Daniela Angetter, Johannes Seidl, Frankfurt am Main, Berlin, Brüsssel, New York, Oxford 2003), S. 45–71.

Martin WEBSKY, Ueber Einrichtung und Gebrauch der von R. Fuess in Berlin nach dem System Babinet gebauten Reflexions-Goniometer, Modell II. In: Zeitschrift für Krystallographie 4 (Berlin 1880), S. 545–568.

Ernst WEINSCHENK, Das Polarisationsmikroskop. 5. Auflage, bearbeitet von Dr. Josef Stiny (Freiburg im Breisgau 1925).

Godfrid WESSELY, Geologie der österreichischen Bundesländer. Niederösterreich (Hg. Geologische Bundesanstalt Wien, 2006).

Hans WIESENEDER, Friedrich Becke und sein Lebenswerk. In: Fortschritte der Mineralogie 60 (Hg. Deutsche Mineralogische Gesellschaft, Stuttgart 1982), S. 45–55.

Ferdinand ZIRKEL, Lehrbuch der Petrographie. 1.–3. Band, 2. Auflage (Leipzig 1893).

Karl Alfred ZITTEL, Geschichte der Geologie und Paläontologie bis Ende des 19. Jahrhunderts. (= Geschichte der Wissenschaften in Deutschland. Neuere Zeit) München, Leipzig 1899.

Glossarium

ABBESCHES ZEICHENGERÄT besteht aus zwei sich zu einem Würfel ergänzenden, zusammengekitteten Prismen, welche an der Berührungsstelle mit Ausnahme eines kleinen Mittelfeldes versilbert sind. Durch diese Öffnung erhält das Auge das Bild des Gegenstandes aus dem Okular, während ein drehbarer Spiegel, in einer Enternung von 70 mm angebracht, das Bild auf eine versilberte Fläche wirft, von welcher sie in das Auge gespiegelt wird. Damit konnte das beobachtete Objekt genauestens nachgezeichnet werden.

ALBITGESETZ: Beim Albit tritt eine sogenannte polysynthetische Verzwilligung auf den Spaltflächen (001) bzw. (010) auf und ist als parallele Steifung sichtbar.

AMPHIBOLIT ist ein grobkörniger Metamorphit mit vorherrschenden Mineralen, wie Amphibole, Plagioklas, Quarz, Granat und Epidot.

ANTIKLINALE ist eine Faltenstruktur, die durch eine Verbiegung von bereits vorhandenen geologischen Gegebenheiten entstanden ist. Eine Antiklinale ist eine Art Sattel, wobei die Schichtstruktur in konvexer Richtung verschoben ist.

APLITISCHE ADERN sind Gänge oder Injektionen im Gestein, die sich aus Fremdsubstanzen zusammensetzen und im Nachhinein in das bereits erstarrte Gestein intrudierten.

AUGENGNEIS ist eine Gneisvarietät mit flasrigem Gefüge, das durch Feldspäte, die linsenförmig wie die Augen ausgebildet sind, geprägt wird.

BOWENSCHE REAKTIONSREIHE: Bei der Kristallisation natürlicher Magmen bestehen Reaktionsbeziehungen zwischen früher ausgeschiedenen Mineralkristallen und verbliebener Restschmelze. Diese Überlegungen wurden von Norman L. Bowen im Labor angestellt und im Wesentlichen durch zwei einfache experimentelle Modellsysteme begründet, für die mafischen Gemengteile Olivin und Pyroxen durch das System Forsterit-SiO_2 und für die felsischen Gemengteile das System der Plagioklase, das binäre Mischkristallsystem Albit-Anorthit.

CAMERA LUCIDA ist ein viereckiges Prisma, das auf einer Zeichenunterlage oder auf dem Okular eines Mikroskops befestigt wird. Man blickt durch eine Öffnung direkt über die Kante des Prismas, das die Umrisse eines beobachteten Motivs auf das Zeichenpapier wirft.

DIABLASTISCH sind stengelige Minerale mit regelloser Verwachsung.

DIAPHTORESE ist eine retrograde Metamorphose, ein heute weniger gebräuchlicher Ausdruck (von F. Becke 1909 geprägt) für die bei niedrigen Temperaturen (und Drücken) ablaufende mineralogische Umwandlung metamorpher Gesteine, eine Art Polymetamorphose, bei der es zu einer häufig nicht vollständigen, mineralogischen und texturellen Umwandlung des metamorphen Gesteins kommt. Sie tritt meist lokal begrenzt in Störungszonen oder tektonischen Bewegungshorizonten auf.

ELEMENTARATOME sind jene Grundelemente, aus denen sich ein Mineral zusammensetzt, so zum Beispiel die Elemente Eisen (Fe) oder Sauerstoff (O), die das Mineral Magnetit bilden.

FELDSPAT-Gruppe ist die häufigste Mineral-Gruppe der Erdkruste; sie besteht aus einfach zusammengesetzten Silikaten, die heute im ternären System, Orthoklas, Albit und Anorthit, ausgedrückt werden. Feldspatzusammensetzungen zwischen Orthoklas und Albit bezeichnet man als Alkalifelspäte und diejenigen zwischen Albit und Anorthit als Plagioklase. Eine Besonderheit im Wachstum der Kristalle sind die sogenannten Zwillingsbildungen, die je nach dem Auftreten der Zwillingsachse benannt werden, so zum Beispiel: Albitgesetz oder Karlsbader Gesetz.

FLAMMENGNEIS ist ein migmatitischer Gneis, es ist ein partiell aufgeschmolzenes metamorphes Gestein mit gebändertem Aussehen.

FLASERGNEIS ist eine Gneisvarietät mit flasriger (= dünn gestreifter) Textur.

GEFÜGE steht für die Größe, Form und räunliche Anordnung der einzelnen Minerale im Erscheinungsbild eines Gesteins.

GIBBSCHE PHASENREGEL erklärt, wie viele Mineralphasen bei einem gegebenen Gesteinschemismus in einem metamorphen Gestein nebeneinander im Gleichgewicht sein können. Die Gibbsche Formel lautet: $p=k+2-f$

P= Phase, mit ihren physikalisch und mechanisch trennbaren System (unterschiedliche Aggregatzustände), K=Komponenten in dem System, die die Mindestzahl der Molekülgattungen angibt, z. B. H_2O, F= Freiheitsgrade innerhalb eines Systems, die durch Druck und Temperatur gegeben sind (veränderliche Zustandsvariablen).

GRANOBLASTISCH sind gleichkörnige, ungeregelte Körner in metamorphen Gesteinen.

HOMÖOBLASTISCH sind gleichkörnige, geregelte Körner.

HYPIDIOMORPH ist eine Bezeichnung für die Ausbildung bestimmter Mineralaggregate, wobei hier freischwebende idiomorphe Minerale bei der Erstarrung nebeneinander zu einem körnig, kompakten Gestein führen.

IDIOMORPH ist eine Bezeichnung für die Ausbildung von Kristallen mit Wachstumsflächen, die Idioblasten (der Suffix blast stammt aus dem Griechischen und bedeutet sprossen, wachsen) genannt werden.

KARLSBADER GESETZ: Das Mineral Orthoklas kann verzwillingt sein, hier sind die zwei Individuen als sogenannte Berührungszwillinge nach (100) miteinander verwachsen.

KERSANTIT ist eine Biotit- Hornblende-Apatit-Lamprophyr, wobei in der Grundmasse der Plagioklas-Anteil gegenüber dem Orthoklas vorherrschend ist. Das Gestein Lamprophyr ist ein fein bis mittelkörniges Ganggestein im magmatischen Bereich.

KOHÄSION werden der Zusammenhalt oder die Bindungskräfte von Atomen bzw. Molekülen verstanden, die sich an der Oberflächenspannung auswirkt.

KRISTALLMOLEKÜLE. Der regelmäßige Aufbau eines Kristalls setzt sich aus Masseteilchen, auch Molekel genannt, zusammen. Der französische Mathematiker Renee Just Haüy (1743–1822) stellte die Theorie auf, dass ein Kristall aus kleinen und regelmäßigen Würfeln aufgebaut ist.

LAKKOLITH (griech. lakkos = Grube, lithos = Stein), ist ein in relativ geringer Tiefe erstarrter Pluton mit ebener Basis und nach oben gewölbter Oberfläche. Die hangenden Schichten werden durch das Magma aufgewölbt. Lakkolithe entstehen in der Regel aus saurem, zähflüssigem Magma.

MELINIT = Gelberde: Ein Gemenge von Brauneisenerz und Ton.

METAMORPHOSE: Unter dem Begriff Metamorphose wird die Umwandlung eines Gesteins unter sich ändernden physikalischen und chemischen Bedingungen, wie Druck und Temperatur, verstanden. Es kommt zu einer Umkristalisation mit und ohne Veränderung des Gesteinsgefüges meistens in festem Zustand. Heute werden drei Metamorphosearten unterschieden: die Kontaktmetamorphose, die Dynamo- oder Dislokationsmetamorphose und die Regionalmetamorphose. *DYNAMOMETAMOR-PHOSE* entsteht in stark deformierten Gebirgszonen mit intensiver Bruchtektonik. Das Gestein besteht aus einem stark zerkleinerten, pulverisierten (kataklastischen) Gefüge. *KONTAKTMETAMORPHOSE:* Unter Kontaktmetamorphose verstehen wir diejenigen Gesteinsumwandlungen, die als Folge des Empordringens von Magma in bereits bestehendes Gestein und der dadurch erzeugten Bedingungsänderungen zustande kommen.

METAPELITE sind metamorphe Gesteine, entstanden aus tonigen Sedimenten.

MIKROREFRAKTOMETER ist ein Gerät, das für die Ermittlung des Brechungsindex von Flüssigkeiten oder von Einbettungsmitteln bei Dünnschliffen verwendet wird.

MOLEKULARVOLUMEN errechnet sich aus dem Molekulargewicht gebrochen durch das spezifische Gewicht des Gesteines.

NICOLSCHES PRISMA, nach dem Physiker William Nicol (1768–1851) benannt, ist Teil des Mikroskops. Es besteht aus zwei Calcitkristalle, die in einer bestimmten Orientierung zusammengekllebt sind, und zwar so, dass beim Durchtritt des Lichtes der Lichtstrahl in zwei senkrecht aufeinander schwingende Strahlen geteilt wird, dem sogenannten ordentlichen oder ordinären Strahl n_o und dem außerordentlichen Strahl n_E. Der ordentliche Strahl wird dabei an der Kittschicht (Kanadabalsam) totalreflektiert.

OKTAEDER, WÜRFEL, DODEKAEDER sind Bezeichnungen für die Anzahl der Flächen, Ecken und Kanten eines Kristallpolyeders. Ein Oktaeder besteht aus acht gleichseitigen Flächen mit zwölf Kanten und sechs Ecken. Ein Würfel, auch Hexaeder genannt, setzt sich aus sechs Flächen, zwölf Kanten und acht Ecken zusammen. Ein Dodekaeder besteht aus zwölf Flächen mit 20 Ecken und 30 gleichlangen Kanten.

PEGMATIT ist ein grobkörniges magmatisches Gestein.

PERTHITISCHE ALBITSPINDELN entstehen bei sinkender Temperatur während der Bildung des Feldspates Albit; dabei kommt es zu einer Entmischung der einzelnen Komponenten. Im festen Zustand entwickeln sich sogenannte Entmischungskörper im Wirtsfeldspat, wie zum Beispiel Perthit, die unter dem Mikroskop ein typisches spindelartiges Bild aufweisen.

PERIADRITSCHES LINEAMENT, auch genannt Periadric Fault System (PFS), bildet in den Alpen eine bedeutende tektonische Struktur, die im Tertiär vor 34–28 Millionen Jahre entstanden ist.

PORPHYRIT ist ein sekundär verändertes vulkanisches Gestein, dessen Grundmasse grau, grünlich-schwarz oder rötlichbraun und fein bis mittelkörnig ist, mit eingewachsenen Kristallen von Feldspat, Quarz und Glimmer.

PORPHYROBLASTISCH einzelne Minerale sind größer als das kristalloblastische Grundgewebe.

RAUHWACKE ist eine Bezeichnung für ein Sedimentgestein mit löchrigem Aussehen. Die Grundmasse besteht aus Kalk mit dolomitischen Fragmenten, die zum Teil herausgelöst worden sind.

RB/ST = mit den radioaktiven Elementen Rubidium und Strontium werden Altersdatierungen der Gesteine gemessen.

RIECKESCHES PRINZIP, nach dem Physiker Eduard Riecke (1845–1915) benannt, besagt folgendes: Bei einseitigem Druck auf eine Substanz in einer gesättigten Lösung erniedrigt sich ihre Löslichkeit, diese ist proportional dem Quadrate der Beanspruchung. Es ist ein reversibler Prozess. Gleichung: $\vartheta = \alpha \cdot Z^2_t$, ϑ ist die Schmelzpunkterniedrigung, Zt die Größe des Druckes.

RUNDHÖCKER: Rundhöcker sind von der Bewegung eines Gletschers landschaftlich geformte runde Hügel.

SAIGER ist ein bergmännischer Ausdruck und bedeutet senkrecht, die saigeren Schichten verstehen sich als senkrecht stehende Schichten.

SEIFENBILDUNG: Wässrige Lösungen sickern in den Boden, lösen Mineralstoffe, wie zum Beispiel Eisen, aus dem Gestein und transportieren diese angereicherten Lösungen weiter, bis sie erkaltet und auskristallisiert an einem anderen Ort im Gestein liegen bleiben.

TESSERALE Minerale besitzen die höchste Kristallstruktur, heute wird dafür der Terminus »kubisches System« verwendet.

STRUKTUR: Unter Struktur wird ein Gesteinsgefüge, das durch die Formentwicklung und die relative Größe der Gemengteile entstanden und besonders durch die zeitlichen Relationen der Mineralbildungsprozesse bedingt ist.

TEXTUR: Die Petrographen verstanden darunter die räumliche Anordnung der Minerale im Gestein. Heute steht dafür in den Erdwissenschaften der Begriff »fabric«, bzw. microtexture. Die Textur ist heute der optischen Orientierung von Mineralen zugeordnet.

UNDULÖSE AUSLÖSCHUNG (undulös = wellenförmig) ist unter dem Polarisationsmikroskop bei tektonisch beanspruchten Mineralen (z. B. Quarz) zu beobachten, wobei bei Drehung des Mikroskoptisches ein unstetiger Wechsel von hell und dunkel entsteht.

VOLLKRISTALLINISCH sind jene Gesteinsmassen mit ausgebildeten Kristallen, die aber mit freiem Auge nicht wahrgenommen, sondern nur unter dem Mikroskop als selbständige Individuen betrachtet werden können.

XENOMORPHE Formen bei der Ausbildung von Mineralen im Gestein entstehen bei der Erstarrung im Endstadium und bei der gegenseitigen Behinderung im Wachstum, das heißt sie können dadurch auch fremdgestaltig werden. *Xenomorphe* Minerale zeigen keine Ausbildung von Wachstumsflächen.

ZWILLINGSBILDUNG BEI PLAGIOKLASEN: Unter Zwillingsbildung wird eine gesetzmäßige Verwachsung von zwei Mineralindividuen (Feldspäten) verstanden, das heißt, die beiden Individuen sind nach einer ganz bestimmten Orientierung miteinander verbunden.

Anhang

Anhang 1: Die Notizbücher Friedrich Beckes in chronologischer Reihenfolge

Die Notizbücher sind die persönlichen handschriftlichen Aufzeichnungen, die in den verschiedenen Kategorien wie Beobachtungsbuch, Notizbuch, Laborbuch und Feldtagebuch angeführt werden.

In der Tabelle ist in der 1. Spalte in kursiver Schrift die eigenhändige Bezeichnung des Buches von Friedrich Becke und darunter in normaler Schrift die Art des Notizbuches aufgelistet.

Die 2. Spalte enthält die Jahreszahl der Entstehung.

Die 3. Spalte weist die Destination Beckes auf, wobei die ersten Aufzeichnungen während seines Studiums in Wien entstanden sind.

In der 4. Spalte sind die Anzahl der Seiten eines Buches, die Maße und die Farbe sowie das Schreibwerkzeug angegeben. Beckes Handschrift enthält neben der gewöhnlichen Lateinschrift einzelne Buchstaben der Kurrentschrift sowie stenographische Kürzel.

Die 5. Spalte beinhaltet die Forschungsinhalte und in der 6. Spalte stehen die aus den Forschungen entstandenen Erkenntnisse, die in Publikationen eingegangen sind. Einige Publikationen können nicht direkt zu einem spezifischen Notizbuch zugeordnet werden, da Becke aus der Fülle seiner empirisch gewonnenen Erkenntnisse, zum Beispiel seiner vielfältigen optischen Untersuchungen, oder auch der chemischen Analysen von Gesteinen, Artikel meistens zu einem späteren Zeitpunkt oder in einem anderen Kontext veröffentlichte.

Die Angabe zu den einzelnen Abbildungen in dieser Arbeit korreliert nicht immer mit der angegeben Buchgröße, da der Einband meistens größer ist als das darin enthaltene Papierblatt.

Abkürzungen

TMPM	Tschermaks Mineralogische und Petrographische Mitteilungen
MPM	Mineralogische und Petrographische Mitteilungen
Sitz.ber.	Sitzungsberichte der kaiserlichen Akademie der Wissenschaften Wien, Jahrgang, mathematisch-naturwissenschaftliche Klasse, Abteilung
Denkschr.	Denkschriften
Anz.	Anzeiger der kaiserlichen Akademie der Wissenschaften Wien
Verh. k. k. GRA	Verhandlungen der kaiserlich königlichen Geologischen Reichsanstalt
Ges. dt.	Gesellschaft deutscher
Z. f. Kryst. u. Min.	Zeitschrift für Krystallographie und Mineralogie
Sitzber. d. dt. naturw.Vereins	Sitzungsberichte des deutschen naturwissenschaftlichen Vereins

Notizbuch Nr.	Jahreszahl	Ort der Entstehung	Seitenanzahl Schriftart Werkzeug	Inhalt des Notizbuches	Publikation
1 *Beobachtungsbuch Nr. 1* Laborbuch	1874–1875	Wien	95 Blatt Leinen gebunden, geprägt dunkelgrün liniert 10x16x1 cm Latein, Kurrent Bleistift, Tinte	Übungen mit den unterschiedlichen Messgeräten innerhalb seiner Studien im WS und SS an der Universität in Wien Danait Glaucodot Zucker	Über den Glaucodot von Hakansboe und den Danait von Franconia. In: Mineralogische Mitteilungen von Gustav Tschermak (= MPM) 1 (1877), 101–108. Die optischen Eigenschaften des Rohrzuckers. MPM 1 (1877), 261–264.
2 *Beobachtungsbuch Nr. 3* Laborbuch	1878–1879	Wien	72 Blatt Leinen gebunden grünbraun liniert 12x17x1,5 cm Latein Bleistift, Tinte	Messergebnisse der Beobachtungen mit dem Goniometer an Bismit, Chabasit Phacolith Gabbro, Traubenzucker 4 Einlageblätter	Über die Krystallform des Traubenzuckers. MPM 2 (1880), 184–185. Über die Zwillingsbildung und die optischen Eigenschaften des Chabasit. MPM 2 (1880), 393–418. Ebenso: Sitzber. Akad. Wiss. Wien 80, math.-nat. Kl., Abt. I (1880), 90–95.
3 *Beobachtungsbuch Nr. 4* Laborbuch	1879–1880	Wien	96 Blatt Leinen gebunden, geprägt dunkelgrün Liniert 9x15,5x1,5 cm Latein, Kurrent Bleistift, Tinte	Traubenzucker, Chabasit, Phacolith, Glycocoll, Kupfer-Eisenvitriol, Baryt, Ficinit Kieselsäurebestimmung Phosphorsäure, Eisenbestimmung, Mangan	Über eine neue Art krystallisierten Sandsteins. TMPM 2 (1980), 359. Krystallform der salzsauren Glutaminsäure. TMPM 2 (1880), 184–185.

(*Fortsetzung*)

Notizbuch Nr.	Jahreszahl	Ort der Entstehung	Seitenanzahl Schriftart Werkzeug	Inhalt des Notizbuches	Publikation
4 *Beobachtungsbuch Nr. 5* Laborbuch	1880–1881	Wien	117 Blatt Leinen gebunden, geprägt, dunkelgrün, liniert 9x15,5x1,5 cm Latein Bleistift, Tinte blau und schwarz	Hypersthen, Bronzit Zoisit Tellursilber Plagioklas Bl 23 Tribrompropionsäure Bl 21 Bestimmung des Brechungskoeffizienten des Glases vom Schneider Apparat Bl 80 Periklin aus Langenlois Bl 96 Euklas Bl 89 Amphibolite aus dem Waldviertel 2 Einlageblätter	Ein neuer Polarisationsapparat von E. Schneider. TMPM 2 (1880), 430–437. Hypersthen von Bodenmais. TMPM 3 (1881), 60–70. Die krystallinen Schiefer des nö. Waldviertels. In: Sitzber. Akad. Wiss. Wien 84, math.-nat. Kl., Abt. I (1881), 546–560. Krystallform der Tribrompropionsäure und die Tribromacrylsäure. In: Sitzber. Akad. Wiss. Wien 83, Abt II b (1881), 275. Über den Hessit (Tellursilberglanz) von Botes in Siebenbürgen. TMPM 3 (1881), 301–314. Euklas aus den Alpen. TMPM 4 (1882), 147–153. Über die Unterscheidung von Augit und Bronzit in Dünnschliffen. TMPM 5, (1883), 527–529. Ueber Zwillingsverwachsungen gesteinsbildender Pyroxene und

(Fortsetzung)

Notizbuch Nr.	Jahreszahl	Ort der Entstehung	Seitenanzahl Schriftart Werkzeug	Inhalt des Notizbuches	Publikation
					Amphibole. TMPM 7 (1886), 93–107. Notizen aus dem niederösterreichischen Waldviertel. TMPM 7 (1886), 250–255.
5 *Beobachtungsbuch Nr. 6* Laborbuch	1881–1882	Czernowitz	108 Blatt Leinen gebunden, geprägt, dunkelgrün, liniert, 10x16x1,5 cm Latein, Kurrent Bleistift, Tinte	Notiz: Clausur für Herrn Otto Mayer Mineralogie Quarz Baryt Bl 20 1. Notiz über Ätzfiguren Gabbro Bl 31 Kontaktstück von Canzacoli bei Predazzo Calcit Gesteine von Els, Marbach, Himberg, Steineck, Natrolith, Bl 103 Literaturangaben von Kühn, Cohen, Rosenbusch, Streng, van Werveke, Drasche, Hoepfner, Cebbeke 2 Einlageblätter	Die Gneisformation des niederösterreichischen Waldviertels. TMPM 4 (1882), 189–264 und 285–408. Hornblende und Anthophyllit nach Olivin. TMPM 4 (1882), 450–452. Barytkristalle in den Quellenbildungen der Teplitzer Thermen. TMPM 5 (1883), 82–84. Eruptivgesteine aus der Gneisformation des NÖ. Waldviertels. TMPM 5 (1883), 147–173. Glaseinschlüsse in Contactmineralen von Canzacoli bei Predazzo. TMPM 5 (1883), 174–175

(Fortsetzung)

Notizbuch Nr.	Jahreszahl	Ort der Entstehung	Seitenanzahl Schriftart Werkzeug	Inhalt des Notizbuches	Publikation
6 *Beobachtungsbuch Nr. 7* Laborbuch	1882–1883	Czernowitz	99 Blatt Leder gebunden mit Bleistift-halterung schwarz liniert 9x14,5x1,5 cm Latein, Kurrent Bleistift, Tinte	Bl 2 Fahlerz mit Literaturangaben: Sadebeck, Rose, G. vom Rath, Zepharovich Bl 5 Fahlerz Bl 13 Zinkblende Bl 27 Beobachtungen der Ätzfiguren an der Zinkblende Bl 95 Literaturangaben von Baumhauer, Sadebeck	Parallele Verwachsung von Fahlerz und Zinkblende. TMPM 5 (1883), 331–338. Aetzversuche an der Zinkblende. TMPM 5 (1883), 457–526.
7 *Beobachtungsbuch Nr. 8* Laborbuch	1883	Czernowitz	160 Blatt Leinen gebunden mit Bleistift-halterung dunkelbraun kariert 20,5x12,5x2 cm Latein, Kurrent Bleistift, Tinte	Ätzfiguren an Zinkblende Bl 76 Andesite Bl Literaturangaben von Klein, Rath, Leydoldt, Klocke, Exner, Baumhauer, Hirschwald, Hessenber, Tschermak, Schabus, Lehmann 6 Einlageblätter	Aetzversuche an Bleiglanz; mit Anhang: über die parallele Verwachsung von Chlorblei und Bleiglanz. TMPM 6 (1885), 237–276. Über Zwillingsverwachsungen gesteinbildender Pyroxene und Amphibole. TMPM 7 (1886), 93–107.
8 *Beobachtungsbuch 10* Laborbuch	1884	Czernowitz	102 Blatt Leinen gebunden, geprägt dunkelrot-braun kariert	Ätzfiguren an: Bl 28, 24, 64 Zinkblende 39 Bleiglanz Bl 48 Granat Bl 50 Melanit	Aetzfiguren an Mineralen der Magnetitgruppe. TMPM 7 (1886), 200–249.

(*Fortsetzung*)

Notizbuch Nr.	Jahreszahl	Ort der Entstehung	Seitenanzahl Schriftart Werkzeug	Inhalt des Notizbuches	Publikation
			10,5x15x1,5 cm Latein, Kurrent Bleistift, Tinte	Bl 53, 66, 76, 80, 84Magnetit Bl 73 Spinell Bl 75 Linneit Bl 78, 89 Pyrit Bl 83 Franklinit 102 Bleiglanz natürliche Ätzung 3 Einlageblätter	
9 *Beobachtungsbuch Nr. 11 Laborbuch*	1885–1886	Czernowitz	99 Blatt Leder gebunden geprägt mit Bleistifthalterung dunkelrotbraun kariert 14,5x9x1 cm Latein, Kurrent Bleistift, Buntstifte, Tinte	Ätzfiguren an: Bl 18, 23, 86 Pyrit Bl 17, 22, Fluorit Bl 85 Magnetit 12 Einlageblätter mit Literaturangaben Grosse-Bohle, Baumhauer, Lasaulx, Werner, van Calker, Wulff	Aetzversuche am Pyrit. TMPM 8 (1887), 239–330.
10 *Catalog über die Lehramtsprüfungen*	1885–1888	Czernowitz	108 Blatt Leinen gebunden, geprägt, mit Bleistifthalterung dunkelrotbraun kariert 15x9,5x1 cm Latein, Kurrent	Bl 3–9 Prüfungsnotizen Bl 10 Mangansaures Salz – Rubidium Bl 22 Cäsium Bl 28 Barytsalz Bl 34 Gelbe Krystalle – Interferenzbilder Bl 45 Aethyltatronsäure	

(Fortsetzung)

Notizbuch Nr.	Jahreszahl	Ort der Entstehung	Seitenanzahl Schriftart Werkzeug	Inhalt des Notizbuches	Publikation
			Bleistift, Tinte	Bl 54 Gelbe Verbindung Ab Bl 63 kein Eintrag	
11 *Sudeten I* Feldtagebuch	1886	Czernowitz	41 Blatt Leinen, geheftet Etikette auf Einband beschriftet schwarz kariert 14x9,5x0,5 cm Latein, Kurrent Bleistift, Buntstift	Zöptau	Friedrich Becke, & Max Schuster, Geologische Beobachtungen im Altvatergebirge. Verh. k.k. GRA (1887), 1–11.
12 *Sudeten II* Feldtagebuch	1886	Czernowitz	41 Blatt Leinen geheftet, Etikette auf Einband beschriftet schwarz kariert 14x9,5x0,5 cm Latein, Kurrent Bleistift	Blatt 1 Notizen über Etat	
13 *Beobachtungsbuch Nr. 12* Laborbuch	1886–1887	Czernowitz	143 Blatt Leinen, geprägt, gebunden mit Bleistifthalterung und fehlendem Gummizug	Ätzfiguren an: Bl 2 Pyrit Bl 5 Glanz Kobalt Bl 7 Pyrit Bl 85 Fluorit	Einige Fälle von natürlicher Aetzung an Krystallen von Pyrit, Zinkblende, Bleiglanz und Magnetit. TMPM 9 (1888), 1–21.

(*Fortsetzung*)

Notizbuch Nr.	Jahreszahl	Ort der Entstehung	Seitenanzahl Schriftart Werkzeug	Inhalt des Notizbuches	Publikation
			dunkelrotbraun kariert 18x11x2 cm Latein, Kurrent Bleistift, Tinte	Bl 126 Pyrit 1 Einlageblatt	
14 *Sudeten I* Feldtagebuch	1887	Czernowitz	29 Blatt Leinen geheftet Etikette auf Einband beschriftet schwarz kariert 15,5x10x0,5 cm Latein, Kurrent Bleistift, Tinte		
15 *Sudeten II* Feldtagebuch	1887	Czernowitz	29 Blatt Leinen geheftet Etikette auf Einband beschriftet schwarz kariert 15,5x10x0,5 cm Latein, Kurrent Bleistift		

(Fortsetzung)

Notizbuch Nr.	Jahreszahl	Ort der Entstehung	Seitenanzahl Schriftart Werkzeug	Inhalt des Notizbuches	Publikation
16 *Sudeten II* Feldtagebuch	1888	Czernowitz	68 Blatt Leinen geheftet Etikette auf Einband beschriftet schwarz kariert 13x7,7x0,7 cm Latein, Kurrent Bleistift		
17 *Beobachtungsbuch Nr. 13* Laborbuch	1887–1888	Czernowitz	97 Blatt Leder gebunden geprägt mit Bleistifthalterung schwarz kariert 16x10x1,3 cm Latein, Kurrent Bleistift, Tinte	Bl 1 Fluorit Bl 54 Alaun Bl 61 Fluorit Bl 63 Alaun Bl 65 Fluorit Bl 80 Traubenzucker	Aetzversuche am Fluorit. TMPM 11 (1890), 349–437.
18 *Beobachtungsbuch Nr. 14 Enthält Beobachtungen am Dolomit* Laborbuch	Keine Jahres Zahl (1888)	Czernowitz	119 Blatt Leder geprägt, gebunden, mit Bleistifthalterung und fehlendem Gummiband schwarz kariert 15,8x10,4x1,8 cm Latein, kurrent	Dolomit	Ein Beitrag zur Kenntnis der Krystallform des Dolomit. TMPM 10 (1889), 93–152. Über Dolomit und Magnesit und über die Ursachen der Tetartoedrie des ersteren. TMPM 11 (1890), 224–260. Über die Ursache der Tetartoedrie des Dolomit. Anz.

(Fortsetzung)

Notizbuch Nr.	Jahreszahl	Ort der Entstehung	Seitenanzahl Schriftart Werkzeug	Inhalt des Notizbuches	Publikation
			Bleistift, Tinte		Akad. Wiss. Wien 27 (1890), 25–26. Orientierung des Dolomit von Gebroulaz. TMPM 11 (1890), 536.
19 *Beobachtungsbuch Nr. 15* Laborbuch	1888	Czernowitz	96 Blatt Leinen geprägt, gebunden, mit Bleistift - halterung schwarz kariert 15,8x9,8x1,2 cm Latein, Kurrent Bleistift, Buntstift, Tinte	Bl 1 Traubenzucker Bl 49 Spezifisches Gewicht versch. Minerale Bl 50 Traubenzucker Bl 55 Dolomit	Die Krystallform des Traubenzuckers und optisch activer Substanzen im Allgemeinen. TMPM 10 (1889), 464–499. Ebenso: Anz. Akad. Wiss. Wien 26 (1889), 129–131.
20 Laborbuch	1889–1890	Czernowitz	69 Blatt Leinen geheftet schwarz kariert 14x8x0,5 cm Latein, Kurrent Bleistift, Tinte	Bl 1 Titanit Bl 9 Dolomit Bl 11 Salzsaures Cystin Bl 21 Keramohalit Bl 46 Cystin Bl 52 Titanit Bl 52–69 » Deutscher Verein zur Verbreitung gemeinnütziger Kenntnisse«	Titanit von Zöptau. TMPM 12 (1891), 169–170. Krystallform und optische Orientierung des Keramohalit von Teneriffa. TMPM 12 (1891), 45–48. Krystallform optisch activer Substanzen. TMPM 12 (1891), 256–257. Krystallform und optische Eigenschaften des salzsauren

(Fortsetzung)

Notizbuch Nr.	Jahreszahl	Ort der Entstehung	Seitenanzahl Schriftart Werkzeug	Inhalt des Notizbuches	Publikation
					Cystins ($C_6H_{12}N_2S_2O_4 + 2HCl$). Z. f. Kryst. u. Min. 19 (1891), 336–339.
21 *Journal über Mikrochemische Versuche* Laborbuch	1889	Czernowitz	81 Blatt Leinen gebunden, geprägt schwarz kariert 15,8x9,8x1 cm Latein, Kurrent, Steno Bleistift, Buntstift, Tinte	Bl 1 Notiz: alte Waldviertelangaben Beobachtungen von chemischen Reaktionen an Gesteinen und Mineralen Mikroskopische Untersuchungen an Plagioklas Bl 69–81 leer	Optischer Charakter des Melilith als Gesteinsgemengteil. TMPM 12 (1891), 444. Über molekulare Achsenverhältnisse. Anz. Akad. Wiss. Wien 30 (1893), 204. Über die Bestimmbarkeit der Gesteinsgemengteile, besonders der Plagioklase auf Grund ihres Lichtbrechungsvermögens. Sitzber. Akad. Wiss. Wien 30 (1893), 192–193. Über Quarzfremdlinge in Lamprophyren. TMPM 11 (1890), 271–272.
22 *Sudeten* Notizbuch	1889	Czernowitz	66 Blatt Leinen gebunden Etikette auf dem Einband beschriftet schwarz kariert 16x10x0,7 cm	Bl 43–61 leer Auf den letzten Seiten von hinten begonnen Notizen über alltägliche Belange, Besorgungen, Etat, Personen, Angabe seines Namens als Herausgeber	

(Fortsetzung)

Notizbuch Nr.	Jahreszahl	Ort der Entstehung	Seitenanzahl Schriftart Werkzeug	Inhalt des Notizbuches	Publikation
			Latein, Kurrent Bleistift, Tinte	von Tschermaks Mineralogisch-petrographischen Mitteilungen	
23 Laborbuch	1890	Czernowitz	50 Blatt Leinen geheftet schwarz kariert 14,7x9,0,5 Latein, Kurrent Bleistift	Ätzfiguren an Fluorit Letztes Blatt Notizen über Buchbestellungen	
24 Laborbuch	1890	Czernowitz	69 Blatt Leinen geprägt, gebunden dunkelbraunrot kariert 15,5x9,5x1 cm Latein, Kurrent Bleistift, Tinte	Bl 1 Fluorit Bl 9 Dolomit Bl 11 Fluorit Bl 44–69 leere Blätter	
25 *Sudetentagebuch* Feldtagebuch	1890–1891	Prag	92 Blatt Leinen gebunden schwarz kariert 12,5x8x1 cm		Vorläufiger Bericht über den geologischen Bau der krystallinen Schiefer des Hohen Gesenkes (Altvatergebirge).

(Fortsetzung)

Notizbuch Nr.	Jahreszahl	Ort der Entstehung	Seitenanzahl Schriftart Werkzeug	Inhalt des Notizbuches	Publikation
			Latein, Kurrent Bleistift, Buntstift		Sitzber. Akad. Wiss. Wien 101 (1892), 286–300.
26 *Partie ins Mittelgebirge 16–18 Mai 1891* Feldtagebuch	1891	Prag	5 lose Blätter Fragment kariert 15x8,5 cm Latein, Kurrent Tinte	Gemeinsam mit Josef E. Hibsch im Mittelgebirge: Bodenbach, Topkowitz	
27 *Tonalit* Laborbuch	1892	Prag	108 Blatt Leinen gebunden schwarz kariert 13,2x8,2x1 cm Latein, Kurrent Bleistift, Tinte	Messungen an Gesteinen des Rieserferner Tonalits	Petrographische Studien am Tonalit der Rieserferner. TMPM 13 (1892), 379–430 und 433–464. Über Chiastolith, TMPM 13 (1892), 256–257. Über alpine Intrusivgesteine. Ges. dt. Naturforscher und Ärzte 66 (1894), 188.
28 Notizbuch	1892	Prag	43 Blatt Leinen gebunden schwarz kariert 11,8x7,2x0,5 cm Latein, Kurrent Bleistift, Tinte	1–5 Bl Zillertal 6–18 Bl Exkursion mit H. Bukowski von der Geologischen Reichsanstalt nach Schönberg Bl 19–26 Dornauberg Bl 29–35 Exkursion nach Teplitz	

(Fortsetzung)

Notizbuch Nr.	Jahreszahl	Ort der Entstehung	Seitenanzahl Schriftart Werkzeug	Inhalt des Notizbuches	Publikation
				Bl 36–42 unterschiedliche Notizen: Prüfungsnoten, Besorgungen, Adressen	
29 Notizbuch	1893	Prag	41 Blatt Leinen gebunden schwarz kariert 12,6x7,5x0,cm Latein, Kurrent Bleistift, Tinte	Bl 2,3 Tetschen Bl 3 Stundenplan Bl 4 Prüfungsnoten Verschiedene Notizen: Besorgungen, Adressen, Profilzeichnungen, Bl 15–30 Exkursion nach Südtirol gemeinsam mit Ferdinand Löwl Bl-41 leer	
30 Kaprun Sudeten Pfingsten 1893 Alpen August 1893 Mittelgebirge Frühjahr 1894 Feldtagebuch	1893–1894	Prag	46 Blatt Leinen gebunden, mit Bänder und Bleistifthalterung cremeweiß Querformat glatt 20x14,7x1 cm Latein, Kurrent Bleistift, Tinte	Auf der Innenseite des Coverblattes sind die einzelnen Exkursionsgebiete angeführt: Kaprun – Sudeten – Alpen Bl 1–2 Kaprun Bl 3–13 Sudetenexkursion Bl 19–29 Alpenbegehungen bei Bruck in Tirol und Predazzo in Südtirol Bl 30–31 Tetschen	

(Fortsetzung)

Notizbuch Nr.	Jahreszahl	Ort der Entstehung	Seitenanzahl Schriftart Werkzeug	Inhalt des Notizbuches	Publikation
31 *1894. Nr 1* Laborbuch	1894	Prag	94 Blatt Leinen gebunden, geprägt schwarz kariert 15,7x9,8x1 cm Latein, Kurrent Bleistift, Tinte	Laboruntersuchungen an unterschiedlichen Gesteinen und Kristallen Melaphy von Predazzo, Gesteine aus der Rieserferner Gruppe, Monzonit, Augitporphyr von Malgola Bl 26 Reyers Schliffe	Scheelit im Granit von Predazzo. TMPM 14 (1895), 277–278. Schalenblende von Mies in Böhmen. TMPM 14 (1895), 278–279. Uralit aus den Ostalpen. TMPM 14 (1895), 456.
32 *1894 Nr. 2* Laborbuch	1894	Prag	92 Blatt Leinen gebunden schwarz kariert 12,6x7,7x1 cm Latein, Kurrent Bleistift, Tinte	Laboruntersuchungen an unterschiedlichen Gesteinen und Kristallen	Beitrag zur Kenntnis der Caborundumkrystalle CSi. Z. f. Kryst. u. Min. 24 (1895), 537–542.
33 *1894 Nr. 3* Laborbuch	1894	Prag	98 Blatt Leinen gebunden schwarz kariert 15x9,2x1 cm Latein, Kurrent Bleistift, Tinte	Laboruntersuchungen an unterschiedlichen Gesteinen und Kristallen	Gesteine der Columbretes mit Anhang: Einiges über die Beziehung von Pyroxen und Amphibol in den Gesteinen. TMPM 16 (1897), 155–179 und 308–336.

(*Fortsetzung*)

Notizbuch Nr.	Jahreszahl	Ort der Entstehung	Seitenanzahl Schriftart Werkzeug	Inhalt des Notizbuches	Publikation
34 *Alpen 1894 I* Feldtagebuch	1894	Prag	46 Blatt Leinen gebunden mit Bänder und Bleistifthalterung cremeweiss Querformat glatt 20,5x13,6x1 cm Latein, Kurrent Bleistift, Tinte	Bl 1–31, 44 Rieserferner Gruppe Bl 32 Umgebung von Bruneck	
35 *Alpen 1894 II* Feldtagebuch	1894	Prag	30 Blatt Leinen gebunden Bleistifthalterung cremeweiss Querformat glatt 16x12,2x1 cm Latein, Kurrent Bleistift, Tinte	1–9 Mühlbachtal 10–15 Uttenheim Bl 16–29 leer 30 Routenbeschreibung	Bericht an die Commission für petrographische Erforschung der Centralkette der Ostalpen über die im Jahre 1894 durchgeführten Aufnahmen. Anz. Akad. Wiss. Wien 32 (1895), 45–49. Uralit aus den Ostalpen. TMPM 14 (1894), 476.
36 *Alpen 1895 I*	1895	Prag	44 Blatt Leinen gebunden Bleistifthalterung, die Bänder fehlen cremeweiss Querformat	Feldtagebuch Deckelinnenseite: Auflistung der einzelnen Touren	Bericht über die petrographische Erforschung der Centralkette der Ostalpen. Anz. Akad. Wiss. Wien 33 (1896), 15–21.

(Fortsetzung)

Notizbuch Nr.	Jahreszahl	Ort der Entstehung	Seitenanzahl Schriftart Werkzeug	Inhalt des Notizbuches	Publikation
			glatt 17,5x11,5x1 cm Latein, Kurrent Bleistift, Tinte		
37 *Alpen 1895 II* Feldtagebuch	1895	Prag	44 Blatt Leinen gebunden Bleistifthalterung, die Bänder fehlen cremeweiss Querformat glatt 17,5x11,5x1 cm Latein, Kurrent Bleistift, Tinte	Bl 1–2 Mayrhofen: Neuhaus Bl 3–4 Fahrt nach Malnitz Gesteinsbeschreibungen Bl 4–5 Malnitz Bl 6–9 Tauerntal – Nassfeld 1.x Erwähnung der Begleitung von Friedrich Berwerth Bl 12 mit Ferdinand Löwl im Ammertal Bl 12–44 Mittersill – Zillertal	
38 Laborbuch	1895	Prag	51 Blatt Leinen gebunden Etikette auf dem Einband beschriftet schwarz kariert 13,5x8x0,7 cm Latein, Kurrent Bleistift, Buntstift, Tinte	Mikroskopische Beobachtungen von Mineralen Bl 38–51 leer	Über Beziehungen zwischen Dynamometamorphose und Molekularvolumen. Anz. Akad. Wiss. Wien 33 (1896), 3–14.

(Fortsetzung)

Notizbuch Nr.	Jahreszahl	Ort der Entstehung	Seitenanzahl Schriftart Werkzeug	Inhalt des Notizbuches	Publikation
39 *1896 I* Feldtagebuch	1896	Prag	56 Blatt Leinen, Leder gebunden mit Bleistifthalterung und Gummizug Braun Querformat glatt 19x11,5x1 cm Latein, Kurrent Bleistift, Tinte	Zillertal	Bericht an die Commission für die petrographische Erforschung der Centralkette der Ostalpen über die im Jahre 1896 durchgeführten Aufnahmen. Anz. Akad. Wiss. Wien 24 (1897), 8–11.
40 *1896 II* Feldtagebuch	1896	Prag	56 Blatt Leinen, Leder gebunden mit Bleistifthalterung und Gummizug braun Querformat glatt 19x11,5x1 cm Latein, Kurrent Bleistift, Buntstift, Tinte	Zillertal	1897 Mineralvorkommen im Zillertal. TMPM 17 (1898), 106.
41 Notizbuch – Laborbuch	1896	Prag	36 Blatt Pappe bunt, Leinen gebunden rot, schwarz glatt	Mikroskopische Untersuchungen Gesteinsanalysen von Karlsbad, Marienbad, Zillertaler Alpen	Chemische Zusammensetzung der Eruptivgesteine des Böhmischen Mittelgebirges. Sitzber. dt. naturwiss. Vereins f.

(Fortsetzung)

Notizbuch Nr.	Jahreszahl	Ort der Entstehung	Seitenanzahl Schriftart Werkzeug	Inhalt des Notizbuches	Publikation
			17,8x12,8x0,8 cm Latein, Kurrent Bleistift, Buntstift, Tinte		Böhmen »Lotos«, Prag 45 (1897), 5–6. Über Zonenstructur bei Feldspathen. Sitzber. d. dt. naturwiss. Vereins f. Böhmen »Lotos«, Prag 45, 58–61. Über Zonenstruktur der Krystalle in Erstarrungsgesteinen. TMPM 17 (1898), 97–105.
42 *Alpen 1897 I* Feldtagebuch	1897	Prag	50 Blatt Leder geprägt, gebunden mit Bleistifthalterung dunkelgrün Querformat glatt 16,5x11,4x1,5 cm Latein, Kurrent Bleistift, Tinte	Feldtagebuch Bl 1 Reise von Prag nach Wien Jenbach – Mayrhofen im Zillertal Nummerierte Gesteinsproben 1 Einlageblatt: Nummernserie der Gesteinsproben	Untersuchungen der Lagerungsverhältnisse der bei Mayrhofen das Zillerthal durchziehenden Kalkzone. Anz. Akad. Wiss. Wien 33 (1898), 13–16.
43 *Alpen 1897 II* Feldtagebuch	1897	Prag	50 Blatt Leder geprägt, gebunden mit Bleistifthalterung dunkelgrün	Zillertal Nummerierte Gesteinsproben Bl 42–50 leer 2 Einlageblätter:	

(Fortsetzung)

Notizbuch Nr.	Jahreszahl	Ort der Entstehung	Seitenanzahl Schriftart Werkzeug	Inhalt des Notizbuches	Publikation
			Querformat glatt 16,5x11,4x1,5 cm Latein, Kurrent Bleistift, Tinte	Rechnungsbelege der Berliner Hütte	
44 1898 Feldtagebuch	1898	Wien	55 Blatt Leinen mit Lederrand, gebunden mit Bleistifthalterung und Gummizug braun glatt 20x12x1 cm Latein, Kurrent Bleistift, Buntstift, Tinte	Lend, Obervellach Taufers Leipziger-, Berliner Hütte	Bericht an die Commission für die petrographische Erforschung der Centralkette der Ostalpen über die im Jahre 1898 durchgeführten Aufnahmen. Anz. Akad Wiss. Wien 36 (1899), 5–10.
45 *Schweiz 1899* Feldtagebuch	1898	Wien	55 Blatt Leinen mit Lederrand, gebunden mit Bleistifthalterung, Gummizug fehlt braun Querformat glatt 20x12x1 cm Latein, Kurrent	Chur, Andeer, Zuger See, Amstäg, Andermatt, Val Canaria, Val Piora St. Maria am Lukmainer Disentis, Crodo? Gondo? Casernette, Simplon Hospiz, Brieg, Wallis Oberwald, Gletscher Reichenbachfälle Bl 33 in Zürich Ulrich	

(Fortsetzung)

Notizbuch Nr.	Jahreszahl	Ort der Entstehung	Seitenanzahl Schriftart Werkzeug	Inhalt des Notizbuches	Publikation
			Bleistift, Buntstift, Tinte	Grubenmann und Albert Heim getroffen Über das Ötztal nach Längenfeld Sölden, Gurgl, Schönau, Schneeberg	
46 Laborbuch	Ohne Datum	Wien	82 Blatt Leinen geprägt Mit 3 Bleistift-halterungen dunkelrotbraun kariert 19,8x13x1,1 cm Latein, Kurrent Bleistift, Buntstift, Tinte	Bl 1 Bestimmung der Mikroskop Constanten für Fuess Nr. 708 – Berechnung der Konstante und Angabe des Mittelmaßes Feldspatmessungen unterschiedlicher Fundorte Einlageblatt: Adresse Mineralogisches Institut der Universität Wien I./1. Grillparzerstrasse 2.	Zur Bestimmung der Plagioklase in Dünnschliffen in Schnitten senkrecht zu M und P. TMPM 18 (1899), 556–558.
47 *Verzeichnis der für die Vorlesungen über allgemeine Mineralogie nötigen Objekte.* *Winter—Semester 1898/99*	1898–1899	Wien	50 Blatt Leinen geprägt, gebunden Etikette auf Einband beschriftet dunkelgrün liniert – Kassabuch 18,3x11,3x0,8 cm	Inhalte der Vorlesungen Auflistung der Minerale mit dem Hinweis aus welchen Laden des Institutes sie stammen Geräte Einlageblatt: Angaben über	

(Fortsetzung)

Notizbuch Nr.	Jahreszahl	Ort der Entstehung	Seitenanzahl Schriftart Werkzeug	Inhalt des Notizbuches	Publikation
			Latein, Kurrent Tinte, Bleistift	Spezifische Gewichte von Gesteinsproben Bl 43–50 leer	
48 Notizbuch	1899	Wien	36 Blatt Leinen geprägt, gebunden mit Bleistifthalterung dunkelrotbraun glatt 13,5x9x0,8 cm Latein, Kurrent Bleistift, Tinte	Aufzeichnungen unterschiedlicher Labormessungen Hypersthen Anorthit Albit Theralit Anorthit	Der Hypersthen-Andesit der Insel Alboran. TMPM 18 (1899), 525–555. Zur optischne Orientierung des Anorthits vom Vesuv. Sitzber. k. Akad. Wiss. Wien 108 (1899), 1–8. Über Alboranit und Santoranit und die Grenzen der Andesitfamilie. TMPM 19 (1900), 182–200.
49 *Pfingsten 1899* Feldtagebuch	1899	Wien	27 Blatt Leinen gebunden mit Bändern Bleistifthalterung cremeweiss Querformat glatt 14,3x13x1 cm Latein, Kurrent Bleistift, Tinte	Brenner Sterzing und Umgebung	

(Fortsetzung)

Notizbuch Nr.	Jahreszahl	Ort der Entstehung	Seitenanzahl Schriftart Werkzeug	Inhalt des Notizbuches	Publikation
50 *September – Oktober 1899* Feldtagebuch	1899	Wien	30 Blatt Leinen gebunden mit 2 Bleistift – halterungen cremeweiss Querformat glatt 17,3x11,2x0,8 cm Latein, Kurrent Bleistift, Tinte	Mairhofen und Umgebung	
51 *Beobachtungsbuch 1900* Laborbuch	1900	Wien	151 Blatt Leinen gemasert, gebunden dunkelgrün kariert 18x17x2,2 cm Latein, Kurrent Bleistift, Tinte	Bl 1 Inhaltsangabe: Enthält Beobachtungen an alpinen Gneisen, Schiefern, Albit Amelia Oligoklas Albit Soboth und Wilmington Oligoklas Twedertrand? Spezifisches Gewicht alpiner Gesteine Einlageblatt: Messdaten	Die optische Orientierung der optischen Axe A im Anorthit. TMPM 20 (1900), 201–206. Optische Orientierung des Albit von Amelia. TMPM 20 (1900), 321–335. Optische Orientierung des Oligoklas-Albit. TMPM 20 (1900), 55–72. Das böhmische und das amerikanische Eruptivgebiet, ein chemisch-petrographischer Vergleich. Dt. Naturforscher und Ärzte 74 (1902), 125–126. Die Eruptivgebiete des Böhmischen Mittelgebirges und

(Fortsetzung)

Notizbuch Nr.	Jahreszahl	Ort der Entstehung	Seitenanzahl Schriftart Werkzeug	Inhalt des Notizbuches	Publikation
					der Amerikanischen Anden. Atlantische und Pazifische Sippe der Eruptivgesteine. TMPM 22 (1903), 209–265.
52 *Verzeichnis der für die Vorlesung über Mineral – Physik nöthigen Objekte und Stufen und für Krystalllographie: Winter-Semester1900/01*	1900–1901	Wien	50 Blatt Leinen gebunden Etikette auf Einband beschriftet dunkelgrün liniert, Kassabuch 18x11,5x0,8 cm Latein, Kurrent Bleistift, Tinte	Inhalt der einzelnen nummerierten Vorlesungen aufgelistet 1.– 49. Vorlesung Blatt 17–50 leer	
53 *Alpen 1900 I Ridnaun Schneeberg Sterzing Feldtagebuch*	1900	Wien	42 Blatt Leinen gebunden, mit 2 Bleistift – halterungen cremeweiss Querformat glatt 15x11,5x1 cm Latein, Kurrent Bleistift, Buntstift, Tinte	Auf der Deckelinnenseite Etikett der Herkunftsfirma des Feldtagebuches	

(Fortsetzung)

Notizbuch Nr.	Jahreszahl	Ort der Entstehung	Seitenanzahl Schriftart Werkzeug	Inhalt des Notizbuches	Publikation
54 *Alpen 1900 II* Feldtagebuch	1900	Wien	44 Blatt Leinen gebunden, mit 2 Bleistift – halterungen cremeweiss Querformat glatt 15x11,5x1 cm Latein, Kurrent Bleistift, Buntstift, Tinte	Auf der Deckelinnenseite Beckes Wohnanschrift in der Laudongasse 39 Inhaltsverzeichnis der Exkursionstage: Landshuter Hüt, Pfitsch, Kematen, St. Jakob, Valser Tal, Mairhofen, Stillup Trattner Joch Bl 32–36 Flurbühel bei Duppan Bl 37–44 leer	9. Internationer Geologenkongress in Wien. – Exkursionsführer VIII (1903), 32–37. Vorläufige Mittelung über die Auffindung von Theralit am Flurbühel bei Duppan. Verh. GRA (1900), 351–353.
55 *Alpen 1901 I* Feldtagebuch	1901	Wien	50 Blatt Leinen gebunden, Bänder, mit Bleistifthalterung, cremeweiss Querformat glatt 17,7x12,4x1,4 cm Latein, Kurrent Bleistift, Buntstift, Tinte	Auf der Deckelinnenseite Etikett der Herkunftsfirma des Feldtagebuches Jenbach	Neue Mineralvorkommen aus dem Zillertal. TMPM 23 (1904), 84–86.
56 *Alpen 1901 II* Feldtagebuch	1901	Wien	50 Blatt Leinen gebunden,	Auf der Deckelinnenseite Etikett mit Herkunftsfirma Sterzing	

(Fortsetzung)

Notizbuch Nr.	Jahreszahl	Ort der Entstehung	Seitenanzahl Schriftart Werkzeug	Inhalt des Notizbuches	Publikation
			Bänder, mit Bleistifthalterung, cremeweiss Querformat glatt 17,7x12,4x1,4 cm Latein, Kurrent Bleistift, Buntstift, Tinte		
57 *1901* Laborbuch Fragment eines Büchleins	1901	Wien	5 Blätter glatt 15,2x10x0,1 cm Latein, Kurrent Bleistift, Tinte	Petrographische Untersuchungen von Gesteinsproben, meist porphyrartig. Mikroskopische Untersuchungen	
58 *1902* Feldtagebuch	1902	Wien	40 Blatt Leinen gebunden, Bleistifthalterung cremeweiss Querformat glatt 18,6x13x1 cm Latein, Kurrent Bleistift, Buntstift, Tinte	Auf der Deckelinnenseite Etikett der Herkunftsfirma Touren westlich und südlich von Innsbruck Stubachtal Bl 28–40 leer	

(Fortsetzung)

Notizbuch Nr.	Jahreszahl	Ort der Entstehung	Seitenanzahl Schriftart Werkzeug	Inhalt des Notizbuches	Publikation
59 *Tauern – Tunnel Stollenkartierungsbuch*	1902–1904	Wien	42 Blatt Leinen gebunden, Bleistifthalterung cremeweiss Querformat glatt 17,8x13x1 cm Latein, Kurrent Bleistift, Buntstift, Tinte	Auf der Deckelinnenseite Etikett der Herkunftsfirma Gesteinsaufnahmen und Profilmessungen während des Tunnelbaus	Bericht über den Fortgang der geologischen Beobachtungen am Nordrande des Tauerntunnels. Anz. Akad. Wiss. Wien 39 (1902), 281–284. Bericht über die geologischen Untersuchungen beim Bau des Tauerntunnels. Anz. Akad. Wiss. Wien 39 (1902), 117–118.
60 *Stollenkartierungsbuch*	1902	Wien	102 Blatt Leinen gebunden dunkelgrün kariert 18x12x1,7 cm Latein, Kurrent Bleistift, Buntstift, Tinte	Auf der Deckelinnenseite Etikett der Herkunftsfirma	Calcit vom oberen Klammtunnel an der Strecke Schwarzach-Sankt Veit-Gastein. TMPM 21 (1902), 460.
61 *Enthält Beobachtungen aus dem Jahr 1903 und 1904 Zemmgrund August 1903 Zillertaler Exkursion 1903 Hinterdux September 1903 Böckstein 1904*	1903–1904	Wien	101 Blatt Leinen gebunden dunkelgrün glatt 18x12x1,7 cm Latein, Kurrent Bleistift, Tinte	Feldtagebuch und Stollenkartierungsbuch Bl 1 Anschrift Friedrich Beckes	Bericht über den Fortgang der geologischen Beobachtungen an der Nordseite des Tauerntunnels. Anz. Akad. Wiss. Wien 40 (1903), 157–158 und 269–270. Bericht über die Exkursion (VIII) in die Zillertaler Alpen, Compt. Rend. IX. Congr. Géol. Intern. de Vienne (1903), 1–3.

(Fortsetzung)

Notizbuch Nr.	Jahreszahl	Ort der Entstehung	Seitenanzahl Schriftart Werkzeug	Inhalt des Notizbuches	Publikation
Rampenstrecke 1904 Kartierungsbuch					Exkursion in das Westende der Hohen Tauern (Zillertal), IX. Congr. Géol. Intern. de Vienne (1903), 1–41.
62 *1904* Stollenkartierungsbuch	1904	Wien	101 Blatt Leinen gebunden dunkelgrün glatt 18x12x1,7 cm Latein, Kurrent Bleistift, Buntstift, Tinte	*Enthält:* *Profil Lend – Dienten* *Rampenstrecke Schwarzach – Dorfgastein* *Excursionen in Gerlos* *Rechnungen Constructionen für die Tauern Tunnelprofile* *2 Einlageblätter:* *Tauerntunnel – Handstücke/Exner* Notizen aus Becke → nicht von Becke!!!	Bericht über den Fortgang der geologischen Beobachtungen an der Nordseite des Tauerntunnels. Anz. Akad. Wiss. Wien 41 (1903), 116–121, 200–201 und 407–410. Geologisches von der Tauernbahn. Schriften des Vereins zur Verbreitung naturw. Kenntnisse Wien (1906), 329–343.
63 *Bankung und Klüftung im Tauerntunnel* Stollenkartierungsbuch	?	Wien	41 Blatt Papier geheftet schwarz kariert 156x10x0,3 cm Latein, Kurrent Bleistift, Tinte	*Nb Azimut nach dem magnetischen Meridian* Aufzeichnung der eingemessenen Daten der Hauptbankung, der Querkluft und anderer Klüfte innerhalb der Strecke und Angabe der korrigierten Daten	

(Fortsetzung)

Notizbuch Nr.	Jahreszahl	Ort der Entstehung	Seitenanzahl Schriftart Werkzeug	Inhalt des Notizbuches	Publikation
64 Feldtagebuch	1904	Wien	63 Blatt Pappe gebunden schwarz, rot glatt 17,5x11,2x1 cm Latein, Kurrent Bleistift, Tinte	Bl 2–55 Exkursion nach Joachimsthal gemeinsam mit Suess, Bergrat Schrahal und Direktor Haidinger Bl 43 ff Literaturangaben zum Thema: Abbau von Rohstoffen und Uranpecherz in Sachsen Bl 57–62 leer Auf der Deckelinnenseite Etikett der Herkunftsfirma	Vorlage einiger Gangstücke vom Hildebrand- und Schweizergang in Joachimstal. Anz. d. k. Akad. Wiss. Wien 41, math.-nat. Kl. (1904), 66. Vorlage von Radiogrammen aus den Uranerz-führenden Gruben von Joachimstal. Anz. Akad. Wiss. Wien 41 (1904), 324. Becke, F. & Step, J.: Das Vorkommen des Uranpecherzes zu St. Joachimstal. Anz. Akad. Wiss. Wien 41(1904), 322–323. Ebenso: Sitzber. Akad. Wiss. 63 (1904), 585–618. Becke, Suess, Sauer, Mitteilungen über die photographische Wirksamkeit von Stücken alter Pechblende aus dem k. k. Naturhistorischen Hofmuseum. Anz. Akad. Wiss. Wien 41 (1904), 62–64. Über das Uranpecherz von Joachimstal. Schriften d. Verbreitung zur naturw. Kenntnisse in Wien 45 (1905), 349–361.

(Fortsetzung)

Notizbuch Nr.	Jahreszahl	Ort der Entstehung	Seitenanzahl Schriftart Werkzeug	Inhalt des Notizbuches	Publikation
65 *Tunnel – Notizbuch* Stollenkartierungsbuch	1905–1906	Wien	79 Blatt Leder geprägt, gebunden Mit Gummiband, Bleistifthalterung braun Querformat kariert 17,7x11x1,3 cm Latein, Kurrent Bleistift, Buntstift, Tinte	Bl 74–78 Notizen über Vierteljahresberichte 1905–1906 3 Einlageblätter mit Notizen über korrigierte Werte der Hauptbankung im Stollen 1 Blatt wurde herausgeschnitten Auf der Deckelinnenseite Etikett der Herkunftsfirma	Bericht über den Fortgang der geologischen Beobachtungen an der Nordseite des Tauerntunnels. Anz. k. Akad. d. Wiss. Wien 42 (1905), 150–153. Ebenso Jg. 43 (1906), 29–32. Geologisches von der Tauernbahn. Schriften d. Vereins zur Verbreitung naturw. Kenntnisse in Wien 46 (1906), 329–343.
66 Kartierungsbuch	1907–1908	Wien	80 Blatt Leder geprägt, gebunden Mit Gummiband Bleistifthalterung Braun Querformat Kariert 17,7x11x1,3 cm Latein, Kurrent Bleistift, Buntstift, Tinte	Fortführung der Aufnahmen des Tauerntunnels Bl 49 Mikroskopische Betrachtungen von Mineralen aus Japan »Japan 51.« Bl 66–69 Übertragung aus Berwerths Tunneltagebuch 1902, 1903 und 1884 Bl 70–78 leere Blätter Bl 79 stereographische Projektion Blatt 80 Zahlenaufstellung: 1–10 ohne Zuordnung	Bericht über den Fortgang der geologischen Beobachtungen an der Nordseite des Tauerntunnels. Anz. k. Akad. Wiss. Wien 44 (1907), 162–164. Ebenso Anz. Akad. Wiss. Wien 45, (1908), 201–204. Minerale aus Japan. TMPM 29 (1910), 449. Skolezit aus dem Tauerntunnel. TMPM 28 (1909), 188–189.

(Fortsetzung)

Notizbuch Nr.	Jahreszahl	Ort der Entstehung	Seitenanzahl / Schriftart Werkzeug	Inhalt des Notizbuches	Publikation
				Auf der Deckelinnenseite Etikett der Herkunftsfirma	
67 *Beobachtungsbuch III*	1906	Wien	151 Blatt Leinen gemasert, gebunden dunkelgrün kariert 18x12x2,2 cm Latein, Kurrent Bleistift, Buntstift, Tinte	Bl 1 Inhaltsangabe: *Enthält: Senftenberger Anoerthit – Amphibolit Andesite Böhm. Mittelgebirge Tonalit Wildbach Alpe Schlosstein – [Donaubergklamm] Pizer Hauskar Serpentin Beispiele v. Plagioklasen Bylownit Narodal und Senftenberg Bl 58–59 Myrmekit* An der Deckelinnenseite Etikett der Herkunftsfirma	Über Myrmekit. TMPM 27 (1908), 377–390. Über Myrmekit. Vortrag i. d. dt. Ges. Dt. Naturforscher und Ärzte 80, II/1 (1908), 177.
68 *Beobachtungsbuch IV* Laborbuch	?	Wien	152 Blatt Leinen gemasert, gebunden dunkelgrün kariert 18x12x2,2 cm	Bl 1 Inhaltsangabe: *Hornblende Riebeckit Plagioklasbeispiele Whewellit Schiefergneis Gössgraben*	Whewellit von Brüx. TMPM Bd. 26, 132–137. Ebenso Anz. Akad. Wiss. Wien 44 (1907), 162–164. Zur Physiographie der Gemengteile der krystallinen

(Fortsetzung)

Notizbuch Nr.	Jahreszahl	Ort der Entstehung	Seitenanzahl Schriftart Werkzeug	Inhalt des Notizbuches	Publikation
			Bleistift, Buntstift, Tinte Latein, Kurrent	*Amphibolit Gössgraben* *Plagioklas Bestimmung in Graniten* *Granitgneis Murwinkel* *Schladminger Gneis* *Murwinkel Fortsetzung* *Bl 138–142 Myrmekit* An der Deckelinnenseite Etikett der Herkunftsfirma	Schiefer. Denkschr. Akad. Wiss. Wien 75 (1906), 97–151. Ebenso: Anz. Akad. Wiss. 43 (1906), 432–434. Die optischen Eigenschaften der Plagioklase. TMPM 25 (1906), 1–42.
69 *Beobachtungsbuch V* Laborbuch	1909–1911	Wien	102 Blatt Leinen gemasert, gebunden dunkelgrün glatt 18x11,8x1,7 cm Bleistift, Buntstift, Tinte Latein, Kurrent	Bl 2 Inhaltsangabe: *Enthält Beobachtungen:* *Gesteine vom NE Saum des Hochalmkerns* *Diaphtorite v Tweng etc.* *Zöptauer Gesteine* *Beob. Über Auslöschung bei schiefer Stellung der Platten* *Schiefergneis Kontakt* *Feldspatgehalt in Graniteinschlüssen* *Vintschgauer Gneise* *Silikate von Bauer* An der Deckelinnenseite Etikett der Herkunftsfirma	Bericht über die Aufnahmen am Nord- und Ostrand des Hochalmmassivs. Sitzber. k. Akad. Wiss. Wien 118 (1909), 1045–1072. Glazialspuren in den östlichen Hohen Tauern. Zeitschrift für Gletscherkunde 3 (1909), 202–214. Über Diaphtorite. TMPM 28 (1909), 369–375. E. Bauer und F. Becke, Über hydrothermale Silikate. Zeitschrift für anorganische Chemie 72 (1911), 119–161. Intrusivgesteine der Ostalpen. TMPM 31 (1912), 545–558.

(*Fortsetzung*)

Notizbuch Nr.	Jahreszahl	Ort der Entstehung	Seitenanzahl Schriftart Werkzeug	Inhalt des Notizbuches	Publikation
70 *Beobachtungsbuch VI* Kartierungsbuch	1910–1911	Wien	102 Blatt Leinen gemasert, gebunden dunkelgrün glatt 18x11,8x1,7 cm Latein, Kurrent Bleistift, Tinte	Bl 1 *Enthält* *Tauerntunnelgesteine* Nummerierung der Gesteinsproben und Schliffe Bestimmung des spezifischen Gewichts Proben von Ludwig An der Deckelinnenseite Etikett der Herkunftsfirma (F.C. KUNZ, Wien)	
71 Fragment Laborbuch	1902–1911	Wien	30 Blatt Zum Teil lose Blätter, geheftet glatt 17,2x11,5x0,4 cm Latein, Kurrent Tinte	Spezifische Gewichtsbestimmungen im Tauern-Tunnel Tauerngesteine	Das spezifische Gewicht der Tiefengesteine. Sitzber. Akad. Wiss. 120 (1911), 1–37.
72 Arbeitsbuch VII Laborbuch	1912	Wien	133 Blatt Leinen gemasert, gebunden dunkelgrün kariert 17,8x12x2,2 cm Latein, Kurrent Bleistift, Tinte	1 Einlageblatt Interferenzbilder und Auslöschungsschiefen Gesteinsanalysen von Gesteinsproben Auf der Deckelinnenseite Etikett mit Herkunftsfirma	

(Fortsetzung)

Notizbuch Nr.	Jahreszahl	Ort der Entstehung	Seitenanzahl Schriftart Werkzeug	Inhalt des Notizbuches	Publikation
73 Notizen = Laborbuch von Rudolf Görgey	1912–1913	Wien	106 Blatt Papier, Leinen gebunden bunt kariert 17,2x11,2x0,9 cm Latein Bleistift, Buntstift, Tinte	Messdaten in Tabellen Polyhalit, Anhydrit, Kieserit eingeklebte Zeichnungen der gemessenen Kristallen 3 Einlageblätter mit Kristallmorphologien Bl 106 Angabe des Namens: Dr. R. v. Görgey, Wien I. Mineralogisch-petrographisches Universitätsinstitut.	
74 Notizbuch	1912–1913	Wien	61 Blatt Collegebuch Pappe gebunden dunkelgrün liniert 15,7x11x2 cm Latein, Kurrent Bleistift, Buntstift, Tinte	Deckelfront Einprägung: Etikett des Herstellers: Walker's loose leaf transfer case No. – T. 6 Einlageblätter Exkursionen Bl 1 Aspang 21. Juni 1913 Angabe der KursteilnehmerInnen Bl 3 Vöstendorf 30. September 1912 Bl 6 Exkursion der Min. Ges. Redlich – 15. Juni 1912 3. 8. -13.8.1912	

(Fortsetzung)

Notizbuch Nr.	Jahreszahl	Ort der Entstehung	Seitenanzahl Schriftart Werkzeug	Inhalt des Notizbuches	Publikation
				Weissenbachtal, Rotbachgraben 18. 8. – 3.9. Exkursion der geologischen Vereinigung. Bludenz – Schruns Bl 39 Angabe der gesammelten Handstücke Bl 40 1.8.1913 Wolfakofel Bl 43 Spaziergang ins Ahrntal Bl 44 5. 8. Luttach – Weissenbach Bl 56 23. VIII. Chemnitz Hütte Bl 58 26. VIII. 1913 Rain	
75 Beobachtungsbuch VIII. Laborbuch	1915–1917	Wien	123 Blatt Leinen gemasert, gebunden dunkelgrün glatt 18x12x2 cm Latein, Kurrent Bleistift, Buntstift Tinte	Bl 2 Inhaltsangabe *Tessiner Gesteine von Gutzwiller* *Feldspate in Kryst. Schiefern* *Samml. v. Hetzner – Grubenmann* *Granodioritgneis Schwallenbach.* *Hypersthengranulit v. Kirchberg* *Schwarzwaldgneise*	Vorlage von Gesteinen und Mineralen aus der Umgebung von Marienbad. TMPM 34 (1917), 40–44. Granodioritgneis im Waldviertel. TMPM 34 (1917), 70.

(Fortsetzung)

Notizbuch Nr.	Jahreszahl	Ort der Entstehung	Seitenanzahl Schriftart Werkzeug	Inhalt des Notizbuches	Publikation
				Granite ect. von Marienbad Spec. Gewicht v. Plagioklas Oralat – Krystalle Alban. Gesteine (Kerner) Auf der Deckelinnenseite Etikett der Herkunftsfirma	
76 Notizbuch	1917–1918	Wien	40 Blatt Papier, Leinen gebunden schwarz kariert 16,4x10,3x0,5 cm Latein, Kurrent Bleistift, Tinte	Bl 2 Exkursion der DMG in den Schwarzwald Bl 11 Aufenthalt in Reihwiesen 1917 Bl 36, Juli 1918 Trausnitzberg mit Prof. Zirm und Adolf Schuster Bl 39, 40 Auflistung der Gesteinsproben von Reihwiesen	
77 *Beobachtungsbuch IX*	1917–1918	Wien	106 Blatt Leinen gemasert, gebunden, Bleistifthalterung schwarz kariert 13,8x9,3x1,2 cm Latein, Kurrent Bleistift, Buntstift, Tinte	Bl 1 Inhaltsangabe *Albanische Gesteine Serpentin Dispersion der Feldspate* Bl 22 Albit Morro Velho I–XII	

(Fortsetzung)

Notizbuch Nr.	Jahreszahl	Ort der Entstehung	Seitenanzahl Schriftart Werkzeug	Inhalt des Notizbuches	Publikation
78 Beobachtungsbuch X Laborbuch	1918	Wien	104 Blatt Leinen marmoriert, gebunden schwarz, gelb glatt 18x12,3x1,5 cm Latein, Kurrent Bleistift, Tinte	Bl 1 Inhaltsangabe *Dispersion der Feldspate* Bl 103 Tabelle mit Angaben der Gesteinsproben 1 Einlageblatt	Grau-und Farbstellung bei gedrehter, horizontaler und asymmetrischer Dispersion der optischen Achsen. Anz. Akad. Wiss. Wien 58 (1921), 2–3. Dispersionserscheinungen an Interferenzbildern;Graustellung und Farbstellung. TMPM 35 (1922), 20–21.
79 Notizbuch	??		17 Blatt Leinen geheftet schwarz kariert 15,8x9,5x0,3 cm Latein, Kurrent Bleistift	Gerolstein Bl 11–17 leere Blätter	
80 Notizbuch – schriftmäßig kann dieses Buch nicht Becke zugeordnet werden	??		38 Blatt Papier, Leinen gebunden schwarz kariert 20,5x16,5x0,5 cm Latein, Stenokürzel	Minerale von Podhorn 29 Organische Salze Dr. Klemenc	

Anhang 2: Friedrich Becke: Verzeichnis der Publikationen nach Jahren geordnet mit einem Verzeichnis der Biographien

1877

Ueber Glaucodot von Hakansboe und den Danait von Franconia. In: Mineralogische Mitteilungen von Gustav Tschermak, S. 101–108.

Ueber die Kristallform des Zinnsteins. Ebenda, S. 243–260.

Die optischen Eigenschaften des Rohrzuckers. Ebenda, S. 261–264.

Analysen aus dem Laboratorium der Herrn Professors E. Ludwig. Skapolith von Boxnorough, Massachusetts, Fahlerz vom Kleinkogel bei Brixlegg in Tirol, Gabbro von Langenlois. Ebenda, S. 265–278.

Krystallisierter Vivianit in Säugetierknochen aus dem Laibacher Torfmoor. Ebenda, S. 311–312.

1878

Neue Minerale: Eukrasit, Picrotephroit von Laangban, Hetaerolith, Sipylit, Atopit, Ekdemit und Hydrocerussit. In: Tschermaks Mineralogische und Petrographische Mitteilungen (Notizen) 1 (=TMPM), S. 81–83.

Gesteine von der Halbinsel Chalcidice. Ebenda, S. 242–274.

Gesteine von Griechenland. I. Serpentine und Grünsteine. In: TMPM 1, S. 459–464 und S. 469–493.

Evansit von Kwittein bei Müglitz, Mähren. Ebenda, 465.

Akmit aus dem Elaeolithsyenit von Ditró, Siebenbürgen. (Notizen) Ebenda, 554–555.

Gesteine von Griechenland. In: Sitzungsberichte der kaiserlichen Akademie der Wissenschaften Wien, mathematisch-naturwissenschaftliche Klasse 78, Abteilung 1, S. 417–432.

Gesteine der Halbinsel Chalcidice. Ebenda, S. 609–615.

Eine neue Quellentheorie. In: Wiener medizinische Blätter 13, S. 4.

1879

Ueber die Zwillingsbildung und die optischen Eigenschaften des Chabasit. In: Sitzungsberichte der kaiserlichen Akademie der Wissenschaften Wien 80, mathematisch-naturwissenschaftliche Klasse Abteilung I, S. 90–95.

1880

Gesteine von Griechenland. II. Krystalline Schiefer. In: TMPM 2, S. 17–77.

Rittingerit und Feuerblende von Schemnitz. (Notizen) Ebenda, S. 94.

Krystallform der salzsauren Glutaminsäure. Ebenda, S. 181–183.

Ueber die Kristallform des Traubenzuckers. Ebenda, S. 184–185.

Eine neue Art krystallisierten Sandsteins. Ebenda, S. 359.

Ueber die Zwillingsbildung und die optischen Eigenschaften des Chabasit. Ebenda, S. 391–418.

Ebenso In: Sitzungsberichte der kaiserlichen Akademie der Wissenschaften Wien 80, mathematisch-naturwissenschaftliche Klasse Abteilung I, S. 90–95.

Ein neuer Polarisationsapparat von E. Schneider in Wien. In: TMPM 2, S. 430–437.

1881

Hypersthen von Bodenmais. In: TMPM 3, S. 60–70.

Ueber den Hessit (Tellursilberglanz) von Botes in Siebenbürgen. Ebenda, S. 301–314.

Krystallform der Tribrompropionsäure und Tribromacrylsäure. In: Julius Mauthner und Wilhelm Suida, Über gebromte Propionsäuren und Acrylsäuren: Sitzungsberichte der kaiserlichen Akademie der Wissenschaften Wien 83, mathematisch-naturwissenschaftliche Klasse Abteilung II b, S. 275.

Die krystallinen Schiefer des niederösterreichischen Waldviertels. In: Sitzungsberichte der kaiserlichen Akademie der Wissenschaften Wien 84, mathematisch-naturwissenschaftliche Klasse Abteilung I, S. 546–560.

1882

Euklas aus den Alpen. In: TMPM 4, S. 147–153.

Die Gneisformation des niederösterreichischen Waldviertels. Ebenda, S. 189–264 und S. 285–408.

Hornblende und Anthophyllit nach Olivin. Ebenda, S. 450–452.

1883

Barytkristalle in den Quellenbildungen der Teplitzer Thermen. In: TMPM 5, S. 82–84.

Eruptivgesteine aus der Gneisformation des niederösterreichischen Waldviertels. Ebenda, S. 147–173.

Glaseinschlüsse in Contactmineralen von Canzacoli bei Predazzo. Ebenda, S. 174–175.

Parallele Verwachsungen von Fahlerz und Zinkblende. Ebenda, S. 331–338.

Aetzversuche an der Zinkblende. Ebenda, S. 457–526.

Ueber die Unterscheidung von Augit und Bronzit in Dünnschliffen. Ebenda, S. 527–529.

1885

Aetzversuche an Bleiglanz; mit Anhang: über die parallele Verwachsung von Chlorblei mit Bleiglanz. In: TMPM 6, S. 237–276.

Über die bei Czernowitz im Sommer 1884 und Winter 1884/85 stattgefundenen Rutschungen. In: Jahrbuch der k. k. Geologischen Reichsanstalt 35, S. 397–406.

1886

Über Zwillingsverwachsungen gesteinsbildender Pyroxene und Amphibole. In: TMPM 7, S. 93–107.

Aetzversuche an Mineralen der Magnetitgruppe. Ebenda, S. 200–249.

Notizen aus dem niederösterreichischen Waldviertel. Ebenda, S. 250–255.

1887

Aetzversuche am Pyrit. In: TMPM 8, S. 239–330.

Friedrich BECKE & Maximilian SCHUSTER, Geologische Beobachtungen im Altvatergebirge. In: Verhandlungen der k. k. Geologischen Reichsanstalt Heft 4, S. 1–11.

1888

Einige Fälle von natürlicher Aetzung an Krystallen von Pyrit, Zinkblende, Bleiglanz und
Magnetit. In: TMPM 9, S. 1–21.

Nekrolog für Max Schuster. In: Neues Jahrbuch für Mineralogie, Paläontologie und
Geologie 1, S. 1–6.

1889

Unterscheidung von Quarz und Feldspath in Dünnschliffen mittels Färbung. In: TMPM
10, S. 90.

Ein Beitrag zur Kenntnis der Krystallform des Dolomit. Ebenda, S. 93–152.

Die Krystallform des Traubenzuckers und optisch aktiver Substanzen im Allgemeinen.
Ebenda, S. 464–499. Ebenso: Anzeiger der kaiserlichen Akademie der Wissenschaften
Wien 26, mathematisch naturwissenschaftliche Klasse Abteilung I, S. 129–131.

Dankschreiben für die zur Vollendung seiner geologischen und petrographischen Untersuchungen im Hohen Gesenke der Sudeten bewilligten Subvention. Ebenda, S. 101.

Ergänzende Beobachtungen über das Coelestin- und Barytvorkommen bei Torda in Siebenbürgen. Ebenda, S. 89.

1890

Über Dolomit und Magnesit und über die Ursachen der Tetartoëdrie des ersteren. In:
TMPM 11, S. 224–260.

Über Quarzfremdlinge in Lamprophyren. Ebenda, S. 271–272.

Ätzversuche am Fluorit. Ebenda, S. 349–437.

Orientierung des Dolomit von Gebroulaz. Ebenda, S. 536.

Über die Ursache der Tetartoëdrie des Dolomit. In: Anzeiger der kaiserlichen Akademie
der Wissenschaften Wien 27, mathematisch-naturwissenschaftliche Klasse Abteilung I,
S. 25–26.

1891

Krystallform und optische Orientierung des Keramohalit von Tenerifa. In: TMPM 12,
S. 45–48.

Titanit von Zöptau. Ebenda, S. 169–170.

Krystallform optisch aktiver Substanzen. Ebenda, S. 256–257.

Unterscheidung von Quarz und Feldspathen mittels Färbung. Ebenda, S. 257.

Optischer Charakter des Melilith als Gesteinsgemengtheil. Ebenda, S. 444.

Krystallform und optische Eigenschaften des salzsauren Cystins ($C_6H_{12}N_2S_2O_4+2HCl$). In:
Zeitschrift für Krystallographie und Mineralogie 19, S. 336–339.

1892

Über Chiastolith. In: TMPM 13, S. 256–257.

Petrographische Studien am Tonalit der Rieserferner. Ebenda, S. 379–464.

Krystallographische Untersuchung des Mekoninmethylphenylketonoxims, $C_{18}H_{17}O_5N$. In: Monatshefte für Chemie 13 Wien, S. 673.

Vorläufiger Bericht über den geologischen Bau und die krystallinen Schiefer des Hohen Gesenkes (Altvatergebirge). In: Sitzungsberichte der kaiserlichen Akademie der Wissenschaften Wien 101, mathematisch-naturwissenschaftliche Klasse Abteilung I, S. 286–300.

Bemerkungen zu Herrn Focks Aufsatz »Beiträge zur Kenntnis der Beziehungen zwischen Krystallform und chemischer Zusammensetzung«. In: Zeitschrift für Krystallographie und Mineralogie 20, 253–258.

1893

Krystallographische Analysen. In: Karl Brunner, Über das dimolekulare Propionylcyanid und über die daraus dargestellte Äthylartronsäure. Sitzungsberichte der kaiserlichen Akademie der Wissenschaften Wien 102, mathematisch-naturwissenschaftliche Klasse Abteilung IIb, S. 105–115.

Über die Bestimmbarkeit der Gesteinsgemengtheile, besonders der Plagioklase, auf Grund ihres Lichtbrechungsvermögens. In: Sitzungsberichte der kaiserlichen Akademie der Wissenschaften Wien 102, mathematisch-naturwissenschaftliche Klasse Abteilung I, S. 358–376.

Ueber molekulare Achsenverhältnisse. In: Anzeiger der kaiserlichen Akademie der. Wissenschaften Wien 30, mathematisch-naturwissenschaftliche Klasse, S. 204.

Über die Bestimmbarkeit der Gesteinsgemengtheile, besonders der Plagioklase, auf Grund ihres Lichtbrechungsvermögens. Ebenda, S. 192–193.

Herausgabe des 3. Bandes von V. Zepharovich: Mineralogisches Lexikon für das Kaiserthum Österreich (Wien).

1894

Über alpine Intrusivgesteine. Vortrag in der Gesellschaft für Naturforscher und Ärzte. Verhandlungen 66, S. 188.

Der Aufbau der Krystalle aus Anwachskegeln. In: Sitzungsberichte des deutschen naturwissenschaftlich- medizinischen Vereins für Böhmen »Lotos« Prag 42, N. F. 14, S. 1–18.

1895

Olivin und Antigorit-Serpentin aus dem Stubachtal (Hohe Tauern). In: TMPM 14, S. 271–276.

Scheelit im Granit von Predazzo. Ebenda, S. 277–278.

Klein'sche Lupe mit Mikrometer. Ebenda, S. 375–378.

Bestimmung kalkreicher Plagioklase durch Interferrenzbilder von Zwillingen. Ebenda, S. 415–442.

Uralit aus den Ostalpen. Ebenda, S. 476.

Messung von Axenbildern mit dem Mikroskop. Ebenda S. 563–565.

Friedrich BECKE, Friedrich BERWERTH, Ulrich GRUBENMANN: Bericht an die Commission für die petrographische Erforschung der Centralkette der Ostalpen über die im Jahre 1894 durchgeführten Aufnahmen. In: Anzeiger der kaiserlichen Akademie der Wissenschaften Wien 32, mathematisch-naturwissenschaftliche Klasse (Wien 1895), S. 45–49.

Beitrag zur Kenntnis der Carborundumkrystalle CSi. In: Zeitschrift für Krystallographie und Mineralogie 24, S. 537–542.

Schalenblende von Mies in Böhmen. In: TMPM 14, S. 278–279.

1896

Bemerkungen über die vulkanische Tätigkeit des Vesuv im Jahre 1894. In: TMPM 15, S. 89–90.

Ein Wort über das Symmetriezentrum. In: Zeitschrift für Krystallographie und Mineralogie 25, S. 73–78.

Über Dynamometamorphose und Molecularvolumen. In: Jahrbuch für Mineralogie, Paläontologie und Geologie II, S. 182–183.

Krystallform des Allentricarbonsäureesters $C_3H(COO.C_2H_5)_8$. In: Sitzungsberichte der kaiserlichen Akademie der Wissenschaften Wien, mathematisch-naturwissenschaftliche Klasse 105, Abteilung II b, S. 498–499. Ebenso: Monatshefte für Chemie 17, S. 512.

Über Beziehungen zwischen Dynamometamorphose und Molecularvolumen. In: Anzeiger der kaiserlichen Akademie der Wissenschaften Wien 33, mathematisch-naturwissenschaftliche Klasse, S. 3–14.

Bericht der Commission für die petrographische Erforschung der Centralkette der Ostalpen; über den Fortgang der Alpen im Jahre 1895. Ebenda, S. 15–21.

Pasteur als Krystallograph. In: Sitzungsberichte des deutschen naturwissenschaftlichmedizinischen Vereins für Böhmen »Lotos«, Prag 44, S. 14–22.

Über den gegenwärtigen Zustand des Vesuv. Ebenda, S. 47–56.

Vorlage des Werkes Seiner. kaiserlichen Hoheit des Herrn Erzherzog Ludwig Salvator: Columbretes. Ebenda, S. 189–193.

Über das Erdbeben von Brüx. Ebenda, S. 290–292.

1897

Gesteine der Columbretes, mit Anhang: Einiges über die Beziehungen von Pyroxen und Amphibol in den Gesteinen. In: TMPM 16, S. 155–179 und S. 308–336.

Ausmessung des Winkels zwischen zwei optischen Axen im Mikroskop: Unterscheidung von optisch + und – zweiaxigen Mineralen, mit dem Mikrokonoskop (als Konoskop gebrauchtes Mikroskop). Ebenda, S. 180–181.

Bericht über den Fortgang der Arbeiten der Commission für die petrographische Erforschung der Centralkette der Ostalpen. In: Anzeiger der kaiserlichen Akademie der Wissenschaften Wien 34, mathematisch-naturwissenschaftliche Klasse, S. 8–14.

Mittheilungen der Erdbebencommission der kaiserlichen Akademie der. Wissenschaften Wien. II. Bericht über das Erdbeben in Brüx am 3. Nov. 1896. In: Sitzungsberichte der kaiserlichen Akademie der Wissenschaften Wien 106, mathematisch-naturwissenschaftliche Klasse Abteilung I, S. 46.

Bericht über das Erdbeben am 5. Jänner 1897 im südlichen Böhmerwald. Ebenda, S. 103–116.

Über den Fall eines Meteors im nördlichen und westlichen Böhmen. In: Sitzungsberichte des deutschen naturwissenschaftlich- medizinischen Vereins für Böhmen »Lotos« Prag, 45, N. F. 17, 3.

Chemische Zusammensetzung der Eruptivgesteine des Böhmischen Mittelgebirges. Ebenda, S. 5–6.

Über Zonenstructur bei Feldspathen. Ebenda, S. 58–61.

Über die Ableithung der Interferenzbilder zweiaxiger Krystallplatten. Ebenda, S. 125–129.

Form und Wachstum der Krystalle. In: Schriften d. Vereins zur Verbreitung naturwissenschaftlicher Kenntnisse in Wien 37, S. 487–503.

1898

Mittheilungen der Erdbebencommission der kaiserlichen Akademie derWissenschaften Wien, VIII. Bericht über das Graslitzer Erdbeben, 24. October bis 25. November 1897. In: Sitzungsberichte der kaiserlichen Akademie der Wissenschaften Wien 107, mathematisch-naturwissenschaftliche Klasse, Abteilung I, S. 789–959.

Ueber Zonenstructur der Krystalle in Erstarrungsgesteinen. In: TMPM 17, S. 97–105.

Mineralvorkommen im Zillerthal. Ebenda, S. 106.

Aragonit von Ustica. Ebenda, S. 106.

Bemerkungen zu der Abhandlung von Herrn C. Oetling über Verfestigung von Silikatschmelzen unter Druck. Ebenda, S. 387.

Merkwürdige Krystallisation von CIK. In: Sitzungsberichte des deutschen naturwissenschaftlich- medizinischen Vereins für Böhmen »Lotos« Prag 46, S. 71–73.

Whewellit vom Venustiefbau bei Brüx. Ebenda, S. 92–96.

Erderschütterungen in Böhmen im Jahre 1897. Ebenda, S. 205–223.

Untersuchungen der Lagerungsverhältnisse der bei Mayrhofen das Zillerthal durchziehenden Kalkzone. In: Anzeiger der kaiserlichen Akademie der Wissenschaften Wien 35, mathematisch-naturwissenschaftliche Klasse, S. 13–16.

Friedrich BECKE, Friedrich BERWERTH & Ulrich GRUBENMANN, Bericht der Commission für die petrographische Erforschung der Centralkette der Ostalpen über die Aufnahme im Jahre 1896. In: Anzeiger der kaiserlichen Akademie der Wissenschaften Wien 35, mathematisch-naturwissenschaftliche Klasse, S. 12–19.

Bericht über das Graslitzer Erdbeben vom 24. October bis 25. November 1887. Ebenda, S. 145–147.

1899

Chemische Analysen aus dem Laboratorium der deutschen Universität in Prag. Leucit-Basanit (Vesuv), Tonalitgneis (Wistra). In: TMPM 18, S. 94.

Der Hypersthen-Andesit der Insel Alboran. Ebenda, S. 525–555.

Zur Bestimmung der Plagioklase in Dünnschliffen in Schnitten senkrecht zu M und O. Ebenda, S. 556–558.

Bericht über den Fortgang der Arbeiten der Arbeiten zur petrographischen Durchforschung der Centralkette der Ostalpen. In: Anzeiger der kaiserlichen Akademie der Wissenschaften Wien 36, mathematisch-naturwissenschaftliche Klasse, S. 5–10.

Über die optische Orientierung des Anorthits. Ebenda, S. 183–184.

Zur optischen Orientierung des Anorthits vom Vesuv. In: Sitzungsberichte der kaiserlichen Akademie der Wissenschaften Wien 108, mathematisch-naturwissenschaftliche Klasse Abteilung I, S. 434–514. Ebenso: Anzeiger der kaiserlichen Akademie der Wissenschaften Wien 36, mathematisch-naturwissenschaftliche Klasse, S. 299.

1900

Whewellit von Brüx. In: TMPM 19, S. 166.

Über Alboranit und Santorinit und die Grenzen der Andesitfamilie. Ebenda, S. 182–200.

Die Orientierung der optischen Axe A in Anorthit. Ebenda, S. 201–206.

Optische Orientierung des Albit von Amelia, Virginia. Ebenda, S. 321–335.

Vorläufige Mittheilung über die Auffindung von Theralit am Flurbühel bei Duppau. In: Verhandlungen der kaiserlich-königlichen Geologischen Reichsanstalt, S. 351–353.

Über Eis und Schnee. In: Schriften des Vereins zur Verbreitung naturwissenschaftlicher Kenntnisse in Wien 40, S. 359–366.

1901

Optische Orientierung der Oligoklas-Albit. In: TMPM 20, S. 55–72.

Bericht der Wiener Mineralogischen Gesellschaft. Ebenda, S. 180.

Bericht über die constituierende Versammlung. Ebenda (= Mitteilungen der Wiener Mineralogischen Gesellschaft 1, 1–4), S. 261–264.

Bericht über den Staubschnee vom 11. März 1901. In: Anzeiger der kaiserlichen Akademie der Wissenschaften Wien 38, mathematisch-naturwissenschaftliche Klasse, S. 107–109.

Über Gesteinsstructuren. In: Schriften des Vereins zur Verbreitung naturwissenschaftlicher Kenntnisse in Wien, 41, S. 432–446.

1902

Einige Bemerkungen über die Einschlüsse des Granites vom Gramanville. In: TMPM 21, S. 230–237.

Über das Auftreten einer dunkelblaugrünen Hornblende. In: TMPM 21, Vortrag in der Wiener Mineralogischen Gesellschaft, S. 247–248.

Über krystalline Schiefer der Alpen. Ebenda, S. 356–357.

Calcit vom oberen Klammtunnel an der Strecke Schwarzach-St. Veit-Gastein. Ebenda, S. 460. Bericht über den Fortgang der geologischen Beobachtungen am Nordende des Tauerntunnels. In: Anzeiger der kaiserlichen Akademie der Wissenschaften Wien 39, mathematisch-naturwissenschaftliche Klasse, S. 117–118 und S. 281–284.

Bericht über die geologischen Untersuchungen beim Baue des Tauerntunnels. Ebenda, S. 116–117.

Krystallform des Oxy-α-Naphtachinonessigsäure $C_{12}H_8O_5$. In: M. Bamberger und A. Praetorius, Antoxidationsproducte des Anthragallols. In: Sitzungsberichte der kaiserlichen Akademie der Wissenschaften Wien 109, mathematisch-naturwissenschaftliche Klasse, Abteilung II b, S. 525–526.

Das böhmische und das amerikanische Eruptivgebiet, ein chemisch-petrographischer Vergleich. Vortrag in der Gesellschaft deutscher Naturforscher und Ärzte 74, S. 125–126.

Einiges über krystalline Schiefer. In: Schriften des Vereins zur Verbreitung naturwissenschaftlicher Kenntnisse Wien 42, S. 341–357.

Exkursion nach Budapest. In: TMPM 21 (= Mitteilungen der Wiener Mineralogischen Gesellschaft 8, 53–56), S. 456–459.

1903

Einfluß der Zwillingsbildung auf die Krystallform beim Orthoklas. In: TMPM 22, S. 195–197.

Die Eruptivgebiete des Böhmischen Mittelgebirges und der Amerikanischen Anden. Ebenda, S. 209–265.

Bestimmung der Dispersion der Doppelbrechung. Ebenda, S. 378–380.

Die chemische Zusammensetzung der Gleichenberger Eruptivgesteine. Ebenda, S. 386–387.

Exkursion nach Graz. 27.–30. Juni 1903. Ebenda (= Mitteilungen der Wiener Mineralogischen Gesellschaft 14, 46–48), S. 494–496.

Bericht über die Exkursion (VIII) in die Zillertaler Alpen. In: Compte rendu de la IX. Session. Congrès géologique international de Vienne, S. 1–3.

Über Mineralbestand und Struktur der krystallinen Schiefer. Ebenda, S. 553–570.

Exkursion in das Westende der Hohen Tauern (Zillertal). Exkursionsführer IX. S. 1–41.

Über Mineralbestand und Struktur der krystallinen Schiefer. In: Denkschriften der kaiserlichen Akademie der Wissenschaften Wien 75, mathematisch-naturwissenschaftliche Klasse, S. 1–53.

Optische Untersuchungsmethoden. Ebenda, S. 55–95.

Bericht über den Fortgang der geologischen Beobachtungen an der Nordseite des Tauerntunnels. In: Anzeiger der Akademie der Wissenschaften Wien 40, mathematisch-naturwissenschaftliche Klasse, S. 157–158.

Optische Untersuchungsmethoden. Ebenda, S. 268–269.

Weiterer Bericht über den Fortgang der geologischen Beobachtungen auf der Nordseite des Tauerntunnels. Ebenda, S. 269–270.

1904

Neue Mineralvorkommen aus dem Zillertal. In: TMPM 23, 84–86.

Vorlage einiger Gangstücke vom Hildebrand- und Schweizergang in Joachimstal. In: Anzeiger der kaiserlichen Akademie der Wissenschaften Wien 41, mathematisch-naturwissenschaftliche Klasse, S. 66.

Bericht über den Fortgang der geologischen Untersuchungen an der Nordseite des Tauerntunnels. Ebenda, S. 119–121, S. 200–201, S. 407–410.

Vorlage von Radiogrammen aus den Uranerz-führenden Gruben von Joachimstal. Ebenda, S. 322–324.

Friedrich BECKE, Franz EXNER & Eduard SUESS, Mitteilung über die photographische Wirksamkeit von Stücken alter Pechblende aus dem k. k. Naturhistorischen Hofmuseum. Ebenda, S. 62–64.

Friedrich BECKE & Johann STĚP, Das Vorkommen des Uranpecherzes zu St. Joachimstal. In: Sitzungsberichte der kaiserlichen Akademie der Wissenschaften Wien 113, mathematisch-naturwissenschaftliche Klasse Abteilung 1, S. 585–618.

Über vulkanische Laven. In: Schriften zur Verbreitung naturwissenschaftlicher Kenntnisse in Wien, 44, S. 339–356.

1905

Über das Uranpecherz von Joachimstal. In: Schriften zur Verbreitung naturwissenschaftlicher Kenntnisse in Wien 45, S. 349–361.

Die Skiodromen. Ein Hilfsmittel bei der Ableitung von Interferenzbildern. In: TMPM 24, S. 1–34.

Messung des Winkels der Achsen aus der Hyperbelkrümmung. Ebenda, S. 35–44.

Über eine neue Methode der Achsenwinkelmessung. Ebenda, S. 113–114.

Bericht über den Fortgang der geologischen Beobachtungen an der Nordseite des Tauerntunnels. In: Anzeiger der kaiserlichen Akademie der Wissenschaften Wien 42, mathematisch-naturwissenschaftliche Klasse, S. 150–153.

1906

Die optischen Eigenschaften der Plagioklase. In: TMPM; 25, S. 1–42.

Skiodromenmodelle. Ebenda, S. 199–200.

Steinsalz von Wieliczka, Gips von Bochnia. Ebenda, S. 214–215.

Vorlage von Mineralien aus Südafrika. Ebenda, S. 345–346.

Geologisches von der Tauernbahn. In: Schriften zur Verbreitung naturwissenschaftlicher Kenntnisse in Wien 46, S. 329–343.

Bericht über den Fortgang der geologischen Beobachtungen an der Nordseite des Tauerntunnels. In: Anzeiger der kaiserlichen Akademie der Wissenschaften Wien 63, mathematisch-naturwissenschaftliche Klasse, S. 29–32.

Zur Physiographie der Gemengteile der krystallinen Schiefer. Die Feldspate. Ebenda, S. 342–344.

Zur Physiographie der Gemengteile der krystallinen Schiefer. In: Denkschriften der kaiserlichen Akademie der Wissenschaften Wien 75, mathematisch-naturwissenschaftliche Klasse, S. 97–151.

Friedrich BECKE & Viktor UHLIG, Erster Bericht über die petrographischen und geotektonischen Untersuchungen im Hochalmmassiv und in den Radstätter Tauern. In: Sitzungsberichte der kaiserlichen Akademie Wien, mathematisch-naturwissenschaftliche Klasse 115, mathematisch-naturwissenschaftliche Klasse 1, S. 1695–1739.

Über Krystallisationsschieferung und Piezokrystallisation. Internationaler Geologenkongress 1906, Mexiko, S. 1–6.

1907

Neuere Vorkommen von den österreichischen Salzlagerstätten. In: TMPM 26, S. 132–137.

Whewellit von Brüx. Ebenda, S. 391–402.

Bemerkungen über krumme Krystallflächen. Ebenda, S. 403–412.

Die Mallard'sche Konstante des Mikrokonoskops. Ebenda, S. 509–510.

Bericht über den Fortgang der geologischen Beobachtungen an der Nordseite des Tauerntunnels. In: Anzeiger der Akademie der Wissenschaften Wien 44, mathematisch-naturwissenschaftliche Klasse 1, S. 162-164.

Bericht über Whewellitkrystalle von Brüx. Ebenda, S. 247-248.

Bemerkungen, betreffend die kristallinen Schiefer aus Brasilien. In: Sitzungsberichte der kaiserlichen Akademie der Wissenschaften Wien 116, mathematisch-naturwissenschaftliche Klasse, Abteilung I, S. 1201-1203.

Über Kristalltracht. Vorträge in der Versammlung deutscher Naturforscher und Ärzte. 79, 202-204.

Die Tracht der Krystalle. In: Schriften des Vereins zur Verbreitung naturwissenschaftlicher Kenntnisse in Wien. 47, 391-411.

Friedrich BECKE & Rudolf KARNY, Krystallform des Cholestenchlorhydrates $C_{27}H_{45}Cl$ vom Schmelzpunkt $96°-97°$. In: J. MAUTHNER, Umlagerung des Cholestens. Sitzungsberichte der kaiserlichen Akademie der Wissenschaften Wien, mathematisch-naturwissenschaftliche Klasse 116, Abteilung II b, S. 1022. Ebenso in Monatshefte für Chemie 28, S. 1116.

Vorschläge, betreffend die Herausgabe einer Chemie der Minerale. In: Almanach der kaiserlichen Akademie der Wissenschaften 57, S. 290-291.

1908

Zur Unterscheidung ein- und zweiachsiger Krystalle im Konoskop. In: TMPM 27, S. 177-178.

Über Myrmekit. Ebenda, S. 377-390.

Ferdinand Löwl. Nekrolog. In: Mitteilungen der Wiener Geologischen Gesellschaft 1, S. 372-374.

Bericht über den Fortgang der geologischen Beobachtungen am Tauerntunnel. In: Anzeiger der kaiserlichen Akademie der Wissenschaften Wien 45, mathematisch-naturwissenschaftliche Klasse, S. 201-205.

Bericht über die Aufnahmen am Nord- und Ostrande des Hochalmmassivs. In: Sitzungsberichte der kaiserlichen Akademie der Wissenschaften Wien 117, mathematisch-naturwissenschaftliche Klasse, Abteilung I, S. 371-404. Ebenso: Anzeiger 45, S. 205.

Über Myrmekit. Vortrag in der Gesellschaft Deutscher Naturforscher und Ärzte 80, II/1, S. 177.

1909

Friedrich BECKE & Ernst WIESNER, Bericht über die Errichtung eines Denkmals von Albrecht Schrauf in den Arkaden der Universität in Wien. 2 Seiten.

Zum Gedächtnis an Dr. Felix Cornu. In: TMPM 28, S. I-IV.

Uranpecherz von der Kirk Mine, Bald Mt., Gilpin City, Colorado. Ebenda, S. 188.

Bleiglanz und Blende von Joachimstal; Brookit von Amsteg. Ebenda, S. 195-196.

Zur Messung des Achsenwinkels aus der Hyperbelkrümmung. Ebenda, S. 290-293.

Über idiophane Achsenbilder (Absorptionsbüschel). Ebenda, S. 474-481.

Skolecit aus dem Tauerntunnel. Ebenda, S. 88-189.

Über Diaphtorite. Ebenda, S. 369-375.

Die Entstehung des krystallinen Gebirges. Vortrag in der Versammlung Deutscher Naturforscher und Ärzte 81/1, S. 164–177.

Bericht über geologische und petrographische Untersuchungen am Ostende des Hoch-
almkerns. In: Sitzungsberichte der kaiserlichen Akademie der Wissenschaften Wien
118, mathematisch-naturwissenschaftliche Klasse, Abteilung I, S. 1045–1072.

Die Goldbergbaue der Hohen Tauern. In: Schriften des Vereins zur Verbreitung naturwissenschaftlicher Kenntnisse in Wien 49, S. 265–287.

Glazialspuren in den östlichen Hohen Tauern. In: Zeitschrift für Gletscherkunde 3, S. 202–
214.

1910

Ausbildung der Zwillinge trikliner Feldspate. TMPM 29, S. 445–449.

Mineralien aus Japan. Ebenda, S. 449.

Der Einfluß des Gesteins auf das Landschaftsbild. Schriften des Vereins zur Verbreitung
naturwissenschaftlicher Kenntnisse in Wien 50, S. 197–210.

Über die Ausbildung der Zwillingskristalle. Vortrag in der Gesellschaft Deutscher Naturforscher und Ärzte 82, S. 117–118.

Über das Grundgebirge im niederösterreichischen Waldviertel. Compte rendu de la XI.
Session. Congrès géologique international. S. 617–624.

1911

Fortschritte auf dem Gebiet der Metamorphose. Fortschritte der Mineralogie, Kristallographie und Petrographie 1, S. 221–256.

Über die Ausbildung der Zwillingskristalle. Ebenda, S. 68–85.

Das spezifische Gewicht der Tiefengesteine. TMPM 30, S. 475–478.

Die Raumprojektion der Gesteinsanalysen. Ebenda, S. 499–506.

E. BAUR & Friedrich BECKE, Über Hydrothermale Silikate. In: Zeitschrift für anorganische Chemie 72, S. 119–161.

Das spezifische Gewicht der Tiefengesteine. In: Anzeiger der kaiserlichen Akademie der
Wissenschaften Wien 48, mathematisch-naturwissenschaftliche Klasse, Abteilung 1,
S. 184–185.

Das spezifische Gewicht der Tiefengesteine. In: Sitzungsberichte der kaiserlichen Akademie der Wissenschaften Wien 120, mathematisch-naturwissenschaftliche Klasse,
Abteilung I, S. 265–301.

Über das spezifische Gewicht der Tiefengesteine. Vortrag in der Gesellschaft Deutscher
Naturforscher und Ärzte 83, II/1, S. 366–370. Ebenso: TMPM 30, S. 475–478.

Mineralogische Vereine. In: Mineralogisches Taschenbuch der Wiener Mineralogischen
Gesellschaft (Hg.), S. 159–169.

1912

Fossiles Holz aus der Putzenwacke von Joachimstal. TMPM, 31, S. 81–86.

Intrusivgesteine der Ostalpen. Ebenda, S. 545–558.

Intrusivgesteine der Ostalpen. Vortrag in der Gesellschaft Deutscher Naturforscher und
Ärzte, 84 II/1, S. 232–234.

Chemische Analysen von krystallinen Gesteinen aus der Zentralkette der Ostalpen. In:
    Anzeiger der kaiserlichen Akademie der Wissenschaften Wien 49, mathematisch-na-
    turwissenschaftliche Klasse, S. 324.
Chemische Analysen von krystallinen Gesteinen aus der Zentralkette der Ostalpen.
    Denkschriften der kaiserlichen Akademie der Wissenschaften Wien 75, mathematisch-
    naturwissenschaftliche Klasse, S. 153–229.
Ostrand des lepontinischen Tauernfensters und Zentralgneis. Führer zur geologischen
    Exkursion in Graubünden. Geologische Rundschau III, S. 528–532.

1913

Über Mineralbestand und Struktur der krystallinen Schiefer. In: Denkschriften der kai-
    serlichen Akademie der Wissenschaften Wien 75, mathematisch-naturwissenschaft-
    liche Klasse, 1. Halbband (Wien 1913). (Es ist dies eine Wiederholung und Zusam-
    menfassung der einzelnen Besprechungen Beckes über das Thema »Kristalline
    Schiefer«aus den Jahren 1903, 1906 und 1912).

1914

Friedrich BECKE, Rudolf GÖRGEY, Alfred HIMMELBAUER & Franz REINHOLD, Das
    niederösterreichische Waldviertel. In: TMPM 32, S. 185–246.
Gyps im Ahrntal. Ebenda, S. 138–140.
Exkursion im niederösterreichischen Waldviertel. In: Fortschritte der Mineralogie, Krys-
    tallographie und Petrographie 4, S. 6–8.
Über den Zusammenhang der physikalischen, besonders der optischen Eigenschaften mit
    der chemischen Zusammensetzung der Silicate. In: Doelters Handbuch der Mineral-
    chemie II, 1. Hälfte, S. 1–26.

1915

Kalkspatzwilling nach (110) vom Marienberg bei Aussig. In: TMPM 33, S. 348–350.
Zur Karte des niederösterreichischen Waldviertels. Ebenda, S. 351–355.
Über pazifische und atlantische Gesteine. Ebenda, S. 485–486.
Körperliche Mangandendriten im Trachyt von Spitzberg bei Teplitz, Böhmen. Ebenda,
    S. 374–376.
Lehrbuch der Mineralogie von Gustav Tschermak 7. Auflage (Hg. Friedrich Becke, Wien,
    Leipzig 1915).
Dr. Rudolf Görgey, Nekrolog. In: TMPM 35, S. 374–376.

1916

Fortschritte auf dem Gebiete der Metamorphose. In: Fortschritte der Mineralogie, Krys-
    tallographie und Petrographie 5, S. 210–264.

1917

Granodioritgneis im Waldviertel. In: TMPM 34, S. 70.
Vorlage von Gesteinen und Mineralien aus der Umgebung von Marienbad. Ebenda,
    (= Mitteilungen der Wiener Mineralogischen Gesellschaft Nr. 79), S. 40–44.

Graphit im niederösterreichischen Waldviertel. Ebenda, S. 58–64.

Friedrich BECKE & J. E. HIBSCH, Über den Staurolith. Ebenda, S. 67–69.

Ebenso: Anzeiger der Akademie der Wissenschaften Wien 62, mathematisch-naturwissenschaftliche Klasse, S. 243–244.

1918

Das Wachsen und der Bau der Krystalle. Inaugurationsrede, gehalten am 28. Oktober 1918. 28 Seiten.

Friedrich BECKE & Mauritz GOLDSCHLAG †, Die optischen Eigenschaften zweier Andesine. In: Sitzungsberichte der Akademie der Wissenschaften Wien 127, mathematisch-naturwissenschaftliche Klasse, Abteilung I, S. 473–504.

Petrographische Beobachtungen an den von F. v. Kerner gesammelten Gesteinen aus Nordostalbanien. (Ergebnisse der im Auftrag der Akademie der Wissenschaften im Sommer 1916 unternommenen geologischen Forschungsreise nach Albanien). In: Denkschrift der Akademie der Wissenschaften Wien 95, mathematisch-naturwissenschaftliche Klasse, S. 369–390.

Dr. Friedrich Martin Berwerth. In: Die feierliche Inauguration des Rektors der Wiener Universität für das Studienjahr 1918/19, S. 56–59.

1919

Worte er Erinnerung an Hofrat F. Berwerth. Nekrolog. In: TMPM 35 (= Mitteilungen der Wiener Mineralogischen Gesellschaft Nr. 81), S. 3–5.

Dr. Friedrich Martin Berwerth verstorben. In: Almanach der Akademie der Wissenschaften Wien 69, S. 135–138.

1920

Typen der Metamorphose. Vortrag im Geologiska föringen i Stockholm, förhanglingar 42, Heft 4, S. 183–190.

Über den Monzonit. In: Festschrift C. Doelter. (Hg. Hans Leitmeier, Dresden 1920), S. 5–14.

1921

Lehrbuch der Mineralogie von Gustav Tschermak. 8. Auflage. (Hg. Friedrich Becke, Wien, Leipzig).

Zwillingsverzerrung an Eisenglanzkrystallen von Harstigen. Geologiska föringen i Stockholm, förhanglingar 43, Heft 5, S. 425.

Mitteilung über Grau- und Farbstellung bei gedrehter, horizontaler und asymmetrischer Dispersion der optischen Achsen. In: Anzeiger der Akademie der Wissenschaften Wien 58, mathematisch-naturwissenschaftliche Klasse, S. 2–3. Ebenso: Zeitschrift für Krystallographie und Mineralogie 57, S. 572.

1922

Die optischen Eigenschaften einiger Andesine. In: TMPM 35, S. 31–46.

Die Gesteine von Kiruna. Ebenda, S. 50–52.

Übertragung konoskopischer Beobachtungen in der stereographischen Projektion. Ebenda, S. 81–88.

Bemerkungen zum steirischen Kristallin. Ebenda, S. 117–120.

Zur Facies-Klassifikation der metamorphen Gesteine. Ebenda, S. 215–230.

Mineralogisches und Petrographisches aus dem Eruptivgebiete von Kristiania. In: Mitteilungen der Mineralogischen Gesellschaft Wien, 82. Ebenda, S. 13–16.

Dispersionserscheinungen an Interferenzbildern; Graustellung und Farbstellung. Ebenda, S. 20–21.

Differentiation im Zentralgneis der Hohen Tauern. Vortrag in der 8. Jahresversammlung der Deutschen Mineralogischen Gesellschaft. In: Zeitschrift für Kristallographie und Mineralogie, 57, S. 556–557.

Die Erscheinung der Grau- und Farbstellung an den Interferenzbildern zweiachsiger Kristalle. Ebenda, 572.

Stoffwanderung bei der Metamorphose. In: Anzeiger der Akademie der Wissenschaften Wien 59, mathematisch-naturwissenschaftliche Klasse, S. 195–197.

1923

Stoffwanderung bei der Metamorphose. TMPM 36, S. 25–41.

Die optischen Eigenschaften einiger Andesine. In: Neues Jahrbuch für Mineralogie, Geologie und Paläontologie 1, S. 350.

1924

Struktur und Klüftung. In: Fortschritte der Mineralogie, Kristallographie und Petrographie 19, S. 185–220.

Die Bausteine Wiens. In: Wien, sein Boden und seine Geschichte. Vorträge, gehalten als a. o. volkstümliche Universitätskurse an der Universität in Wien. (Hg. Othenio Abel, Wien 1924).

1925

Differentiationserscheinungen im Zentralgneis der Hohen Tauern. In: Neues Jahrbuch für Mineralogie, Geologie und Paläontologie 1, S. 234–238.

Friedrich BECKE & Josef E. HIBSCH, Über zonar gebaute Nepheline. In: Anzeiger der Akademie der Wissenschaften Wien 62, mathematisch-naturwissenschaftliche Klasse, S. 243–244.

Über Systematik und Nomenklatur der 32 Symmetrieklassen der Krystalle. Ebenda, S. 311–319.

1926

Systematik der 32 Symmetrieklassen der Krystalle. In: Zeitschrift für Kristallographie und Mineralogie 64, S. 511–513.

Graphische Darstellung von Gesteinsanalysen. In: Zeitschrift für Kristallographie und Mineralogie 63, S. 169–170.

Dr. Franz Perlep. In: Mitteilungen der Wiener Mineralogischen Gesellschaft 87, S. 1–2.

1927

Friedrich BECKE & Josef Emanuel. HIBSCH, Über Nephelin mit isomorpher Schichtung. In: TMPM 37, S. 121-125.

Demonstration eines Modelles der Tetraederprojektion. In: TMPM 37 (= Mitteilungen der Wiener Mineralogischen Gesellschaft 87), S. 11.

Systematik der 32 Symmetrieklassen der Krystalle. TMPM 37, S. 253-254.

Vorschläge zur Systematik und Nomenklatur der 32 Symmetrieklassen. In: Fortschritte der Mineralogie, Kristallographie und Petrographie 12, S. 97-106.

Gustav Tschermak. In: Almanach der Akademie der Wissenschaften Wien 77, S. 187-195.

Graphische Darstellung von Gesteinsanalysen. In: Zeitschrift für Mineralogie, Geologie und Paläontologie 11, S. 3-4.

1928

Inversionsachse und Spiegelachse. In: Neues Jahrbuch für Mineralogie, Paläontologie und Geologie 57, Abteilung A (= Mügge-Festschrift), S. 173-202.

Paul Heinrich von Groth. Nachruf. In: Almanach der Akademie der Wissenschaften Wien 78, S. 207-211.

Gustav Tschermak zur Erinnerung. In: TMPM 39, S. I-X.

1929

Über Systematik und Nomenklatur der 32 Symmetrieklassen der Kristalle. In: Anzeiger der Akademie der Wissenschaften Wien 66, mathematisch-naturwissenschaftliche Klasse, S. 311-319.

Verzeichnis der Biographien von Friedrich Becke

Torsten G. AMINOFF, Gedenkworte für Friedrich Becke und C.A. Weber. In: Geologiska föringen i Stockholm förhanglingar 53 (Stockholm 1931), S. 362-363.

H. G. BACKLUND, Friedrich BECKE †. In: Geologiska föringen i Stockholm, förhanglingar 53 (Stockholm 1931), S. 392-337.

Felix CZEIKE, Becke Friedrich. In: Historisches Lexikon der Stadt Wien, Band 1 (Wien 1992), S. 297.

Walter FILLA, Weltbekannter Mineraloge und Volksbildner. Ein Kurzportrait Friedrich Beckes (1855-1931). In: Verein zur Geschichte der Volkshochschulen. Mitteilungen 4, Nr. 1 (Wien 1993), S. 17-23.

Walther FISCHER, Becke, Friedrich Johann Karl. In: Neue deutsche Biographie 1, 2. Auflage. (Hg.: Historische Kommission bei der bayerischen Akademie der Wissenschaften, Berlin 1971), S. 708-709.

Victor GOLDSCHMIDT, F. Becke †. In: Nachrichten der Gesellschaft der Wissenschaften zu Göttingen (1932), S. 70-73.

Margret HAMILTON, Friedrich Becke als akademischer Lehrer am mineralogisch-petrographischen Institut an der Universität von 1898-1927. In: Berichte der Geologischen Bundesanstalt 45 (Wien 2009), S. 12-15.

Margret HAMILTON, Friedrich Becke. In: Österreichisches Biographisches Lexikon. (Wien 2011), S. 14-15.

Rudolf HEMMERLE, Friedrich Becke, Mineraloge (130. Geburtstag). In: Mitteilungen des Sudetendeutschen Archivs. (München 1985), S. 14–15.

Alfred HIMMELBAUER, Zur Erinnerung an Friedrich Becke. In: Mineralogische und Petrographische Mitteilungen 42 (Wien 1931), S. I–VIII.

Alfred HIMMELBAUER, Zur Erinnerung an Friedrich Becke. (Gedenkrede). In: Zeitschrift für Kristallographie. Abteilung B (Leipzig 1932).

Alfred HIMMELBAUER, Friedrich Becke. Nekrolog. In: Almanach der Akademie der Wissenschaften 82 (Wien 1932), S. 290–295.

Alexander KÖHLER, Verzeichnis der Arbeiten F. Becke's nach Jahren geordnet. In: Mineralogische und Petrographische Mitteilungen 38 (Wien 1925), S. VII–XIX.

Alexander KÖHLER, Persönliche Erinnerungen an Friedrich Becke anläßlich seines 100. Geburtstages. In: TPM 6 (Wien 1958), S. 1–2.

E. H. KRAUS, Memorial Friedrich Becke. In: American Mineralogist 17 (1932), S. 226–227.

M.A. LACROIX, Notice necrologoque sur Friedrich Becke. In: Comptes Rendus Hebdomadaires des Séances de l'Académie des Sciences Paris 193 (Paris 1931), S. 553–555.

L. J. SPENCER, Biographical notices of mineralogists recently deceased (5th series). In: Mineralogical Magazine 23 (1931), S. 337–366.

Franz Eduard SUESS, Friedrich Becke. In: Mitteilungen der Geologischen Gesellschaft Wien 24 (Wien 1932), S. 137–146.

Hermann TERTSCH, Mein Lehrer. Zu Friedrich Beckes 100. Geburtstag. Der Karinthin 30. Beiblatt der Fachgruppe für Mineralogie und Geologie der Naturwissenschaften des Vereins für Kärnten zu Carinthia II. Naturwissenschaftliche Beiträge zur Heimatkunde Kärntens (Klagenfurt 1955), S. 86–94.

Hermann TERTSCH, Erinnerungen an Friedrich Becke. In: Mitteilungen der Österreichischen Mineralogischen Gesellschaft. Sonderheft 4 (Wien 1956).

Hermann TERTSCH, Leben und Wirken Friedrich Beckes. In: TMPM 6, 3. Folge (= Mitteilungen der Österreichischen Mineralogischen Gesellschaft 117, Wien 1958), S. 408–409.

Hermann TERTSCH, Friedrich Johann Becke. 1855–1931. In: Geschichte der Mikroskopie. Leben und Werk großer Forscher. Bd. III. Angewandte Naturwissenschaften und Technik. (Hg. H. Freund und A. Berg, Frankfurt am Main 1966).

Hans WIESENEDER, Friedrich Becke und sein Lebenswerk. In: Fortschritte der Mineralogie 60. (Hg. Deutsche Mineralogische Gesellschaft, Stuttgart 1982), S. 45–55.

Anhang 3: Die Aufzeichnungen in den Feldtagebüchern als Grundlage der Stationen des Exkursionsführers Nr. VIII im Westende der Hohen Tauern (Zillertal) während des 9. Geologenkongresses in Wien im Jahr 1903

Die einzelnen Stationen an den acht aufeinanderfolgenden Exkursionstagen (1–8) werden in der Graphik in unterschiedlichen Farben angegeben.

Neben den einzelnen Stationen sind die Angaben über die persönlichen Aufzeichnungen in den jeweiligen Notizbüchern mit Nummer und Blattanzahl aufgelistet:

Zum Beispiel: Gerlosklamm / Notizbuch Nr. 42 / Blatt: 6,7, 22; und Notizbuch Nr. 55/Blatt 29, 32.

Die erste Idee und die aufgezeichneten Vorbereitungen zu einer Exkursion in das Zillertal stehen in der Mitte der Tafel mit der Angabe des Notizbuches und den Blättern, auf denen diese fixiert sind.

In den beiden unteren Zeilen werden in der oberen Zeile die Nummern der Notizbücher und in der darunter liegenden Zeile die Jahreszahl, in der das jeweilige Büchlein entstanden ist, angeführt: So zum Beispiel wird das Notizbuch mit der Ziffer 43 dem Jahr 1897 zugeordnet.

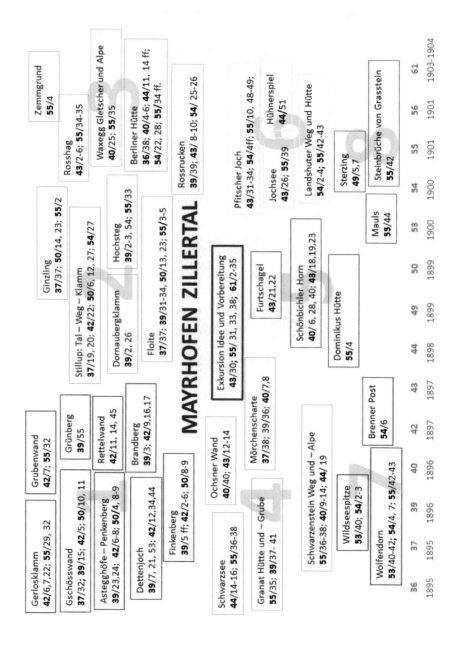

MAYRHOFEN ZILLERTAL

Gerlosklamm
42/6,7,22; **55**/29, 32

Grubenwand
42/7; **55**/32

Gschösswand
37/32; **39**/15; 42/5; **50**/10, 11

Grünberg
39/55

Astegghöfe – Penkenberg
39/23,24; 42/6-8; **50**/4, 8-9

Rettelwand
42/11, 14, 45

Dettenjoch
39/7, 21, 53; 42/12,34,44

Brandberg
39/3; 42/9,16,17

Finkenberg
39/5 ff; 42/2-6; **50**/8-9

Ochsner Wand
40/40; **43**/12-14

Ginzling
37/37; **50**/14, 23; **55**/2

Stillup: Tal – Weg – Klamm
37/19, 20; 42/22; **50**/6, 12, 27; **54**/27

Dornaubergklamm
39/2, 26

Hochsteg
39/2-3, 54; **55**/33

Floite
37/37; **39**/31-34, **50**/13, 23; **55**/3-5

Schwarzsee
44/14-16; **55**/36-38

Mörchenscharte
37/38; 39/36; **40**/7,8

Granat Hütte und – Grube
55/35; **39**/37- 41

Exkursion Idee und Vorbereitung
43/30; **55**/ 31, 33, 38; **61**/2-35

Schwarzenstein Weg und – Alpe
55/36-38; **40**/9-14; **44**/ 19

Wildseespitze
53/40; **54**/2-3

Wolfendorn
53/40-42; **54**/4, 7; **55**/42-43

Brenner Post
54/6

Furtschagel
43/21,22

Schönbichler Horn
40/ 6, 28, 40; **43**/18,19,23

Dominikus Hütte
55/4

Rosshag
43/2-6; **55**/34-35

Zemmgrund
55/4

Waxegg Gletscher und Alpe
40/25; **55**/35

Berliner Hütte
36/38; **40**/4-6; **44**/11, 14 ff;
54/22, 28; **55**/34 ff.

Rossrucken
39/39; **43**/ 8-10; **54**/ 25-26

Pfitscher Joch
43/31-34; **54**/4ff; **55**/10, 48-49;

Jochsee
43/26; **55**/39

Hühnerspiel
44/51

Landshuter Weg und Hütte
54/2-4; **55**/42-43

Sterzing
49/5, 7

Steinbrüche von Grasstein
55/42

Mauls
55/44

36	37	39	40	42	43	44	49	50	53	54	55	56	61
1895	1895	1896	1896	1897	1897	1898	1899	1899	1900	1900	1901	1901	1903-1904

Anhang 4: Geologische Zeittafel

Die geologische Zeittafel beinhaltet die erdgeschichtlichen Abschnitte, sie wird in große Zeitabschnitte, die Äonen, gegliedert: Präkambrium, Paläozoikum, Mesozoikum und Känozoikum.

Die großen Zeitabschnitte unterteilen sich in Perioden und dann in Epochen, deren ungefähres Alter hier angegeben ist. In der letzten Spalte der Zeittafel werden die Namensgeber angeführt, welche die einzelnen geologischen Zeitabschnitte zu einem bestimmten Zeitpunkt – Jahreszahl – definierten.

Im Zeitalter des Präkambriums formte sich die Erdkruste, es wird nach lithostratigraphischen Grundlagen, wie die radiometrische Datierung, eingeteilt. Erst mit dem Äon des Paläozoikums können biostratigraphische Elemente, wie gleiche Fossilieninhalte, zur Altersdatierung herangezogen werden.

Literaturhinweise
https://de.wikipedia.org/wiki/
Gregory A. GOOD (Hg.) Sciences of the Earth (New York, London 1998).

Geologische Zeittafel

Ära	Periode	Epoche	Ma	Entdecker mit dem Jahr der Namensgebung
Känozoikum	Allgemeine Namensgebung			John Phillips (1800–1874) – England 1840 und 1841
	Quartär	Holozän Pleistozän	0,01 258	Jules Desnoyers (1800–1887) – Frankreich 1829
	Tertiär Neogen Paläogen	Pliozän Miozän Oligozän Eozän	65	Giovanni Arduino (1714–1795) – Italien 1760 Charles Lyell (1797–1875) – Frankreich 1833 Heinrich Beyrich (1815–1896) – Deutschland1854 Charles Lyell – Frankreich 1833
Mesozoikum	Allgemeine Namensgebung			John Phillips – England 1840 und 1841
	Kreide		65 145	Omalius d'Halloy (1783–1875) – Belgien 1822
	Jura		145 199,6	Alexander von Humboldt (1769–1859) – Italien 1799 und Ami Boué (1794–1881) – Frankreich 1829

(Fortsetzung)

Ära	Periode	Epoche	Ma	Entdecker mit dem Jahr der Namensgebung
	Trias		199,6 252,2	Friedrich August von Alberti (1795–1878) – Deutschland 1834
Paläozoikum	Allgemeine Namensgebung			Adam Sedgwick (1785–1873)
	Perm		252,2 298,9	Roderick Murchison (1792–1871) – Russland 1841
	Karbon		298,9 358,2	William D. Conybeare (1787–1857) und William Phillips (1775–1828) – England 1822
	Devon		358,2 419,2	Adam Sedgwick und Roderick Murchison – England 1839
	Silur		419,2 443,4	Roderick Murchison – England und Wales 1835
	Ordovizium		443,4 485,4	Charles Lapworth (1842–1920) – England 1879
	Kambrium		485,4 541	Adam Sedgwick – England und Wales 1835
Präkambrium	Allgemeine Namensgebung		541 4600	Archibald Geikie (1835–1924) Schottland 1889

Summary

Friedrich Becke's notebooks are witnesses of his remarkable and multifaceted scientific oeuvre. But he left his complete set of publications without any direct hint towards these handwritten documents. Geoscience owes the following discoveries to Friedrich Becke: the theoretical knowledge about crystal classes, the further development of the research regarding feldspars, the technical development of microscopes, and the geological investigation of the Waldviertel, the Sudeten and the Alps. His most significant discovery was the »Becke Line«. This line is also being used today to assess two different solid minerals with different light refractions. The notebooks provide evidence for the mineralogical, petrological and geological techniques used during the late 19th century.

Friedrich Becke successfully connected the geoscientific topics of mineralogy, petrology and geology through observations of nature and the resulting theories. Its importance in mineralogy and especially in the fundamental insights of feldspars through observations with the microscope has been repeatedly emphasized in scientific literature. The fundamental insights documented in the study of the Waldviertel rocks are still reported in the literature. In the area of crystalline schists and the findings of metamorphic rocks Becke is considered one of the pioneers within the field of petrography. His fundamental epistemic knowledge of the Alps – Eastern and Western Tauern Window – find in today's literature little to any attention. Friedrich Becke embarks on a steep career in the areas of mineralogy and petrography, and intensively deals with practical and theoretical geological subjects of his time.

A special focus of my dissertation and this publication is about the socalled »Ätzfiguren« at cristall surfaces. During the second half of the 19th century scientists explored the effect of solvents on cristalls. This was to practically demonstrate the still theoretical mathematically derived structure of cristalls. Friedrich Becke takes part in this international discussion. His research, done between 1881 and 1890, is the basis for his theoretical approach in which he recognizes the inner structure of cristalls. It is covered in ten of his notebooks, which content wise are assigned to his laboratory books. Only later, in the 20th century it was possible to verify his findings by x-ray diffraction analysis.

The notebooks of Friedrich Becke are content rich documents, and are evidence of Becke's extensive and varied research. His notices about his fieldtrips in the Alps are generated in between twenty years, between 1892 and 1912 and are documented in different styles as notebooks, field books and laboratory books. The first observations of the Alpine region were documented by Friedrich Becke during his teaching in Prague in August 1892. In specially bounded linen books (field books), his field observations are recorded in reports and some with colored cross sections. Between 1893 and 1903 he filled 18 field books and three notebooks containing his research in the Eastern Alps. Together with the geographer Ferdinand Loewl (1856–1908) he examines the rocks and geological formations of the Southern Alps of Predazzo and the geological structure of the Zillertal Alps. The numbered rock samples are collected for later analysis in the laboratory.

1894, the Commission of the Academy of Sciences approved the first petrographic study of the Zentralkette of the Eastern Alps. Three regions were explored by three scientists – Friedrich Martin Berwerth (1850–1918), Johann Ulrich Grubenmann (1850–1924) and Friedrich Becke.

Friedrich Becke conducted research in the eastern and western Tauern Window. The documentation describes his visits in the area of the Zillertal and the Tux Hauptkamm with further studies in the Brenner area extending over 10 years between 1893 and 1903. His active participation in the 9th Geological Congress in Vienna can be seen as a research highlight and also as completing the work in the Zillertal and the Tux Alps. The petrographic laboratory studies of the rocks of the Zillertal Alps lead Becke to fundamental discoveries in the field of crystalline schists and metamorphic rocks.

The second petrographic-geological study is conducted on the northern and eastern edge of the Hochalm Massiv 1906–1908 together with the geologist Viktor Uhlig (1857–1911). In 1912, Becke summarizes the fundamental discoveries resulting from his fieldtrips in the Alps and publishes them in the Gazette of the Academy of Sciences in Vienna.

These two areas of research – Zillertal and Tuxer Alpen respectively Hochalm Massiv – have established the Tauern Window in the Alps and given it a firm place in Alpine geology. With his petrographic research and the resulting findings, Becke sets the basis for future discussions of this interesting area.

His publications are objective reports of his petrographic studies with a summary of the types of rocks, their occurrence in the area and their chemical composition. Personal notes from the field diaries about the weather, the terrain, the quarters and the encounter with people are not part of his publications. Detailed observations, many important details in the field and from specimens are being merged in following publications into a complete picture.

Personenregister

Abel, Othenio 68, 344
Agricola, Georgius bzw. Bauer 23, 325
Arduino, Giovanni 32, 349
Aristoteles 22
Avicenna bzw. Ibn Sinna 22f.

Baumhauer, Heinrich 90f., 99, 119, 127, 131, 141, 149, 298f.
Becquerel, Henry Antoine 21, 39
Bergmann, Olof 27
Berwerth, Friedrich Martin 10, 21, 43, 72, 76, 155, 158, 183–185, 187f., 191, 197f., 201, 205, 245, 310, 335f., 343, 352
Berzelius, Jakob 27, 47, 54
Beyrich, Heinrich 39, 349
Blasius, Eugen 90f.
Boué, Ami 20, 349
Bowen, Norman L. 73, 250, 252, 289
Bragg, Henry 61
Bragg, William Lawrence 61, 92
Bravais, Auguste 28, 52, 61, 146
Breithaupt, Friedrich August 47, 53, 59
Brewster, David 90f.
Brezina, Aristides 131f., 134f.
Brongniart, Alexandre 36
Buch, Leopold von 35f., 69, 85
Buckland, William 20

Calker, Friedrich J.P. 91, 131, 141, 299
Campani, Giuseppe 31
Cappeller, Moritz Anton 25
Carangeot, Arnould 26

Cassini, Cesar Francois und Jean Dominique 32
Charpentier, Jean de 35
Chronstedt, Axel 27
Chudoba, Karl Franz 78f.
Conybeare, William D. 36, 39, 350
Coquand, Henry 40
Cornu, Felix 78, 340
Cotta, Bernhard von 41
Credner, Hermann 68
Cuvier, Georges 36, 38, 69

Dana, James Dwight 55, 59, 67f.
Dana, Salisbury 59
Daniell, Frederic 90
Daubrée, Gabriel Auguste 59
Debey, Peter 61
Diener, Carl 43, 66, 207, 209
Doelter, Cornelius 66, 72, 179f., 343

Eskola, Pentti Eelis 43, 72, 74, 261f., 266
Euler, Leonhard 51
Exner, Christof 152, 208f., 212

Faupl, Peter 68
Fjodorow, Jewgraf Stepanowitsch 61
Förstner, Heinrich 251
Foucault, Michel 84
Foullon, Heinrich Baron von Norbeck 124, 175
Frankenheim, Ludwig 47, 128
Füchsel, Georg Christian 31f.
Fuess, Rudolf 56, 103, 134, 145, 166, 314

Gay, Peter 77
Geikie, Archibald 64, 244, 350
Gibbs, William 253 f.
Glocker, Ernst Friedrich 60
Gmelin, Leopold 47, 116
Goldschmidt, Viktor Moritz 73
Gould, Stephen Jay 35 f.
Görgey, Rodolf von Görgö und Toporcz 86, 266, 327
Groth, Paul von 28, 55, 61, 92, 109 f., 134, 230, 345
Grubenmann, Johann Ulrich 10, 19, 36 f., 40, 43, 63, 72, 155, 174, 183 f., 191, 194, 197 f., 205, 243–245, 250, 252, 254 f., 260 f., 314, 328, 335 f., 352
Guettard, Jean-Etienne 31
Guglielmini, Domenico 24 f.
Günther, Siegmund 41 f., 101
Guthrie, Frederick 41

Hacquet, Belazar 20
Haidinger, Wilhelm 47, 55, 121, 160, 322
Hauer, Franz Ritter von 66 f.
Haüy, René Just 27 f., 47, 52, 92, 290
Heim, Albert 249, 253
Himmelbauer, Alfred 73 f., 78, 83, 152, 266, 342, 346
Hoff, Karl Adolf von 37
Hoffmann, Christoph 84, 93, 105, 112, 130, 156
Holmes, Arthur 39
Humboldt, Alexander von 20, 35
Hutton, James 35–37, 40, 244, 252
Hyland, Shearson 251

Justi, Johann Heinrich Gottlob 18

Karsten, Dietrich Ludwig G. 35
Kenngott, Gustav Adolf 47, 50, 128
Kirwan, Richard 27
Klaproth, Martin Heinrich 27, 54
Kobell, Franz von 55, 90
Kober, Leopold 30, 67, 151, 154, 201, 204, 242 f., 245
Köhler, Alexander 76, 251, 266, 346

Lapworth, Charles 39, 350
Lasaulx, Arnold von 91, 131, 141, 299
Laue, Max von 61, 92, 264
Lavoisier, Antoine Laurent de 33
Lehmann, Johann Gottlob 32 f., 298
Leinfellner, Werner 100, 105–107, 127, 139
Leydoldt, Franz 92, 298
Libau, Andreas bzw. Libavius 24
Liebisch, Theodor 149
Linné, Carl von 26, 44, 54
Lomonossow, Michail Wassiljewitsch 27, 38
Löwl, Ferdinand 10, 43, 151, 153, 155, 158–162, 175, 178 f., 189, 205, 208 f., 211, 215, 245, 247, 265, 307, 310, 340
Luc, Jean André de 30
Lyell, Charles 36–38, 69, 244, 252, 349

Maschke, Otto 79
Marsigli, Luigi 32
Mendelejev, Dimitri Iwanovic 55
Meyer, Julis Lothar von 55
Michel, Hermann 78
Miller, William Halowes 56
Mitscherlich, Eilhard 48, 53
Mohs, Friederich 29, 35, 44 f., 47, 50 f., 53, 121, 140
Mojsisovics, Edmund von Mojsvár 66, 179, 184
Molengraff, Gerhard A. F. 149
Morozewicz, Jozef 77
Murchison, Roderick 36, 38 f., 350

Naumann, Carl Friedrich 29, 41, 47 f., 98, 136, 147, 244
Neumayr, Melchior 66
Nicol, William 40, 57 f., 259, 291
Niggli, Paul 36, 156, 160, 167, 174, 255, 206, 245, 254 f., 260

Oldroyd, David 15, 30–33, 40

Pfaff, Friedrich 47
Phillips, John 39, 349
Phillips, William 39, 350

Pinkerton, John   40
Plinius der Ältere   22

Quenstedt, Friedrich Franz   47

Rath, Gerhard vom   162
Reichert, Carl   58, 74, 166
Reinhold, Franz   266, 342
Reuss, August Emanuel Ritter von   45
Riecke, Eduard   253, 292
Romé de l'Isle, Jean Paptiste   26 f.
Röntgen, Wilhelm Conrad   61
Rose, Gustav   29, 47, 131, 298
Rosenbusch, Karl Heinrich   41, 64, 81,
    103, 125, 178, 250, 260, 297
Rutherford, Ernest Wilhelm   21, 39

Sadebeck, Alexander   91 f., 99 f., 102 f.,
    298
Salomon, Wilhelm   80
Saussure, Horace Bénédict de   30, 38
Schaschek, Adelheid   78
Scheerer, Theodor   41, 244
Scherrer, Paul   61
Schmid, Stefan   158, 160, 224, 266
Schoenflies, Arthur   61
Schrauf, Albrecht   43, 45, 72, 90 f., 98, 257,
    340
Schuster, Maximilian   41, 72, 300, 333
Sederholm, Jakob Jöns   253, 258, 266
Sedgwick, Adam   36, 38 f., 350
Seeber, Ludwig August   28
Senft, Ferdinand   46 f., 49–51, 269
Smith, William   36 f.
Sohnke, Leopold   28, 91
Stache, Guido   207, 212
Steno, Nikolaus   26, 31, 52
Stúr, Dionýs   176
Suess, Eduard   22, 43, 45, 65 f., 69, 75,
    152 f., 202, 207, 218, 243, 265, 338
Suess, Franz Eduard   43, 75, 83, 152, 346

Teller, Friedrich Josef   159, 162, 175, 176,
    207
Termier, Pierre-Marie   42 f., 66, 151 f.,
    208, 217 f., 243, 245, 265
Tertsch, Hermann   75–78, 83, 97, 152,
    208 f.
Theophrastus   22
Tietze, Emil   207
Thun-Hohenstein, Leo Graf von   43 f.
Tollmann, Alexander   185, 188
Toula, Franz   207
Tschermak, Gustav   41, 43, 45 f., 48, 50–
    52, 55 f., 58–62, 66, 71–77, 79, 91, 95 f.,
    110, 112 f., 119, 121–124, 129, 131, 135,
    139 f., 147, 149, 159, 161, 184 f., 207, 247,
    258 f., 263, 269, 295, 298, 305, 331, 342 f.,
    345
Tuttle, Sherwood Dodge   73

Uhlig, Viktor   10, 43, 66, 155, 183 f., 201,
    203 f., 246 f., 339, 352

Vauquelin, Nicolas   27

Websky, Martin Christian Friedrich   56
Weinschenk, Ernst   58, 63, 151, 245
Weiss, Christian Samuel   27–29, 35, 47, 51
Weissenberg, Karl   61
Werner, Abraham Gottlob   13, 24, 26, 29,
    34 f., 37 f., 40, 44, 59, 244, 299
Werner, Gerhard   91, 131, 141
Wieseneder, Hans   71–73, 76, 83, 152
Wollaston, William Hyde   28, 55, 75
Woodward, John   30
Wülfing, Ernst Anton   64, 81, 103, 125

Zekeli, Friedrich   65
Zepharovich, Viktor   59, 72, 75, 149, 298,
    334
Zippe, Franz Xaver   29, 45, 47
Zirkel, Ferdinand   41, 62 f., 136 f., 147